压水堆核电厂安全运行管理与效益分析

陈国才　主编
马　一　主审

中国原子能出版社

图书在版编目（CIP）数据

压水堆核电厂安全运行管理与效益分析 / 陈国才主编. —北京：中国原子能出版社，2020.3
ISBN 978-7-5221-0330-3

Ⅰ. ①压… Ⅱ. ①陈… Ⅲ. ①压水型堆–核电厂–运行 Ⅳ. ①TM623.91

中国版本图书馆 CIP 数据核字（2019）第 295418 号

压水堆核电厂安全运行管理与效益分析

出版发行　中国原子能出版社（北京市海淀区阜成路 43 号　100048）
责任编辑　王　丹
装帧设计　赵　杰
责任校对　冯莲凤
责任印制　潘玉玲
印　　刷　河北文盛印刷有限公司
经　　销　全国新华书店
开　　本　787 mm×1092 mm　1/16
印　　张　18.75
字　　数　468 千字
版　　次　2020 年 3 月第 1 版　2020 年 3 月第 1 次印刷
书　　号　ISBN 978-7-5022-0330-3　　定　价　**88.00** 元

网址：**http://www.aep.com.cn**　　E-mail：**atomep123@126.com**
发行电话：**010-68452845**

编 委 会

主　　编　陈国才

主　　审　马　一

编写人员　陈国才　敖泽闽　王　伟　沈　越　马贤德
毛　俊　徐　丹　蔡光明　杨伟伟　李　彬
唐文忠　李嘉驹

审核人员　李坤眉　刘纯一　李京艳　黄　文　刘国华
余　蓉　柴进进

编写和审核人员名单

标题名称	编写人	审核人
第 1 章　绪论	陈国才	刘纯一
第 2 章　压水堆核电厂运行的安全性和经济性	敖泽闽　唐文忠	陈国才
第 3 章　生产成本管理	徐　丹　陈国才	李坤眉
第 4 章　调试管理与效益分析	李　彬	陈国才
第 5 章　生产计划管理与效益分析	毛　俊　陈国才	黄　文
第 6 章　核电厂运行管理与效益分析	王　伟　李嘉驹	李坤眉　余　蓉
第 7 章　维修管理与效益分析	沈　越	刘国华
第 8 章　核电厂设备管理与效益分析	马贤德	陈国才
第 9 章　技术创新与效益分析	蔡光明　陈国才	余　蓉
第 10 章　安全环保管理与潜在效益	王　伟	柴进进
第 11 章　信息化技术在生产管理中的应用与效益分析	杨伟伟	李京艳

序　言

《压水堆核电厂安全运行管理与效益分析》一书描述了福清核电1～4 号机组投产以来的安全运行经验，还具体阐述了具有自主知识产权的三代核电“华龙一号”的安全性、经济性和建造经验。福清核电站作为国内核电厂成功建造的案例，将为其他核电项目提供宝贵经验，并能在“一带一路”倡议中发挥积极作用。

本书的编者是福清核电经验丰富的技术骨干和管理人员。通过展示福清核电 1～4 号机组安全高效的运行业绩，及其在成本管控、生产计划、维修管理、设备管理、技术创新等方面采用的具体举措，以及在保证核电厂安全运行条件下所采用的提高经济效益的措施，详细剖析了福清核电的良好实践和优化案例。本书出版可供同行读者和高校相关师生参考，具有一定的实用性和指导性。

中国工程院院士：叶奇蓁

2020 年 1 月

前　　言

自1951年12月美国实验增殖堆1号（EBR-1）首次利用核能发电，1954年6月苏联第一座核电厂首次并网送电，到现在已有近70年历史。70年以来，世界主要发达国家均有过核电高速发展的阶段，而我国在近十五年才开始大力发展核电，且机组堆型大多为技术成熟、运行经验丰富的压水堆。

《压水堆核电厂安全运行管理与效益分析》一书通过对福建福清核电有限公司正在安全高效运行的二代加改进压水堆核电机组（1～4 号机组）进行调研和分析，获得了其安全运行工况下主要技术方案及采用的提升经济效益措施，总结形成相关经验；同时，还汇总了福清核电 5、6 号机组建设的先进管理方法，为后续其他“华龙一号”建设提供有益参考。

福清核电的建造正值日本发生福岛核事故，为确保核安全，国家对福清核电项目进行了多方严格评审，并采取了多方面的安全措施与改进项，从而保证了福清核电的安全可靠运行。当前，福清 1～4 号机组已于 2017 年全部建成投产，安全运行业绩优良，未发生国家核事件 1 级及以上的运行事件，无核运行事故记录，截至 2019 年 8 月 31 日，福清核电 1～4 号机组累计安全发电突破 1000 亿千瓦时。同时，福清核电 5 号机组作为全球首座“华龙一号”核电机组，在安全性上完全满足国际最高安全标准要求，是中国核工业人数十年来艰苦奋斗的成果和智慧结晶，被李克强总理称为“国之重器”。“华龙一号”助力我国从“核电大国”向“核电强国”转型，其设计的安全性和经济性影响着国内和国际其他同类核电项目的建设，带动核电“一带一路”走出国门。

十多年来，福清核电的奋斗成长史是我国核电大发展的缩影。未来，以核能为代表的清洁能源发展前景更加广阔，我国核电事业必将在奋斗中更加辉煌！

本书主编由中核集团福建福清核电有限公司总经理陈国才担任，他主持了全书的规划和架构设计，多次组织编委会开展对书稿的修改和完善，并直接参与了部分章节的撰写。主审由原中核集团核工业第二研究设计院总工程师、全国工程勘察设计大师马一担任，并邀请中国工程院院士叶奇蓁为本书作序言。全书统稿由敖泽闽负责，整体校核由李京艳负责。鉴于编者们的水平有限，纰漏和缪误之处在所难免，恳请各位读者批评和指正。

编委会

2020 年 1 月

目　录

第 1 章

绪　论

1.1　核电在国民经济中的地位和现状

1.1.1　世界核电发展简介

（1）总体情况

核裂变能技术（特定原子核分裂释放大量能量）的发展始于 20 世纪 40 年代，从二战期间直到 1945 年，研究主要集中在利用特定核素（铀或钚）的原子核分裂所释放出的大量能量以制造炸弹，即原子弹。到 20 世纪 50 年代，核裂变能技术开始转向和平利用，主要是用于核动力发电。如今，在世界电力能源中，核电已具备举足轻重的地位。国际能源署发布《清洁能源系统中的核能》报告显示，截至 2019 年 5 月，全球在运机组 452 台，总装机容量超过 4 亿千瓦，分布在 30 多个国家；在建核电机组 54 台，总装机容量 5 501.3 万千瓦。作为持续、可靠的低碳能源，核电已向全球提供超过 11%的电能，民用核电已拥有超过 1.65 万堆年的运行经验。目前有 16 个国家在很大程度上依赖于核电，其核电占比超过本国电力供给的 1/4。法国电力来源中，核电贡献 3/4 左右；比利时、捷克、芬兰、匈牙利、斯洛伐克、瑞典、瑞士，斯洛文尼亚，乌克兰等国的核电占比达 1/3 或更多；韩国、保加利亚核电提供 30%以上的电能；美国、英国、西班牙、罗马尼亚核电占各国电能的 20%。日本过去很大成分上依赖核电，占比超过 1/4，2011 年 3・11 大地震引发福岛核事故后，所有机组停止运行，目前正在重启部分核电机组。在那些不持有核电厂的国家中，意大利和丹麦，能源供给中，也有 10%来自核电。

（2）核电发展的三个阶段

1）验证示范阶段

1942 年 12 月美国在芝加哥大学建成世界上第一座核反应堆，证明了实现受控核裂变链式反应的可能性。但当时正处于第二次世界大战期间，核能主要为军用服务。美国、苏联、英国和法国，配合原子弹的发展，先后建成了一批钚生产堆，随后开发了潜艇推进动力堆。

从 20 世纪 50 年代初开始，美、苏、英、法等国把核能部分地转向民用，利用已有的军用核技术，开发建造以发电为目的的反应堆，从而进入核电验证示范的阶段。美国在潜艇动力堆的技术基础上，于 1957 年 12 月建成希平港（Shippingport）压水堆核电厂，于 1960 年 7 月建成德累斯顿（Dresden－1）沸水堆核电厂，为轻水堆核电的发展开辟了道路。英国于 1956 年 10 月建成卡尔德霍尔（Calder Hall A）产钚、发电两用的石墨气冷堆核电厂。

苏联于 1954 年建成奥布宁斯克（APS－1）压力管式石墨水冷堆核电厂后，于 1964 年建成新沃罗涅日压水堆核电厂。加拿大于 1962 年建成 NPD 天然铀重水堆核电厂。这些核电厂显示出比较成熟的技术和低廉的发电成本，为核电的商用推广打下了基础。

2）高速发展阶段

20 世纪 60 年代末至 70 年代初，各工业发达国家的经济处于上升时期，电力需求以十年翻一番的速度迅速增长。各国出于对化石燃料资源供应的担心，寄希望于核电。美、苏、英、法等国都制订了庞大的核电发展计划。后起的联邦德国和日本，也挤进了发展核电的行列。一些发展中国家，如印度、阿根廷、巴西等，则以购买成套设备的方式开始进行核电厂建设。

美国轻水堆核电的经济性得到验证之后，首先形成核电厂建设的第一个高潮，1967 年核电厂订货达到 25.6 GW(吉瓦，1 吉瓦 = 10^6 千瓦)；从 1969 年开始，美国核电总装机容量超过英国，居世界第一位，1973 年美国核电总装机容量占世界的 2/3。1973 年世界第一次石油危机后，为摆脱对中东石油的依赖，形成了第二个核电厂建设高潮。1973、1974 两年，共订货 66.9 GW，核电设备制造能力达到每年 25～30 GW。美国还通过出口轻水堆技术，使轻水堆成为世界核电厂建设的主导堆型。

在核电大发展的形势下，美、英、法、联邦德国等国还积极开发了快中子增殖堆和高温气冷堆，建成一批实验堆和原型堆。

3）滞缓发展阶段

1979 年世界发生了第二次石油危机。在这以后，各国经济发展速度迅速减缓，加上大规模的节能措施和产业结构调整，电力需求增长率大幅度下降。1980 年仅增长 1.7%，1982 年下降了 2.3%。许多新的核电厂建设项目被停止或推迟，订货合同被取消。例如 1983 年以前美国共取消了 108 台核电机组以及几十台火电机组的合同。

1979 年 3 月美国发生了三哩岛核电厂事故，1986 年 4 月苏联发生了切尔诺贝利核电厂事故，2011 年 3 月日本发生大地震叠加海啸引发福岛核事故，对世界核电的发展产生重大影响，公众接受问题成为核电发展的障碍之一，有一些国家如瑞士、意大利、奥地利、德国等已暂时停止发展核电。

为保证核电的安全性所采取的提高安全性的措施，使核电厂建设工期拖长，投资增加，核电厂的经济竞争力下降，特别是投资风险的不确定性阻滞了核电的继续发展。

（3）四代核电的形成

世界核电技术已发展有四代。

第一代核电技术是和平利用核能研发阶段的试验堆和原型堆。各国在 20 世纪 50 年代开发建设了实验性原型核电站，证明了利用核能发电的技术是可行的。以第一代核电技术为基础的核电站有 1954 年苏联建成的奥布宁斯克实验性核电站、1956 年英国建成的卡德霍尔石墨冷气堆原型核电站、1957 年美国建成的希平港压水堆原型核电站、1962 年加拿大建成的重水堆原型核电站等。

第二代核电技术被广泛应用于 20 世纪 70 年代至今仍在运行的大部分商业核电站，它们大部分已实现标准化、系列化和批量建设，主要种类有压水堆（PWR）、沸水堆（BWR）、重水堆（CANDU）和苏联设计的压水堆（VVER）和石墨水冷堆（RBMK）等。

第二代核电站技术证明了发展核电在经济上是可行的。但是苏联切尔诺贝利核电厂和美国三哩岛核电厂严重事故的发生，引起了公众对核电安全性的质疑，同时也让人们意识到第二代核电技术的不完善性，许多国家的核电发展也都因此一度停滞。

第二代核电站从 20 世纪 70 年代至今，有多种堆型而且运行业绩良好，还在增效延寿并批量建设。近年来的第二代机组增效延寿研究表明，美国第二代机组核电可利用率可以从 70%左右提高到 90%，寿命由 40 年延长至 60 年，相当于新建 25 台百万千瓦级机组。预计未来 30 年压水堆仍将是核电发展的主力堆型。

在三哩岛核电厂和切尔诺贝利核电厂发生事故之后，各国对正在运行的核电厂进行了不同程度的改进，在安全性和经济性都有了不同程度的提高。

20 世纪 90 年代为解决公众关注的核安全和核废料问题，在第二代基础上研发的先进轻水堆核电站称为第三代。第三代技术相当于在第二代技术基础上，对严重事故预防和安全系统的改进提高，安全可靠性从设计上得到进一步提高，经济性则依赖设计、制造、施工安装和运行管理水平的提高。

目前，第三代核电技术的代表为美国西屋公司的 AP1000 技术和法国法玛通公司的 EPR 技术。其中，美国机型向简化和非能动化发展，百万千瓦级核电厂的核岛由 3 环路减为 2 环路，循环系统大量采用依靠自然循环的非能动设计，并使用屏蔽式主循环水泵；法国机型的核岛由 3 环路增加至 4 环路，常规岛主设备向大型化发展，单台设备容量加大。在福岛核事故后我国为提高核电安全性，吸取已有核电经验，将能动与非能动核安全系统相结合，自主设计的“华龙一号”形成独具特色的第三代核电机型。

为进一步提高核能利用的安全性和经济性，20 世纪 80 年代有关国家的核电专家举办了“第四代核能系统论坛”，提出 6 种作为未来第四代可开发的堆型。有关国家正在积极推进这些研究，我国也积极参与并开展了大量工程研究和建造工作，在四代核电开发方面走在了世界前列。

1.1.2 核电在世界能源中的地位

（1）核电在世界能源中地位不可替代

核能作为一种稳定的大型基荷低碳能源，在世界能源结构中占有重要地位。核电对于降低温室气体，控制气候变化，保证能源供应具有重要的作用。核电对于世界能源供应和应对气候变化的贡献和重要性已经达成广泛共识。在美国，核电保证了接近六成的低碳能源供应。当前世界能源结构随能源需求增长而持续多样化。世界能源继续朝着低碳方向转型，能源结构呈多元化态势，可再生能源增长很快，不同形式的能源之间竞争日益激烈。由于化石自然资源的有限性以及风能和太阳能的应用局限，核能在能源中有着不可替代的地位。

核能是目前全球第二大低碳电力来源，仅次于水电。数据显示，1971—2018 年间，核能为全球提供了约 7.6 万太瓦时（1 太瓦时 =10^9 千瓦时）的零排放电力，是风能和太阳能发电量总和的 10 倍以上，减少二氧化碳排放 630 亿吨。

积极应对气候变化，是中国实现可持续发展的内在要求，也是深度参与全球治理、打造人类命运共同体，推动全人类共同发展的责任担当。党的十九大提出，要推进绿色发展，建立绿色低碳循环发展的经济体系，壮大清洁能源产业；推进能源生产和消费革命，构建清洁低碳、安全高效的能源体系。我国能源发展形势与世界总体形势是相符合的。其中，核能是推进绿色发展、建设美丽中国的重要能源选择。在福岛核事故后核电发展形势发生了深刻变化。受其影响，全球核电发展明显放缓，目前仍处于低潮期，美国新建核电项目拖期严重，欧洲、日韩等提出逐步消减核电计划，原来核电占比领先的美洲和欧洲正在逐渐降低核电比例，亚洲，尤其是中国成为新建核电的引领者。原来的核电巨头陆续遭遇困境，有的甚至破产重组，核能工业界格局在重新洗牌。当前主要核电国家在运和在建核电机组见表 1–1。

表 1–1　世界各国在运和在建核电机组及核电占比概览（截至 2018.12.31）

国家	运行的反应堆		在建的反应堆		2018 年核电发电情况	
	机组数量	装机容量/MW	机组数量	装机容量/MW	发电量/TWh（$TWh=10^9kWh$）	核电占比/%
阿根廷	3	1633	1	25	6.5	4.7
亚美尼亚	1	375			1.9	25.6
孟加拉国			2	2160	NA	NA
白俄罗斯			2	2220	NA	NA
比利时	7	5918			27.3	39.0
巴西	2	1884	1	1340	14.8	2.7
保加利亚	2	1966			15.4	34.7
加拿大	19	13554			94.4	14.9
中国大陆	45	45895	11	12113	275.7	4.2
捷克	6	3932			28.3	34.5
芬兰	4	2784	1	1600	21.9	32.4
法国	58	63130	1	1630	395.9	71.7
德国	7	9515			71.9	11.7
匈牙利	4	1902			14.9	50.6
印度	22	6255	7	4824	35.4	3.1
伊朗	1	915			6.3	2.1
日本	39	36974	2	2653	49.3	6.2
韩国	24	22444	5	6700	127.1	23.7
墨西哥	2	1552			13.2	5.3
荷兰	1	482			3.3	3.1
巴基斯坦	5	1318	2	2 028	9.3	6.8
罗马尼亚	2	1300			10.5	17.2
俄罗斯	36	27252	6	4 573	191.3	17.9
斯洛伐克	4	1814	2	880	13.8	55.0
斯洛文尼亚	1	688			5.5	35.9
南非	2	1860			10.6	4.7
西班牙	7	7121			53.4	20.4
瑞典	8	8613			65.9	40.3
瑞士	5	3333			24.5	37.7

续表

国家	运行的反应堆		在建的反应堆		2018 年核电发电情况	
	机组数量	装机容量/MW	机组数量	装机容量/MW	发电量/TWh（$TWh=10^9kWh$）	核电占比/%
土耳其			1	1114	NA	NA
阿拉伯联合酋长国			4	5380	NA	NA
大不列颠联合王国	15	8923	1	1630	59.1	17.7
乌克兰	15	13107	2	2070	79.5	53.0
美国	98	99061	2	2234	808.0	19.3

而另一方面，以多功能小型化反应堆、四代反应堆、先进核燃料等为代表的先进核能研发工作不断深入并取得实质性进展，创新技术不断涌现。二代核电建设基本退出历史舞台，三代核电已成为主流，四代反应堆、小型堆等技术格局、预期市场空间、机遇挑战等都在发生复杂而深刻的变化。我国受世界环境影响，核能发展具有当前全球形势的普遍性。同时，由于我国核工业的具体情况，国内核能发展也具有自身的特殊性。因此，深入分析和理解国内外核能行业面临的变革与挑战，研究分析核能发展形势和未来方向，对建设世界一流的能源企业、打造核心竞争力具有积极意义。

（2）全球核电发展形势分析

当前世界能源结构随能源需求增长而持续多样化。世界能源继续朝着低碳方向转型，能源结构呈多元化态势，可再生能源增长很快，充足的能源供应加上能源效率的不断提升，能源之间竞争日益激烈。在总体能源发展背景下，对核电发展总体形势进行分析，可以得到以下几点认识：

1）核电是安全的低碳清洁能源

图 1－1 给出了各种发电技术寿命周期内的温室气体排放情况，其中图中彩色条带部分

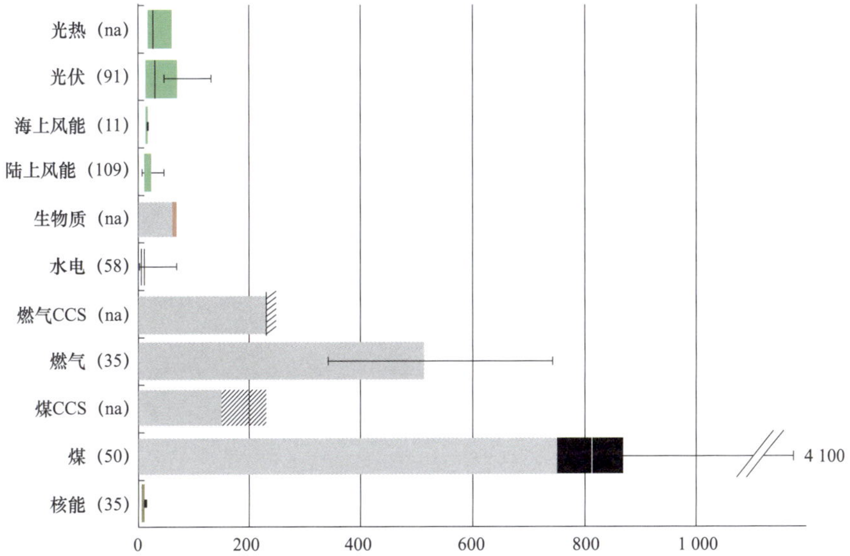

图 1－1　各种发电技术寿命周期内温室气体排放对比

别表示排放的下限、平均值和上限。从中可以明显看出，核电寿命周期内的温室气体排放和水电相当，相对其他的发电技术是非常低的。另外，从图中可以看出，在温室气体排放相对较低的几种发电技术中，光伏和风电还属于不可调度电能。

图 1-2 给出了从 1970 年以来全球发电所排放的 CO_2 实际总量以及三种低碳能源所避免的 CO_2 排放量。从图中可以看出，从 20 世纪 70 年代以来，电力生产所产生的 CO_2 排放量随着电力供应的增加而上升，水电所避免的 CO_2 排放作用明显。由于 20 世纪 70 和 80 年代大规模的核电建设和投产，导致从 20 世纪 80 年代后期，核能所避免的 CO_2 排放量明显上升且由于新建机组大幅减少而一直维持在可观水平，再次说明了核电对于工业发展后期全球温室气体排放和目前的水平消减做出了很大的贡献。2017 年在美国，56%的零碳排放的能源由其核能供应，在新泽西州，97%的清洁能源来源于核能。

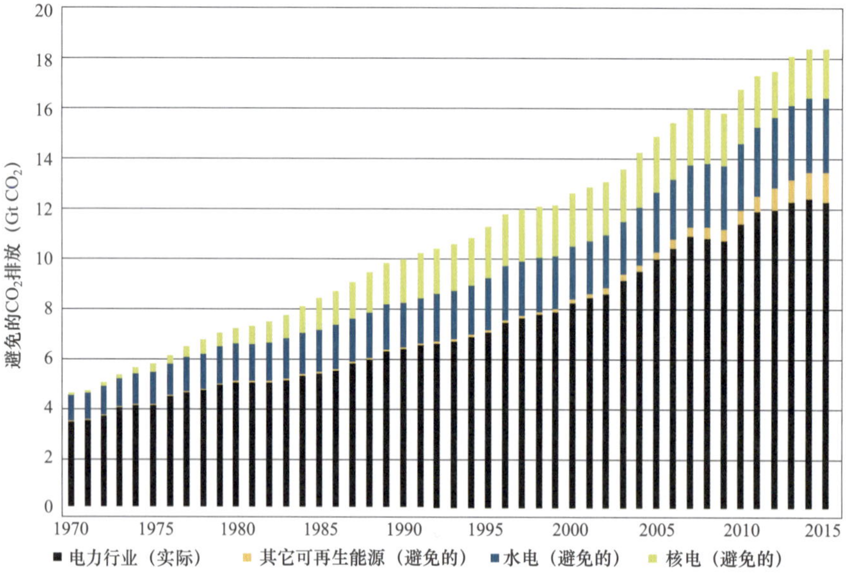

图 1-2　全球发电所产生的 CO_2 排放量以及低碳能源所避免的 CO_2 排放量对比

2）核电增长乏力，发展处于低潮

尽管各个国家情况不尽相同，但目前世界核电发展总体处于低潮期，发展速度明显放缓，普遍受到政治、经济、福岛事故后公众接受度、科技发展程度等等因素的限制。图 1-3 为 1970—2017 年世界核电生产能力，可见总体核发电量不及历史最高水平，不同地域的变化趋势仍基本维持：① 亚洲、东欧及俄罗斯保持增长；② 西欧和中欧保持下降；③ 美国的核能发电量基本维持，且处于下降边缘；④ 南美洲和非洲的核能发电量有所下降。

亚洲的容量增加的主导因素在两个人口大国：中国和印度。中东阿联酋表现积极，东欧的一些国家，如保加利亚等正在尝试发展核电，但由于这些地域人口少，发展规模十分有限。福岛事故后，受到政治、公众态度、经济等问题的影响，大部分地区的核电基本都呈下降态势。尤其是传统核电大国，美、法、德、日、韩都不同程度地减低核电容量比例。而本来要积极发展核电的南非也宣布取消原有核电发展计划。

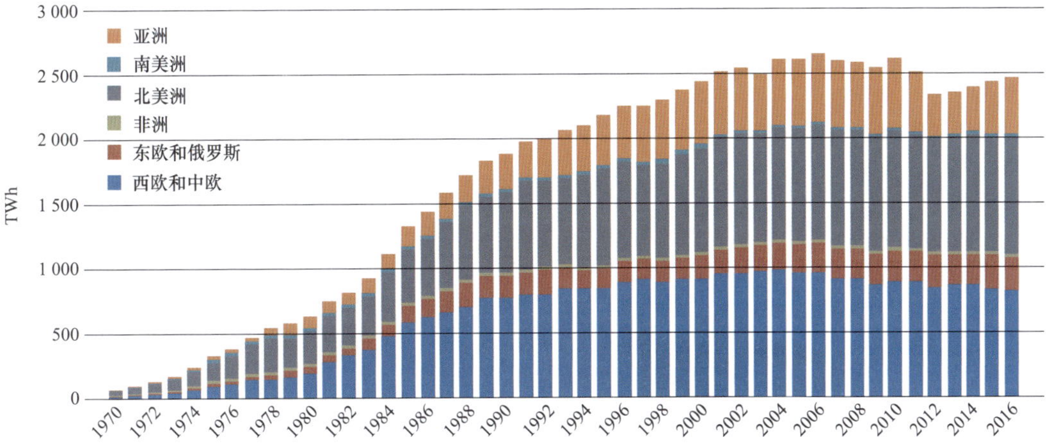

Source: World Nuclear Association, IAEA Power Reactor Information Service (PRIS)

图 1－3　1970—2017 年核电产能

3）核电面临的主要问题

造成核电发展困局的原因是多方面的，除了政治、经济、地区科技及工业发展水平等主要因素影响外，对于核能发展所面临的主要问题和挑战主要包括：① 核电站安全性，尤其是福岛事故后公众对于核电安全性的担忧增加；② 核电成本高、经济性不佳；③ 来自经济性良好的天然气、竞争力不断增加的可再生能源以及新能源技术所产生的冲击；④ 乏燃料与放射性废物的处置问题；⑤ 在核电要实行更严格的安全监管、新堆型安全评审等方面，各国政府监管上也存在不确定性。

4）不少二代机组面临退役，新建机组已全面采用三代核电技术

随着不少二代核电机组面临退役，目前全球在建大型商用核电机组主要包括，AP1000、EPR、VVER、华龙一号和 APR1400 等，都属于三代核电技术。二代技术正在逐步退出历史舞台。

1.1.3　核能技术发展方向

尽管核电面临许多问题和挑战，发展乏力，但由于核能的高科技属性，对国家战略具有重要支撑作用，因此相关核能技术的研发与创新，不论是在传统核能技术强国，还是新兴核能技术国家，都在紧锣密鼓的开展，这些技术研发工作对解决当前核电所面临的主要问题也具有很好的针对性。

（1）核电仍在稳步发展

表 1－1 也给出了全球 17 个国家或地区正在建设的核电站。其中，白俄罗斯、阿联酋、孟加拉国、土耳其是新的核电成员国。国际能源署发布《清洁能源系统中的核能》报告说，核电发展越来越集中在发展中国家，正在建设的核反应堆中有 40 座位于中国、印度等国。相比之下，发达经济体的核能发展乏力，这对未来全球能源安全和实现气候目标构成威胁。

（2）重视拓展核电的关联应用

尽管核电发展受限，但在核能的非电力应用方面越来越受到重视，相关技术研发正在开展。如果在能量密集型生产领域引用核能技术将大大降低温室气体的排放。这些生产领域往往同时需要电力和工艺热，而核能技术可以很好地满足这些要求。目前主要的核电机

组能够提供的热量温度大约在 300 ℃，随着核能技术开发，涌现的小型反应堆和先进四代堆技术能够供应更高温度的热量。核电关联领域的应用可以涵盖海水淡化，制氢，原油开采，石油化工，船舶运输，甚至是太空应用。各种反应堆能够提供热能的温度范围和相关工艺热应用温度范围如图 1-4 所示。可以看出，区域供暖和海水淡化这些与民生息息相关的领域所需温度低于现有核电机组，因此从理论上讲完全没有技术障碍。对于中等温度的应用，如原油加工、生产等，小型堆和四代堆都可以满足，对于更高温度的应用，如制氢、钢铁制造、水泥加工等，具有较高温度的四代堆，如高温气冷堆、熔盐堆等完全能够满足。

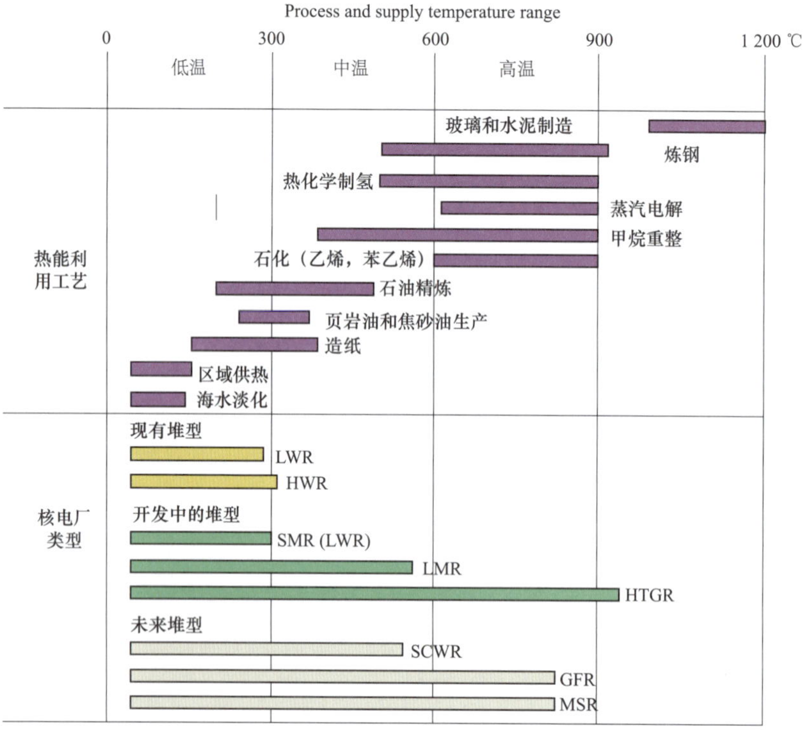

图 1-4　不同反应堆温度及不同工艺热应用温度范围

（3）重视核能与多种形式能源的深度融合

自 2015 年巴黎气候变化协议之后，人们越来越关注可行的，具有经济竞争力的清洁能源综合解决方案。与传统化石燃料相比，核能和可再生能源相结合的混合能源系统可以显著减少温室气体（GHG）排放，这种整合还将促进海水淡化，氢气生产，区域供热，冷却和其他工业应用的热电联产。为了促进整合技术落地，还需进一步开展技术研发，采取适当的政策和市场激励措施。

低碳能源的两个主要选择是核能和可再生能源，许多国家在其国家能源结构中拥有这些能源，目前已有部分国家开始探索它们之间耦合协同方式。核可再生混合能源系统是由核反应堆，可再生能源发电和工业过程组成的综合设施，可同时满足电网灵活性，温室气体减排和投资资本的最佳利用需求。

核电目前基本是基荷运行，而风能和太阳能等可再生能源则是间歇性的。如果核电采用负荷跟踪模式，可以提高可再生能源的效率。

（4）小型化反应堆技术开发应用成为新趋势

针对大型商用核电站成本高建设周期长等问题，小型化反应堆在各方面相对灵活，小型模块化反应堆除了具有传统反应堆单一的发电功能以外，还有其他工业用途，主要为热电联产、工业供热和海水淡化等。市场优势在于其固有的高安全性和高效率的热、电联产能力，同时具有经济性，能够满足不同用户的需要。除了可以为城市供电外，还可以热电联产、提供海上及海岛核动力、空间核动力等。很多国家都在致力开发小型化反应堆，成为核能发展及应用的一个新趋势。当前世界上很多国家都开发了具有各自特色的小型反应堆，其中以压水堆为主，大都借鉴了成熟的技术积累，最近开发的小型堆都具有三代以上的安全特性。

美国、中国、俄罗斯、法国、日本、韩国和阿根廷等国均提出了独立的小型轻水堆设计方案，绝大部分处于设计或评审阶段，俄罗斯部分堆型已进入建造或运行阶段。在北美，很多私人投资的小企业，主导了先进核能研发，Third Way 的最新调研显示总共有 56 个公司在开发各式各样的先进反应堆。美国 NUSCALE 堆型获得 NRC 许可，得到一个由西部 6 个州的市政电力公司组成的联合企业的支持，在爱达荷州开始建设 12 个 50 MW（兆瓦，1 兆瓦 $=10^3$ 千瓦）的小型模块化反应堆，希望在 2026 年建成；阿根廷的 CAREM－25 原型堆正在建造；俄罗斯基于 KLT－40S 小堆的浮动核电站已于 2017 年完成建设，目前已经完成临界运行，预计 2019 年投入使用。

（5）四代堆型研发积极稳步推进

20 世纪 80 年代各国提出了许多新概念的反应堆设计和核燃料循环方案。在美国能源部的倡议下，10 个国家（美国、英国、瑞士、南非、日本、法国、加拿大，巴西、韩国和阿根廷）派专家组成了“第四代核能系统论坛”（Generation IV Nuclear Energy International Forum，GIF），中国也于 2006 年加入了 GIF，目前 GIF 共有 13 个国家参与。GIF 选定的六个候选堆型，分别是超临界水冷堆，超高温气冷堆，熔盐堆，钠冷快堆，铅冷快堆和气冷快堆。目标是要在 2030 年开发出新一代核能系统，使其在安全性、经济性、可持续发展性、防核扩散、防恐怖袭击等方面都具有显著的先进性和竞争能力。

目前，部分四代堆前期示范堆都取得了实质性进展，包括中国的钠冷快堆和高温气冷堆，都视为是四代堆的前期示范项目，为开发真正意义上的四代堆提供了很好的研发示范基础和经验。

（6）关键共性支撑技术研究不断深入

在核能关键共性支撑技术领域，针对反应堆安全、严重事故预防和缓解、先进燃料与材料研发、核燃料循环及乏燃料处置等方面的研究不断深入，这些研究对于核能应用及安全监管进步具有重要的作用。

在反应堆安全方面，反应堆安全分析程序及相关实验验证广泛开展，目前美、德、法、韩以及中国等国都开发了自己的安全分析程序，如 RELAP、COBRA、ATHLET、TRACE、MARS、COSINE 等，安全分析程序的开发、试验验证、应用及改进都取得了进展。另外，在对局部重要热工水力现象的研究方面，随着 CFD 技术进步，其应用日益增强，将发挥越来越重要的作用。

福岛事故之后，严重事故预防和缓解领域不断进行深入研究。包括对堆芯熔融物及熔池行为、氢气爆炸、熔融物与混凝土反应、蒸汽爆炸等的试验及模拟，相关非能动安全系统可靠性研究，严重事故缓解改进措施等。同时，核安全监管对于超设计基准事故和拓展事故工况在福岛事故后也有了越来越多的强制性要求。

对于先进事故容错燃料（ATF）的研发也取得了实质进展。美国 DOE 设立了 ATF 研发计划，并在 2018 年 10 月资助 GE 研发中心牵头，联合阿拉莫斯、橡树岭、爱德华国家实验室，开发 ATF 燃料，提高对事故条件下极高温度的抵抗力，保持燃料完整性。总部位于美国的全球核燃料公司（GNF）已制造 ATF 测试组件，装入南方核电运行公司的两台 Hatch 核电站进行先导测试。法国的 Framatome 公司已与美国公用事业公司 Entergy 公司签订合同，在 2019 年秋季向阿肯色州核一核工厂的 1 号机组使用镀铬涂层的先导燃料组件。

1.2 压水堆核电厂的基本构成

1.2.1 压水堆核电厂的基本原理和流程

从堆型技术统计来看，各国在运堆型分布大致如表 1–2 所示，压水堆是世界上在运核电站的主流堆型。压水堆最初是美国为核潜艇设计的一种军用热堆。1961 年，美国建成世界上第一座商用压水堆核电站，此后历经数十年的发展改进，技术上取得了多次重大突破，目前被公认为是技术最成熟、运行安全和经济实用性结合最好的堆型，因此占据了核能领域中独特的统治地位，而且预计这种状况可能还要维持一段时间。

表 1–2 2018 年世界核电主要堆型及代表国家一览

堆型名称	总数	占比/%	代表国家
压水堆（PWR）	269	61	美、法、日、俄、中
沸水堆（BWR）	92	21	美、日、瑞典
重水堆（PHWR）	46	10	加拿大
气冷堆（GCR）	18	4	英
石墨水冷堆（LWGR）	15	3	俄

尽管从设计原理上，压水堆核电厂有两大缺点：第一，高压工作环境带来的制作难度和费用的提高；第二，两重回路，热效率偏低。但是相比之下，其优点更加突出：第一，结构紧凑，堆芯的功率密度大。因此，在体积相同的情况下，热堆中压水堆的功率最大；第二，结构小再加上轻水的价格便宜，导致压水堆的基建费用低和建设周期短；第三，双重回路，降低了核泄漏的风险，安全性比单回路的沸水堆大大提高。

压水堆核电站使用轻水作为冷却剂和慢化剂。主要由核蒸汽供应系统(即一回路系统)、汽轮发电机系统（即二回路系统）及其他辅助系统组成。冷却剂在堆芯吸收核燃料裂变释放的热能后，通过蒸汽发生器再把热量传递给二回路产生蒸汽，然后进入汽轮机做功，带动发电机发电。

（1）压水堆核电站工作原理简介

核反应堆是核电动力装置的核心设备，是产生核能的源泉。

在压水反应堆中，能量主要来源于热中子与铀–235 核发生的链式裂变反应。裂变反应是指一个重核分裂成两个较小质量核的反应。在这种反应中，核俘获一个中子并形成一个复合核。复合核经过很短时间（10^{-14} 秒）的极不稳定激化核阶段，然后开裂成两个主要碎片，同时平均放出约 2.5 个中子和一定的能量。一些核素，如铀–233、铀–235、钚–239 和钚–241 等具有这种性质，它们是核反应堆的主要燃料成分。

由于反应前后存在质量亏损，根据爱因斯坦相对论所确定的质量和能量之间的关系，质量的亏损相当于系统的能量变化，即$\Delta E=\Delta mc^2$。对铀–235 来说，每次裂变释放出的能量大约为 200 MeV（1 兆电子伏$=1.6\times10^{-13}$ 焦耳）。这些能量除了极少数（约 2%）随裂变产物泄漏出反应堆外，其余（约 98%）全部在燃料元件内转化成热能，由此完成核能向热能的转化。水作为冷却剂，用于在反应堆中吸收核裂变产生的热能。高温高压的一回路水由反应堆冷却剂泵送到反应堆，由下至上流动，吸收堆内裂变反应放出的热量后流出反应堆，流进蒸汽发生器，通过蒸汽发生器的传热管将热量传递给管外的二回路主给水，使二回路水变成蒸汽，而一回路水流出蒸汽发生器后再由反应堆冷却剂泵重新送到反应堆。如此循环往复，形成一个封闭的吸热和放热的循环过程，构成一个密闭的循环回路，称为一回路冷却剂系统。蒸汽发生器产生的饱和蒸汽由主蒸汽管道送到汽轮机将蒸汽的热能转变为汽轮机转子旋转的机械能。汽轮机直接带动发电机发电，把机械能转换为电能。综上所述，压水堆核电站将核能转变为电能是分四步，在四个主要设备中实现的：1）反应堆：将核能转变为热能（高温高压水），并将热能传给一回路冷却剂；2）蒸汽发生器：将一回路高温高压水中的热量传递给二回路的水，使其变为饱和蒸汽；3）汽轮机：将饱和蒸汽的热能转变为高速旋转的机械能；4）发电机：将汽轮机传来的机械能转变为电能。典型压水堆核电厂示意图见图 1–5。

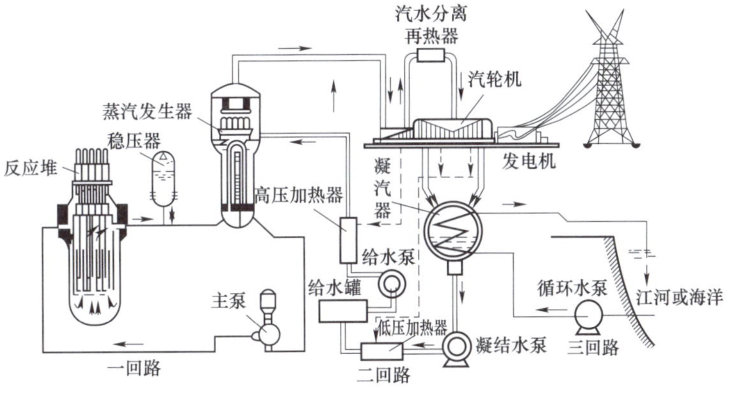

图 1–5 典型压水堆核电厂示意图

（2）压水堆核电站主要特性

本书后续所述技术参数均以福清核电 1～4 号机组的二代加 100 万千瓦级压水堆核电机组为例。

1）堆芯高约 3.6 米，直径约 3 米，在这么小的体积内要发出约 300 万千瓦热功率，其平均体积比功率高达约 110 千瓦/升。停堆后，由于裂变产物的 β 和 γ 衰变以及缓发中子的作用，还要发出“余热”，几小时后还有 1%额定功率（约 3 万千瓦），其能量十分可观。

因此必须确保冷却剂流动不能中断，更不能失水。

2）一回路压力如果降低，高温水可能汽化，使燃料元件冷却恶化。因此装有稳压器，保持压力稳定。

3）考虑到运行过程中不可避免的各种扰动，在任何运行状态下都具有“负反馈”特性，即当温度升高时能自动把功率降下来，从而使温度不再继续升高，就像不倒翁一样。

1.2.2 压水堆核电厂主要系统和设备

（1）主回路系统

压水堆核电厂的一回路系统与二回路系统完全隔开，它是一个密闭的循环系统。该核电站的原理流程为：主泵将高压冷却剂送入反应堆，一般冷却剂保持在120～160个大气压。在高压情况下，冷却剂的温度即使300 ℃多也不会汽化。冷却剂把核燃料放出的热能带出反应堆，并进入蒸汽发生器，通过数以千计的传热管，把热量传给管外的二回路水，使水沸腾产生蒸汽；冷却剂流经蒸汽发生器后，再由主泵送入反应堆，这样来回循环，不断地把反应堆中的热量带出并转换产生蒸汽。从蒸汽发生器出来的高温高压蒸汽，推动汽轮发电机组发电。做过功的乏汽在冷凝器中凝结成水，再由凝结给水泵送入加热器，重新加热后送回蒸汽发生器。这就是二回路循环系统。冷凝器中用三回路循环泵抽来的江河水作冷却剂，冷却后又排回到江河中，组成第三回路循环。

（2）压力容器和堆芯

压水堆由压力容器和堆芯两部分组成。压力容器是一个密封的、又厚又重的圆筒形大钢壳，所用的钢材耐高温高压、耐腐蚀、耐辐照。在容器的顶部设置有控制棒驱动机构，用以驱动控制棒在堆芯内上下移动。

堆芯是反应堆的心脏，装在压力容器中间。它是由燃料组件构成的。正如锅炉烧的煤一样，燃料芯块是核电站“原子锅炉”燃烧的基本单元。这种芯块是由二氧化铀烧结而成的，含有2%～4%的铀－235，呈小圆柱形，直径约为9.3毫米。把这种芯块装在两端密封的锆合金包壳管中，成为一根长约4米、直径约10毫米的燃料元件棒。把200多根燃料棒按正方形排列，用定位格架固定，组成燃料组件。每个堆芯一般由121个到193个组件组成。这样，一座压水堆所需燃料棒几万根，二氧化铀芯块1 000多万块。此外，这种反应堆的堆芯还有控制棒和含硼的冷却水（冷却剂）。控制棒用银铟镉材料制成，外面套有不锈钢包壳，可以吸收反应堆中的中子，它的粗细与燃料棒差不多。把多根控制棒组成棒束型，用来控制反应堆核反应的快慢。如果反应堆发生故障，立即把足够多的控制棒插入堆芯，在很短时间内反应堆就会停止工作，这就保证了反应堆运行的安全。

（3）安全屏障

压水堆是比较广泛采用的核反应堆。其特征是水在堆芯内不沸腾，因此水必须保持在高压状态。图1－6是压水堆核电站的流程示意图。燃料用的是二氧化铀陶瓷块，这样的铀芯块本身就起防止放射性物质外逸的作用，即构成了第一道安全屏障。把这些小的铀块重叠在高3米，外径9.5毫米，厚0.57毫米的锆合金管内封闭，即成为燃料元件棒，简称铀棒。锆合金管也能防止放射性物质逸出，故构成第二道安全屏障。每200多根铀棒，排列成横17排，纵17排的燃料组件。如果堆内有100多个这样的燃料组件，即可成为90万千瓦的压水堆核电站。整个堆芯放在内径为4米，高为13米，厚为0.2米的压力容器内。壳内压强为 155 个大气压。可把水加热到 310 ℃以上。从反应堆出来的热水进入蒸汽发生器，将热量传给二回路的水，使之变成蒸汽。蒸汽进入蒸汽轮机发电。

从反应堆出来的水在蒸汽发生器中温度降低后，经一回路的循环泵驱动，又回到压力壳的堆芯继续加热，完成一回路的循环。一回路和压力壳组成第三道安全屏障。而包容整个核岛的安全壳则构成第四道屏障。

（4）一回路主要系统参数

反应堆冷却剂系统设备设计是以下述正常运行数据为基准：（绝对）压力 15.5 MPa，满负荷时冷却剂的平均温度 310 ℃；按 100%反应堆功率下向二回路系统传递全部反应堆热功率设计；所有冷却剂系统（RCP）设备都按能适应 112 ℃/h 速率加热或冷却瞬态设计，但温度变化率的运行限值为 56 ℃/h。整个反应堆冷却剂系统（RCP）的设计遵照有关文件的规定，在核电厂正常或事故工况下运行时，由温度、压力、流量变化引起的机械应力不得超过限值，以确保反应堆冷却剂系统压力边界的完整性。

一般百万级机组 RCP 系统由并联到反应堆压力容器的三条相同的传热环路组成。每一条环路有一台反应堆冷却剂泵和一台蒸汽发生器。一回路示意图见图 1－6，一回路特性参数见表 1－3。

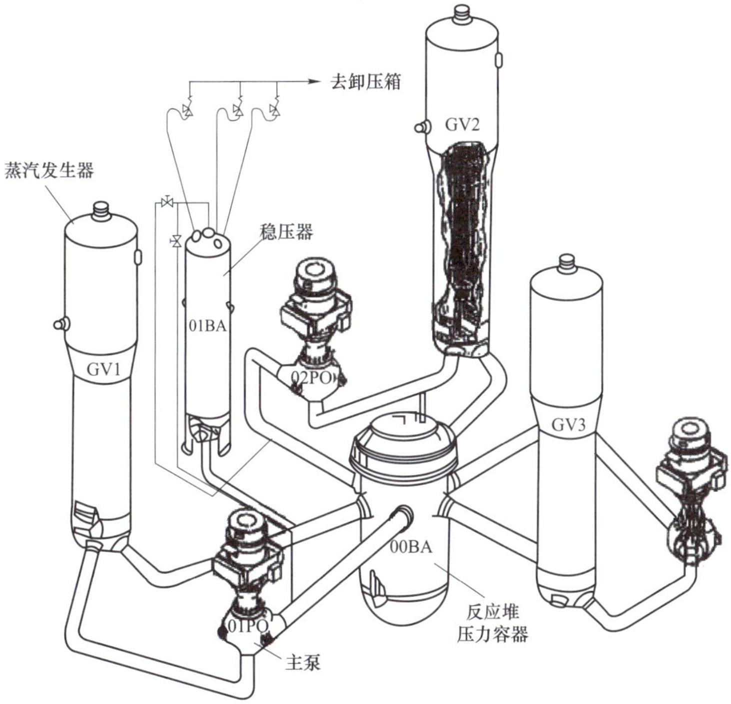

图 1－6　一回路示意图

表 1－3　百万级反应堆冷却剂系统（RCP）特性参数

主要参数	数值
堆芯额定输出热功率/MW	2 895
NSSS 额定输出热功率/MW	2 905

续表

主要参数	数值		
设计压力/MPa • a	17.23		
正常运行压力/MPa • a	15.5		
水压试验压力/MPa • a	22.9		
热工设计流量（每条环路）/（m^3/h）	22 840		
最佳估算/名义流量（每条环路）/（m^3/h）	23 790		
机械设计流量（每条环路）/（m^3/h）	24 740		
设计温度/℃	343（稳压器设备除外）		
蒸汽流量/（t/h）	3 × 1 938（零排污）		
冷却剂温度（在满负荷下）	热工设计/℃	最佳/℃	机械设计/℃
——堆芯入口	292.4	293.1	293.7
——堆芯出口	329.8	328.3	327.7
——压力容器出口	327.6	327.0	326.4
——压力容器平均	310.0	310.0	310.0
——堆芯平均	311.1	310.7	310.7
温度（热态零负荷下）/℃	291.4		

（5）二回路主要系统参数

以福清核电为例，1、2 号机组的汽轮机是东方电气集团使用 ALSTOM 技术生产的 ArabelleTM 1 000 兆瓦级大型汽轮机。该汽轮机是一台单轴、三缸四排汽、带有中间汽水分离再热器的多级冲动式、凝汽式汽轮机，转速为 1 500 r/min。

汽轮机的主要参数见表 1–4。

表 1–4　汽轮机主要参数

额定主蒸汽流量/（kg/s）	1 613.4	额定功率/MW	1 087
高压缸进口蒸汽流/（kg/s）	1 532.5	最大保证功率/MW	1 089
高压主汽阀前额定压力/MPa.a	6.43	额定转速/（r/min）	1 500
高压主汽阀前额定温度/℃	280.1	旋转方向（从汽轮机向发电机）看）	逆时针
高压主汽阀前蒸汽湿度/%	0.47	高压转子叶片级数	9
高压缸排汽湿度/%	14.3	中压转子叶片级数	4
中压缸进口蒸汽流量/（kg/s）	1 069.6	低压转子叶片级数（每个）	10（5 × 2）
中压主汽阀前额定压力/MPa.a	0.93	抽汽级数	7
中压主汽阀前额定温度/℃	268.8	低压缸末级叶片长度/mm	1 430
低压缸排汽流量/（kg/s）	820.55	高中压转子临界转速/（r/min）	953
低压缸排汽湿度/%	9.6	1 号低压转子临界转速/（r/min）	1 039
定工况背压/kPa.a	5.1	2 号低压转子临界转速/（r/min）	1 039

为了回热给水，提高循环效率，该汽轮机设置了 7 级抽汽。高压缸有两级抽汽，一级抽汽去加热 7 号高压加热器，同时作为汽水分离再热器（MSR）的第一级加热汽源，另一级抽汽用于加热 6 号高压加热器。高压缸部分排汽作为除氧器加热用汽。中压缸设置两级抽汽，供给 4 号低压加热器和 3 号低压加热器。低压缸设置两级抽汽，供给 1/2 号复合式低压加热器。常规岛主机热力循环如图 1－7 所示。

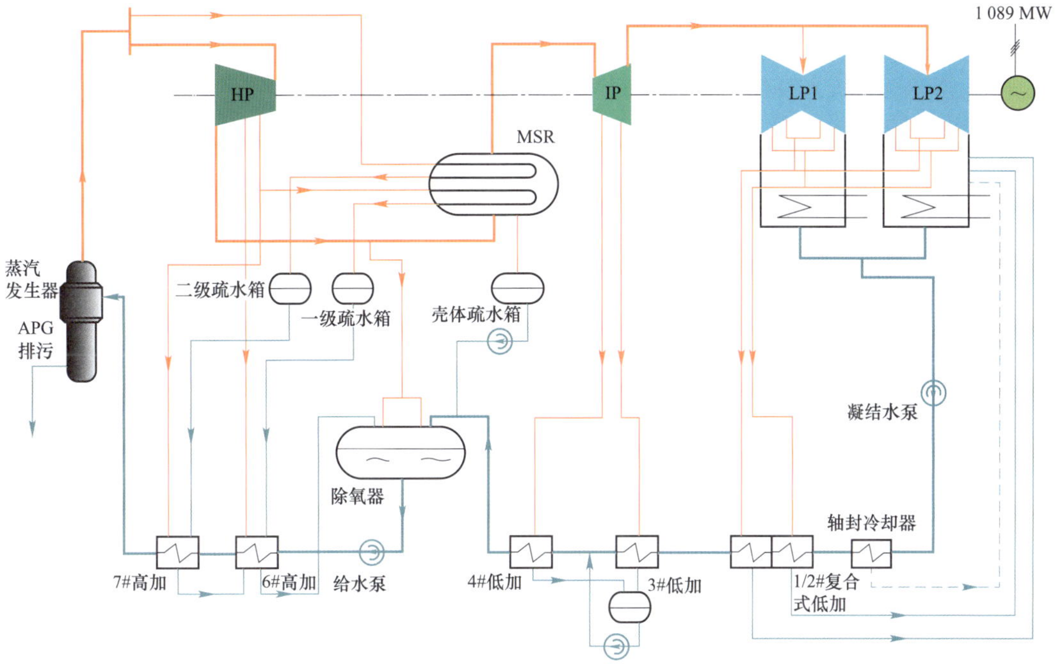

图 1－7 热力循环图

1.3 我国压水堆核电厂发展现状

1.3.1 当前主要情况

根据国际能源署（IEA）公开信息，2018 年全球发电总量达到 26.672 万亿千瓦时，中国发电量为全球第一，全球占比高达 25.49%。按照发电类型来分，2018 年全球火电发电量占比约 64%，水力发电量占比约 16%，核电发电量占比约 10%，风电发电量占比约 5%，太阳能发电量占比约 2%，其他类型发电量占比约 3%。据国家统计局统计，2018 年核电发电量约 2944 亿千瓦时，同比增长 18.6%。中国核电发电量占全国总发电量的 4.2%，不仅距离核能发达国家有很大差距，距离世界平均水平也存在很大差距。

按照我国核电中长期发展规划目标，到 2020 年，我国大陆运行核电装机容量将达到 5 800 万千瓦，在建 3 000 万千瓦左右。福岛事故后，国内核电项目核准决策更加谨慎，对核电技术的安全性和先进性要求也进一步提高。

技术方面，我国核电上与世界先进水平保持同步。三代核电技术研发和应用走在世界前列，四代核电技术、模块化小型堆、海洋核动力平台、先进核燃料与循环技术取得突破，可控核聚变技术得到持续发展。

政策方面，国家已发布的关于核电及核能技术发展的文件有《能源发展十三五规划》、《国家能源技术革命创新行动计划》《能源技术创新“十三五”规划》，以及国家能源局印发的《2018 年能源工作指导意见》中相关核电及核能技术发展的内容，通过梳理可以初步总结以下几点：

1）坚持安全高效发展核电，坚持核电中长期发展规划，堆型逐步向自主三代主力堆型集中，深入实施 CAP1400 和高温气冷堆核电重大科技专项。

2）积极开发新一代反应堆，包括四代堆和小型堆，要推进相关示范工程建设。其中《国家能源技术革命创新行动计划》特别提出积极研究推动北方地区核能供暖试点工作。

3）在先进燃料、自主化燃料开发、严重事故缓解等共性支撑技术等方面继续推动深入研究。

4）发展乏燃料后处理自主技术，构建先进核燃料循环系统。

5）探索研发可控核聚变技术。

1.3.2 发展形势及特点分析

国内核能发展形势既具有世界总体发展形势的普遍性，也具有自身特点。

（1）国内核电发展目前同样处于低潮，但长期来看仍有发展空间

尽管中国位于世界在建机组数量首位，但是相对于我国目前核电占比和世界平均水平差距而言，尤其在福岛事故后，我国核准速度已经大大放缓，远远未达到每年 6～8 台的预期目标。除了普遍性原因影响之外，还要考虑我国目前电力过剩的影响。

但是，对比世界各国人均用电量，我国人均年用电量不足 4 000 千瓦时，约是日本的 1/2、美国的 1/3，中国人均生活用电量仍处于发展中阶段。国内目前人均用电量低说明当前电力产能过剩是相对过剩。未来我国要在 2020 年全面建成小康社会，2035 年基本实现现代化，到 21 世纪中叶全面建成现代化强国，人均用电量定会翻倍增加，同时中国在控制全球气候变化方面肩负重要责任，因此，从我国现代化建设和长期发展来看，核电仍会发展。

（2）在大型商用核电站方面已经掌握三代核电自主化技术

目前已经实现先进百万千瓦级压水堆核电站的自主设计、自主制造、自主建设和自主运营，全面建立与国际先进水平接轨的建设和运营管理模式，形成比较完整的自主化核电工业体系。掌握了 AP1000 技术，世界首批 AP1000 机组建成并先后完成并网，标志着三代非能动核电技术消化吸收的完成。采用“华龙一号”自主三代技术的首堆示范项目开工建设，同样的三代非能动自主化核电“国和一号”CAP1400 已经开工。首座高温气冷堆技术商业化核电站示范工程建设进展中，核级数字化仪控系统实现自主化。

（3）先进小型化反应堆开发应用具有发展前景

开发小型堆对我国调整能源结构、支撑智能电网的发展、推动核能多元化应用、提升核电技术创新能力、确保核电技术领先地位、装备制造业产业升级、走出去、军民融合发展等具有重要意义。

在我国，小堆设计多重多样，竞相开放。中国核工业集团公司自 2004 年开始设计研发我国自主的小型轻水堆 ACP100，目前已进入工程设计阶段，ACP100 关键设备及软件均属自主研发，示范工程正在海南昌江进行建设，预计建设单台电功率 10 万千瓦的 ACP100 机组。中国广核集团设计了 ACPR100 和 ACPR50S，打算应用于海上浮动平台。此外清华大学、中国科学院核能安全技术研究所等单位都在开展小堆前期工作。目前已经通过国家能源局工程示范立项的主要包括中核集团的 ACP100S 和中广核集团的 ACPR50S。

结合近年我国建设海洋强国的行动，基于小型堆技术的海洋核动力平台可以提供电力、热能、淡水等资源保障，并且以核能发电、供应热能或淡水，可根据需要变换供应点，且具有一次装料运行时间长，运行成本低、无有害气体排放、续航力高、海洋环境适应能力强等优点，是海洋油气开采能源供应和岛礁能源供给的最佳选择。中船重工集团进行了海洋核动力平台的研发。

另外，世界上主要发展中国家和新兴工业国家用电需求有限，电网基础设施建设尚不完善，将近 75%的发电机组小于 50 万千瓦，同时发展中国家的经济实力有限，无法支撑大型反应堆的建设。在“一带一路”建设背景下，构建全球能源互联网，关系到未来全球能源格局，已得到越来越多国家的支持和响应。相对大型堆，小型堆系统简化、安全性高、投资成本低，可有效地满足“一带一路”沿线国家对能源的需求。

（4）全面开展四代堆研发及示范工程建设

中核集团主攻钠冷快堆，在实验快堆的基础上，开始霞浦示范项目 CFER600 设计建设。清华大学的首座高温气冷堆技术商业化核电站示范工程建设不断推进。中国科学院上海应用物理研究所聚焦熔盐堆，承担中国科学院先导专项“钍基熔盐堆”项目开展研发和武威示范项目建设。中国科学院正式启动了战略性先导科技专项“未来先进核裂变能 ADS 嬗变系统”，针对铅基反应堆 CLEAR 开展全面研发工作，计划到 2030 年后建成工业示范的加速器驱动核废料嬗变系统。

（5）关键共性支撑技术研究深入推进

在反应堆基础物理、热工水力研究、相关软件开发、试验验证等方面，三大核电集团、核安全局、中科院、各大主要高校等都相应开展了各具特色的研究工作。中核集团具有水堆、快堆软件及各类试验台架，广核具有小堆、华龙型号非能动安全、燃料元件等试验平台，国家电投开发了三代非能动核电软件，拥有完整的非能动安全、严重事故等试验台架。清华大学在高温气冷堆开展研究，上海交大、西安交大、华北电力、重庆大学等高校在反应堆物理、基础热工水力和严重事故研究中都开展了深入的研究工作。这些试验研究工作已经达到世界水平，正在积极开展各个方面的国际合作。另外，在自主燃料组件开发方面和 ATF 方面都投入了研究力量，并且部分自主化燃料组件已经开始进行相应实验测试，为最终入堆考验做好基础研发工作。

1.3.3　中国大陆核电机组概况

截至 2019 年 1 月 20 日，中国大陆在运核电机组达到 45 台，装机容量 45 896 兆瓦，排名世界第三；在建核电 11 台，装机容量 12 113 兆瓦，位居世界第一，在建规模连续多年保持全球领先。我国投运核电机组 2018 年发电情况见表 1－5。

表 1－5　中国大陆投运核电机组 2018 年发电情况

省份	核电厂名称	机组号	装机容量/MW	年发电量/亿千万时	年上网电量/亿千万时	核电设备平均利用小时数	核电设备平均利用率/%
浙江	秦山核电厂		310	16.25	15.09	5 241.91	59.81
	秦山第二核电厂	1 号机组	650	50.2	47.26	7 723.08	88.16
	秦山第二核电厂	2 号机组	650	56.57	53.06	8 703.08	99.35
	秦山第二核电厂	3 号机组	660	50.87	47.67	7 707.58	87.99
	秦山第二核电厂	4 号机组	660	51.03	47.87	7 731.82	88.26
	秦山第三核电厂	1 号机组	728	61.9	57.29	8 502.75	97.06
	秦山第三核电厂	2 号机组	728	50.66	46.85	6 958.79	79.44
	方家山核电厂	1 号机组	1089	93.05	87.61	8 544.54	97.54
	方家山核电厂	2 号机组	1089	89.95	84.72	8 250.69	94.19
	三门核电厂	1 号机组	1250	30.15	27.94	2 412.00	98.69
	三门核电厂	2 号机组	1250	11.13	13.15	1 130.10	83.97
广东	大亚湾核电厂	1 号机组	984	77.87	74.45	7 913.62	90.34
	大亚湾核电厂	2 号机组	984	86.95	83.07	8 836.38	100.87
	岭澳核电厂	1 号机组	990	73.01	69.91	7 374.75	84.19
	岭澳核电厂	2 号机组	990	75.98	72.7	7 674.75	87.61
	岭澳核电厂	3 号机组	1086	83.91	79.06	7 726.52	88.2
	岭澳核电厂	4 号机组	1086	87.46	82.2	8 053.41	91.93
	阳江核电厂	1 号机组	1086	81.9	77.16	7 541.44	86.09
	阳江核电厂	2 号机组	1086	94.87	89.1	8 735.73	99.72
	阳江核电厂	3 号机组	1086	84.27	79.27	7 759.67	88.58
	阳江核电厂	4 号机组	1086	70.2	65.92	6 464.09	73.79
	阳江核电厂	5 号机组	1086	12.64	39.94	3 926.34	95.05
	台山核电厂	1 号机组	1750	7.3	6.84	417.14	95.02
江苏	田湾核电厂	1 号机组	1060	76.41	70.75	7 208.19	82.29
	田湾核电厂	2 号机组	1060	82.85	76.61	7 816.04	89.22
	田湾核电厂	3 号机组	1126	68.75	63.62	6 105.68	79.5
	田湾核电厂	4 号机组	1126	2.64	2.45	231.46	99.05
福建	宁德核电厂	1 号机组	1089	80.59	75.53	7 400.37	84.48
	宁德核电厂	2 号机组	1089	82.33	77.08	7 560.15	86.3
	宁德核电厂	3 号机组	1089	85.42	79.92	7 843.89	89.54
	宁德核电厂	4 号机组	1089	89.93	84.8	8 258.03	94.27
	福清核电厂	1 号机组	1089	80.35	75.3	7 378.33	84.23
	福清核电厂	2 号机组	1089	78.39	73.15	7 198.35	82.17
	福清核电厂	3 号机组	1089	74.54	69.86	6 844.81	78.14
	福清核电厂	4 号机组	1089	72.14	67.68	6 624.43	75.62

续表

省份	核电厂名称	机组号	装机容量/MW	年发电量/亿千万时	年上网电量/亿千万时	核电设备平均利用小时数	核电设备平均利用率/%
辽宁	红沿河核电厂	1 号机组	1119	94.05	87.98	8 406.40	95.96
	红沿河核电厂	2 号机组	1119	82.37	77.38	7 362.42	84.05
	红沿河核电厂	3 号机组	1119	69.71	65.36	6 230.84	71.13
	红沿河核电厂	4 号机组	1119	55.44	51.99	4 955.35	56.57
山东	海阳核电厂	1 号机组	1250	20.05	18.49	1 604.00	95.37
	海阳核电厂	2 号机组	1250	2019 年 1 月 9 日投入商运			
海南	昌江核电厂	1 号机组	650	11.83	38.48	6 435.33	73.46
	昌江核电厂	2 号机组	650	35.34	32.4	5 436.92	62.07
广西	防城港核电厂	1 号机组	1086	56.17	52.13	5 472.19	59.04
	防城港核电厂	2 号机组	1086	70.64	65.69	6 504.60	74.25
总计			45896	2756.9	2641.6	—	—

全国在建核电机组 11 台，装机容量 12113 兆瓦。分别是：辽宁 2 台，福建 2 台（漳州核电 1 号机组于 2019 年 10 月 16 日正式开工），广东 2 台，江苏 2 台，广西 2 台，山东 1 台。截至 2019 年 6 月，在建核电机组见表 1－6。

表 1－6　中国大陆在建核电机组项目列表（截至 2019 年 6 月）

省份	核电厂名称	机组号	装机容量/MW	项目进展
辽宁	红沿河核电厂	5 号机组	1119	核岛主设备安装完成，主管道焊接完成，压力容器顶盖、堆内构件安装进行中。常规岛主蒸汽管道焊接进行中
		6 号机组	1119	核岛压力容器和蒸汽发生器安装完成，主管道焊接进行中。常规岛汽机平台移交安装
福建	福清核电厂	5 号机组	1150	核岛冷态功能试验完成，热试相关系统安装进行中。常规岛二回路水压试验完成，汽机安装完成，盘车装置安装进行中
	福清核电厂	6 号机组	1150	核岛主设备安装完成，主管道焊接完成，辅助系统安装进行中。常规岛主行车可用，安装开始
广东	台山核电厂	2 号机组	1750	于 2019 年 4 月完成首次装料，预计 2019 年 10 月投入商运运行
	阳江核电厂	6 号机组	1089	于 2019 年 5 月完成首次装料，预计 2019 年 8 月投入商业运行
江苏	田湾核电厂	5 号机组	1118	核回路冲洗完成，冷试准备进行中，二回路水压试验完成，汽机安装进行中
		6 号机组	1118	核岛主管道冷热段焊接完成，辅助系统管道安装进行中。常规岛完成 6.6kV 可用
广西	防城港核电厂	3 号机组	1150	常规岛主行车可用，首台凝汽器首个模块吊装就位
		4 号机组	1150	核岛主体结构施工中，常规岛厂房主体结构施工中
山东	石岛湾核电站		200	套控制棒驱动机构安装及螺栓拉伸完成，吸收球系统安装进行中。主给水系统管道焊接完成 56%
合计			12113	

1.3.4 我国典型压水堆核电厂特性

20 世纪 80 年代初期，我国政府制订了发展核电的技术路线和政策，决定发展压水堆核电厂，采用“以我为主，中外合作”的方针，一方面自主发展，另一方面引进外国先进技术，逐步实现设计自主化和设备国产化。

我国首先开发了自主设计建造的秦山核电厂 30 万千瓦压水堆核电机组，之后从法国进口建造了广东大亚湾核电厂两台 93 万千瓦压水堆机组。秦山二期核电厂两台 60 万千瓦压水堆机组按自主设计、自主管理方式建设。岭澳核电厂两台 1 00 万千瓦压水堆机组按大亚湾核电厂方式建设，由中方自主管理，提高了设备国产化的比例。秦山三期核电厂两台 70 万千瓦坎杜型重水堆机组由加拿大原子能公司按交钥匙方式总承包建设。田湾核电厂两台 VVER－1000 压水堆机组从俄罗斯进口成套设备。之后我国在岭澳核电厂基础上建造了多台改进型的二代加核电厂。现在我国又自主开发了第三代核电机组“华龙一号”。我国台湾地区现有 3 座核电厂 6 台机组。

（1） 我国初期建造的压水堆核电厂

1） 秦山一期 30 万千瓦核电厂

是我国第一座完全自主设计建造的商用核电厂，于 1991 年 12 月并网发电，1994 年 4 月投入商业，开辟了我国核能利用的新纪元。自投入运行以来，一直性能稳定，保持了满负荷和超负荷，创造了可观的经济效益和社会效益。秦山一期为单个机组，主系统为二环路，单层安全壳。

2） 秦山二期 2×60 万千瓦核电厂

在秦山一期基础上，我国启动了秦山二期 2×60 万千瓦核电厂的设计和建造。其中通过与国外合作，不仅完成了自主设计建造，同时从中掌握了百万级核电厂的设计和建造的核心技术，为我国进一步发展核电打下了基础。秦山二期 2×60 万千瓦核电厂为双机组，主系统也是二个环路。自 2002 年投入运行以来，同样性能稳定，运行安全。

3） 大亚湾核电厂和岭澳一期核电厂

1987 年 8 月，我国引进法国技术开始建造首座大型核电厂大亚湾核电厂。该机组以法国 M310 为参考电站，由法方负责总体责任，以交钥匙的方式完成设计建造，中方参与从中学习积累经验。大亚湾为两台百万千瓦机组，一回路有三个环路。

岭澳一期于 1997 年 5 月开工建造与大亚湾为临。它基本是大亚湾翻版，但也进行了多项技术改进。我国在岭澳工程上实现了部分设计的自主化和设备国产化，实现了项目管理、施工安装、调试运行的自主化。在此基础上为提高安全性和经济性进行了许多技术改进，自主设计建造了我国多台二代加机组。

大亚湾、岭澳核电厂以及我国自主建造的机组都属于典型的二代压水堆技术。而三代机组则有着许多创新。

（2） 中国“华龙一号”

“华龙一号”由中国核工业集团和中国广核集团联合研发，该技术实现了先进性和成熟性的统一、安全性和经济性的平衡、能动与非能动的结合，主要技术指标和安全指标满足我国和全球最新安全要求，具有完全自主知识产权，具备国际竞争优势和参与国际竞标条件。“华龙一号”已在福清核电、广西防城港核电厂、巴基斯坦卡拉奇核电厂开始建设。

“华龙一号”在能动安全的基础上采取了有效的非能动安全措施，作为能动安全系统的补充，提供了多样化的手段满足安全要求，是当前核电市场上接受度最高的三代核电机型之一。

为了在福岛核事故这样的全厂断电情况下也能实现导出堆芯余热和包容放射性物质的安全目标，华龙一号在能动设计的基础上增加了非能动的事故处理措施。非能动系统的优点就是不依赖电源，而是利用重力、温差、密度差这样的自然驱动力实现流体的流动和传热等功能。同时作为福岛核事故后的新增改进，“华龙一号”还设置了移动电源和移动泵，作为实现堆芯余热排出目标的最终手段。

非能动安全壳热量导出系统配置有三个冷却水箱，共三千吨左右的贮水装量，作为严重事故后安全壳内释热的最终热阱。在安全壳内设置 12 个换热器，换热面积共一千多平方米。

蒸汽发生器二次侧非能动排热系统与非能动安全壳热量导出系统共用一个换热水箱，并在水箱内设置管壳式换热器。

应急堆芯冷却系统还设置了非能动安全注入水箱。当反应堆冷却剂系统压力降到低于一定值时，安全注入水箱自动向反应堆冷却剂系统注入含硼水以保证堆芯的冷却。

作为应急堆芯冷却系统的纵深防御补充手段，非能动堆腔注水系统配置了一个堆腔注水冷却水箱，水箱装有 2 200 多吨水，在发生严重事故时通过向堆腔注入冷却水，冷却压力容器外表面来导出堆芯衰变热。

非能动安全壳消氢系统有几十台非能动氢气复合器，一旦发生事故，可以通过催化剂限制安全壳内的氢气浓度在燃烧和爆炸限值以下。

由于这些安全系统的非能动设计理念及配备的高位换热水箱，“华龙一号”机组可以满足事故后 72 小时不干预原则，非能动安全系统在设计基准事故或超设计基准事故甚至严重事故时会自动投入运行，分别执行预防堆芯熔毁、堆芯融毁后保证压力容器的完整性、提供蒸发器二次侧冷却、保证安全壳不超温超压、消除氢气爆燃及爆炸风险等安全功能。

国内在役的大部分核电机组均采用单层安全壳设计，安全壳既要承担事故情况下内压的作用，也要承担厂房外部可能的各种灾害作用。“华龙一号”为了达到更高的安全性，更好地实现对放射性物质的密封，在研发之初就决定采用双层安全壳设计，实现内、外壳的功能分离：内壳主要作用是抵御各种事故下及可能的严重事故下内部的高温高压，外壳主要作用是抵御包括飞机撞击在内的各种外部灾害的作用，保护内壳及其内部结构不受影响。另外，安全壳增加一层壳体，也可以更好地起到对于环境和人员的辐射屏蔽作用。

而安全壳设置大自由容积可以保证安全壳具有更好的事故耐受能力。在极端的失水事故或者二回路破口事故情况下，大量质能释放至安全壳，会造成安全壳内的升温升压，压力峰值距离安全壳设计值越远，对于安全壳完整性的威胁就越小。“华龙一号”安全壳内部的大自由容积，可以保证在最恶劣的设计基准事故情况下，安全壳内的压力峰值距离安全壳设计压力至少具有 10%的裕量，增强了安全壳作为最后一道密封屏障的安全性。作为日本福岛核事故之后设计定型的新堆型，“华龙一号”充分考虑了福岛核事故的经验反馈，具有充足的能力抵御类似福岛的核事故。

为了在福岛核事故这样的全厂断电情况下也能实现导出堆芯余热和包容放射性物质的安全目标，“华龙一号”在能动设计的基础上增加了非能动的事故处理措施。非能动系统的优点就是不依赖电源，而是利用重力、温差、密度差这样的自然驱动力实现流体的流动和传热等功能。同时作为福岛事故后的新增改进，“华龙一号”还设置了移动电源和移动泵，作为实现堆芯余热排出目标的最终手段。此外二次侧非能动余热排出系统也可投入使用，冷凝水在重力作用下注入蒸汽发生器，提供二次侧补水。这些措施使得华龙一号能够在全厂断电情况下建立起稳定可靠的一、二回路循环排出堆芯余热。

如果以上措施失效，“华龙一号”可采用应急补水方案，在充分卸压的情况下，利用核岛消防系统对一、二回路直接补水，甚至利用厂内其他水源以及移动设备（消防车或移动泵）实现对一、二回路的补水。

在福岛核事故中，除了堆芯熔毁和放射性物质外泄，还有很多其他情况，比如：乏燃料水池丧失冷却能力，一度引起了对乏燃料裸露的担忧；现场应急条件恶劣、主控室丧失可居留性；应急工作面临着多机组同时发生严重事故，长时间全场断电和缺乏外界支援的复杂局面。“华龙一号”也采取了针对性措施，防止类似的情况发生：乏燃料水池改进了冷却和检测能力，提供了事故条件下的应急补水手段和液位连续监测仪表；提高了严重事故条件下的主控室、应急控制中心、运行控制中心的可居留性和可用性；制订了多机组事故的应急响应方案，从人力、物力、管理等方面保证两台机组同时进入应急状态的响应能力；非能动系统容量和移动设备运行能力均满足 72 小时的要求，厂内水源也满足两台机组堆芯与乏燃料水池同时出现严重事故情况下的 72 小时用水需求，因此能够在事故发生之后的至少 72 小时内实现“电厂自治”而无须任何外界援助。

“华龙一号”设计全面平衡地贯彻了核安全纵深防御原则和设计可靠性原则，创新性地采用“能动与非能动相结合的安全设计理念”，以可有效应对动力源丧失的非能动安全系统作为经过工程验证、高效、成熟、可靠的能动安全系统的补充，提供了多样化的手段满足安全要求。“华龙一号”“能动与非能动相结合的设计理念”充分汲取福岛核事故经验反馈，无论是对设计基准事故还是严重事故，应对手段的多样性都得到了保证，满足《核安全与放射性污染防治“十二五”规划及 2020 年远景目标》《福岛核事故后核电厂改进行动通用技术要求（试行）》和《“十二五”期间新建核电厂安全要求（征求意见稿）》，具有很高的安全性和技术先进性。在提高核电厂经济性方面采取了大量措施，如核电厂设计寿命 60 年，采用 18 个月换料方案，设计可利用率大于 90%等，使其与国内外其他三代核电厂相比具有很好的经济性和市场竞争力。

（3）美国 AP1000 和 CAP1400

AP1000 是美国西屋电气公司在传统反应堆基础上研发的一种新堆型。其设计理念是：在传统成熟的压水堆核电技术的基础上，引入安全系统非能动化理念。采用非能动的简化型设计和模块化设计建造技术，在大量减少设备数量（特别是能动设备）的同时提高系统的可靠性，并缩短建造周期，从而在进一步提高安全性的同时提高其经济性。2007 年，AP1000 技术进入我国，确定 AP1000 依托项目，西屋电气公司向中国有关单位转让 AP1000 相关技术。（CAP1400 型压水堆核电机组是在消化、吸收、全面掌握我国引进的第三代先进核电 AP1000 非能动技术的基础上，通过再创新开发出具有我国自主知识产权、功率更大的非能动大型先进压水堆核电机组。目前山东威海市荣成石岛湾厂址，已开始建设 2 台 CAP1400 型压水堆核电机组，设计寿命 60 年，单机容量 140 万千瓦。）

AP1000 堆芯采用西屋公司加长堆芯设计（M314 型），活性段高度 4.2672 米，首炉装料 157 个 17×17 Performance+高性能燃料组件。压力容器内径 3.98 米，环锻结构；经验证的堆芯围筒，代替通常用的径向反射层，采用全焊接结构；堆芯测量系统经上封头穿出，取消下封头贯穿件；通过材料改进等措施保证压力容器 60 年设计寿命。

（4）法国 EPR

EPR（欧洲先进压水堆）是法国法玛通公司和德国西门子公司在法国 N4 和德国的 Konvoi 反应堆的基础上联合改进开发的反应堆。EPR 吸取了法德核电厂运行三十多年的经验，保持了技术的连续性，没有技术断代的问题。EPR 采取了“增加专设安全系统”的思路，即在第二代的基础上再增加和强化专设安全系统。重要的专设安全系统都由二系列增加为四系列，同时增设缓解严重事故后果的设备。这样，提高了安全性，相应核电厂系统比第二代更复杂。同时通过提高机组容量，与二代堆相比具有更高的经济和技术性能。广东台山核电一期工程建设两台 EPR 核电机组，单机容量为 175 万千瓦，是目前世界上单机容量最大的核电机组。

（5）俄罗斯 VVER

田湾一期工程 1、2 号机组和二期工程 3、4 号机组均采用俄罗斯 AES－91 型核电机组。AES－91 型压水堆核电机组是俄罗斯在总结 20 台百万千瓦级 VVER 型机组的设计、建造和运行经验的基础上做出的改进型设计，单台装机容量 106 万千瓦。为提高机组安全性，采取了一系列重要措施，包括安全系统 4 通道、堆芯熔融物捕集器、全数字化仪控系统、反应堆厂房双层安全壳等，其安全设计优于当前世界上正在运行的绝大部分压水堆核电厂。

其主要技术特点包括：反应堆厂房采用双层安全壳、安全壳预应力张拉系统采用新型倒 U 形 50 束钢缆张拉方式、安全系统采用完全独立和实体隔离的 4 通道（N+3）、设置堆芯熔融物捕集器与冷却系统等缓解严重事故后果的安全设施、使用铀－钆一体化全锆先进燃料组件、采用全数字化仪控系统等。田湾核电站概率安全评价表明：发生堆芯严重损坏或熔化事故的概率小于 3.3×10^{-6}/堆年（当前世界上运行的核电站一般为 10^{-4}/堆年，发生严重放射性泄漏事故的概率不超过 6.4×10^{-8}/堆年，当前一般为 10^{-5}/堆年。田湾核电站的安全性、可靠性和经济性与西方正在开发的先进压水堆的目标一致。

（6）我国典型核电厂主要参数

我国百万级压水堆机组主要工艺参数见表 1－8。

表 1－8 我国百万级压水堆机组主要工艺参数表

	福清（二代加）	福清（华龙一号）	三门、海阳（AP1000）	广东台山（EPR）
机组额定功率/MW	1 089	1 150	1 200	1 660
电厂可利用率/%	82	≥90	93	92
主回路数	3	3	2	4
设计寿命/年	40	60	60	60
换料周期	12 个月 （可过渡到 18 个月）	12 个月 （可过渡到 18 个月）	18 个月	12～24 个月
负荷跟踪模式	12－3－6－3，G 模式	12－3－6－3，G 模式	日负荷跟踪， 不调硼调峰	日负荷跟踪， 优化 G 模式
反应堆堆芯额定功率/MW	2 895	3 050	3 415	4 590

续表

	福清（二代加）	福清（华龙一号）	三门、海阳（AP1000）	广东台山（EPR）
热工设计流量/（m^3/h）	22 840（每条环路）	22 840（每条环路）	34 055（每条环路）	28 315（每条环路）
运行压力/（MPa.a）	15.5	15.5	15.5	15.5
设计压力/（MPa.a）	17.23	17.23	17.23	17.6
燃料组件形式	17 × 17 方形排列	17 × 17 方形排列	17 × 17 方形排列	17 × 17 方形排列
燃料组件个数	157	177	157	241
控制棒组件总数	61	61	69	89
堆冷却剂 RPV 入口温度/℃	292.4	292.2	280.7	295.2

1.4 我国自主建造的核电基地案例——福清核电

1.4.1 福清核电概况

中核集团福建福清核电有限公司（以下简称“福清核电”）是福建省境内在建最大的核电基地，厂址位于福建省福清市三山镇，项目一次规划 6 台百万千瓦级压水堆核电机组，1～4 号机组采用二代改进型压水堆核电技术，5、6 号机组采用我国具有完全自主知识产权的第三代核电技术“华龙一号”。

2008 年 11 月 21 日，时任中共中央政治局常委、国务院副总理李克强现场宣布福清核电项目正式开工，2017 年 9 月 17 日 4 号机组投入商运，1～4 号机组全面建成。截至 2019 年 4 月 30 日，已累计发电 840 亿千瓦时，相当于少消耗标准煤约 3 345.8 万吨，减排二氧化碳约 1.09 亿吨，二氧化硫 76.6 万吨，相当于植树造林约 29 万公顷，累计向国家纳税 20 亿元，有力促进地方经济、环境协调发展。

我国自主开发的具有完全知识产权的第三代核电技术“华龙一号”，满足美国 URD 或欧洲 EUR 评价标准，与美国 AP1000、欧洲 EPR、俄罗斯 VVER1200、韩国 APR1400 等国际三代核电技术在国际舞台上具备同台竞技的实力。“华龙一号”采用能动和非能动相结合的设计理念，具有完善的严重事故预防与缓解措施，强化了外部灾害防护能力，符合国际最高安全标准。

2015 年 5 月 7 日，“华龙一号”全球首堆示范工程福清核电 5 号机组正式开工建设，这是落实国家“一带一路”和核电“走出去”战略，推动核工业新时期发展的重大举措。

“华龙一号”示范工程建设采用“业主负责下的工程总承包模式”，建设单位福清核电协同各参建单位以“华龙大团队”和“同一事业、同一项目、同一团队、同一目标、同一文化、同一行动”的理念，建立健全了全过程管控措施，全方位覆盖、多层级协同、多维度参与的工作机制，首次创新实践沙盘推演、TOP10 管理等创新工具，全力推进“华龙一号”首堆工程建设，实现了安全、质量、进度、投资良好受控。

福清核电计划 2021 年全部建成，届时年发电量可达到 500 亿千瓦时，产值将达 200

亿元人民币，至少可拉动地方经济 3 000 亿元的投资和增加 3 万人的就业。建成后的福清核电将极大地缓解当地电力需求，为“再上新台阶、建设新福建”贡献力量。

1.4.2 福清核电的技术创新

福清核电的建造正值日本福岛特大核事故引发的全球核电恐慌之际。为确保核安全国家对福清核电项目进行了多方严格评审，并比较参考电站采取了多方面的安全措施，从而保证了福清核电的安全高效运行。

福清核电遵循“以我为主，中外合作，引进技术，推进国产化”的核电发展原则，并满足国家有关“统一技术路线和采用先进技术”的要求。从管理创新和技术创新入手，抓住“自主设计、自主采购、自主建造、自主管理”的各个环节，发挥集团整体优势，推行业主负责下的工程总承包模式，权责清晰、风险共担、和谐发展。福清核电 1～2 号机组以岭澳一期核电厂为参考电厂，参照岭澳二期，综合权衡安全性、技术先进性、经济性和工程可实施性要求，进行必要的设计改进。在日本福岛核电厂事故之后，为确保核安全又采取了许多重大措施，使福清核电的总体安全水平和技术经济性得到进一步提高。

（1）设计改进项主要从以下方面开展工作

1）专项安全分析

针对主要的事故序列采取必要的改进措施，降低事故发生频率；针对参考电厂安全审评中关注的问题，采取适当的设计改进；制订严重事故对策，提供一定的严重事故预防和缓解措施。

2）“参考电厂”基础上的重大设计变更

在“参考电厂”岭澳一期的基础上，总结岭澳二期的工程实践，福清核电工程施工设计前有 18 项重要技术改进。如堆芯采用改进型格架 AFA3G 燃料组件、采用半速汽轮发电机组、常规岛给水泵配置改进等，有效提升机组运行的经济性；压力容器堆芯活性段采用整体锻件、严格控制压力容器材料辐照敏感元素含量、增加稳压器卸压能力、增大辅助给水箱容积、辅助给水系统配置改进、采用数字分布式仪表控制系统（DCS）和先进主控室设计、设置两台 1 拖 1 的应急柴油发电机等，极大地提高了机组运行的安全性和可靠性。

3）福岛核事故后设计的重大变更

2011 年日本福岛核事故导致全世界核电面临严重危机。国家核安全局组织发布《福岛核事故后核电厂改进行动通用技术要求（试行）》，对福岛后改进项实施工作提出了具体技术要求。当时福清核电正值工程建设高峰，高度重视福岛后改进项的实施工作，成立专项领导小组和工作小组。为吸取福岛核事故经验教训，进一步提高核电厂的安全性，福清核电组织实施了 14 项改进措施，包括防水淹、防全厂断电、增强乏池补水和监测、增强应急控制中心可居留性、设置安全壳内氢气监测、加强概率安全分析，已完成 11 项（涉及实体改进 5 项），另外 3 项长期工作正在按计划开展中。

4）为保证安全高效运行，建造期间采取的措施

为保证福清核电安全高效运行，除完善的设计外施工建造成为关键因素。福清核电在建造过程中采取了一系列创新措施，这些措施保证了施工质量，奠定了安全高效运行的基础。

（2）福清核电 “华龙一号”的自主创新

1）技术创新

福清 5、6 号机组采用中国自主研发的百万千瓦级先进压水堆核电技术“华龙一号”，综合权衡安全性、技术先进性、经济性、成熟性和工程可实施性要求。“华龙一号”技术方案基于我国三十余年核电科研、设计、建设和运行经验，充分借鉴国际三代核电技术先进理念，吸收福岛核事故经验反馈，采用国际最高安全标准，具有完善的严重事故预防和缓解措施，成熟性、安全性和经济性可满足三代核电技术要求。采用 177 堆芯设计，经过多年研究和验证，技术成熟且可靠性高，提高了核电运行的安全裕量。在满足确定论安全要求的基础上，运用概率论评价方法对设计方案进行优化。采用能动与非能动相结合、多重冗余的安全系统设计方案，经过试验验证，安全系统配置方案技术成熟且大幅提高了安全性，可以更好地应对事故和内外部灾害。

“华龙一号”是我国自主研发的先进三代核电技术，设计技术、设备制造、运行维护等领域的核心技术具有自主知识产权，是目前国内可以自主出口的核电机型；“华龙一号”有助于全面落实国家核电发展规划，并对实施核电“走出去”战略具有重大意义。

2）管理创新

结合 1－4 号机组工程建设的经验反馈，并借鉴国内外同行的良好实践，福清核电 5、6 号机组工程建设管理提出了业主负责下的总承包管理模式，业主和总承包单位在工程建设管理中双方明确合同职责，在项目管理上优势互补，形成合力、共担风险，共同推动项目良性发展。在工程项目管理中，创新性的运用沙盘推演工具，从广度和深度来分析工程建设推进过程中可能存在的各种问题，并针对风险制定适应性举措。采用 TOP10 管理方法，推动项目风险分级管控，遵循趋势分析、事前控制、及时纠偏的原则，重点关注预期的重大事件和风险，着重进行趋势分析，充分暴露存在的风险；在趋势分析的基础上提出预防措施和方案，以事前控制为导向，给问题的处理和应对措施留出余量，对发现的问题应及时纠偏，采取有效措施消除问题和偏差。另外，还采用多层级协调机制推动问题快速处理，采用生产工程联动的状态报告系统平台加强经验反馈，采用专项激励政策激发团队工作激情，从项目投资和经济性研究设计优化建议方案等，为后续“华龙一号”工程建设项目管理树立了标杆。

（3）运行性能指标评价等专题研究

福清核电在 2015 年正式提出建设“三大高地”的目标，即人才高地、管理高地、技术高地，围绕此目标福清核电在队伍建设、人才培养、运行管理、业绩提升等方面持续努力，并为此开展过多项专题研究，下面择要介绍有关专题概况。

1）建立“核电公司综合评价指数”的研究

世界核电营运者协会（WANO）侧重于核电公司的运行业绩及安全水平，针对 14 项指标，建立了一套评价体系。福清核电于 2015 年即组织力量，开展本课题研究。本课题主要通过收集世界范围内的知名企业对公司经营发展的指标种类，分析其重点关注指标，同时，结合核电公司的实际，对这些指标进行综合分析，建立一套指标体系，最终得出一个综合性的评价指数。在此基础上，每年对各核电公司的相关指标进行收集，统计出各核电公司的综合评价指数并对各核电公司进行排名。该成果为我公司创造“世界一流”核电运行公司指明发展方向和实施路径。这一研究成果对于我公司管理起到了很好作用。

2）基于共享数据的核电厂大修维修作业信息管理平台创新与实践

机组大修工作是保障核电机组安全的重要生产工作之一，而维修作业占据了整个大修工作的 80%。我公司完成的基于共享数据的核电厂大修维修作业信息管理平台研究在核电站大修中是一种创新并取得很好效果。

该管理信息平台的应用大大提高大修期间维修作业信息处理的效率以及维修管理水平。

3）18 个月换料研究

为了减少大修次数并提高电厂经济效益（提高负荷因子），福清核电对 1～4 号机组将换料堆芯燃料组件富集度由 3.7%提高至 4.45%，对机组进入 18 个月换料开展了研究，结合机组发电计划的需求，优化完善了堆芯燃料管理方案。

第2章 压水堆核电站运行的安全性和经济性

2.1 压水堆核电厂运行的安全性

2.1.1 核安全是核电发展的生命线

核安全是国家安全的重要组成部分，是核电发展的生命线，在国家安全体系中具有举足轻重的地位。我国明确提出推进能源生产和消费革命，构建清洁低碳、安全高效的能源体系，要求加快生态文明体制改革，推进绿色发展，建设美丽中国。加强生态文明建设，重点是建立健全绿色低碳循环发展的经济体系，构建清洁低碳、安全高效的能源体系，从源头上实现绿色转型。核能是绿色低碳能源的重要组成部分，是促进节能减排的有效举措，是应对气候变化的重要手段，是推进生态文明、建设美丽中国的重要途径，必将在未来发挥更大的作用。

但必须始终清醒地认识到，核安全是核事业发展的生命线，发展核电必须确保核安全。核能发展伴随着核安全风险，没有核安全，就没有核能发展。人类和平利用核能历史上不乏正反两方面的经验教训。只有更深刻地理解安全，我们才能更好地了解核能；只有更努力地确保安全，我们才能让核能发展更可持续。

核安全事关环境安全，事关公众利益，事关社会稳定，要高度重视核安全工作，从国家安全、经济社会发展全局认识核安全，深刻理解核安全的极端重要性。要始终把“安全第一、质量第一”的根本方针扎根于思想，体现于作风，落实于行动，核能才能兴利避害，强国惠民。要充分认识发展与安全的关系，以更强的责任感、使命感和紧迫感，把核安全工作做好，为核事业的发展打下坚实的基础。

《核安全法》对核安全工作提出了全方位的、更高、更严的要求，要以全面贯彻《核安全法》为契机，切实增强守法意识，依法依规加强核安全工作，有效落实核企业核安全责任。企业要切实做好日常安全管理活动，各集团企业内部的管理机制要充分发挥作用，监管部门要严格依靠制度程序规范监管行为，提升监管效能。

只有提升全员核安全文化素养，使人人都成为核安全卫士、都成为纵深防御的一道屏障，才能有效确保核安全。核电产业链企业，要坚持将核安全文化融合到自身的企业文化和组织文化，嵌入规章制度和工作流程。要持续推进全员核安全文化建设，领导干部是关键，要作出表率，承担起责任。对员工从严要求、从严管理、从严监督，使核安全文化理念内化为自觉意识、固化为行为习惯。

当前，我国核电厂进入投运高峰期，各核电业主和运营企业要进一步加大运行队伍建设力度。针对运行机组，应抓好核安全文化和运行技能的培训，抓好企业和人员之间“传、帮、带”，严格教育、管理和监督，培育一支数量充足、质量过硬的核电运行队伍；针对在建核电项目，应提前做好运行人才储备，为机组投产后的顺利运行做足准备。

安全永远是一切事业成就与发展的首要保障和基本前提。2014 年 3 月，习近平主席在海牙国际核安全峰会首次阐述“中国核安全观”时提到“发展与安全并重，以确保安全为前提发展核能事业”。面对核能的安全与发展，理智而正确的选择无疑是“安全至上”和“安全第一”，在重视利用和发展核能的同时，以万无一失的标准提升自身的核安全水平，确保核能与核技术利用安全、健康、可持续发展，为实现持久核安全，促进人类共享核能发展成果贡献力量。

2.1.2　保障核安全的措施

（1）核安全基本原则

国际原子能机构出版的安全标准文件《基本安全原则》提出了 10 项核安全基本原则，包括安全原则、安保原则、责任原则、许可原则、持续控制原则、补偿原则、可持续发展原则、履约原则、独立原则、透明性原则。

（2）我国核安全工作基本原则

借鉴国际做法，总结我国核安全工作的成功经验，《中华人民共和国核安全法》第四条规定了核安全工作必须坚持的七项原则，坚持安全第一、预防为主、责任明确、严格管理、纵深防御、独立监管、全面保障等。

1）安全第一

是指从事核安全相关活动的主体，包括负有监督管理职责的国务院核安全监督管理部门、核工业主管部门、能源主管部门和其他有关部门，以及核设施营运单位和为其提供工程、设备和服务等的单位，都应当将安全摆在首位，作为前提条件，即在进行监管决策、实施发展规划或开展核能开发利用等活动时，在面临多种利益的权衡时，首先应当考虑其活动是否符合核安全的要求。

2）预防为主

是指把预防核事故的发生放在核安全工作的首位，防患于未然，并且在一旦发生核事故时采取积极措施最大限度减轻其后果，防止危害后果的扩大。这是因为一旦发生核事故，尤其是大规模放射性物质释放的事故时，其造成的损害和放射性污染非常严重而且基本不可逆，治理成本高，治理效果不可预期。切尔诺贝利核事故和日本福岛核事故的例子就说明核事故造成的破坏很难通过事后的措施进行补救。《中华人民共和国核安全法》规定的核设施安全许可制度就是预防为主原则的重要制度安排，对核设施选址、设计、建造、运行、退役和核材料及相关放射性废物实行全过程、全链条监管和风险管控，不留死角、不留空白。

3）责任明确

一是监管部门的核安全责任明确。《中华人民共和国核安全法》第六条中规定，国务院核安全监督管理部门负责核安全的监督管理。国务院核工业主管部门、能源主管部门和其他有关部门在各自职责范围内负责有关的核安全管理工作。二是从事核安全活动单位的核安全责任明确。《中华人民共和国核安全法》第五条规定，核设施营运单位对核安全负全面责任。为核设施营运单位提供设备、工程以及服务等的单位，应当负相应责任。第三十九条规定，产生、贮存、运输、后处理乏燃料的单位应当采取措施确保乏燃料的安全，并对持有的乏燃料承担核安全责任。第五十二条中规定，核材料、放射性废物的托运人应当在运输中采取有效的辐射防护和安全保卫措施，对运输中的核安全负责。

4）严格管理

一是监管部门对从事核安全活动的单位进行严格管理。如国务院核安全监督管理部门应当严格按照法律规定的条件对核设施选址、建造、运行、退役实行许可，国务院核安全监督管理部门和其他有关部门应当对从事核安全活动的单位遵守核安全法律、行政法规、规章和标准的情况进行监督检查，对核安全违法行为严格依法进行处罚等。二是从事核安全活动的单位应当严格内部管理，即加强核安保管理，这与核案例密切相关。《中华人民共和国核安全法》第十二条中规定，核设施营运单位应当建立和完善安全保卫制度，采取安全保卫措施，防范对核设施、核材料的破坏、损害和盗窃。第38条中规定，核设施营运单位和其他有关单位持有核材料，应当采取措施防止核材料被盗、破坏、丢失、非法转让和使用，保障核材料的安全与合法利用。

5）纵深防御

是指通过设定一系列递进并且独立的防护、缓解措施或者实物屏障，防止核事故发生，减轻核事故后果。《中华人民共和国核安全法》第十六条中规定，核设施营运单位应当依照法律、行政法规和标准的要求，设置核设施纵深防御体系，有效防范技术原因、人为原因和自然灾害造成的威胁，确保核设施安全。纵深防御贯穿于与核安全有关的全部活动，以保证这些活动均置于重叠措施的防御之下，即使有一种故障发生，它将由适当的措施探测、补救或纠正。例如，纵深防御概念应用于核动力厂的设计时，至少应包括5个层次的防御：第一层次是防止偏离正常运行及防止系统失效；第二层次是检测和纠正偏离正常运行状态，以防止预计运行事件升级为事故工况；第三层次是要求设置的专设安全设施能够将核动力厂首先引导到可控制状态，然后引导到安全停堆状态，并且至少维持一道包容放射性物质的屏障；第四层次是针对设计基准可能已被超过的严重事故时，保证放射性释放保持在尽可能低的水平；第五层次是减轻可能由事故工况引起的潜在的放射性物质释放造成的放射性后果。

6）独立监管

是指核安全监督管理相关部门对核安全实施独立监管，其实质是核安全监督管理部门能够在不受其他主体的不当影响下就核安全相关问题作出决定，并有能力履行法律规定的核安全监管职责。独立监管是国际通行做法，相关的国际公约和各国法律都有规定。如，国际原子能机构出版的《核法律手册》规定，核安全法特别强调建立监管机构，其安全决定不受任何与核能发展或促进活动的实体组织的干涉。如果发生涉及安全的与核技术相关的重大风险时，其他利益相关者必须服从监管者独立和专业的判断。美国《能源重组法》规定，美国核监管委员会独立行使核安全监管权；日本《原子能规制委员会设置法》规定，原子能规制委员会对全国核安全实施独立监管。《中华人民共和国核安全法》第六条规定，国务院核安全监督管理部门负责核安全的监督管理。国务院核工业主管部门、能源主管部门和其他有关部门在各自职责范围内负责有关的核安全管理工作。国家建立核安全工作协调机制，统筹协调有关部门推进相关工作。核安全工作涉及多个部门，各部门既要各司其职、各尽其责，相对独立地行使各自职责，同时，还要统筹协调，相互配合，形成合力，不能画地为牢，以邻为壑。管行业必须管安全，管发展必须管安全，独立监管原则并不排除能源主管部门作为核电行业主管部门对核电企业的监管。

7）全面保障

是指从各个方面对核安全相关活动的全过程实施将监督管理和风险控制，不留死角。主要包括四个方面：一是国务院核安全监督管理部门、核工业主管部门、能源主管部门和其他有关部门在各自职责范围内负责有关的核安全管理工作，全面严格执法。二是核设施营运单位和为其提供设备、工程以及服务等的单位切实遵守法律法规的要求，确保设备的性能满足核安全标准的要求，工程和服务等满足核安全相关要求。三是充分发挥社会公众对核安全治理的参与和监督作用。四是对核能开发利用的整个产业链（核燃料循环过程）实施事前的监督预防、事中的管控和事后的应对与缓解。

2.1.3　中国大陆核电厂安全运行的良好业绩

我国核电保持良好运行状态。我国各商运核电厂严格控制机组的运行风险，继续保持安全、稳定运行。截至 2019 年 4 月，我国核电机组已安全稳定运行累计 300 余堆年，未发生过国际核与放射事件分级表（INES）2 级及以上的事件或事故，未发生较大安全生产事件、环境事件、辐射污染事件，未发生火灾爆炸事故，未发生职业病危害事故，总体安全业绩良好。

核电的安全、健康、可持续发展，有利于保障我国能源安全，有利于推进我国经济高质量发展，有利于促进节能减排和应对全球气候变化。

世界核营运者协会（WANO）的统计数据表明，我国核电机组的运行指标中 80%以上优于世界中值，70%以上指标处于国际先进值区间，且呈持续提升趋势。

我国核电机组多种堆型、多种技术、多类标准、多国引进的局面并存，核电的发展经历了引进、消化、吸收，以及为适应我国法规要求进行设计调整、设计优化等过程，多年来我国在核电自主设计、自主制造、自主建设和自主运行等各方面积累了丰富经验，产生了很好的社会效益和经济效益，为未来核电发展奠定了良好基础。与此同时，我国核与辐射安全监管工作积极借鉴国际和国内其他工作领域先进监督管理模式、法规标准体系和运作机制，在实践中发展、在创新中进步，使得核设施安全得到有效保障，辐射环境质量保持良好水平，取得了世人瞩目的安全业绩，也积累了丰富的核与辐射安全监管成熟经验。

（1）核电机组数量已进入世界前列

我国民用核电发展历时 30 余年，商运核电机组运行合计 300 余堆年。我国核电机组数量已进入世界前列，在建核电机组连续多年世界第一。

（2）核电机组型号较多，分布较广

我国核电技术主要来自美国、法国、加拿大和俄罗斯 4 个国家，机组型号较多。目前我国商运核电厂机组型号有 7 种，全部属于二代堆，包括：CNP－300、CNP－600、CNP－1000、CANDU6、M310、CPR－1000 和 VVER；在建核电厂机组型号有 6 种，含二代加和三代堆，包括：M310、华龙一号、AP1000、EPR、ACPR1000 和 HTR200。

中国大陆核电机组主要分布于东南沿海。我国商运核电机组分布在 8 个省，广东省、浙江省与福建省数量最多，商运核电机组最多的市为浙江省嘉兴市，机组数量为 9 台；中国大陆在建核电机组分布在6个省。我国核电厂在运机组和在建机组分布情况如表2－1所示。

表2－1 中国大陆核电厂在运机组和在建机组分布情况（截至2019年6月）

省份	在运机组/台	在建机组/台
广东	12	2
浙江	11	—
福建	8	2
江苏	4	2
辽宁	4	2
广西	2	2
海南	2	—
山东	2	1

（3）核电装机容量不断提升，发电量稳步增长

我国核电机组总装机容量不断提升，截至2019年1月20日，我国在运核电机组达到45台，装机容量4589.5万千瓦，排名世界第三。

我国核电机组发电量继续上升。2017年，我国商运核电机组累计总发电量为2 474.69亿千瓦时，约占全国累计发电量的3.94%，比2016年上升了17.55%，超过日本，位列世界第四，累计上网电量为2 316.42亿千瓦时，比2016年上升了17.83%。我国商运核电机组中，发电量和上网电量最大的是阳江核电厂2号机组，分别为94.87亿千瓦时和89.10亿千瓦时。

（4）核电人才队伍不断壮大

我国核电人才队伍不断壮大。2017年，我国核电行业从业人员（不含核燃料循环和设备制造）约15万余人，专业技术人才8万多人，高技术人才（具有高级以上技术职称或技师以上职业资格）2万多人。核电行业高技术人才中，核电行业拥有两院院士19人。此外，我国已有40余所高校设立了核专业。

（5）电厂放射性流出物严格受控

按照国家环境保护法规和环境辐射监测标准，依据国家核安全局批准的排放限值，各商运核电厂对放射性流出物的排放进行了严格控制，对核电厂周围环境进行了有效监测。

历年环境监测结果表明，各商运核电厂放射性流出物的排放量均低于国家标准限值，所测出的环境空气吸收剂量率在当地本底辐射水平正常范围内。

我国商运核电厂工作人员辐射安全得到有效保障。国家标准《电离辐射防护和辐射源安全基本标准》（GB 18871—2002）中规定了工作人员职业照射的剂量限值：连续5年的年平均有效剂量不超过20 mSv；任何一年中的有效剂量不超过50 mSv。中国商业运行核电厂工作人员所受到的照射剂量均远低于国家标准规定的限值。

（6）核电监管体系趋于完善

我国核与辐射安全审评及监管体系经过多年发展已趋于完善，建立了以生态环境部（国家核安全局）为行政核心，以华北、华东、华南、西北、西南、东北六个地区型的核与辐

射安全监督站为监督主力，以生态环境部核与辐射安全中心等为技术支持的国家级监督管理体系。经过几十年的监管实践，有效地促进了我国核电站安全运行业绩的持续提升。

2.2　核电厂运行的经济性

2.2.1　核电经济效益的考虑因素

（1）核电建造成本较高

在我国电力工程单位造价方面，目前三代核电预计超过 1.6 万元/千瓦，和海上风电相当。燃煤发电 3.5 千元/千瓦左右，水电工程单位造价平均约为 1.1 万元/千瓦；陆上风电为 7.7 千元/千瓦，集中式光伏约 7 千元/千瓦，分布式光伏约为 6.6 千元/千瓦。相对于其他能源造价，核电的造价处于高位。

（2）核电是主要的清洁能源

前面已阐明了核电在减少碳排放解决全球温室效应的重要作用，核能是目前唯一可大规模替代化石燃料的能源。但考虑到我国化石燃料资源十分有限，而且大规模使用某种化石燃料也会带来其他问题，例如大规模使用煤炭会导致温室效应，天然气依赖进口，存在潜在的国家安全问题等。综合考虑，目前可以大规模替代化石燃料的清洁能源的只有核电，发展核电是当前解决能源问题的重要途径。

（3）核电厂的建造带动当地经济发展

以秦山核电为例，如今在核电产业的示范带动作用下，核电小镇入驻企业 139 家，其中规模以上工业企业 16 家，规模以上服务业企业 4 家，高新技术企业 8 家，科技型中小企业 15 家，核电关联产业年产值超过 200 亿元，海盐“核电小镇”成为浙江省首批 37 个省级特色小镇之一。

而且，秦山核电站落户后，还加快推动了海盐道路交通、城市建设、生态环境等基础设施建设。如今，核电小镇绿化覆盖率为 40%，建设有核电主题公园，核电文化已经融入小镇居民的生活。

核电建设投资大、技术含量高、涉及产业多，建设期有建安税，发电期有售电销售税，带动了地方经济发展。据不完全统计，截至 2018 年底，秦山核电已累计投资 814 亿元，缴纳税费约 375.14 亿元，其中教育税 12.44 亿元，城建税 12.92 亿元。秦山核电目前年产值约 180 亿元，每年依法缴纳各类税费 35 亿元。

数据显示，截至 2018 年底，秦山核电及 84 家关联产业吸引固定从业人员达 19 000 人，加上从业人员家属，核电人口达 3 万～4 万人，按照 2017 年海盐城镇居民人均消费支出 3.443 2 万元/年计算，保守估计核电人口为海盐当地每年贡献至少 16 亿元。海盐县每个公务员工资收入中，每 10 元中就有 3 元来自核电的贡献。

（4）核电与化石能源经济上具有竞争性

1）环保要求提高增加了燃煤电成本

2014 年 9 月下发的《煤电节能减排升级与改造行动计划（2014—2020 年）》（以下简称《计划》），对煤电企业的能耗水平、排放标准提出更为严苛的要求。由于在机组能耗和排放到达一个较低水平后，效果与投入开始具有边际效益递减特点，这意味着新的能耗、排放标准将大幅提高煤电机组环保成本。目前，脱除三项污染物的综合环保电价为 2.7 分/（千瓦时），这一标准对许多火电企业偏低，无法覆盖其脱除成本。

按照《计划》，2020 年前全国力争完成 1.5 亿千瓦以上的燃煤机组排放基本达到燃气轮机组排放限值的改造，粗略测算，需要投入 300 亿元以上。对于经营情况刚刚改善的煤电行业，无疑将形成巨大的经营压力和挑战。而“近零排放”则需要在原来环保成本的基础上再增加 1～2 分/千瓦时，环保电价与成本的缺口将更大。此外，环保设施运行后将会对机组的煤耗、厂用电率等指标产生不利影响，变相增加运行成本。

2）煤炭运输问题

① 铁路运能严重不足，制约了煤炭供需平衡

许多铁路线尤其是运煤通道能力早已饱和甚至超饱和，如大秦线能力利用率已经达到 120%，石太线为 114%。铁路运输能力严重不足，已成为煤炭供需平衡的严重制约。

② 运煤通道混合运输现象严重，季节性运能短缺问题突出

在我国，专供煤炭运输的通道并不多，客货、车型混跑现象严重，直接影响煤炭运输效率。每逢春节等客流集中运输高峰时期，必须采取“压货保客”等非常规措施，主要煤运铁路干线能力紧张状况愈加突出，使煤炭的供需平衡难有保障。

③ 公路煤运过量使用

公路煤运的经济运距不应超过 1 000 公里，但在电煤严重紧张，铁路运能无法满足需求的情况下，许多用煤企业不得不选择了公路甚至是高速公路运输，无形中成倍提高了煤炭的消费价格，同时也影响了正常的交通。

④ 港口煤运系统有待完善

靠近火电机组附近的港口深水、大型专业码头泊位不足，导致码头、泊位超负荷运转，给煤炭运输带来制约。

3）核电与火电电价比较

2013 年，国家发改委关于完善核电上网电价机制有关问题的通知正式发布，新建核电厂迎来标杆电价时代，核电电价与火电电价基本持平；2015 年中发 9 号文发布，新一轮电力市场化改革大幕开启，在市场化电量方面，核电电价比较具有较强的竞争力。

4）核电的经济效益

核电厂每 12～18 个月进行一次换料大修，其余时间如果电网允许均能够保持基荷运行，其运行成本相对火电机组具有很大的优势，在未来逐步放开的电力市场竞争中，核电还可以通过管理业绩的提升从而不断提升竞争力。福清核电总装机容量 660 万千瓦，相当于三分之一的三峡水电站，年发电量相当于三峡水电站的二分之一。2015—2017 年，福清核电在福建省电网的发电份额逐年增加（如表 2－2 所示），同时在市场售电方面的额度也不断扩大。按照燃煤机组折算，福清核电所贡献的电量，相当于一年至少可少消耗标准煤 1 440 万吨，减少二氧化碳排放 4 800 万吨，减少 30 万吨灰渣及二氧化硫和二氧化氮的排放。可增加 3 万人就业，带动当地核电关联产业发展，拉动当地 GDP 4 000 亿元。

表 2-2　福清核电电量及占本地区负荷用量的百分比

年份	福清核电发电量/（亿千瓦时）	福建省发电量/（亿千瓦时）	占比/%
2015	87.8	1 882.8	4.66
2016	161.7	2 004.6	8.06
2017	255.0	2 185.6	11.67

2.2.2　核电经济的制约因素和对策

核电厂建成之后能否充分发挥作用产生效益，取决于多种因素，需多方面保障。

（1）提高核电厂自主设计、建造和运行能力

设计自主化，不仅能充分利用国内人力资源成本优势，较大幅度降低设计和技术服务费用开支，更重要的是通过提高自主化能力，掌握关键设备设计、系统设计和工程设计的技术，掌握核心技术，从而掌握采购的主动权，自主处理在设备制造、工程建设中发生的变化和问题，有效降低工程造价。

设备制造投资，约占核电工程总投资的 50%。设备国产化，对降低工程造价有更直接的效果。特别是对少数只有一个国家、一家企业生产的具有垄断性的设备，更应加大自主研发力度，尽快打破垄断，获取采购定价的话语权。

（2）妥善选择、合理利用厂址

厂址是稀缺资源。核电厂址除要满足核电安全运行要求外，还要关注其对经济性的影响。厂址条件，如地震地质、工程地质，水源远近、水资源充足程度、大件运输条件，大气扩散条件等，都会对工程造价产生影响，在核电厂设计建造中要采取相应措施，妥善处理。

如果厂址条件许可，并考虑电网布局，充分利用厂址资源，一址多机，同一机型，一次规划，连续施工，可节省工程前期费用以及公用设施、试验、工程管理和施工费用。同一厂址建 2 台百万千瓦机组比只建 1 台单位造价降低约 15%。

（3）选择成熟的核电机型

核电机型越成熟，建设过程中需要研究验证的费用越少，遇到未曾发现和经历的问题越少，发生差错、事故、变更的事件越少，因而需要付出的不可预见费用越少，必然会节省投资。同时，成熟的机型，一般运行可靠性好，能保持持续稳定运行，确保机组投运后的经济性。

通过设计与设备的标准化、系列化，可节省研制、开发费用，便于工厂优化加工程序，降低设备的制造成本，简化安全审批手续，有利于积累经验和推广应用，从而缩短建设工期，降低造价。

（4）提升核电建设工程管理的科学性、合理性

核电建设中的工程管理，包括质量控制、进度控制、投资控制以及合同管理等。工程管理的科学性和合理性的水平高低，对工程造价有重大影响。

加强工程管理的三大控制和严格的合同管理，是在施工中减少、避免差错和工期延长的重要措施。要按合理进度施工，既不要放松要求推迟工期，也不要为保形象而抢进度、赶工期，造成质量、安全隐患，酿成更大的经济损失。

（5）提高核电运行管理水平

上网电量多少，对发电成本的影响最大。因此，提高负荷因子是降低发电成本和上网电价最重要的途径。当负荷因子由 75%提高到 90%时，上网电价可下降 10%左右。

改进核燃料管理，延长换料周期，缩短换料时间；加强设备状态诊断，延长大修周期，缩短大修工期；延长电厂运行寿命，由 40 年延长到 60 年等，都可有效地降低生产成本，提高经济效益。

在电网调度中，配套抽水蓄能等调峰手段，尽量使核电厂带基本负荷，也可有效降低发电成本。

（6）增强核燃料循环保障能力

核燃料循环的费用大体上占核电总成本的 20%～30%，而煤电和天然气发电的燃料费用则分别占发电总成本的 40%～60%和 70%～80%。相比之下，核燃料循环费用占发电总成本的份额很低，这意味着，核燃料循环费用的波动对核电总成本的影响较小。

在核燃料循环各环节中，天然铀价格对核电成本影响最大。为了规避天然铀价格波动对核电经济性的影响，应进一步加强对海外铀资源的勘查开发，提高供给能力，并完善国家和企业天然铀储备体系建设。

乏燃料后处理和废物最终处置费用对于其他发电技术属于外部费用，对于核电而言则属于内部费用。根据国际通行的做法，中国已采取设立核电站乏燃料处理处置基金的办法来解决乏燃料处理处置所需要的费用。

（7）推进碳排放权交易

按传统经济学的计算方法，各种能源电力生产成本，只包括内部成本，未包括在能源生产利用过程中对环境、生态破坏的外部成本。而核电产业链的外部成本绝大部分已内部化了。从科学、公平的角度评价各种能源的经济性，应该进行能源价格机制的改革，外部成本内部化，让核电等清洁能源固有的优势在经济竞争中释放出来。目前，中国已在 7 个省市开展了碳排放权交易试点，不仅全部实现了上线交易，而且碳价也比较稳定。据统计，2018 年我国核电发电量约 2944 亿千瓦时，相当于少消耗 0.9 亿吨标准煤，减少二氧化碳排放 2.8 亿吨。随着全国碳排放权交易市场的形成，必将进一步增强核电的经济竞争力。

第3章 生产成本管理

3.1 全员成本管理体系

成本管理从根本原因上讲是通过对人在业务活动中行为进行管理，以实现对成本结构及规模的优化。因此，在成本管理中，“人”的因素是至关重要的一环。人的主观能动性在成本管理中可以发挥“杠杆作用”：每个员工都占有成本、每个员工都负有成本管理职责，每个员工都是成本管理的对象，通过激发成本管理的主观性、积极性，实现以较小投入驱动成本管理大幅度的提升。全员的成本管理来自于成本管理队伍的建设、来自对成本目标的分解及目标的传递共担体系、来自建立长期有效的绩效考核及激励机制、来自成本观念及成本管理文化的建设。福清核电自2018年起，建立起由总经理任组长、总会计师任副组长的成本管理组织机构，通过在以上四个方面开展卓有成效的工作，已建立起“人人讲成本、事事讲成本”的“全员成本管理体系”。

3.1.1 成本管理组织体系

成本管理是基于“人”的管理，更是由“人”来实施的管理。全员成本管理的实践离不开一支“上下同欲”“群策群力”的成本管理队伍。福清核电有一支“领导力强、执行力高”的“扁平化”成本管理队伍。福清核电成本管理队伍由“指挥团队”和“执行团队”构成，由公司成本管理的职能部门“财务部门”进行协调与调度，使得上行下达、政令畅通。

福清核电的成本管理的指挥团队是一支由总经理亲自挂帅，总会计师任副组长，主要生产部门负责人参与的成本管理专项组织，其中按管理部门专设“生产成本控制”控制小组，见图3–1。

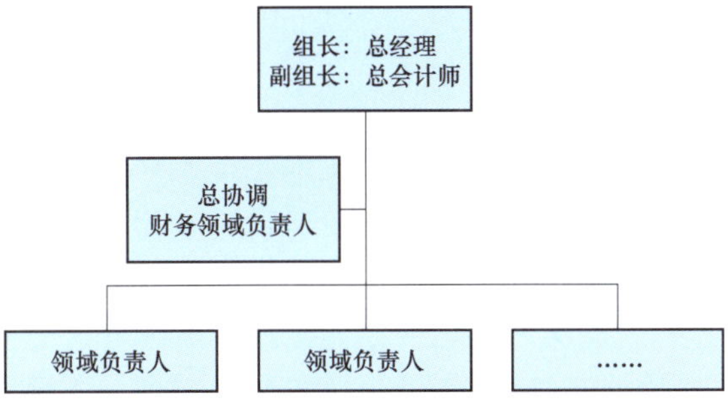

图3–1 福清核电生产成本管理组织体系

福清核电成本管理的执行团队与公司预算管理体系共享，将成本管理嵌入预算管理工作中，在“预算工程师”队伍建立时即赋予起预算、成本管理的双重职责。预算工程师处于业务领域工作中，长期在成本管理的源头和一线从事具体工作，既贴近业务又联系成本，一才多用、一举多得。

福清核电有着近 40 人的预算管理工程师队伍。预算管理工程师在各部门成本管理工作中起着牵头作用，直接向部门负责人汇报。借助信息化系统及福清核电“业商财一体化”管理体系，预算工程师可以将具体成本项目分配至具体的项目负责人。由此，成本管理的队伍进一步向业务层面延伸，更验证了“每个员工都占有成本、每个员工都负有成本管理职责”的全员成本管理体系的有效性。

3.1.2 成本管理目标分解及职责传导机制

在电力市场化改革进一步深化，区域电力市场供需矛盾突出的情况下，福清核电经营面临着严峻的挑战，成本管理的压力与日俱增。让员工对企业的经营压力感同身受，对成本管理的必要性和紧迫性有充分的认识，让员工在成本管理工作中与公司管理层保持目标的一致性，必须建立起成本管理目标与指标的分解机制。

近年来，福清核电依托信息系统和“业商财一体化”管理体系建立了成本指标的分解、管理与共担机制。企业承接的经营目标按归口管理职责和成本责任部门进行分解。归口管理部门负责对某一类或某几类成本（或指标）的统筹管理，在公司范围内，归口部门负责不同部门间某一类生产成本的统筹与协调，成本责任部门按部门管理职责负责大类成本下具体项目的管理，并对管理效果负直接责任。企业承接的上级部门的考核指标如利润总额等通过成本的分解实现责任的传导。如福清核电经营发展部门归口大修理费、日常运维费成本的管理，其即负有对公司内所有与以上费用相关的部门成本管理的职责，在总体成本与目标出现偏差时，其负责在各部门之间进行协调，统筹资源的分配。

到成本归口管理部门为止，成本管理还处于“科目管理”的范畴，即按会计科目来进行成本的分类管控。会计科目分类较粗、专业性较强，无法满足精细化管理及贴近实际业务开展成本管理的客观需要，成本管理指标在某一个业务领域内进行细化时，成本指标的分解基于脱离“科目”到“项目”的原则，即在科目统计口径下，科目更多的是财务部门统计即报告的口径，而管控的颗粒度必须到具体项目，落实到成本管理的具体工作上，以实现科目口径的脱离。至此，福清核电的成本管理实现管理口径“去财务化”，并实现由传统成本管理向作业成本管理的初步转变，真正形成了指标分解至全员的成本管理模式。

3.1.3 成本管理绩效与激励长效机制

“人是社会人、更是经济人”，要启发员工成本管理的积极性并使其当作一项事业来开展，调动员工的管理积极性和主观能动性，必须辅以绩效考核和激励机制。

一方面，要建立起成本指标的绩效考核机制，成本管理事关公司安全、健康、持续发展，要树立起成本管理过程及结果的严肃性。为此，福清核电结合预算管理出台了专项的“《全面预算考评》机制”，从季度、年度两个时间维度上开展成本预算的考评，从预算的精准性、预算工作的时效性和内容的有效性、费用的节约性等方面进行评价。在月度，则根据成本预算执行情况，在公司级会议上对成本预算执行不力的部门进行点名通报，维护成本预算工作的严肃性。

另一方面，福清核电也建立了成本预算的评优和激励机制。通过成本预算先进部门、个人及降本增效项目评优，提升员工积极参与成本管理的主观能动性。2018 年，福清核电评选预算管理先进员工 10 人、整理汇编降本增效优秀案例 97 项。

通过成本指标由上到下、由总体到具体的分解，全员成本管理的体系得到了进一步加强。

3.1.4　成本管理文化体系

成本管理文化体系的建立主要通过加强成本管理的宣传，培育成本管理的氛围，以培养员工成本管理的自觉性、愿望和习惯。成本文化体系的建立，最关键的是成本管理观念的进步，而联想集团董事局主席柳传志曾指出“观念虽然是无形的，但却会给企业造成很大的阻力”，因此观念的提升是全员成本管理体系建立的基本前提。

针对观念的提升，首先做好成本管理的宣传和培训工作。宣传工作要贴近业务工作的开展，切忌空泛与唱高调。要以成本管理对业务活动的促进来推动员工参与成本管理，使得成本管理的结果和各自岗位的成效密切相关；要以成本管理的成果对员工切实利益的提升来员工参与成本管理的积极性。

福清核电在开展成本管理的培训时，针对不同的培训对象安排不同的培训内容。如针对业务人员培训的内容主要为“非财务管理人员的成本管理知识”及“成本管理的主要案例”。通过对成本管理培训内容的优化，将业务管理和成本管理的关注度放在同一个层面来进行推动，让培训对象听得懂、会操作、出实效。近年来，福清核电针对业务人员的培训起到了较好的效果，项目负责人普遍在项目计划时即引入“是否在年度预算内”“对年度成本控制目标是否有影响”“是否有冗余成本”等成本管控概念。

通过加强宣传提升成本管理的文化性和制度性效应。“勤俭节约”是中华民族的传统美德，而“勤俭节约”也是一切成本管理的根本源头，没有这一精神，任何成本管理逃不过“形式主义”的范围。因此，宣传的首要重点就是“勤俭节约”这一传统美德，号召广大员工从“小事做起，从细节做起”，点滴积累也可以实现卓有价值的增效。2018 年，福清核电后勤部门宿舍管理通过对“人走灯关”“避免长明灯”等节约意识的宣传，结合引入“阶梯电价”等举措，当年节约电费约 40 万元。2017 年起，福清核电宣贯“成本均是可控的”，不存在绝对不可控的成本，改变以往成本“可控”与“不可控”的分类方法，用“强弹性成本”与“弱弹性成本”取而代之，提升广大员工对成本管理的迫切感和责任感。

加强对“制度、程序”的宣贯，强调严格按程序即规章制度办事，少走弯路、少走回头路，一次把事情做好。实际工作中，“违章”“违规”导致的后果往往导致更多、更大的成本的产生，通过开展制度、程序及遵纪守规宣传，将程序、制度规定深入人心，往往能起到事半功倍的效果。

成本文化的有效性建设，将成本管理的“阵地”大幅度前移，真正实现“做事的人讲成本”的良好现象。

3.2 基于因素分析法的全要素成本管理

因素分析法是一项基于定量分析手段得出定性分析结论的方法，又称经验分析法。福清核电在识别成本关键驱动因素的基础上，基于成本要素投入产出开展因素分析，初步实现了全要素成本管理。

3.2.1 成本要素的分解及驱动因素的识别

（1）成本按成本与产量或收入是否存在线性关系分为变动成本与固定成本

变动成本定义为随机组发电量、上网电量或收入的变动相应变动的成本，此部分成本与电量、上网电量或收入之间存在线性比例关系。变动成本主要包括：核燃料消耗、计提安全生产费、场外应急费、弃置费折旧、主营业务税金及附件、年限法折旧、乏燃料后处理费。除变动成本以外的各项成本为固定成本，与电量或收入无线性关系，主要包括人工成本、机组日常运维费、机组日常备件及材料消耗、机组大修理费：机组大修理费用、安防质保费、研发费、信息文档费、管理性费用、财务费用、年限法折旧等。

（2）根据成本弹性的强弱，可以区分为弱弹性成本及强弹性成本

也有称为可控成本和不可控成本，考虑到是否这一判断标准不存在绝对的准则，理解中经常出现偏差，为宣贯成本管理文化，推动成本员工成本管理积极性，自 2017 年起，福清核电按成本弹性强弱进行划分。

强弹性成本即通俗意义中可控性较强的成本，主要包括：日常运维、大修理、材料及备件消耗、安防质保费用、自主研发及管理性费用，此类费用通过加强科研、优化流程、加强精益化管理可以起到较为明显的规模和结构优化。

弱弹性成本主要包括折旧、核燃料消耗、税金、利息支出、集中研发费等。此类费用对于主观能动性的管理行动敏感性较弱。

（3）源生成本与派生成本

源生成本定义为与机组基建期投资相关的成本，此部分成本直接与基建投资相关，机组投产运行后该成本从结构、规模上较为稳定，与机组生产运行相关性不大。

派生成本指是指机组投产后产生的成本费用支出，主要为机组的运维支出等。

源生成本主要包括折旧与财务费用。派生成本指除折旧、财务费用以外的其他成本费用。

成本要素的三种分类方法维度不同，但各明细分类之间存在相关关联和交叉：如折旧既属于源生成本又属于弱弹性成本，其中的产量法折旧又属于变动成本。在哪一类成本中进行统计与数据的分析和管理目的相关。

通过以上分类，福清核电成本构成了三维统计和分析构架。基于不同的成本要素分解方法，派生出不同的成本统计口径，在经验数据的支撑下，通过因素分析法可以计算出不同时期、不同类别、不同驱动因素对成本结构与规模的优化贡献，从而寻求管理的切入点。

3.2.2 不同成本要素的管理方法

针对不同的成本要素，有效的管理方法也不尽相同，某一类或某几类也可能存在普适性的管理方法。对于成本要素的分析，主要还是要抓住对成本有重大影响的切入点，做好管控举措，争取最大投入产出比。

对于变动成本，要做好会计政策的研究与跟踪，不能因为其作为电量和收入的关联因素就听之任之，此部分成本的变动往往可以对企业的成本指标及损益带来巨大的影响。如产量法折旧政策的应用、核燃料摊销方法的计算。

对固定成本，要采取量化分析的方法结合“强弹性与弱弹性”“源生与派生”的分类进行管控。如运维成本，属于固定成本，也属于强弹性成本、如年限法折旧、财务费用，属于固定成本，也属于源生成本。

投产以来，福清核电三维成本因素分析法已得到成熟和广泛的应用，近年来，结合一期、二期工程竣工财务决算，对属于弱弹性成本及源生成本的折旧、财务费用管控卓有成效，在上级部门的统筹下优化预交付资产的折旧计提，优化还款计划，持续降低财务费用；通过经验数据分析，找出同时属于强弹性成本及派生成本的机组运维成本为重点开展成本精益化管理，通过优化大修周期、优化外委成本提升自主持票率等工作，运维费用的结构和规模得到了进一步优化。

3.3 生产成本的分类与指标

3.3.1 生产成本的分类

生产成本费用项目类别分为运行材料成本、人员费用、电厂运行维护费、安防及质保费、技术交流及开发费、信息文档系统费、管理性费用和综合费用。

（1）运行材料成本

本项目反映公司为生产运行、日常检修维护、技术培训、劳动安全保护等所耗用的各种专业原料、材料、各品备件、低值易耗品支出。大修和非生产性活动消耗的材料不在此反映。项目分类下设核燃料、机组备品备件和机组直接材料二级分类。

（2）人员费用

反映公司承担的生产机组人工支出。下设职工薪酬、劳务费及劳动保护费二级分类。

（3）电厂运行维护费

本项目反映为机组大修和非资本性变更改造发生的各类材料和费用类支出，以及为运营、维护、维修各种直接生产类、生产支持类、培训类、仓储类的设施、设备、工器具及房屋建筑物等所发生的费用类支出。不包括公司自身为上述活动发生的人工费、以及机组大修和非资本性变更改造之外的材料支出。本项目分类下设大修理费、日常运行维护费和日常非资本性变更改造。

（4）安防质保费

本项目分类反映为核安全和工业安全防护、环境保护、质量管理所发生的各项费用类支出。项目分类下设中低放废物处置费、安全生产费、警卫消防费、核安全及环保费、质保管理费。

（5）技术交流及研发费

反映为开展技术交流、参加各类协会以及在技术、材料、工艺、标准的研究、开发过程中发生的各项费用类支出。下设技术交流费、协会会费、研究开发费。

（6）信息文档系统费

反映为维护信息系统、实用软件、管理文档资料等而发生的各项费用类支出。下设信息系统维护维修、软件使用维护费、文档资料及信息网络费。

（7）管理性费用

本项目反映为组织和管理公司经营活动而发生的各类非生产性支出。项目下设办公费、外委印刷费、宣传费、差旅费、会议费、业务招待费、出国人员费、房租水电费等明细分类。

（8）综合费用

反映公司发生的各类摊提费、保险费、财务费用、销售费用、税费及资产减值损失等。下设乏燃料后处理费、弃置费、保险费、税金及附加、财务费用、折旧、无形资产及长期待摊费用摊销、战略备品备件摊销、销售费用、资产减值损失等二级项目。

3.3.2 生产成本的主要管理指标

生产成本的主要管理指标包括：

（1）单位售电成本

按总成本除以上网电量公式计算，反映单位上网电量的平均成本水平。

（2）单位变动成本

单位上网电量对应的变动成本状况。

（3）成本收入比

总成本除以收入的比例

运行成本的管理指标还包括存货、资金成本等其他考核和统计指标。

3.4 生产成本管理的主要工具

3.4.1 基于“业商财一体化”的全过程闭环管理

“业商财一体化”是全过程、全员、全要素成本管理创新实践的基础，“业商财一体化”体系构建了一个闭环管理的流程，将成本管理从计划到结算支付概括其中。福清核电“业商财一体化”体系主要包括：

1）在成本预算管理方面，构建“基建与生产并行”的预算管理体系，要求每一个成本、预算项目均与工作计划相关联，将计划、预算、支付与评价结合起来，并实现实时、动态、多维的执行预警和统计功能。开发成本项目的实时、动态执行情况查询，企业内从普通员工到管理层均能按经济授权体系设定的权限实时、动态查询项目执行及数据统计与分析情况。

2）合同管理方面，采用创新的“2XY”业务模型进行采购和合同管理，采购管理阶段通过工单管理采购任务：通过建立采购工单，关联相关立项，基于供方选择方式确定工作任务清单，每一个规定工作提交时系统将判断其前置条件是否满足，不满足则不允许处理。合同管理阶段多线程管理合同执行：根据需要进行合同变更、支付节点审查、结算、支付和履约评价等相关业务的处理。能有效地对合同进行审查、监督和控制，合同台账全公司分级授权共享，加强合同成本管理。

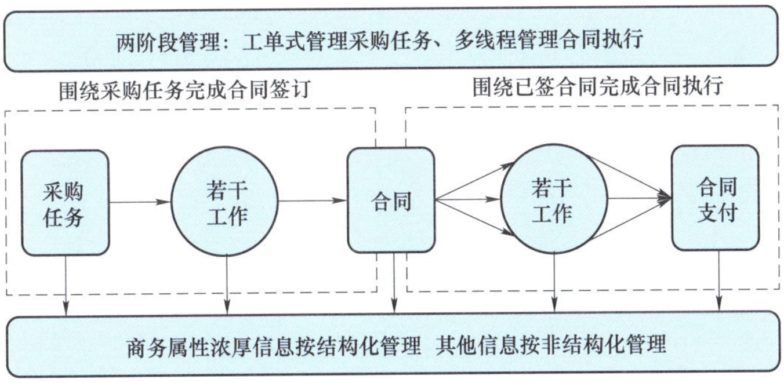

图 3－2　2XY 合同管理模型

3）结算和支付方面，由于在计划管理和预算管理过程中已赋予凭证中相关业务概算、预算、成本及现金流属性，可以实时、动态的查询基建投资完成情况、预算执行情况、资产负债表、现金流量表及利润表等统计图表。

依托“业财一体化”管理模式，公司生产经营管理链条中各环节实现了流程化无缝连接，实现了计划－预算－立项－合同－支付等“业财一体化”管理，全面贯穿事前、事中、事后控制的实时对标管理机制，实现了企业管理指令纵向贯通，工作规范化和效率得到了较大提升。

福清核电基于“业商财一体化”的全过程闭环管理体系的建设已在自主开发的“业财一体化系统”及 SAP 系统中得以实现，并取得了较好的管理成效

3.4.2　全寿期的全过程成本管理

核电企业基建期投资成本发生的特点对整个项目的经济性及成本结构、规模有着决定性的作用。核电基建期投资的主要特点极其影响包括：

（1）投资期间长

核电建设期较长，一般单台机组建设期 60 个月左右，从开展前期工作到完全建成投产横跨 5 年以上。

（2）投资规模大

从经验数据看，以二代加改进的机组为例，一般单位投资约为 1.3 万元/kW，一般两台机组总投资超过 250 亿元，投资规模巨大，导致投产后折旧占到总成本超出 30%。

（3）债务杠杆率较高

核电企业投资所需资金 80%来源于债务融资，还款期限长、负债规模大，投产初期仅利息支出可占到总成本超过 20%。

综上，核电基建投资成本从某种程度上看是投产后生产成本的主要源头，对于基建期投资成本的管控对于投产后成本管控有着事半功倍的效果。

福清核电的全过程成本管理体系，从基建投资管控起步，在基建期即树立“从源头管控成本”的理念，通过优化现场工作安排、建立健全全投资控制体系、制度与流程，使项目投资完全受控，为项目工程节省了建设投资，降低了机组投产后的“源生成本”。

通过对福清核电一期及二期工程投资的有效管控，福清核电一期和二期投资成本得到了有效的控制一期及二期工程平均单位投资约 1.3 万元/kW，优于同区域其他同类型机组。投资成本的有效管控，对投产后较好的经济型及项目整体的经济性做出了较好的贡献。

机组投入商业运行后，成本管理的重点相应的转移为与生产机组相关的成本指标的管控。

基于生产期成本的属性及驱动因素的差异，成本管控也各有千秋。首先要建立起科学的成本分类体系，基于科学的分类体系进行生产成本的管理。一般来讲，可以按“变动成本与固定成本”“可控成本与不可控成本”“源生成本与后生成本”进行管理。针对不同的投入要素建立起有效的成本管控方法，在做好机组安全稳定运行的基础上，做到有主次、有手段、有成效。如针对“折旧”“财务费用”等基建期源生成本，做好前端管控及政策研究；对于管理性费用则做好预算、成本的刚性约束；对于运维及外委费用则主要通过合理性、必要性及流程分析进行结构优化直至成本压降，充分发挥要素组合分析对成本管控的引导作用，既避免了一味要求成本降低的简单做法，又对流程优化、降本增效起到了启发作用，全体员工成本管理的自觉性、积极性得到了有力的保障，全过程、全员、全要素成本管控手段相辅相成、相互促进。

基于全寿期的全流程成本管理要将基建期成本与生产期成本管控统筹起来管理，通过建立财务模型，随着时间的推移实时对模型进行验证与优化，寻求最大的投入产出比。

基于全寿期的财务最优化模型分析方法主要是以内含报酬率理论为基础，在建立全寿期模型的基础上对投入进行实时优化及敏感性分析，按分析结果及时调整成本管理的对象、方法和手段。还可通过全寿期采取模型及实时、动态的维护，开展投入产出要素的敏感性分析。

此外，LCC（全生命周期成本）分析法也是寻找寿期内最优化成本的良好工具。LCC 分析法指通过对全寿期各种成本的组合分析辅以计算模型及量化分析，寻求最优的成本投入组合。福清核电在全寿期财务模型的基础上，引入 LCC 分析法已寿期内成本要的是敏感性及效用进行评价，对企业生产经营起到了较好的决策支持作用。

3.4.3 基于业务流程分析与优化的全过程成本管理

成本来自业务，成本管理的本质是通过对业务活动的优化争取实现以较小的投入实现更大的产出。因此，业务流程的优化是成本管理的根本性工具。

企业内业务流程有千千万万，如何抓住主要矛盾，找到成本管理的切入点至关重要。选点的依据即来自“业商财闭环流程”“全寿期流程”分析的结果，这一方法论也验证了全过程成本管理体系建设中的“点”“线”“面”结构化、一体化关系。

福清核电借鉴机组质量管控的良好实践及经验反馈，建立了“全业务流程成本 QC 小组”。“全业务流程成本管理 QC 小组”由维修部门、人力资源部门、商务合同部门及财务部门人员组成，通过选取可控成本中的敏感性最大的日常运维项目从项目计划、预算、立项、招标、业务开展及合同结算于核算等环节入手，分析每一个环节中的冗余工序，精确计算每一个环节中的预计投入，消除不经济流程产生的冗余成本，对业务活动的流程进行优化，对结算工作量的可靠性进行分析，寻找降本增效的空间。

基于业务流程分析不仅对当期的成本起到立竿见影的效果，这种管理的方法及优化后流程的实施对全寿期的成本及投入产出也有着较好的促进作用。

3.5　生产成本管理的良好实践

福清核电按所处不同阶段，从项目整体的角度，开展了系统性的成本管理，对提升成本文化氛围、优化成本结构、降低成本规模成效显著。自机组投入商运以来，福清核电单电成本逐年下降，2018 年实现专业公司内单电成本最低的良好业绩。主要良好实践包括：

3.5.1　以流程优化促进成本压降的良好实践

福清核电以“业商财一体化”管理理念为核心，构建了横跨计划、立项、预算、合同、支付、资金管理、财务模型等流程的，面向核电企业全生命周期的业务流、资金流和信息流的“业商财一体化”管理体系，实现了成本链的全流程管理，达到了降低管理成本、提高工作效率、规范和提升企业管理的目的。实现了计划–预算–立项–合同–支付等“业商财一体化”管理，形成了全面贯穿事前、事中、事后控制的实时对标管理机制，实现了成本管理相关业务的无缝衔接，实现了基于成本、预算/指标预测、下达、控制、执行、修正的闭环管理体系，企业管理指令纵向贯通。

依托“业商财一体化”全流程成本管理体制，福清核电生产经营管理链条中各环节实现了无缝连接。成本管理作为贯穿于“业商财一体化”流程的重要因素，作为全流程中关键优化因子，从源头切入至流程结束，以各业务活动的优化驱动成本管理水平的提高，直接体现为成本指标的优化。

近年来福清核电成本管理工作以有效消除调停调峰对效益的不利影响为主线，以 TOP10 行动项为工作抓手，从电量增发、有利电价争取、对外服务收入、大修及运维成本优化、库存管理等各方面开展具体工作，增收节支、深入挖潜，流程优化助推效益提升，圆满地完成了各部门降本增效目标和任务，各项成本指标均控制在要求的目标内。

3.5.2　精益成本管理良好实践

对成本指标进行细化、分解，建立起成本指标的传导及共担机制。企业的每个员工都占用和使用成本，也应有相应的控制成本的义务。通过指标的分解，形成人人讲成本、事事讲成本的良好局面。如维修部门在开展“主泵动压型机械密封复用项目”过程中，成立了流体动压型主泵机械密封复用关键技术研究专项组，展开主泵动压密封可复用工作，在国内外范围内率先开发建立了流体动压型主泵机械密封鉴定复用评价标准技术体系，并依此标准完成两例（含国际首例）机械密封的复用评价及在役运行考核。复用的主泵机械密封已经过 1 堆年的连续运行考核验证，证明了复用鉴定结论的可靠和有效。此外，项目将填补流体动压型主泵机械密封复用鉴定技术方面的空白，开发建立一整套可供行业参考的动压型机械密封复用实践标准，截至目前已达成成本优化逾千万元。建立长效的激励考核机制，激发广大员工成本管理的积极性，通过激励机制促进员工成本管控的自觉意识的提升。如大修期间循泵机械密封腐蚀防护项目，由设备工程师与维修工程师组成的 PX 泵房 SPV 转机设备可靠性提升专项组迎难而上，充分发挥团队协作力量和“三大法宝”标准化技术攻关优势，深挖故障核心机理，最终开发出了一种操作简便、实施可靠的循泵机械密封腐蚀防护维修工艺。并相继应用在数次大修中，杜绝了反复产生的机械密封腐蚀共性故障，降低了循泵机械密封等高价值备件的消耗量，预计每年可节省费用约上百万元。

加强成本文化建设，培育良好的成本管理氛围，提升员工成本管理的自觉性，做到“要钱有因、花钱有度、节约光荣、注重效益”，使每一个在岗员工都成为成本控制的管理者。如福清核电移动应用平台是由福清核电主建设实施，专注于打造基于“互联网+”的随身办公助理。实现了多样化的业务功能，包括：移动门户新闻、通讯录、移动审批（公文、立项、报销等）、移动 BI（机组功率、行动统计）、移动申请（请假、出差等）、问卷调查、即时通信等实用功能，实现员工随时随地的协同工作、决策审批、信息获取、即时通信，降低企业运作成本，改善企业沟通方式，提高企业办公效率。

移动应用平台将传统的信息管理进行延伸，实现了信息的移动化，凭借功能全面、易扩展、安全性高的特点，实现了节约成本与对外创收的双层功效。

通过指标细化、激励考核、文化建设，建立起一套全体员工参与并自觉行动的成本管控机制，促进了业务活动效率的提升、成本结构的优化及成本规模的压降。

3.5.3 关键性要素成本管控的良好实践

成本管理先精细后精益，先通过细化成本、预算项目，提升管理的颗粒度，再通过对成本要素的细化分析，区分敏感度和重要性，开展要素组合分析，形成全投入、全要素的成本管控体系。

福清核电全过程、全员、全要素成本管理体系建成及实施以来，将成本精益化管理贯穿“业、商、财”全领域，将效益筹划和预算管理嵌入成本管理专项工作中，营造出“全员讲成本、事事讲成本、月月控预算”的工作氛围，连续三年单电成本持续下降，2018 年更实现专业公司内单电成本最低的优异成绩。

通过全过程、全员、全要素成本管理将成本管理量化、与经济指标直接关联，对降本绩效进行持续量化跟踪，精益化管理举措落地、出实效。全过程、全员、全要素成本管理体系的实践与创新使得成本管理成为企业管理的一条重要主线，企业成本预算精益化管理水平得到了质的提升，助力公司两次获得中核集团“业绩突出贡献奖”。

3.5.4 SPV 设备管理实践优化案例

【案例启示】贯彻二八原则，实事求是，抓核心，抓关键，集中优势资源管好少数关键设备，补全设备管理短板。宣扬高度责任心，落实一机一人责任制，发挥设备工程师主动性，坚决落实好中国核电要求，开创福清核电设备管理新局面。

（1）项目概况

福清核电根据中国核电设备管理工作总体部署，坚定推进 SPV 管理，落实中国核电管理要求，先行先试，摸索出一条适合福清核电的 SPV 设备管理方法和模式。

经过一年多实践，在公司各部门积极配合支持下，福清核电 SPV 设备管理状况得到改善，可靠性水平明显提升，为公司实现零非计划停堆目标打下坚实基础。

（2）管理措施

1）开展高度责任心活动，试行一机一人责任制。公司领导宣讲高度责任心内涵和标准，全员对标责任心之梯，明确设备管理范围和职责。

2）公司设备可靠性委员会高效运作，执行力强。公司总经理和主管副总经理主持，有固定会议制度，管方向、定目标、抓落实，成效显著。

3）SPV 设备识别准确率高，SPV 管理对象清晰。对标广核电厂，对标方家山核电，内部技术评估，外部审查，目前已升版到 006 版本。

4）建立 SPV 工作管控流程，SPV 风险受控。管控流程配套记录单，实现了 AP913（设备可控性）介入 AP928（工作控制）的预期目标，有监督，有记录，有评价，有闭环。

5）建立 SPV 设备档案，突出技术权威和指导。SPV 设备发布缓解分析报告，提升设备工程师能力，改善设备健康状态，指导设备管理工作，实现 AP913 闭环反馈流程。

（3）降本贡献

2018 年初以来，中国核电的非计划停堆次数/机组数约为 0.63。福清核电发生过一次非计划停堆事件，低于中国核电平均数。单次非计划停堆按三天粗略估算，SPV 管理实践活动相当于为福清核电贡献了约 4 600 万的经济效益。

3.5.5 资金管理优化案例

【项目启示】公司通过对资金管控进一步精细化管理，能够实时根据企业经营状况，不断提升管理水平，向管理改进要效益。不仅有效利用了财务资源，同时也促进了公司财务管理水平的提升。

（1）项目概况

2018 年 1 月 12 日，财政部、国家税务总局联合下发《关于严肃财经纪律严格增值税退付审核的通知》（财办税〔2018〕1 号），要求对通过违规调整进项税额抵扣等方式调节应纳税额、获得退税税款等方式进行纠正。按照文件精神，财政部驻福建省专员办于 2018 年 1 月 31 日通知我公司自 2018 年起不再办理增值税基建进项税分期分机组抵扣退税事宜，导致本年增值税返还大幅减少，进而全年利润总额出现缺口。同时，公司从加强企业管理，优化资源配置，推动国有资产保值增值的角度出发，从年初即启动年度效益筹划工作，并结合年度成本专项工作，将效益筹划和预算管理嵌入成本管理专项工作中，具体从电量增发、电价争取、降本增效、扩大对外服务增加收入、会计政策研究等方面着手，建立滚动的 TOP10 成本专项管理机制，绘制年度降本增效路线图。

财务部门从自身特点出发，加强资金管控，提高资金使用效率，优化财务资源配置。在保障公司资金安全的基础上，通过开展债务置换、提前还款、合理安排合同款支付进度等方式，降低财务费用，有效盘活资金，解决资金缺口，节约融资成本，充分利用资金效益，提升整体绩效水平，弥补利润缺口。

（2）管理措施

1）加强内外协作，优化债务结构

在 2018 年资金“控额度控成本”双控的严峻形势下，公司通过加强与银行的沟通，合理安排资金使用，优化财务资源，配合集团完成债务置换，提前归还集团委贷，极大程度地缓解了集团的资金压力。通过优化公司债务结构，本年节约财务费用 1 438 万元，实现了既缓解集团公司的资金压力又降低财务费用双赢。

2）坚持优惠利率提款，降低财务费用

受国家调控政策影响，银根持续收紧，市场融资成本不断上升，省内国企及同行多已放弃优惠提款利率，有的甚至在基准利率以上进行融资，资金保障工作空前困难。在此严峻挑战下，福清核电做好市场动态和政策的跟踪，与银行积极沟通争取，坚持执行优惠利率不动摇，在银根紧缩的背景下，保障了资金需求、资金安全。具体开展如下工作：

与银行做好沟通工作，积极争取。基于长期友好、互惠合作关系，在其总行利率不得倒挂文件出台之前，完成了优惠利率提款，保障了春节前后工程建设及生产经营资金需求。

坚持优惠利率政策不放松，与进出口银行就其 PSL 专项贷款利率（抵押补充贷款）上调进行了为期 5 个月的谈判，最终取得较原先利率下调 5BP 的优惠。

3）强化资金管理，提升创效能力

资金收支方面，通过加强与电网公司沟通，实现电费及时足额回收；与公司内部各部门协作，合理安排资金支付，提升资金计划执行的准确性，提高资金使用效率。本年提前归还人民币贷款，美元贷款，进一步降低了公司的负债水平。在资金调度方面，合理匹配资金供需，增加循环贷利用，严控月度资金余额。由于收支安排和资金调度有序、得当，2018 年利息支出较按原计划融资节约 3 100 万元。

（3）降本贡献

2018 年，公司提前归还人民币贷款，美元贷款，完成债务置换。坚持优惠提款，合理匹配资金供需，增加循环贷利用。严控月度资金余额，加强资金收支管理，提升了资金的创效能力，通过一系列资金管控措施，全年将为公司创造利润近 6 100 万元。

3.6 采购管理

运行生产采购管理的四大目标是保障设备保质保量按时到货；降低合同执行面临的风险；实现降本增效。本章从采购体系、采购计划管理、降本增效管理、采购质量管理、仓储管理、供应商管理等方面介绍核电厂运行生产采购管理。

3.6.1 采购体系

采购管理规范化离不开采购体系的建立。如果把采购体系比喻成一个人，那么采购制度就是骨骼，采购业务就是血肉，信息化管理则是经络，三者相辅相成缺一不可。

（1）采购制度建设

商务合同部门以规范化的采购业务、标准化的采购流程为工作理念，搭建覆盖了采购仓储、项目管理、销售部门，综合管理等要素的商务部门管理程序体系。管理程序内容涵盖了商务采购部门各环节完整流程，包括但不限于采购立项、询报价文件、招投标文件、采购合同、商务确认函、合同签订过程中产生的各类审批报告/记录、合同变更（含变更审批报告、补充合同或变更合同等）等，使其合法、合规、标准、规范、全面。通过管理程序规范采购文件的专业化、标准化管理，可有效降低采购部门人因失误事件的发生率以及采购过程的法律与审计风险，提高采购工作质量和效能。各项管理程序规定既符合法律法规、上级相关规定等要求，又能满足现场可操作性需求。

（2）采购业务流程

电厂商务合同部门采购计划员每月分配一次立项，对立项进行整合，减少合同数量，提高采购效能。专业采购科室收到立项后会再次整合，最终分配到采购工程师的立项是较科学的组合方式。这样多层次整合的方式更有利于集约化专业化组包采购管理。采购工程师接收到立项后根据相关的管理程序开展采购工作，进行采购方案编制、采购文件编制、ERP 系统审批、询价、评审、确定供方、签订合同等工作，流程图见图 3－3。

（3）信息化管理

核电厂采购业务采用定制的人财物一体化信息系统（N1－ERP），N1－ERP 系统包括需求管理、采购管理、质量管理、库存管理、供应商管理和基础信息管理等模块。ERP 系统构建起全过程的采购管理系统，实现贯穿“需求计划——采购执行——采购结算”各环节的采购管理流程信息化、标准化、规范化，提升了公司的采购管理能力。ERP 系统提供了供应链业务协同平台，实现了对采购计划、采购寻源、合同签订等环节的集中管控，能及时反馈采购进展异常状况，提升供应链的快速反应能力；信息系统支持对合同执行、到货计划、物资入库、采购结算的跟踪，以便提高采购到货及时率。通过 ERP 实现物资管理业务与财务核算一体化以及工程项目、设备维修的统一集成，将物资业务和其他业务做到真正的协同和集成，消除信息孤岛，有效提高整体供应链运作效率、减少跨模块业务接口工作量，有利于采购管理标准化和信息化管理，极大地提高了采购效能。

3.6.2　采购计划管理

《礼记 • 中庸》中写道“凡事预则立，不预则废。言前定则不跆，事前定则不困，行前定则不疚，道前定则不穷”，著名经济学家戴尔 • 麦康基也曾说过“计划的制订比计划本身更为重要”。列宁指出“任何计划都是尺度、准则、灯塔、路标”，有了计划，工作就有了明确的目标和具体的步骤，就可以协调各方面的行动，增强工作的主动性，减少盲目性，使工作有条不紊地进行。同时，计划本身又是对工作进度和质量的考核标准，对大家有较强的约束和督促作用。所以计划对工作既有指导作用，又有推动作用。

商务合同采购仓储部门建立采购计划管理从需求收集到执行、跟踪、管控的运作机制，包括专项组管理、需求计划/采购计划两端跟踪、月报统计、人员接口、月度例会、总办会通报执行情况等。通过合理规划采购需求、加大单次采购批量、有效降低采购频次，助推采购成本管控，使年度采购计划可以真正落地执行。第一是建立了采购计划管理专项组，主管领导亲自督办召集，TOP10 需求部门共同参与，提高需求部门对年度采购计划的认识与重视；第二是建立了采购计划管理月度例会，搭建了需求部门与采购部门的沟通平台；讨论立项问题、采购效率问题，采购过程问题，针对共性问题，共同制定针对措施，保证采购计划的可执行性和可操作性；第三是自主研发“采购计划＋”信息化管理工具，“采购计划＋”商务管理平台制订了采购计划排程信息化工具，解决了以往靠手动计算完工日期排定采购计划的低效率做法，信息化工具可根据采购订单的不同

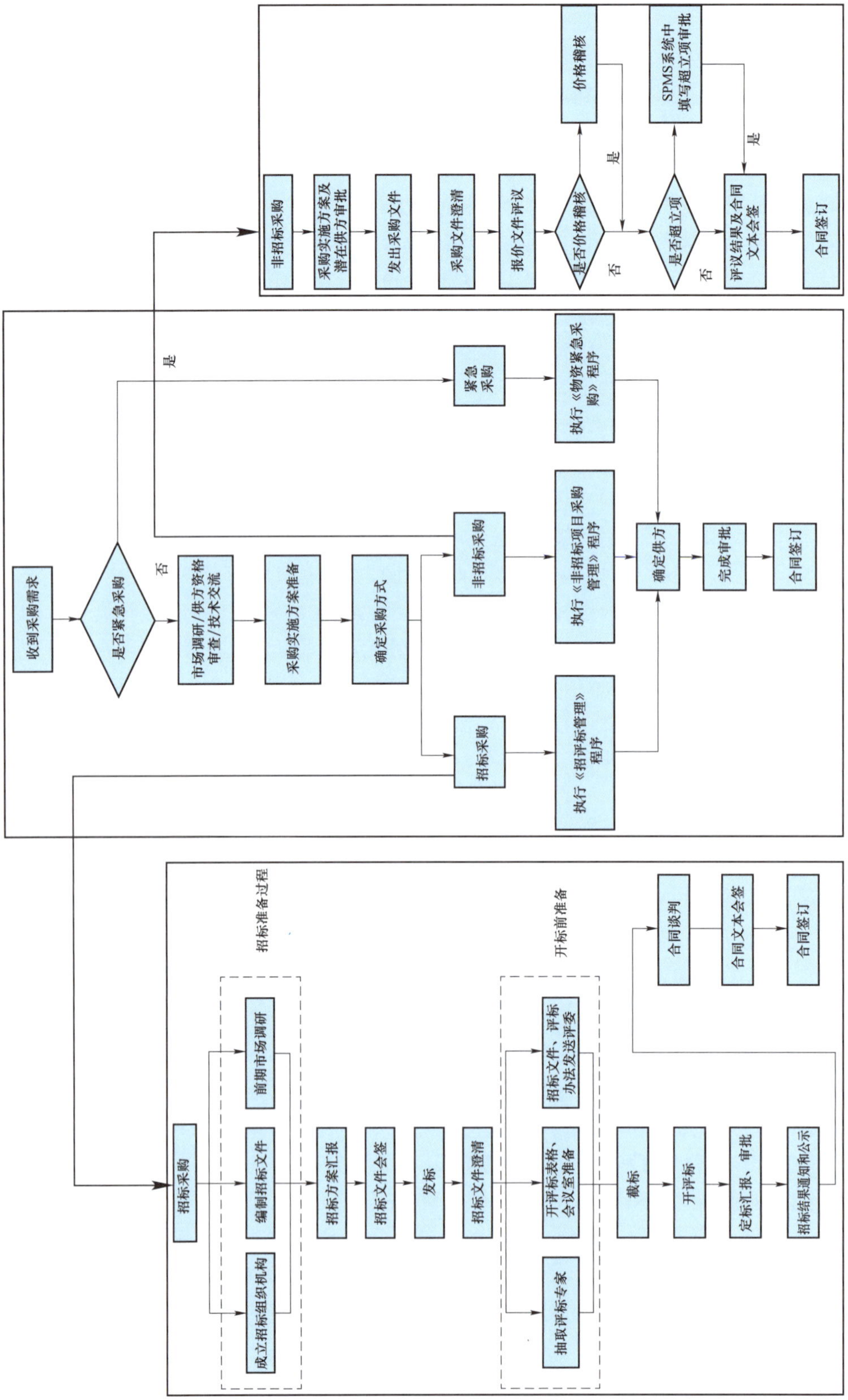
收到采购需求
是否紧急采购
是
否
紧急采购
执行《物资紧急采购》程序
市场调研/供方资格审查/技术交流
采购实施方案准备
确定采购方式
非招标采购
执行《非招标项目采购管理》程序
招标采购
执行《招评标管理》程序
确定供方
完成审批
合同签订
非招标采购
采购实施方案及潜在供方审批
发出采购文件
采购文件澄清
报价文件评议
是否价格稽核
价格稽核
是否超立项
SPMS系统中填写超立项审批
评议结果及合同文本会签
合同签订
招标采购
招标准备过程
成立招标组织机构
编制招标文件
前期市场调研
招标方案汇报
招标文件会签
发标
招标文件澄清
开标前准备
抽取评标专家
开评标表格、会议室准备
招标文件、评标办法发送评委
截标
开评标
定标汇报、审批
招标结果通知和公示
合同谈判
合同文本会签
合同签订

图 3－3　采购业务流程

状态自动计划时间，信息化工具可根据采购订单不同状态（采购方式、国内外厂家等）自动计划时间，并支持手动修改，保证了采购计划的可操作性，提升采购计划效率，同时“采购计划+”信息化工具可优选出编号、部门、方式与类型、计划监督类别、排程作为衡量维度便于计划信息的筛查定位，使得采购计划跟踪数据可视化、指标化，对各个采购工作环节的监督时间点达成情况及各流程耗时进行分析对比，可逐步提升工作流程效率，实现采购计划内部管控。“采购计划+”商务管理平台制订了采购计划的查询和进展反馈模块，所有采购相关信息集成在同一信息入口，采购员可实时反馈采购物项行项目进展，并提出采购计划调整建议。管理平台与 ERP、SAP 的数据同步在每日凌晨自动执行，不再占用工作时间；采购计划信息处理效率从人均超过 10 小时完成 1 次采购计划信息更新，提升到 0.5 小时内完成 1 次更新，采购计划的跟踪与反馈效率大幅度提升，提升了采购计划的管控效率。

3.6.3 采购方式管理

被誉为“管理大师”的美国人彼得·德鲁克说过：“管理就是做两件事，一是营销，二是削减成本”。现代管理学认为成本领先战略企业获取竞争优势基本战略之一。运行生产采购管理的根本任务和核心目标是降本增效，成本的高低决定企业的盈利空间，只有企业成本不断降低，才能盈利更多，生存更久。而提高效能也是另一种意义上的降低成本。

（1）集中采购

集中采购是同一企业内部或同一企业集团内部采购管理集中化的体现，将同一类型的货物、工程、服务集中进行采购的一种采购方式，可有效降低采购成本；按照上级文件圈定的集采目录，对目录的物资实行集中采购优势明显。

1）整合采购资源，将有限分散的采购资源形成合力，共同应对市场；集中数量优势，提高对供应商的谈判力量，获得价格折让与良好服务，降低交易费用；形成规模运输，从而降低采购成本；

2）采购功能集中，减少人力浪费；便于采购人才培养与训练，推行分工专业性，使采购作业成本降低、效率提升；

3）统筹规划供需数量，避免各自为政，减少企业内部的各部门及单位的竞争和冲突；

4）有利于供应链管理，上下游企业协作协调良性互动，培育优势供应商；

5）有利于规范采购行为，提高采购透明度；

6）有利于采购部门标准化、生产需求标准化统一，简化种类；

7）有利于库存统筹规划，流向与流量控制，联采与联储集合，分拨有序降低库存。

集中采购是与市场经济体制相适应的采购管理模式，突出了现代信息网络技术在采购管理过程中的应用，强制规范采购、销售、配送的分开管理，体现了买方市场主导下卖方与买方利益的均衡化、体现了采购管理逐步实现社会化的趋势；实行集中采购，充分发挥集中采购的优势和效益，是一个企业做大做强，降本、提质、增效的必要手段，从体系与制度上持续完善集采基础建设，让集中采购成为刚性需求，是企业发展的必经之路。

（2）国产化管理

为响应国家核电发展国产化工作部署，切实有效落实电厂国产化工作，电厂成立“国产化工作专项组”，编制国产化专项年工作计划，明确工作开展方式及进度节点，开展 10 项国产化研发项目和国产化替代项目。

（3）零库存管理

为了做好核电厂零库存物资的管理，规范零库存物资的仓库、到货、领用、结算等流程，明确相关部门的职责及接口关系，通过引入零库存管理以此提高物资按期到货率、优化库存物资结构、加快库存物资周转、减少资金占用、缩减仓储管理成本等工作。

（4）采用单一来源采购方式降本增效

单一来源采购也称直接采购，是指采购人向唯一供应商进行采购的方式。适用于所购商品的来源渠道单一，或属专利、首次制造、合同追加、原有采购项目的后续扩充和发生了不可预见的紧急情况不能从其他供应商处采购等情况。该采购方式的最主要特点是没有竞争性。

单一来源采购解决了一些工程、货物、服务的燃眉之急，有的设备的延续性采购，保证了设备供货渠道稳定、备品备件有保证、售后服务好；有的总包工程中，总包合同有约定，某些特殊的设备、服务只采用特定的供货商，保证发电厂系统运行的稳定性等，具体可总结为以下几项：

1）供货渠道稳定，单一来源采购，一般与供应商已建立长期互助共赢的合作伙伴关系，互相信赖，供货渠道十分稳定；

2）配件来源单一，采购程序及操作时间相对较短，因为配件供货商只针对一家，无需经过竞标比价等复杂过程，采购程序相对简化，大大缩短了配件采购时间；

3）配件质量可靠，与设备匹配，使设备生命周期得到有效保证，降低设备维修费用，减少设备维修次数，为生产赢得更多时间，从而降低生产成本；

4）售后服务相对较好，单一来源采购配件的供货厂家信誉可靠，售后服务到位，供应商能够及时根据设备情况给予配件规格型号适用性指导及供货协调，帮助购买方解决一些维修方面的技术难题。

（5）联储联备

备件联储联备模式是指各个电厂对有共同需求的价值较高的重要备件进行联合储备，共同承担备件的采购、保管和运输成本。备件联储联备是核电公司在保证安全生产的基础上，减少资金占用、发挥规模效益、提高发电利润的有效途径。例如，中国核电已具备完善联储联备机制，旗下的福清核电、秦山核电、方家山核电、海南核电和江苏核电 5 家单位对 M310 机组重要备件进行联储联备，累计参与联储的重要备件有 70 多项，价值 1 600 多万元，极大地节约了各个电厂备件储备的成本。

3.6.4 采购质量管理

核安全是核电站的生命线，采购质量直接关系到电站的安全稳定运行，也直接影响电站运营效益，严控采购质量是核电站采购工作中的重中之重，在采购工作中应辩证看待采购质量与采购成本的关系，牢固树立质量第一的观念。采购质量管理的目标就是依托质量管理体系和验证体系为电站提供满足质量要求的物料和服务。在采购质量管理过程中重点关注以下方面的内容：

（1）采购流程中的质量管控

强化采购计划对质量管控的作用：通过计划管控，合理整合采购项目，尽可能降低同一项目中的采购类型（如物项采购中不同品牌、不同质保/安全等级物项管理内容及管理方法有较大差异），降低项目管理难度，减少人因失误风险。

采购技术文件的完整性：服务类项目、物项替代/变更改造类项目应提供技术规格书，不指定品牌型号的物项应提供技术规格书或详细技术要求，其他技术要求应在 ERP 中的采购说明、物料主数据等相关字段进行规定，并明确如下后续验收需求文件，应确保传递给潜在供方的采购技术文件完整包括了经内部澄清后立项信息中的各项技术文件要求。

① 产品合格证（必选项）
② 第三方检验证书
③ 材料/外购件质量证明文件
④ 主要材料合格证书及复检记录
⑤ 外购零部件（元器件）合格证书
⑥ 及复检记录
⑦ 非金属材料阻燃鉴定报告
⑧ 控制箱/配电箱/就地箱 IP 防护
⑨ 等级证明
⑩ 硫化日期证明
⑪ 制造质量证明文件
⑫ 质量计划
⑬ 外形及尺寸检查记
⑭ 热处理检验记录
⑮ 无损检测报告
⑯ 性能试验报告
⑰ 精度检验报告
⑱ 竣工图
⑲ 安装图/布置图/电路图/接线图
⑳ 运行、维修手册
㉑ 使用说明书等
㉒ 原产地证明书
㉓ 核级证明

1）标定检验报澄清

包括发标前采购部门对立项内容提出的澄清、需求部门对立项信息的补充澄清及报价前投标方提出的澄清等，原则上澄清只是对原立项信息的补充说明。不能对原有立项质量管理要求有原则性的变动。

2）评议定标过程

原厂原型号备件可采用低价法评议；物项替代、技术变更类宜采用综合评议法，在此过程中评议小组也可要求投标方提供不超出询价文件规定情况的补充说明，各方应充分交流对技术要求完全达成一致。

3）合同条款

在此过程中落实各阶段尤其是在评议过程中与供方达成一致的技术要求，通过行项目签字确认的方式确保内容准确且无遗漏，并应确认供方已充分理解了相关要求。

4）合同履约过程管理

① 根据物项和服务的质量分级要求，严格履行对应的质量管理措施，并根据实际情况对相关措施进行加强或调整；

② 确保与代理商签订的合同质量要求完整传递到制造商。

5）实物验收

运营阶段大部分备件无法实地参加出厂验收，主要通过外观检查、文件检查方式进行到货验收，通过加强到货验收的硬件设施和技术能力的建设，丰富、完善质量把控手段。

6）文件验收

完工文件应随实物一同发货，验收人员根据合同中行项目需提交文件清单进行验收确认。

（2）关键敏感设备（SPV）的合同管理

关键敏感设备（SPV）的合同管理是确保到货质量安全，保障电厂利益的重要举措。对此方面，重点围绕SPV设备的技术见证管控、质量保障要求、供应商问责处罚等方面优化专用的标准合同模板，形成《SPV设备采购标准合同模板》。一是在合同中体现SPV备件采购的具体技术要求，合理的QC点设置，可操作的验收点，以保证SPV备件采购的质量；二是在合同中明确若因此类备件质量原因导致机组非计划停机等经济损失应由卖方赔偿，以确保卖方对SPV备件履行全面责任，降低非停直接经济损失；三是在合同中约定制造过程的质量文件移交方式，以确保SPV备件的质量文件正确移交和保存，保证SPV备件的质量可追溯性。

（3）进口安检设备质量管理

1）确定核安检设备范围：通过消化国务院500号令《民用核安全设备监督管理条例》及补充说明的要求，必要时与监管部门沟通澄清，确保核安检设备无遗漏，从源头上保证核安检工作满足法规要求。

2）理顺接口：安检工作涉及电厂部门较多，通过《与国家核安全有关监管部门的接口管理》程序理顺、规范各部门接口，明确各部门职责，做到各环节工作均有部门/人员负责，提高工作效率。

3）规范报检流程：安检工作规范性、计划性强，通过《进口民用核安全设备安全检验管理》落实核安检要求规范报检流程，并通过整理安检工作良好实践的方式，形成标准化产品《进口民用核安全设备安全检验标准化管理》指导后续核安检工作。

4）安检工作经验反馈：通过收集、总结内外部安检工作经验反馈，形成《核安检工作经验反馈清单》的方式，吸取经验教训，持续优化规范核安检工作。

（4）物项和服务采购质量管理在电站运营阶段的优化

目前国内绝大多数核电项目均采用工程总承包模式，在此模式下，因面对的用户对象不同、采购的物项品种及数量不同、进度要求不同、技术难度不同（工程阶段需研发、鉴定项目多；运营阶段主要是备件/部件及部分变更改造物资），导致两个阶段采购质量管理模式及方法存在一些差异，以下差异可通过优化流程加强管理：

1）质保大纲的认定

按照通常管理模式，达到某一质保等级的物项需要供方（制作方）提供质保大纲/质量手册审查或备案，但运营阶段同一厂家的物项会频繁采购，如供方或原设备制造厂家前期提供的质保大纲/质量手册能否覆盖当前合同项目且仍是有效版本，并经过安全质量部门审核认可过的，可不必重新提交质保大纲/质量手册；对于设备原厂供货零部件，供方前期提供的整机设备的质保大纲/质量手册可覆盖原制造厂供货的零部件，可不必重新提交质保大纲/质量手册以优化采购流程，缩短采购周期，但以上两种情况在供方组织机构或质保体系出现变更情况下除外。

2）安全等级、质保等级的确定

技术部门根据《物项和服务质量保证分级管理》、《压水堆核电厂物项分级》GBT 17569—2013、电厂《核电工程物项分级手册》等上游文件和工程阶段的设计文件确定物项和服务的安全等级和质量保证分级。对于设备原厂供货零部件，可与原设备制造期间零部件的质保要求相同，采购部门在合同条款中明确该质保要求。

3）制造过程的质量控制

通过设备的调试及运行，设备的设计、制造缺陷/隐患已有一定的显现，运营阶段的制造过程质量控制可以更有针对性，如某电机厂定子绕组多次出现绝缘缺陷，在合同签订时约定对相关原材料的采购及入库验收、定子绕组的加工、试验等重点风险环节加强把控，规避质量风险。

4）技术文件提交范围

因运营阶段采购的设备部件较多，而在工程阶段完工报告主要是提供主机/成套设备的文件，设备部件文件（技术文件、质量文件）可能会提交不全面，与技术部门的需求会存在偏差，此时应综合评估其必要性、可行性及采购成本，取其最大公约数进行采购。

5）到货验收

工程阶段有较完整的监造体系及较强的监造能力，因受多方面条件的制约，运营阶段大部分采购合同存在杂（品类杂）、少（单个合同采购金额少）、到货物项较长时间不使用等特点，不能照搬过程阶段的监造模式，在进行必要的出厂验收的同时，应加强到货验收的硬件设施和技术能力的建设，丰富、完善质量把控手段。

（5）采购文件零差错率管理

“零错误率”并不是指所有的文件的都没有一丝一毫错误，因为人的固有局限性，失误不可能彻底避免，但可通过人因管理工具减少人员失误。采购文件零差错率管理就是通过“他检”的人因管理工具减少人员失误，并通过经验反馈的方式减少重复出现错误，力求达到“零差错率”的理想状态。采购文件零错误率管理通过制定管理指令、编制关注要点、定期抽查、经验反馈的方式形成闭环管理，旨在通过多周期长循环的方式不断减少采购方式文件中的常见错误，提高采购文件质量，使采购文件合规性大大增强，从而降低合同管理的相关风险。

（6）文件移交标准工作包管理

采购工作重在“有章可循，有人监督，有据可查”，文件移交标准工作包管理便是对“有据可查”的有力落实。文件移交标准工作包按照采购流程列举立项材料、采购方案审批材料、授标审批材料、合同审批材料、支付审批材料以及其他材料 6 大方面所涉及的采购全过程所有须存档材料，一是能使采购工程全面了解采购各个环节所需材料；二是通过做完一份材料保存一份材料的标准工作包方式使采购工程师了解各个采购项目的进度；三是避免材料丢失导致移交材料不完整；四是避免对移交的材料清单不了解导致移交材料不完整。

（7）招投标 QC 制度

人的固有局限性决定了采购员在工作过程中可能由于人因失误而违反制度、程序，甚至存在触碰法律红线的潜在风险。通过借鉴工程监理与生产部门的质量控制（QC），在采购部门引入采购 QC 机制。其中，招投标采购 QC 制度主要分为开标前 QC、开评标 QC、评标后 QC 以及采购文件送签、移交及合同交底 QC 四部分。该 QC 工作覆盖招标项目从采购寻源直至合同签订及移交归档全过程，通过对招标采购全过程进行质量控制，可有效减少过程中的人因失误，从而提高招标采购的效能，同时还可以有效降低招标采购过程的审计风险与法律风险。

3.6.5 储运管理

（1）授权与许可仓储管理中的运用

1）核电厂储运作业特点

首先，核电厂的经营生产的基础之一是物料，是保证核电安全的关键因素，与之相关联的仓储与运输作业的风险控制，直接影响核电厂安全绩效评价的结果。其次，以危化品装卸作业、起重和叉车作业、核燃料转运作业为例，核电厂储运工作涉及大量高风险工作，近年来，行业内多次发生储运相关的人员伤亡、核安全相关设备损坏等事件。第三，储运作业具有业务种类规范，业务流程统一，作业器具标准，作业环境变化较小的特点。另外，因储运作业外部受供应商到货计划的影响，内部受到需求部门领料计划的影响，还具有需敏捷管理的特点。

2）授权与许可运用的必要性

首先，是国家法律的要求，《中华人民共和国核安全法》第十五条指出“核电厂运营单位需满足核安全要求的组织管理体系和质量保证、安全管理、岗位责任等制度”。其次，是降低生产成本的需求，早在 1985 年，A.T.Kearney 就指出，进行综合绩效衡量的公司，可提高总体生产率 14%～22%，授权的标准及许可的有效性是衡量绩效的关键指标。最后，是标准化储运作业的基础，要实现标准化的作业水平，所有风险作业必须能够做到闭环控制和动态管理，通过授权与许可达到作业可量化、可提升的目标。

3）以责任分配为基础的授权管理

授权的作用在于责任分配与资源优化，其中责任分配是授权工作的基础；责任分配需要进行岗位分类和所需技能类目整理。岗位分类，使用了相关管理中的常用工具 RACI（责任分配矩阵）；在明确储运工作的业务流程后，使用 RACI 矩阵来进行任务的责任划分，明确了储运生产的业务主管、项目经理、业务班组长、工作负责人、工作成员、学员、兼职共 7 个层级的责任岗位，细分为 28 种岗位授权职责。技能类目整理，按照岗位所需培训技能进行整合，整理出培训项目；培训项目按照面试、笔试、实操、证书四种方式进行验证，验证合格后批准相应的岗位授权。按照全面质量管理中目视化管理的要求，不同岗位授权人使用不同颜色识别的标签在安全帽帽檐予以公示，以便自我控制、自我改善与分享、降低无效的沟通与交流情况。

（2）以滚动计划为核心的作业许可管理

储运作业具有需敏捷管理的特点，敏捷管理的核心就是要根据现有资源，排定应对计划变动的需求池。以天为最小单位的滚动执行计划，是易于实践的敏捷计划管理实践之一。在实际运用中，采取了三天滚动计划的管理方法，要求变动的计划申请除限定范围的紧急需求外，均安排在三天后进行；稳定了正常的作业安排，也使得工作所需的资源准备更加充分。

工作许可的流程设定为“申请、审批、排程、延期、变更”5 个方面，许可的类型分为“零星许可、紧急许可、长周期许可”3 个类别，针对这 5 个方面与 3 个类别制定具体的操作流程。根据储运作业具有高风险的特点，按照风险从大到小的顺序分为“1 级、2 级、3 级”作业类别，类别按照风险的大小进行定量划分。参考 Mike Brooks 著《会计学》风险定量分析方法，依据风险发生的概率乘以后果的大小来进行风险定量。

如表 3－1 所示，不同等级的许可工作存在两个方面的区别，一方面是工作执行文件的要求，另一方面是作业安全监督的要求。文件执行方面，按照 INPO（美国核电运营协会）防止人因失误的要求，文件规程执行有“记忆执行、参考执行、顺序执行”的不同分类要求；安全监督方面，则分为“旁站监督、工前会/工后会监督、陪同”三个类别。

表 3－1　1 级许可要求表示例

分级	作业要素	文件要求	监督要求
1	任何行车吊运工作	作业规程	项目经理旁站
	任何危险化学品处置作业	作业规程	项目经理旁站
	验收：核安全进口设备到货卸车、开箱验收	作业规程	业务主管旁站
	验收：单件重量 3 t 或长度 5 m 以上且需起重作业物项到货卸车	作业规程	项目经理旁站
	验收：10 L 或 10 kg 以上非固态危险化学品到厂运输或卸车	作业规程	项目经理旁站
	发料：1 吨以上物项发料	作业规程	项目经理旁站
	发料：10 L 或 10 kg 以上非固态危险化学品发料	作业规程	项目经理旁站
	保养：1 吨以上物料转储、拆分箱	作业规程	项目经理旁站
	盘点：月度盘点工作	作业规程	业务主管参加工前、工后会
	管理组：燃料接收、转运工作	作业规程	科长或业务主管旁站
	验收组：酸碱、易燃、助燃、高压危险化学品直接移交工作（如：氢氧化钠、次氯酸钠、气瓶、联氨、硼酸等）	作业规程	业务主管旁站
	验收：特殊工况，经接车检查不合格（槽罐本体锈蚀但无泄露、轮胎磨损严重、化学品违规混装），现场急需无法返厂整改，需采取紧急防护措施	作业规程	项目经理旁站

3.6.6　供应商管理

电厂成立以总经理为组长的承包商管理专项组，总体规划承包商管理工作，在合法、合规的基础上，通过科学分析制定合理的管控措施，有效加强从需求管理、寻源管理、合同管理到需求调整的整个 PDCA 过程。

电厂通过评估、整合和优化需求，充分考虑电厂自身管理成本的投入与外委供应商资源的统筹平衡，使需求数量达到“合理、可行、尽量低”。

电厂供应商实行准入制度，供应商按规定进行资格评价，成为核电合格供应商后，方可为电厂提供产品和服务。与供应商签订的合同中均明确安全、质量/质保、进度、变更等各项管理要求和考核要求并严格执行。

电厂采用日常管理和年度绩效评价相结合的方式，对供应商进行持续监督和考核，合同履行结束后开展履约评价，评价结果分为优秀、良好、合格、不合格四个级别并有效应用于后续供应商的选择管理中。对于在参加电厂采购活动或合同履行过程中存在诚信、安全质量以及其他违法违约行为的供应商，根据其不良行为给电厂造成的不良影响和损失情况划分等级，并根据不良行为的严重程度，对供应商进行警告、通报、暂停合格供应商资格或取消合格供应商资格等方式处理，并及时报送上级单位维护供应商库。通过奖优汰劣，优化公司合格供应商的构成，规范供应商的管理。

3.7 成本管理效益优化案例分析

3.7.1 福清核电外委项目标准化管理

【案例启示】目前福清核电的外委成本逐年上涨，在电力供需总体宽松的局面下，成本控制问题亟待解决。福清核电在强化安全生产，积极开展电力营销工作的同时，有效控制成本，建立成本优势的良好途径就是对电厂的外委进行标准化管理，防范“过度外委”。

（1）项目概况

2017 年 9 月 17 日，福清核电 4 号机组投入商业运行，福清核电进入四台机组运行模式。随着机组投产数量的增加，机组在运行时间的延长，日常运维和大修外委项目也不断增多，电厂的运维成本逐年上升。立足于现状，生产计划部门响应中国核电要求，组织生产部门对外委项目进行全面梳理和分析，对外委项目实行标准化管理。

（2）改进措施及实施情况

1）生产计划部门组织各生产部门对于本部门涉及生产成本的日常、大修项目进行梳理，对于具体的项目进行成本分析对比。

2）生产计划部门对于各部门梳理出来的清单进行整合，形成标准外委项目清单。

3）参考标准外委项目清单对各部门申报的外委项目实施的必要性进行核实，对于不在清单内的项目，且申报部门无法提供实施必要性依据的项目进行核减。

（3）效益测算

在审核各部门申报的 2019 年预算时，对照标准外委清单，在确保安全生产的前提下，对非必要实施的项目费用进行核减。本年度对于日常运维外委费用核减约 1 000 万元，大修外委费用核减约 900 万元，有效地控制了生产成本。

3.7.2 燃料经济性管理优化项目

【案例启示】在财政部、税务部门针对核燃料采购税率政策进行调整，天然铀采购单价、浓缩铀浓缩服务单价大幅波动的大背景下，业务、商务和财务部门组成福清核电核燃料采购团队，密切跟踪各项政策及核燃料原材料价格变化，积极与供货单位沟通协商并及时变更相关核燃料采购合同，同时在国内同行核电厂中首次提出了安全高效的备用燃料组件采购方案（获得发明专利），优化了多机组核电厂浓缩铀余料的利用，并通过优化燃料采购计划等措施，有力降低了福清核电生产运营成本。

（1）项目概况

核电厂核燃料采购项目包含天然铀采购、浓缩铀转化及浓缩服务采购、燃料组件及相关组件制造采购、浓缩铀和燃料组件运输服务采购等。在确保福清核电核燃料安全供应的前提下，合理节省核燃料采购费用，由业务领域负责技术研究与策略的制定，商务部门负责合同和定价优化、财务负责经济效益测算，齐心协力，共同推进，节约了燃料采购成本和燃料摊销成本。

（2）改进措施及实施情况

1）对卸料富集度燃料组件复堆使用分析，优化生产成本。

2）优化首炉堆芯备用燃料组件统筹采购方案，减少燃料采购资金占用。

3）浓缩铀支付方式调整，使用票据节约，节约财务成本。

4）对核燃料运输服费用计税优化，及交货期优化等管理，降低采购成本

（3）创造效益

累计节省核燃料采购费用，优化生产成本超 2000 万元。

3.7.3 大修优化管理实现创效增利

【案例启示】根据历史年度电网调峰调停情况，制定了利用春节覆盖法定节假日的安排策略，减少公司发调峰调停损失，增加发电收益有效。

（1）项目概况

在面对法定节假日调峰调停的风险情况下，还面临福夏高铁建设，要停役玉顶两回线路，要求一台机组陪停的情况，发电形势异常严峻。大修管理部门在制定 2019 年大修规划时，策划利用大修覆盖此阶段，以减少调停损失。

（2）改进措施及实施情况

根据电网信息，福夏高铁原计划 2019 年 12 月份开始，工期约为 20 天。结合燃料消耗情况，大修管理部门策划将 303 大修安排在 12 月份。

2019 年 4 月，接电网通知，福夏高铁施工会提前 9 月份，但尚不能告知具体时间。大修管理部门立即响应，组织相关处室讨论分析后制定了应对措施，通过改变机组调峰调停策略和机组延伸运行的方式，即将 104 大修推后匹配福夏高铁施工，将 303 大修调整至 2020 年覆盖春节调停。

2019 年 7 月，电网通知于 10.8～10.25 进行福夏高铁建设。大修管理部门立即针对承包商人员到场、备件到场、主变和 500kV 开关站检修、国庆期间大修等情况组织讨论，优化确定 104 大修开始时间。

通过大修管理部门一系列的快速响应，有效的利用 104 大修覆盖了福夏高铁施工和十一国庆调停，避免了 18 天的机组陪停损失和 7 天的调停损失，且安全、高效、质量可控地完成了 104 大修。

（3）效益测算

通过本项目累计增加发电天数 25 天，折合发电量 6.525 亿度，减少调停电量效益损失逾亿元。

第4章 调试管理与效益分析

4.1 调试阶段的划分

4.1.1 调试阶段介绍

《HAD103/02 核电厂调试程序》把核电厂的调试大纲划分为几个阶段，指明在每个阶段内预期要完成的相关试验，并确定继续下一阶段试验前必须完成试验结果审查的“审查点”。审查点的审查应对调试是否能进入下一阶段做出判断，并应根据试验结果的结论或因本阶段的一些试验没有进行或未完成等情况，对下一阶段的调试大纲是否应该修改做出判断。

不同堆型对调试阶段的划分不尽相同，表 4－1 对 M310 堆型和“华龙一号”堆型的调试阶段的划分进行了比对。

表 4－1　M310 堆型和“华龙一号”堆型的调试阶段的划分

<table>
<tr><td rowspan="5">华龙一号（福5/6）</td><td colspan="5">A 阶段：预运行试验</td><td colspan="4">B 阶段：装料，
初始临界和低功率试验</td><td colspan="8">C 阶段：功率试验</td></tr>
<tr><td>A0</td><td colspan="2">A1</td><td colspan="2">A2</td><td colspan="2">B1</td><td>B2</td><td>B3</td><td colspan="6">C1</td><td colspan="2">C2</td></tr>
<tr><td rowspan="3">初步试验子阶段</td><td colspan="2">冷态性能试验</td><td colspan="2">热态性能试验</td><td colspan="2">首次装料和次临界试验</td><td rowspan="3">首次临界</td><td rowspan="3">低功率试验</td><td colspan="6">功率提升试验</td><td colspan="2">满功率试验</td></tr>
<tr><td>A1.1</td><td>A1.2</td><td>A2.1</td><td>A2.2</td><td>B1.1</td><td>B1.2</td><td rowspan="2">10</td><td rowspan="2">25</td><td rowspan="2">30</td><td rowspan="2">50</td><td rowspan="2">75</td><td rowspan="2">87</td><td rowspan="2">90</td><td rowspan="2">100</td></tr>
<tr><td>冷态性能试验</td><td>热态性能试验准备</td><td>热态性能试验</td><td>装料准备</td><td>首次装料</td><td>次临界试验</td></tr>
<tr><td rowspan="3">M310</td><td>阶段 I</td><td colspan="4">阶段 II：NSSS 功能试验阶段</td><td colspan="12">阶段III：初始启动试验阶段</td></tr>
<tr><td rowspan="2">单系统试验</td><td>II.1</td><td>II.2</td><td>II.3</td><td>II.4</td><td>III.1</td><td>III.2</td><td colspan="7">III.3</td><td colspan="3">III.4</td></tr>
<tr><td>冷态功能试验</td><td>热态功能试验准备</td><td>热态功能试验</td><td>装料准备</td><td>首次装料</td><td>次临界试验</td><td colspan="7">首次临界及功率提升至 50%FP</td><td colspan="3">功率 50%FP 提升至 100%FP 试验</td></tr>
</table>

下面以“华龙一号”堆型为例，对调试阶段的具体划分及每一个阶段的主要工作进行说明。

（1）预运行试验阶段（A 阶段）

预运行试验阶段（A 阶段）为机组不带核运行阶段，包括装料前的所有调试试验工作，通常分为三个子阶段，即：

初步试验子阶段（A0）：主要包括单体设备的初步试验（或简称初步试验），如部件的初次启动和调整、系统的充水试验及系统与部件的初次通电试验等。

冷态性能试验子阶段（A1）：主要包括装料前反应堆冷却剂系统及辅助支持系统的全部冷态性能试验（又称为冷态功能试验）等。为便于调试工作的执行和管理，通常又分为冷态性能试验（A1.1）和热态性能试验准备（A1.2）。

热态性能试验子阶段（A2）：主要包括装料前反应堆冷却剂系统及辅助支持系统的全部热态性能试验（又称为热态功能试验）等。为便于调试工作的执行和管理，通常又分为热态性能试验（A2.1）和装料准备（A2.2）。

在机组首次装料前，还会进行安全壳性能试验，本书专门在 4.3.1 安全壳性能试验及优化一节中进行讲述。

（2）首次装料、初始临界和低功率试验阶段（B 阶段）

首次装料、初始临界和低功率试验阶段（B 阶段）表示机组正式转入带核运行阶段，主要包括机组的首次核燃料装载和机组临界前的相关准备试验（B1）、机组首次临界试验（B2）和机组在低功率状态下的有关试验（B3）三个子阶段。

其中首次装料涉及很多燃料棒的操作，是保障核安全的重要一环，福清核电首次装料方案在 4.3.2 核燃料装载试验一节中着重介绍。

（3）功率试验阶段（C 阶段）

功率试验阶段（C 阶段）主要包括功率提升试验子阶段（C1）和满功率试验子阶段（C2）两个子阶段。

4.1.2　各调试阶段的主要任务

（1）预运行试验阶段（A 阶段）

预运行试验应验证，在设计规定的运行模式下和在整个设计的运行范围内，构筑物、系统和部件的运行都应符合设计要求。

预运行试验包括所有的监测、调节、标定和各种功能试验，以保证首次装料和次临界试验、首次临界试验、低功率试验、满功率试验均能安全地进行。

预运行试验的试验结果应证明设备和功能组件的运行是满意的，或者在异常时能允许采取必要的纠正措施。一般情况下，所有的预运行试验应在机组首次装料前完成。

对于只能在堆芯装料后才能安装的设备或功能组件的试验不遵循此例，例如，控制棒束驱动系统的试验等。

1）初步试验子阶段（A0）

初步试验是指对建造、安装好的系统和设备进行独立试验和检查，一般包括仪表初始标定、冲洗、清洁以及部件功能试验，同时对供电、供水、通风、供气等系统进行启动试验。

本试验阶段主要包括以下试验内容：

① 流体系统冲洗，包括对冲洗水质的要求和可能存在的异物的搜寻；

② 高压和低压核系统（除反应堆冷却剂系统外）和蒸汽发生器二次侧相关系统的水压试验和密封性试验等；

③ 测量和控制通道的启动试验，如各种测量和控制线路的校验，包括对自动控制通道

的逻辑数据和/或由状态记录仪处理的数据的校验；

④ 电气监测和电力线路连续性和完整性试验，例如对各种线路的检查和绝缘测量；

⑤ 阀门、电机等以及相关数据系统的校验。

2）冷态性能试验子阶段（A1.1）

该项试验的主要内容是进行反应堆冷却剂系统的水压试验（又称为一回路水压试验）和相关系统的冷态性能试验，目的是获得系统和设备的初始运行数据，并验证相关系统的运行兼容性和这些系统的功能。

冷态性能试验主要包括：

① 水化学调整；

② 与反应堆冷却剂系统相连接的高压管线的泄漏试验；

③ 与反应堆冷却剂有关系统和反应堆冷却剂泵的功能试验；

④ 主回路系统和核辅助系统高压部分打压试验（即一回路水压试验）；

⑤ 核蒸汽供应系统（NSSS）的开盖冷态性能试验。

3）热态性能试验准备（A1.2）

该项试验期间进行初次反应堆压力容器的水下检查，同时对反应堆冷却剂系统的焊缝进行检查。此外，有些系统的试验在前一子阶段中未能完成，但在热态性能试验时又必须使用的（如安注系统和反应堆硼和水补给系统等），可在一回路水压试验后继续进行。因此，在水压试验后的热态性能试验准备期间，除了继续完成后续的安装工作外，主要用于完成下列工作：

① 如具备条件，对主管道焊缝、压力容器及各部件进行役前检查；对经受水压试验的管道安装焊缝进行役前检查；为了进行内部检查，此时反应堆压力容器可以开盖；

② 完成后续的安装工作（主管道和主蒸汽管道的保温层安装、主设备支承、阻尼器和弹吊等支承件的调整和初始位置测量以及堆芯仪表和控制棒驱动机构的电气连接等）；

③ 如有设备出现故障，应进行修复或采取纠正行动；

④ 对那些在热态性能试验中要用，但无法在一回路水压试验之前和期间开展试验的系统进行功能试验。

4）热态性能试验子阶段（A2.1）

热态性能试验是在尽可能模拟核电厂实际运行工况的条件下，验证系统的热态性能是否与设计规定要求一致；验证系统和设备在高温运行时的可靠性；同时在高温下对设备和管道内壁进行钝化。

在此期间，反应堆冷却剂泵分段加热升温完成下列试验和工作：

① 从冷停堆到热停堆工况为止的全部压力和温度范围内，NSSS 的部件和功能组件的全部热态性能试验；

② 检查设备安装的安全性能和保护措施等；

③ 检查保温层的保温效果；

④ 堆内构件和反应堆冷却剂泵的可靠性考核试验；

⑤ 电源系统的独立性验证；

⑥ 装料前运行规程和定期试验规程的验证性试验。

5）装料准备（A2.2）

反应堆冷却剂系统降温降压至冷态并卸压之后，排空反应堆压力容器并开盖，对压力容器内各部件进行相关役前检查工作，该检查结果可为后续的再次检查提供参照。

在装料准备试验期间，需要开展下述工作：

① 对厂房、系统和设备进行核级清洁；

② 通过测量各通道的响应时间以及检查或调整保护整定值来核查保护系统和专设安全设施的最终可运行性，以便进行堆芯装料工作和为定期试验提供参考值；

③ 进行装卸料机和燃料转运装置的试验；

④ 制取并贮存硼水，并使整个 NSSS 系统充满硼水且处于在役状态；

⑤ 检查辐射监测防护设备的正确运行；

⑥ 安装堆外核测量系统的电缆和电离室并进行试验。

（2）首次装料、初始临界和低功率试验阶段（B 阶段）

该阶段试验的主要目的是验证反应堆已处于能够启动的状态，并验证一回路冷却剂、堆芯、反应性控制系统、反应堆物理参数和屏蔽等特性都满足安全和设计要求，该阶段希望核燃料避免受到较大的辐照和反应堆部件避免受到严重的活化，以便后续可以进行堆内检查。从这些试验中获得的资料必须保证所测得的反应堆物理参数与在安全分析报告中使用的参数之间不存在根本性的区别，只有这样，才允许进行下一阶段的功率试验。

首次装料、初始临界和低功率试验阶段（B 阶段）的试验要在对完成的预运行试验的结果做出评价合格后方可开始进行。如果某些试验结果不能满足验收准则，则应采取适当的纠正行动，包括重新进行试验，以确保这些试验严格遵循为保证试验安全进行和试验结果可靠而预先制定并已获批准的调试程序和运行程序。

该调试阶段主要分为首次装料和次临界试验子阶段（B1）、首次临界子阶段（B2）和低功率试验子阶段（B3）三个子阶段。

1）首次装料和次临界试验子阶段（B1）

机组首次装料开始，必须严格遵守运行技术规格书的要求。如果调试试验与技术规范的要求相冲突，必须做出必要的说明和安全上的论证，经营运单位同意后报送国家核安全局（NNSA）批准。

装料期间，应按事先批准的装料顺序，将装有控制棒组件、中子源组件、可燃毒物组件的燃料组件逐个地从燃料厂房运送到反应堆厂房并装入反应堆压力容器中。燃料装入反应堆，标志核电厂带核运行的开始，机组运行必须满足运行技术规格书规定的运行限制条件。

次临界试验在于证明在首次临界前，在堆芯已装料的冷态和热态工况下，全部设备和系统能正常和安全地运行。本试验主要包括装料后要求进行的各种非核安全参数的调整和校核，本试验完成后，各系统已准备就绪，可以进行核功率的运行。

2）首次临界子阶段（B2）

首次临界子阶段的目的是使反应堆由次临界状态逐步接近临界，最终达到临界状态、实现反应堆的首次启动。

首次临界试验的内容可概括为：

① 使反应堆首次达到临界状态；

② 检验堆外核仪表系统各量程通道之间的线性和重叠；

③ 确定零功率物理试验范围；

④ 校验反应性仪。

3）低功率试验子阶段（B3）

该子阶段的主要试验内容有：

① 反应堆物理试验，包括临界硼浓度测量、等温温度系数测量、控制棒价值及硼价值测量等；

② 放射性水平测量。

（3）功率试验阶段（C 阶段）

功率试验阶段的目的是进行各功率平台试验，以验证核电厂能根据设计要求安全连续地运行；在可行的范围内验证核电厂在稳态运行工况下和预期的瞬态运行工况下，其性能均符合设计要求。

功率试验阶段可分为功率提升试验子阶段（C1）和满功率试验子阶段（C2）。在每个子阶段，要在规定的功率平台进行一系列的试验，典型的试验平台为满功率的 10%、25%、30%、50%、75%、87%和 100%试验平台。

1）功率提升子阶段（C1）

在 10%满功率水平附近时，进行汽轮机核蒸汽冲转、常规岛系统功能验证、发电机相关试验及同步并网、正常和备用电源切换以及失去厂外电源并向柴油机发电机切换试验、蒸汽和给水流量测量通道标定、核岛厂房辐射场测量等。在 15%满功率水平附近时，调整蒸汽发生器水位控制器，并进行检查，以保证从主给水调节阀与旁路调节阀的运行切换正确。然后，将反应堆功率提升到 25%满功率、30%功率平台、50%功率平台、75%功率平台等分别执行各个平台的各类试验，比如功率分布测量、核仪表系统保护定值调整、主给水泵切换试验、模拟弹棒和落棒试验、各个瞬态试验，等等。

2）满功率试验子阶段（C2）

在该功率平台进行功率分布测量试验、反应性系数测定试验、堆外通量测量电离室刻度调整试验、蒸汽发生器设计裕度试验、热平衡测量试验、蒸汽和给水流量测量通道标定、功率控制带标定试验、根据热平衡计算反应堆冷却剂流量、停汽轮机不停堆试验、甩负荷孤岛运行试验、紧急停堆试验、NSSS 额定功率输出试验、核岛厂用电负荷测量、蒸汽发生器含湿量测量、汽轮发电机组热力性能试验、10%负荷阶跃和 5%/分钟线性变化试验、反应堆冷却剂流量惰走试验、核岛厂房辐射场测量等。

此外，在投入商业运行之前根据要求进行“试验运转”和“验收”性能试验。

4.2 调试计划管理

为保证全部调试活动安全、有序和高效地进行，必须制定周密而细致的调试计划，以便在调试启动委员会的统一规划下使各方面协调一致和密切配合，在适时做好人员、物资和文件准备的基础上开展调试工作。

编制周密、合理的调试计划，对调试活动的顺利开展十分重要，特别是在预运行试验阶段的调试活动，许多安装工作、建造试验和性能试验要同时交叉进行；同时，作为调试活动的一项基本原则，任何工况的安全运行决不能只依赖于未经试验的构筑物、系统和部件，因此，必须编制相应的调试阶段计划，由它规定的正确的逻辑程序可以对设备提供有效的保护，尽可能减少对临时设备的要求，并可缩短调试时间，提高调试质量。

调试网络计划和顺序制定中必须考虑到以下接口：

① 需要对某些系统、设备优先进行试验，以便为其他系统和设备调试试验提供条件；

② 需要某些系统投入运行，以保证其他系统能在不危及人员、设备和核安全的情况下进行试验；

③ 在任何给定试验阶段中，需考虑进行某些连锁试验，而这些连锁试验是下阶段试验开始之前必须完成的；

在实际可行的条件下，试验有足够的持续时间，使试验的系统和部件达到正常的平衡工况。

此外，在编制计划中还应考虑调试活动的阶段性，并应规定调试子阶段的工况条件；应规定主要检查点、控制点和阶段目标；应考虑设备维修整治、役前检查和应急计划等活动的要求和核安全监督、审评等活动的要求。

4.2.1　调试计划的分类

（1）调试三级进度计划

指导机组调试工作开展的主要文件，依据工程二级进度计划进行编制。机组一般发布工程一体化计划，调试三级计划作为其中一部分共同发布。说明：核电厂建设工程项目有一级、二级进度计划，调试阶段作为工程项目计划的一部分，不单独设置调试一级、二级进度计划。

（2）调试四级进度计划

即年度工作计划，以工程一体化计划为基础，根据主线进度计划，对全年的调试工作进行部署。

（3）调试专项计划

调试专项计划是为相对独立的重要调试项目而编制的，一般包括 220 kV 倒送电、应急柴油机调试、安全壳整体密封与强度试验、500 kV 倒送电、汽轮机非核冲转、役前检查等专项计划，原则上必须满足一体化计划的要求。

（4）调试月度计划、周计划及调试三天滚动计划

调试月度计划、周计划及和调试三天滚动计划是调试执行计划，其依据阶段性调试计划和专项调试计划按照时间进行筛选，并根据现场实际进展进行编制。

4.2.2　调试计划的控制

调试单位计划管理部门负责协调各调试参与单位执行调试计划，并通过调试计划协调会和调试早会进行沟通与协调。

调试单位计划管理部门通过调试三天滚动计划对各调试参与单位的具体调试活动进行控制：

1）调试三天滚动计划应根据现场实际进展情况进行调整，保证计划的准确性；

2）对于可能影响调试进度的计划调整，由调试单位计划主管领导组织讨论和批准；

3）三天滚动计划每天发布一次；

4）各调试专业计划协调员负责每天及时反馈、通报各专业工作的完成情况和后两天各项工作的准备情况，计划管理部门负责根据这些信息，调整三天滚动计划；

5）调试单位计划管理部门在调试日协调会上根据调试工作进展介绍调试关键路径进展和重要工作安排，向各专业队分发三天滚动计划，调试计划工程师根据收到的各专业队反馈信息，修改、调整三天滚动计划，经审查、批准后将三天滚动计划下达各专业队执行。

6）对于正在实施的调试项目出现的偏差，计划管理部门将偏差分析的结果通报各专业队，协调各专业队制定解决方案，积极寻求技术的、经济的、组织管理的或合同的手段，落实纠正行动，干预实施过程。当偏差对调试主线产生影响，或出现专业队层面无法解决的问题，及时汇报调试单位领导。

7）对未移交调试的（子）系统出现的安装进度偏差，调试计划工程师对未来系统移交日期的可信度做出判断，认为可能存在风险时应及时与施工单位沟通，并要求其迅速纠正、整改，必要时寻求上级领导协调。

关键路径上调试工作是调试计划控制的重点，应该做到以下几点

1）对于关键路径上调试工作的完成情况应及时反馈、通报调试计划工程师，调试计划工程师密切跟踪关键路径上调试计划的执行情况；

2）关键路径上调试工作的延误应及时通报调试单位负责人，并采取必要的协调措施，同时，根据延误程度由调试单位负责人及时向工程总承包商主管领导报告，调试单位应为可预见的提前或推迟的调试工作安排预案，以便应对关键路径上调试工作执行过程中出现的异常；

3）当发生关键路径某项调试工作推迟时，调试单位需要编制补救计划，保证调试过程满足项目工程一体化计划（调试）。如无法满足，则需要及时向调试单位负责人报告，并制定应对措施。

非关键路径调试工作应与关键路径调试工作协调安排，为关键路径调试工作的持续推进创造条件，避免非关键路径调试工作变成关键路径调试工作。

4.2.3 调试工期优化

一般来说，百万千瓦核电机组的调试标准工期（调试工期一般指冷试结束到试运行结束的工期）为 12 个月左右。但由于调试阶段是机组商运前验证设计、发现问题解决问题的关键阶段，而调试阶段发生或发现的问题又多种多样，所以调试工期有较大的不确定性。因此，在实际调试工作管理中，有效的计划控制和根据实际情况灵活调整工作安排是非常重要的。很多核电厂在调试工作中，通过有效控制、灵活安排和合理的经验反馈，实现了调试工期的优化，缩短了整体工程建设工期，通过提前实现商运实现核电厂经济效益的优化和提升。

以福清核电 4 号机组为例，4 号机组自 2012 年 11 月 17 日 FCD，2017 年 9 月 14 日进行 PAC 临时验收，项目建设总工期约 57.9 个月，其中调试工期创造了国内同类型核电机组调试阶段的最短工期（262 天 19 小时），其中装料（2017 年 6 月 13 日开始）至商运仅耗时 3 个月（装料到商运期间机组还参与了电网调峰，导致工期有一定延长），相较 M310 型机组该阶段标准工期（装料－商运 6 个月）提前了 3 个月，可为电厂增加 3 个月的发电量

（约 23.5 亿度电量）。

在福清核电的工程实践中，由业主公司和工程公司联合组建的联合调试队（后更名为项目调试部）采取了大量积极有效的管理措施，进行灵活的调试工作窗口安排，确保调试计划得到持续优化。

1）安全壳打压试验窗口灵活安排

安全壳整体强度与密封性试验，窗口安排较为灵活。主要根据工程项目总体进展，厂房内核清洁工作进展和机组调试工作的总体开始状况视情况安排，可分别安排在冷试准备阶段、热试准备阶段，甚至装料准备阶段，但最迟必须在首次装料前完成且试验结果满足设计要求。安全壳试验期间要进行核岛厂房封闭，时间为 10 天左右。封闭期间核岛内所有工作均需停止，包括安装、调试、系统移交等。为最大程度减少安全壳试验对同期其他调试及建安工作的影响，需合理安排安全壳打压试验的时间窗口。以福清核电基地几台机组为例，福清 1、2 号机组因为主设备到货晚，冷试、热试具备条件偏晚，故将安全壳打压安排在冷试前执行；福清核电 4 号机组，主线计划团队反复讨论后，将安全壳试验安排在热试准备期间的春节假期执行，既保证安全壳试验顺利完成，同时又将对其他工作的影响降到最小；福清核电 5 号机组，由于安全壳采用了双层安全壳，工程量大，如在热试前安排安全壳打压试验，一来对必然主线工作带来大的影响，二来安全壳的施工工期会相对压缩，主线计划团队根据实际情况，将安全壳打压试验安排在了装料准备阶段。

2）核清洁提前启动、与第四阶段役检交叉进行

水压试验后热试准备阶段，核清洁基础的打磨修补工作提前启动。根据现场调试工作的安排，对于可以隔离的房间或区域先行安排，避免了后续与主线工作的冲突。

以福清核电 3、4 号机组在装料准备阶段，针对机组核清洁问题，调试计划主要通过优化施工逻辑，将核岛厂房 20 米核清洁工作与第四阶段役检工作交叉进行，做好防护网等安措使两项工作互不影响，可以节省 –5 天工期。在讨论分析做好安措的前提下，将水闸门、换料水池、堆内构件池核清洁与装卸料系统调试检查交叉进行，可以进一步节省工期。

3）役前检查合理安排，优化工期及实施窗口

以福清核电 4 号机组为例，在前续机组役前检查重要实践经验的基础上，4 号机组役前检查组织实施过程中调试部门提前布局、主动沟通、优化工期。相对于常规役前检查的试验安排，4 号机组稳压器及蒸汽发生器工厂焊缝的役前检查工作安排在一回路冷试前实施，总工期 15 天，节省冷试后热态功能试验准备期间 15 天射线探伤窗口，大大缓解了现场探伤窗口安排紧张的压力。调试部门组织对 RPV 检查设备在机修车间组装调试、设备转运、核岛 20 米平台调试、RPV 充排水、RPV 水下检查以及检查结束后的设备转运等一系列工作进行充分讨论研究，针对每项试验内容不断优化工期，试验期间安装公司给予环吊 24 小时不间断的配合，各项工作负接口，保证役前检查工作顺利完成。

4）冷试后不打开压力容器顶盖进行热试

福清核电 5 号机组是华龙一号全球首堆，采用了冷试后不打开压力容器顶盖直接进行热试的方案，与福清核电 1～4 号机组及国内其他 M310 堆型核电冷试后均打开压力容器顶盖的工程方案有较大不同。冷试后压力容器顶盖是否打开，影响工作包括与堆内构件、压力容器相关堆本体的安装工作，压力容器和堆内构件的役前检查工作，以及需要压力容器打开才能进行的试验。冷试后开盖主要影响热试准备、装料准备，对冷试准备、冷试、热

试、装料及装料后的工作安排无影响，若采用冷试后不开盖的工程策略，因减少一次开关盖，如计划控制得当，总工期节省应该在 10 天以上。

5）重要设备出厂前进行第三方检查和能力验证

HAF001/01《核电厂安全许可证件的申请和颁发》规定，役前检查结果是申请《核电厂首次装料批准书》申请文件之一。因此，核电厂首次装料前役前检查必须完成并向国家核安全局提交役前检查结果总报告，并获审评通过。若主设备在安装就位后，役前检查项目不合格，必然会对主线造成巨大冲击。为了避免这种情况，核电重要设备，如反应堆压力容器、蒸汽发生器、稳压器、主泵泵壳、超级管道设备出厂前，可以按照役前检查的标准组织进行第三方抽检，以避免设备在现场安装就位后返修，对主线带来巨大冲击。

6）组建计划工程师网络，施行精细化的计划管控

调试阶段由于工作内容较为确定，且主线工作一直较为明确，所以调试工期优化的可选择项不多，调试工期保证，重点还是依靠精细化的计划管控，避免非主线工作成为主线。计划做细有利于资源的合理分配，而细化的前提是全员对计划工作的高度重视及高度的责任心。在调试阶段发现问题并处理的代价太大，只有以试验需求为导向尽早向安装提需求，给安装合理安排计划，才能在安装阶段发现问题。每个调试人都可以是自己所负责的工作的计划工程师。以系统工程师为核心的调试管理模式要求系统工程师做为系统的主人不仅要负责系统的技术问题，同时也要负责对系统相关工作的进度控制、协调和管理工作。调试计划组则作为一根纽带连接调试技术和调试执行两大部门，在进度控制方面发挥主导作用。

4.3 主要调试试验

核电厂的调试是整个工程建设四大阶段（设计、设备制造、建造安装和调试）之一，是核电厂投入正式商业运行前的最后一个阶段。调试是使安装好的系统和部件运转，验证其性能是否满足设计要求和相关准则的过程。调试试验分为装载核燃料前的无核反应的试验和装载核燃料后带核反应的试验，包括单系统的调试试验和综合性的调试试验。一般来说，只要资源投入足够，单系统的调试试验可以被主线工作包络住，所以绝大多数单系统的调试试验不会占用关键路径时间。而综合性的调试试验，包括装料后的大瞬态试验，是在相关系统调试完成后对机组综合性能的“终极”考验，如果试验结果不满意，极有可能对主线安排带来巨大冲击，因此本节着重选取了几项综合性的调试试验进行介绍。

4.3.1 安全壳性能试验

（1）安全壳简介

安全壳是核反应堆的防护建筑物，是继核燃料、一回路系统之后的第三道安全屏障。其功能是当一回路发生 LOCA 事故时，将事故中的裂变产物包容在安全壳内部，确保人员及自然环境的安全；同时防御外界飞行物的撞击，保护反应堆的安全，因此安全壳在核电

厂商业运行中负有重大的安全使命。安全壳性能试验的目的是验证其作为第三道屏障在机组正常运行、设计基准事故和严重事故下的安全性是否满足要求。

（2）安全壳性能试验内容及目标

根据《安全相关系统和设备定期试验监督要求》及《核电站设计与建造规程》（RCC－G）的要求，安全壳性能试验是调试大纲里的重要试验项目，主要包括：安全壳整体密封性试验、安全壳局部密封性试验和安全壳结构强度试验；日常期间的安全壳泄漏率在线监测和安全壳仪表系统监测。

其中安全壳整体密封性试验和安全壳结构强度试验同时进行，在一回路相关试验完成后，根据实际工作情况及工期窗口，可安排在冷态性能试验之后，热态性能试验之前，也可安排在冷态性能试验之前。而安全壳局部密封性试验必须在进行安全壳整体密封性试验之前完成。在电站运行寿期内，反应堆第一次停堆换料时进行安全壳的整体密封性试验，以后每隔 10 年进行一次。在进行安全壳整体密封性试验的同时，对安全壳的整体结构性能进行检测。

1）安全壳整体密封性试验

安全壳整体密封性试验是指安全壳系统的密封性试验，其泄漏率包括了安全壳壳体本身的筒体、穹顶、底板和各种机械贯穿件（如设备闸门、人员闸门、燃料通道）和电气贯穿件以及各种隔离阀泄漏的总量。在试验工况下（0.42 MPa.g，20 ℃）测定的泄漏率（包含不确定度在内）应小于安全壳的最大允许泄漏率：$F_m + \Delta F_m$<0.160%安全壳内气体质量/24 小时。虽然密封试验只是以上的系统或设备，但试验时要向安全壳内充压到设计压力 0.42 MPa.g，安全壳内上百项仪器设备不能承受这个压力，需要进行保护。保护工作涉及系统多，参与部门广，既是一项专业技术性很强的测试工作，也是各单位、各部门、各专业相互配合才能顺利完成的系统工程。安全壳整体密封性试验目标是模拟一回路失水事故工况下，验证安全壳的整体密封性。对于竣工验收试验，其目的是检查工程设计、安装、施工质量、检查安全壳在 LOCA 时气体质量泄漏率是否满足设计要求（≤0.160%d　1）。对于定期试验是检验核电厂经过运行之后，安全壳泄漏是否仍在允许值之内。

2）　安全壳局部密封性试验

安全壳局部密封性试验包括位于安全壳内外两侧所有的机械贯穿件隔离阀密封性试验（简称 C 类试验）和应急人员闸门、人员闸门、设备闸门、燃料转运通道盲板法兰以及电气贯穿件的密封性试验（简称 B 类试验）。安全壳局部密封性试验的目标是检验安全壳隔离阀的密封性，以确认在正常运行工况下和 LOCA 事故工况下安全壳隔离阀的密封功能是否满足设计要求，安全壳的泄漏率是否在运行技术规格书规定的限值内，最终目的是确保核电厂在任何情况下产生的放射性物质都包容在安全壳内。为了达到这一目的，在核电厂换料大修期间必须根据《安全相关系统和设备定期试验监督要求》的要求进行安全壳局部密封性试验工作。

3）安全壳结构强度试验

安全壳结构强度试验包括安全壳筒身变位测量、应变测量、温度测量、地形基准测量、安全壳内外观检查及钢束力测量等。目标是验证安全壳结构在 LOCA 事故下的完整性，检验和评价其安全性是否满足设计要求，比如，非预应力钢筋是否会出现屈服；混凝土结构和钢衬里有无永久性损伤的可见痕迹等。

4）安全壳泄漏率在线监测

安全壳泄漏率在线监测的目标是验证正常运行期间安全壳边界完整性，即在 6kPa 相对压力下，安全壳的泄漏率应小于等于 $5Nm^3/h$。一旦泄漏率超过 $5Nm^3/h$，必须立即查找泄漏原因，否则机组要向 MCS 模式后撤。通过该系统，实现了每时每刻对第三道安全屏障是否在发挥其安全效力的直观体现，可称之为“看得见的核安全”。

5）安全壳仪表系统监测

安全壳仪表系统用于监测一定时间间隔内的安全壳壳体的行为变化，以便于检查安全壳在正常和事故工况下执行其密封屏障任务的能力，也为机组老化管理或者延寿申请提供数据支持。

4.3.2 核燃料装载试验

（1）首炉燃料移动方案

1）燃料移动方案介绍

燃料移动方案是现场燃料组件移动的执行文件，燃料移动方案的编制是一个复杂且细致的过程，决定了燃料组件与相关组件的配插关系。在配插关系确定后，为避免在电站现场进行配插风险以及燃料组件与相关组件分开运输造成组件的风险，电厂将该配插方案直接提供至燃料制造厂，在燃料制造厂完成配插。燃料移动方案是现场实施的主要文件依据，该方案由燃料管理员编制。实施过程中，首先在燃料制造厂按照配插方案完成组件配插后，将配插完成的燃料组件运抵电厂现场，在现场按照新燃料接收计划完成燃料组件接收，这时，所有燃料组件按照计划贮存至乏燃料水池中，最后，按照装料计划，将乏燃料水池中的燃料组件顺序装入堆芯。

2）燃料移动方案生成方法

燃料移动方案的生成过程详见图 4－1。首先，燃料管理员根据核设计报告中的堆芯设计方案以及燃料组件标识号、相关组件标识号，生成堆芯装载图和燃料组件相关组件配插方案，堆芯装载图包括了燃料组件与相关组件配插关系，堆芯每个位置燃料组件的标识号，

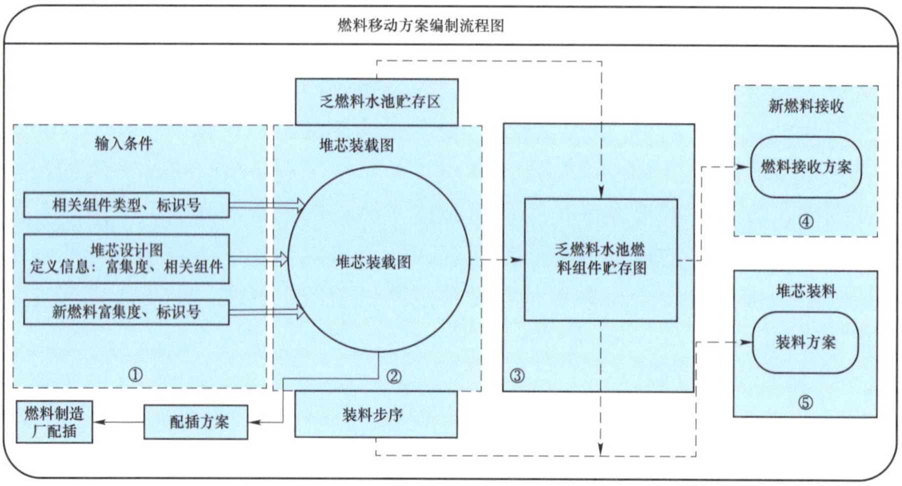

图 4－1　燃料移动方案编制流程图

如流程图中①部分所示。其次，堆芯装载图确定后（如流程图②所示），结合乏燃料水池贮存区和装料步序方案，确定了燃料组件在乏燃料水池的贮存方案（如图流程图③所示），贮存方案决定了燃料组件接收计划（如流程图④所示）（顺序表中需包括富集度、标识号、配插关系、接收后该燃料组件贮存位置等信息），接收计划则决定了燃料组件接收信息表及移动单。最后，根据装载图与乏燃料水池布置图，确定了首炉装料顺序表（如流程图⑤所示），装料顺序表中需包括燃料组件标识号基本信息、每个燃料组件进入堆芯的先后顺序、该组件在乏池的位置以及该组件进入堆芯后的就位位置。根据装料顺序表，分别生成 RX 厂房装料移动单及 KX 厂房装料移动单。

（2）首炉装料步序的确定

从目前国内同行电厂的装料实例看出，装料步序方案主要为斜形装料方案。

1） 换料斜形装料方案介绍

斜形装料方案主要用于机组换料装料，其装料步序如图 4－2 所示。

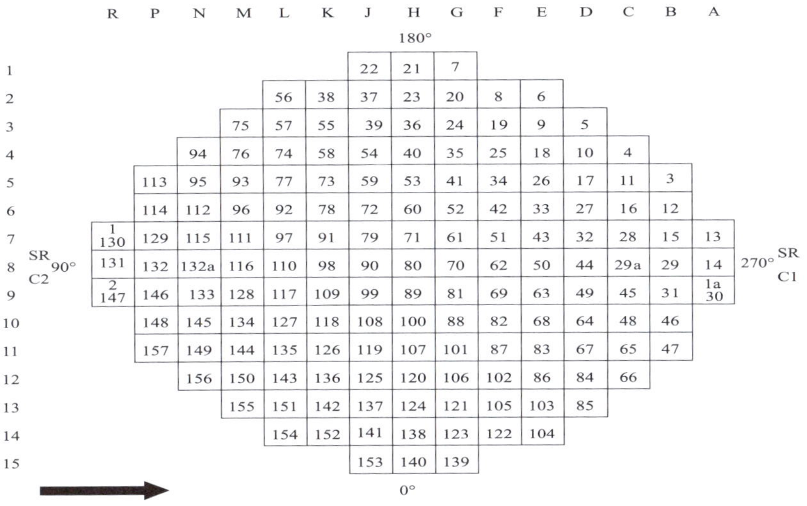

图 4－2 斜形装料步序

从图 4－2 可以看出，斜形装料步序思路如下：

该方案为斜形装料的一种：蛇形装料。

首先，装料从 180°—270° 方向开始，依次向 0°→90° 方向推进。其次，装料顺序为类似“蛇”的路径行走，头尾相接，直至装料结束。

斜形装料用于换料装料有很多优点，其一，由于辐照燃料组件存在变形，故需要保证在装料过程中，每组燃料组件需保证相邻面支撑，同时，应尽量减少四面支撑燃料组件的数量。其次，由于换料将使用“靴帮”辅助燃料组件就位，故尽量减少“靴帮”的移动，采用头尾相接。

2） 首炉装料步序方案

综合考虑以上因素，首炉装料中，采用斜形装料方案，并进行一定的调整。

首炉装料步序方案，考虑如下问题进行优化：

综合考虑以下 4 个方面的内容，编制装料步序如图 4－3 所示。

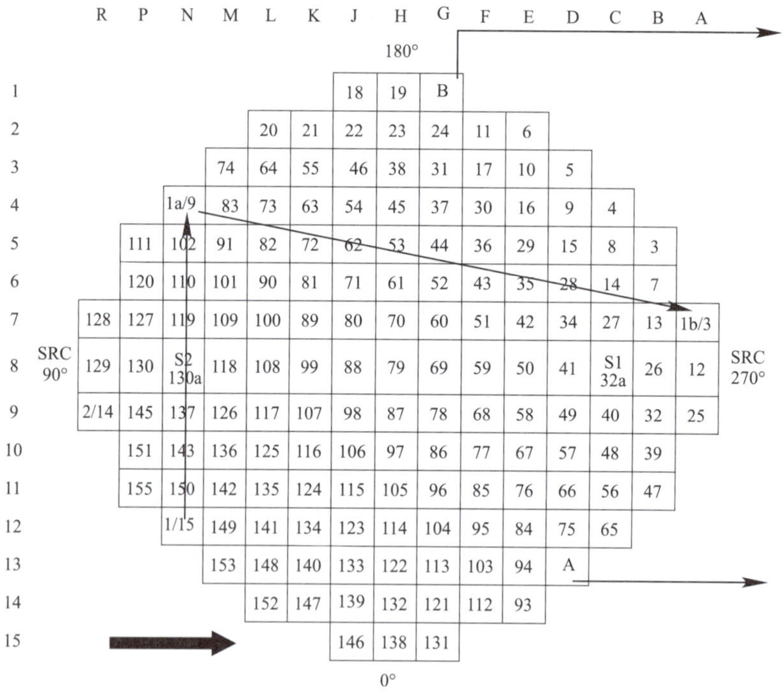

图 4－3　首炉装料步序方案图

第一，在保证整个堆芯能够进行临界安全监督的情况下，在堆芯内部尽量少的安装临时中子探测器。从图 4－3 中可以看出，方案中，除堆芯布置的两个源量程外，在堆芯只选择了两套临时中子探测器，减少了影响装卸料机行径路线的探测器，源量程与两套临时中子探测器覆盖整个堆芯，可以对整个堆芯起到比较理想的临界安全监督，满足核安全法规要求。临时中子探测器分别放置于 D13，G01 位置，选取位置考虑布线要远离装卸料机路线。从图 4－3 可以看出，临时中子探测器的电缆线可以向堆芯 270° 方向延伸，完全不会影响装卸料机。

第二，在装料过程中，保证在燃料组件的上方，不再进行燃料组件的行径。装料从堆芯 180°—270° 方向开始。此方案可以保证在燃料组件的上方，无燃料组件经过，燃料组件由内到外逐步装入堆芯。且从整个堆芯装料过程看出，90%的燃料组件的偏移方式相同。

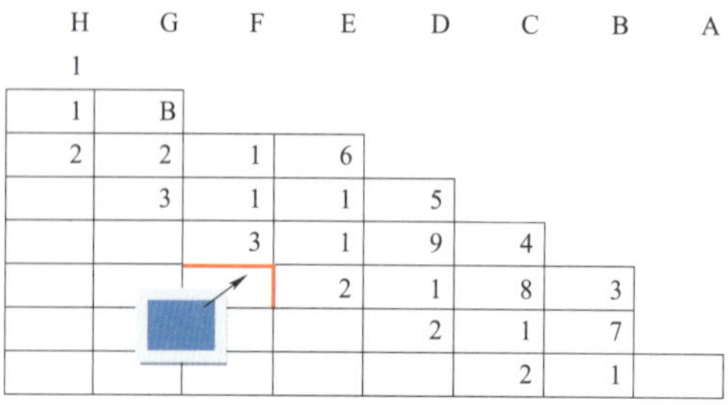

图 4－4　装料燃料组件偏移方式

第三，在装料过程中，应保证整个装料过程中源量程与临时中子探测器有较好的计数率，并且尽量减少一次中子源的移动步骤，简化中子源就位方案。考虑到整个装料源量程与临时中子探测器的响应问题，在装料初期，将两组中子源组件放置在源量程附近，可以保证期有较好的计数率，同时，在移动第二组一次中子源时，考虑到硼水对中子的吸收是很强，在中子源就位后，中子源与源量程之间存在着较厚的水层（约 1 米），可能无法获得有效计数率的可能，方案首先将 127 至 130 步燃料组件装入堆芯后，再进行中子源的移动。原因为组件将对该水层进行有效的排除，并且组件起到了“导通”的效果。在一次中子源就位时，方案为一次中子源组件一次移动就位，并没有向桥式装料采用多次移动的方案。

5			111	102	91	82
6			120	110	101	90
7		128	127	119	109	100
8	SRC2	129	130		118	108
9		S2			126	117
10						125

图 4－5　一次中子源装料方式

4.3.3　反应堆大瞬态试验

反应堆在首次并网后，到正式商运前，会执行几项大的瞬态试验，以充分验证机组在各种瞬态工况下的运行状态。反应堆控制系统的闭环控制通道试验分别证明主要控制通道的性能是正确的，它们必须在大瞬态试验之前完成。大瞬态试验意在检查当负荷瞬态变化影响到整个电厂时，反应堆控制系统将主参数维持或恢复至其正常运行带的能力。

大瞬态试验一般包括：

① 负荷±10%FP 的阶跃变化和负荷以±5%FP/min 的速率线性变化；

② 从特定的试验功率水平甩负荷至厂用电运行；

③ 汽机跳机而反应堆不停堆；

④ 反应堆紧急停堆。

（1）试验描述

1）负荷线性或阶跃变化试验

该试验包括：

① 负荷±10%FP 的阶跃变化；

② 负荷以±5%FP/min 的速率线性变化。

线性负荷变化试验以 5%FP/min（50MW/min）的速率改变发电机负荷，除了必要的稀释和硼化外不进行任何干预，试验分两个阶段进行：

① 50%→15%→30%；

② 97%→15%→97%。

负荷阶跃试验是以 10%FP/min（100MW/min）的速率使发电机负荷快速改变±10%FP，给予一个人为的扰动，验证电站控制系统的控制能力。试验也分两个阶段进行：

① 30%↓20%↑30%；

② 97%↓87%↑97%。

试验的验收准则一般包括：反应堆不停堆；汽轮机不跳闸；稳压器安全阀、主蒸汽安全阀不动作；大气释放阀、主蒸汽旁路排放阀不动作；反应堆功率控制系统、主给水调节系统、稳压器压力和水位控制系统响应正常。

2）甩负荷至厂用电运行试验

该试验是在 50%FP 和 100%FP 功率水平下，手动断开厂外负荷，电站自动降功率至自带厂用负荷运行。该试验是核电厂调试阶段中重要的综合瞬态试验项目之一。在于验证电厂控制调节系统从 50%FP 和 100%FP 功率水平甩负荷到厂用电期间及之后，机组维持及恢复主要参数在其正常运行范围内的能力；同时也是对反应堆热工水力设计，一、二回路控制系统设计是否匹配及参数优化结果的综合检查。

3）汽机跳机而反应堆不停堆试验

该试验在发电机功率 25%FP、50%FP 和 100%FP 时手动脱扣汽轮机，控制棒下插，旁路排放阀动作，反应堆功率稳定在最终功率整定值，验证反应堆不停堆，机组维持和恢复主要运行参数在正常运行范围。

4）反应堆紧急停堆试验

在 50%FP 和 100%FP 功率水平下手动停堆，验证控制系统能将机组调节到稳定工况，不发生专设安全系统动作。需要观察如下现象：

排放至冷凝器的控制阀开启情况符合预期；

反应堆压力容器和下游传感器之间的测温通道的响应时间须小于特定的要求值。

（2）试验结果分析

当达到下列标准时，试验结果是比较好的：

① 除了试验需要的情况外，没有触发任何保护动作；

② 稳压器和蒸汽发生器安全阀、蒸汽向大气排放的阀门未打开；

③ 主要参数稳定在预期值，瞬态过程中至多超过预期值一次；

④ 在整个瞬态过程需要时，观察蒸汽排放至冷凝器的阀门的快开和调节开启；

⑤ 对于可能出现的振荡，阻尼必须小于特定值，该限值应该在调试程序中作出规定；

⑥ 观察给水流量控制通道的响应，特别注意高负荷向低负荷切换再到稳定状态时的蒸汽发生器水位；

⑦ 当反应堆功率高于 15%FP 时，不需要手动干预就能维持反应堆稳定；

⑧ 在试验过程中，各参数的极限值不会超过安全定值，从而不会触发安全动作。

4.4 调试管理效益优化案例分析

4.4.1 移交接产电子化项目

【案例启示】确保移交接产过程中移交文件的完整性及可查性，是业主接收电厂生产管理的基础保障。本案例中，生产准备部门通过移交接产电子化项目，实现了上述管理目标，并进一步减少了人力及纸张成本，提高了工作效率。

（1）项目概况

传统工程总承包项目移交资料是以工艺系统及厂房为基本单位进行图纸、文档等资料纸质扫描形式的移交，总承包方将资料扫描移交给业主。此方式极大的消耗了纸张和人力，而且传递、审查、修改周期太长，效率较低。移交至业主的资料，虽然为电子扫描形式，但不易识别、搜索、归类和应用，文件的完整性和可查性无法得到保障。福清核电 5、6 号机组移交接产管理，以电子化流程为管理手段，解决了上述问题。

（2）改进措施及实施情况

1）福清核电 5、6 号机组的 TOB/TOM/TOTO/BHO 的计划跟踪、文件包编制及审查均以电子流程开展，最后的签字过程也以电子签名的形式自动生成，联检意见项及尾项由工程总承包方录入系统中，根据计划完成时间进行跟踪处理。

2）2018 年 1 月份至 11 月份，TOB 流程进行了 464 个 TOB 文件的审查，TOTO 及 TOM 流程进行了 58 份文件的审查。文件审查过程中，文件在系统中便捷可查，流程相关人员省去了纸张打印、报送文件包及人工传递审查意见项的时间，将主要精力放在技术问题的处理上，节省了成本，提高了工作效率。

（3）创造效益

1）纸张费用方面

福清核电“华龙一号”生产支持管理系统的开发和运用，使移交接产流程数字化，费时费力的人工环节全面取消，纸质的文件包的打印和上传环节也进行了废除，节约了大量人力和油墨纸张，具体节约成本计算如表 4－2 所示。

表 4－2　福清核电 5、6 号机组文档移交节约费用统计表

名称	单个文件包平均纸张数量/张	系统或厂房数量/个	纸张油墨价格/（元/张）	费用/万元
TOTO 节省费用	800	735	0.3	17.64
TOM 节省费用	1 000	735	0.3	22.05
TOB 节省费用	200	735	0.3	4.41
BHO 节省费用	100	80	0.3	0.24
总节省费用				44.34

2）M310 机组，每个厂房或系统负责人制作纸制（TOTO 或 TOM 包或 TOB 或 BHO）平均需要 15 天的时间，使用生产支持系统之后缩减到 13 天，这样每位系统负责人节省 2 天工时。厂房或系统负责人完成文件包编制后，需要接口人送至运行和维修人员处进行审查，送的过程耗费平均 1 天的时间。以上，厂房或系统负责人一个包总共节省 3 天的时间人力成本节约计算如下：节约人力成本（万元）$=4\times735\times3\times600/10\,000+4\times735\times1\times500/10\,000+80\times3\times600/10\,000+6\times24\times5\,000/10\,000=726.6$（万元）

3）因此，总节省成本为 $726.6+44.34=770.94$ 万元，电子化流程总成本为 400 万元，共节省成本 370.94 万元。

4.4.2　安全壳性能试验技术管理成果

【案例启示】电厂的良好实践应及时转化为成果。

（1）项目概况

解决电厂在安全壳性能试验及系统监测等领域存在的问题，总结良好实践并及时转化为成果，电厂组织编制、开发了多项产品，在提升机组核安全、缩短试验工期、提高工作效率等方面取得了一定的成果。

（2）改进措施及实施情况

1）大修贯穿件试验标准化产品

机械贯穿件试验是历次大修重要的定期试验项目，与机组状态、系统状态和阀门检修等工作密切相关，尤其是高低压安注贯穿件试验不仅是超运行技术规范的项目，而且占据大修关键路径。大修贯穿件试验的顺利实施，需要电厂运行部门（隔离准备）、计划部门（计划安排）、维修部门（不合格阀门的维修处理）和技术部门（试验的组织与实施）统筹协作共同完成。以福清核电为例，借鉴历次大修良好实践和经验反馈，福清核电组织编制并发布了《大修贯穿件试验标准化产品》。

该产品包括标准化方案和标准化作业卡，将机械贯穿件试验工作流程分为三个阶段：专项组管理、试验准备标准化、试验执行标准化。

① 专项组管理：每次大修前 1 个月成立贯穿件试验专项组织机构，由历次大修各部门熟悉该工作的人员担任骨干，并通过制定专项组职责分工，保障组织流畅、协调到位。

② 试验准备标准化：试验准备包括文件准备、物资准备和计划安排。尤其是计划安排，可提前识别与试验对象相关的维修工作，排出合理可行的窗口，在保证试验和维修工作均顺利实施的前提下，最大限度地减小运行人员的隔离工作量和核辐射照射剂量，符合 ALARA 原则。

③ 试验执行标准化：不同的工作负责人其工作技能、经验积累不同，导致在试验执行环节，水平参差不齐。通过标准化作业卡，规范试验执行步骤，促进试验高效实施。

该产品已在电厂机组大修应用，并拟推广至“华龙一号”机组，最终在缩短大修工期、降低大修成本方面取得更大成效。

2）大修安全壳整体打压试验标准化产品

电厂编制并发布《安全壳打压试验标准化工作方案》大修标准化管理产品，涵盖了安全壳打压试验的试验准备、试验执行及风险管控等各方面内容。

① 试验准备：安全壳整体打压试验采用专项组模式运作，在大修开始前 6 个月成立。专项组实行大修准备月度例会、大修实施日例会和试验工前会，统筹协调各专业、各协作单位的试验准备与实施工作。

② 试验执行：试验执行包括先决条件检查、实施逻辑制定及值班管理，确保试验过程安全、受控。

③ 风险管控：安全壳整体打压试验是高风险活动，除了具有一般现场风险外，还存在一些特殊的作业风险，比如核岛内富氧条件下的火灾风险、承压环境下试验人员的特殊作业风险、非耐压设备被压坏风险等，国外电厂曾发生过安全壳试验期间失火事件，导致设备受损，机组被迫退役。为了确保试验安全顺利完成，针对安全壳试验的特点制订专门的专项控制方案及一系列风险预案，以“预防为主、风险可控”为原则来管理整个试验。

3）安全壳完整性指标管理导则

根据核安全局《核电厂运行安全性能指标体系》文件最新要求，安全壳完整性指标目前已成为各核电厂对公众公开的信息中重要的性能指标，体现了电厂的核安全水平。

电厂编制《反应堆安全壳完整性指标管理》，详细规定了电厂安全壳泄漏率监测系统巡检频度和范围，设置了比运行技术规范更严格的干预基准点及干预措施，并根据机组运行经验自主设置了安全壳日泄漏率（Qld）的关注阈值（≥2 Nm^3/h）以提前识别第三道屏障异常，确保安全壳第三道屏障在正常运行期间的严密性。

根据《反应堆安全壳完整性指标管理》中的“安全壳边界查漏方案”，2014—2019 年间，电厂及时发现并成功处理了十余次安全壳泄漏率偏高问题，避免了机组后撤，保护了公众安全。

4）安全壳试验数据管理系统

安全壳性能试验包括大修期间安全壳 A/B/C 类试验、安全壳结构强度试验以及日常运行期间安全壳泄漏率监测和结构监测等项目，随着机组运行时间增长、大修次数增多，产生的试验数据越来越多。这些试验数据不仅是涉及核安全的重要指标，而且是实现对试验对象进行趋势分析提升设备可靠性的重要基础，但一直以来电厂均无相应的安全壳试验数据管理系统对上述重要数据进行统计和分析。

提高安全壳边界设备可靠性，是保障第三道屏障功能有效、机组安全的物质基础，为实现对安全壳性能试验数据的保存、查询及趋势分析，电厂可以开发上线“安全壳试验数据管理系统”，对于安全壳第三道屏障的监测将更加完整、严密、规范。

（3）创造效益

电厂实践证明，上述技术管理成果不仅提升了机组第三道屏障的安全，同时也增加机组潜在经济效益。

以“大修标准化产品”为例说明：制定大修标准化流程，一是通过明确的分工，减少职能部门间的职责不一致问题，提高工作效率；二是通过标准化的物资准备，更加合理的使用备品备件和试验耗材，降低相应物资储备量，降低大修成本。

最关键的是，提高了试验执行环节的工作效率，尤其是关键路径工作，其工期的长短直接影响整个大修工期的长短。

大修工期缩短，机组尽早发电，这才是电厂最高经济效益的最直接来源。

以福清核电 301 大修安全壳整体打压试验测算：301 大修安全壳整体打压试验计划工期 115 小时，通过项目优化和风险预防，试验过程未发生任何风险，最终以 101 小时安全、规范、顺利地完成全部验证项目，整个试验节约大修工期 14 小时，即 301 大修可以提前 14 小时完成并网发电。按照机组满功率运行计算，仅此项试验为电厂创造了约 600 万元的潜在经济效益。

再以《反应堆安全壳完整性指标管理导则》为例说明：电厂《运行技术规范》规定，机组在运行期间若发生安全壳泄漏率超限值的事件，需立即查找漏点，否则 3 天内开始向 MCS 模式后撤。而安全壳边界众多，查漏工作的顺利实施不仅要求安全壳内气体压力满足正值，而且要准确定位还需观察 1～2 天的时间，由此造成整个查漏工作工期肯定不低于 3 天，与运行技术规范所给期限已经没有了余量。

一旦机组进入 MCS 模式，按照机组满功率运行计算，电厂将损失 1 000 万元/天/台机组，是电厂无法接受的。

《反应堆安全壳完整性指标管理》设置了严格的干预阈值，并且在总结历次安全壳查漏的经验反馈基础上对其处理流程做了标准化梳理。通过该成果，可以将安全壳泄漏超标的问题在萌芽阶段即可消除，即使发生了超标事件，也可在较短时间内准确定位缺陷，避免机组后撤，为电厂创造潜在的经济效益。

4.4.3 电厂首炉装料方案

【案例启示】不拘泥于教条成规，一切从安全和实际出发作改进。

（1）项目概况

目前国内同行电站的装料实例，装料步序方案主要集中为两种，一种为桥式装料方案，一种为斜形装料方案。国内核电机组首炉基本采用桥式装料方案，斜形装料主要用于换料装料。但桥式装料方案不如斜形装料优点多，综合种种因素考虑，在首炉装料中采用斜形装料方案，并进行一定的调整。

（2）改进措施及实施情况

1）装料方案的现场实施

首先，整个装料过程中装卸料机操作员不需要考虑临时中子探测器电缆线对装卸料机移动的影响。

其次，装料方案的简洁使得装料总步序的减少，缩短了装料实施时间。

再次，四面支撑组件数量极少，在缩短操作时间外，也降低了燃料组件操作风险。

最后，整个装料方案的规律性极大地减少了装料监督员与装料指挥员对装料过程监督的难度。

2）实施过程中的经验反馈

① 临时中子探测器响应测试

在装料开始前进行响应测试时，第一次装料中，所有响应测试正常，但在第二次装料响应测试中，两套临时中子探测器等待较长时间才有计数。

经过原因查找分析，临时中子探测器安装高度变化造成这一现象，临时中子探测器应该放置在堆芯下 1/4 高度处，而中子源位置在组件下 1/4 高度处。第二次装料前进行临时中子探测器安装过程中，现场灯光较暗，使得工作人员无法清晰辨认安装高度，故比较保守的将探测器位置固定的靠堆芯上部，使得中子源与探测器直线距离变大，计数较弱。其次，探测器响应位置的选取接近了探测器测量的极限距离，使得计数率效果不佳。

后续工作中，适当调整一次临时中子探测器响应的测试位置，可将响应位置直接移动至探测器相邻的位置，这样，即便临时中子探测器的安装位置稍有变化，也不会影响探测器的响应测试。

② 源量程计数率变化时间过长

在装料过程中，临界监督人员在每组燃料组件就位前，均需要向主控操纵员确认源量程的计数率，并取 5 个变化的计数记入数据表中。实际现场实施过程中，由于源量程计数率变化缓慢，造成计数时间过长（每组燃料组件计数需 10 分钟左右，甚至更长）影响整个装料进度。

经过查找原因，发现 DCS 对于 RPN 源量程的计数率设置中，在源量程计数率变化大于 1 cps 后，方可在 DCS 中对计数率进行更新，在实际装料过程中，由于初始堆芯计数率较低，故源量程的计数率较小，一般在 7～8 cps，故需要连续读取 5 个变化的源量程计数需要很长的时间，使得装料过程需进行长时间等待。

后续考虑由仪控人员对计数方案进行调整，设置为源量程计数变化大于 0.1 cps 后，就可进行计数率更新。

③ 临时中子探测器安装在堆芯内对装料存在风险

虽然减少了一套探测器，但是堆芯的两套探测器对装料仍然存在风险，在贴近探测器安装位的燃料组件装在过程中，操作员必须小心的安装燃料组件，同时，燃料监督员必须高度注意探测器的安装位置，以免造成燃料组件误装入该位置而造成探测器损坏，掉入堆芯的事件发生。

故后续机组考虑将探测器的悬挂位置提高至堆芯上部，意为不将该探测器放入堆芯内部。同时，略微调整装料开始时探测器的响应测试位置，使探测器获得更好地响应测试；在远离堆芯装料初始位置的探测器周围先装入 1～2 组燃料组件，使其在装料初期也获得较好的响应。

（3）创造效益

以福清核电 1 号机组为例，装料从 6 月 3 日下午开始，6 月 6 日下午装料结束，实际装料时间 54 小时，扣除每班交接班、中途休息时间，平局每组燃料组件用时为 16～18 分钟。所有 157 组燃料组件均按照装料计划安全装入堆芯，通过装料后的实物盘存检查，证明装料无误。从整个装料进度看出，福清核电 1 号机组装料方案非常合理。

合理的装料方案，不仅增大装料安全度、同时减少装料的现场实施时间。

机组首循环燃料移动方案的生成方法以及对首循环装料步序方案的改进是成功的，并且首循环燃料移动方案自动生成的技术及装料步序方案的改进也具有一定价值及推广意义。

首先，该方案在生成过程中减少了燃料管理员的编制难度，降低了方案编制者的出错率，减少了方案校核人员的工作量。

其次，装料步序方案的改进减少了现场装料的步序，现场装料操作员的作业难度，装料工期等。

最后，将堆内临时中子探测器的数量减少一套，降低了装料的风险。

第5章 生产计划管理与效益分析

5.1 生产计划管理概述

核电厂生产计划是为维护机组稳定运行和系统设备安全而对现场各项作业活动的合理安排与控制，是结合发电计划而制订的检修计划、试验计划和其他运行维修活动。生产计划编制的质量和执行结果直接影响机组安全可靠运行，对核电厂的运营成本和经济效益生产影响。做好核电厂运行生产计划管理工作，是做好核电厂企业安全生产管理的重要举措。核电厂的运行总体计划在保证安全、质量的前提下完成发电指标，不断优化计划管理，以系统有序的安排、精益有效的流程保证核电厂安全生产和稳定运行。核电厂的生产计划管理遵循如下原则：

1）生产计划所有工作必须严格遵守运行技术规范，通过充分准备并严谨实施计划，保证在机组上开展的各项生产活动风险得到充分评估并最优化。

2）生产计划工作控制是电厂生产运行的核心流程，应对流程中各环节规定明确的角色、职责、资质、管理要求，加强工作控制过程中的风险管理，不允许未经流程控制的生产活动在生产计划管理领域存在。同时，应定期对工作控制流程进行优化评审以适应电厂管理水平的提升。

3）科学合理安排各项生产活动，协调各项生产活动的资源投入，保持对各类预期事件有足够的响应能力。

4）生产计划涉及核电生产的上游环节（各供应商和服务提供商）和下游环节（电网企业），在生产计划管理过程中应根据上下游工作的特点优化工作安排，将实现企业经营目标和构建和谐厂网关系、利益相关方关系统筹考虑，实现与客户共赢，贡献社会价值。

生产计划是企业对生产任务做出统筹安排，具体拟定生产进度的计划，是企业经营计划的重要组成部分，是企业进行生产管理的重要依据。预防性维修数据库触发出来的预定义工单和电厂新增的工作申请。预定义工单触发后，信息系统会根据首次触发日期、执行频度以及工期，自动计算出工单的计划开始日期和计划完成日期。电厂新增的工作申请通过审查批准后进入工作准备环节，再由计划工程师进行计划排程，安排至合适窗口。预定义工作之间的统筹安排，以及新增工作申请与预定义工单的统筹安排，是考验电厂计划管理水平的关键，并且直接影响电厂的资源利用率，为了保证计划编制的科学严谨，国内核电厂生产计划主要通过长周期日常计划与三日滚动计划两种管理方式完成生产计划的编制，见图 5－1。

电厂生产计划管理水平直接影响电厂的资源利用率。电厂通过生产计划管理使各种生产工作在受控的流程中进行，安全生产风险得到控制。

如果电厂生产计划管理水平低下，则会影响电厂的生产工作效率，并在工作控制绩效

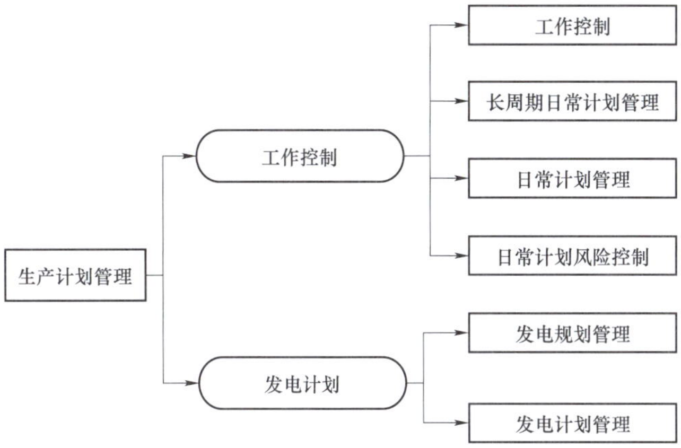

图 5－1　生产计划管理体系框图

指标上有所体现。例如，工作控制水平比较低，缺少信息化的工作流程支持，通过纸质工作文件包在多个部门中签字、传递和流转，工单准备工作无法并行开展。工作计划安排没有相应的长周期管理制度，窗口制定没有统筹考虑，资源安排没有优化，设备重复隔离检修，影响设备可用性；工单计划执行偏差多，生产风险得不到有效控制。工作控制相关的指标恶化，比如积压缺陷数量多，因等备件等原因缺陷长期得不到处理，缺陷工单平均寿命长。设备的预防性维修不能得到及时安排，电厂的缺陷维修工作按“救火式”的开展，设备缺陷多发，进入恶性循环。

电厂生产计划管理合理得到优化，计划编制合理，可优化资源、减少设备不可用时间，提高电厂的资源利用率，提高设备及系统的可靠性。福清核电以 ABB 公司企业资产管理（EAM）软件 Asset Suite（AS）和电子值班运行管理软件 eSOMS 作为福清核电的生产管理基础平台，项目实施后统称 N1-EAM 系统。参考国际最佳工作管理实践 AP-928 实现了以预防性工单为主线进行的长周期日常计划管理，备件在长周期日常计划管理中提前采购，检修窗口以年为周期统筹安排考虑，缺陷维修（CM）/预防性维修（PM）比例降低，标志着电厂逐渐由“救火式”缺陷维修工作向“保养型”计划维修工作转变，设备及系统可靠性、稳定性得到进一步提升。

通过信息技术为不同的风险作业设置不同的风险提示，使得运行、维修、生产计划、质量控制等工作相关人员方便、快捷的提前了解其工作所存在的风险。建立风险分析预警机制，利用长周期日常计划管理流程，在工作准备阶段，必须进行充分的风险分析并制定相应的预控措施。针对风险作业深入的进行工作前分析和准备，总结经验，借鉴良好实践，持续提高风险管理水平。2019 年福清核电 4 台运行机组实现了零非停，1 号机组 WANO 综合指数 100 分，保持了国内核电机组良好的运营业绩。

创新的在计划管理中实践了功能设备组（FEG）的应用和信息化技术的运用提高了电厂计划管理水平、降低了人员成本，同时工单量和工单平均寿命的减少又提高了设备可靠性及维修时间窗口的使用率，减少了维修窗口时长。当前福清核电单机组的缺陷数量保持在 50 个以下，机组缺陷工单平均寿命在 10 天以内。

另外，通过合理的发电规划安排，制定正确的调峰调停顺序，机组循环燃料装载合理安排，使电厂机组大修时间尽量匹配春节、国庆节、雨季等电网低负荷时间，减少电厂机组发电可用小时数损失。制定合理的发电规划策略，使电厂发电经济效益最大化。

5.2 工作控制

工作控制是指对核电厂的系统、设备、构筑物进行维修、试验等活动必须遵守的基本流程，是为了规范管理日常运行期间所有生产构筑物、系统和设备的维修、维护、变更、试验等工作的申请、准备、计划、执行，复役和完工总结的工作流程，使得各项工作规范有序地执行，保证机组安全运行。

相关名词定义介绍

1）N1－EAM：中国核电生产管理信息系统，用于核电厂生产管理、运行管理与技术支持等领域的工作控制流程管理的信息系统。

2）eSOMS：电子运行与值班管理套件，N1－EAM 系统的核心模块，主要用于运行值班、巡检与隔离等信息化流程的管理信息系统。

3）SSCs：是构筑物（Structure）、系统（System）和设备（Component）的缩写，本程序所指 SSCs 是指核电站生产相关构筑物、系统和设备的总称，系统设备中运行的软件也属于 SSC 的范畴。

4）工作申请：英文缩写为 WR（Work Request）。工作申请是现场维修工作的源头，工作申请可以是需要解决的问题（例如：故障缺陷、技术改造、定期试验、服务支持等），或者是计划的、日常常规的活动（例如监督试验、预防性维修）。

5）工单任务：是 EAM 中的一个专用词，是指一个工单下，由于专业限制、安措限制等原因而拆分出一个个子项任务。工单任务是工作控制业务流程中的核心对象，每项工作需要创建工单任务（除小维修）。在 EAM 中工单任务信息由任务概要、工作指令、资源需求、文档、工作许可证、安措要求、备件、人员、计划时间、配合工作、风险分析和安全措施等组成。

6）小维修：指维修人员基本能力就能完成的无须详细工作指令的维修工作，这类维修不涉及 SSCs 的停复役，不影响核安全功能，不会增加导致电站瞬态的风险，不需特别的工业安全评估，也不需要特殊的辐射防护措施或控制，维修效果与质量通过目视就能确认。

7）预防性维修（Preventive Maintenance 简称 PM）：针对 SSCs 开展的防止和缓解性能劣化或故障，或对设备的性能与状态进行监测、检查及跟踪，以保持或延长设备使用寿命的维修活动。预防性维修又细分为周期性维修、预测性维修及策略性维修三种。

8）TS：Technical Specification 技术规格书，指对物项或活动详细的技术要求。

9）P6：计划排查软件，用于核电厂日常及大修计划排查和管理。

10）不可用：SSCs 不能执行其设计的功能。

11）非运行调度管辖设备：电厂 SSCs 中除运行部门以外的其他部门调度管辖的设备。

12）厂房负责人：非运行管辖设备责任部门指定的负责其管辖设备开、完工许可的责任人。

13）优先级：根据缺陷或其他工作对于机组当前状态的影响紧急程度而确定的级别。

14）作业类型：在准备期间，为已确认的工作申请及工单分配合适的工作类型。

15）工单电子终端（Automatic Work－order－task Terminal，简称 AWT）：工作负责人能实现工单任务开工、完工申请等一系列流程功能的软件终端。

5.2.1　工作控制管理流程

工作控制管理流程见图 5－2 和表 5－1 所示。

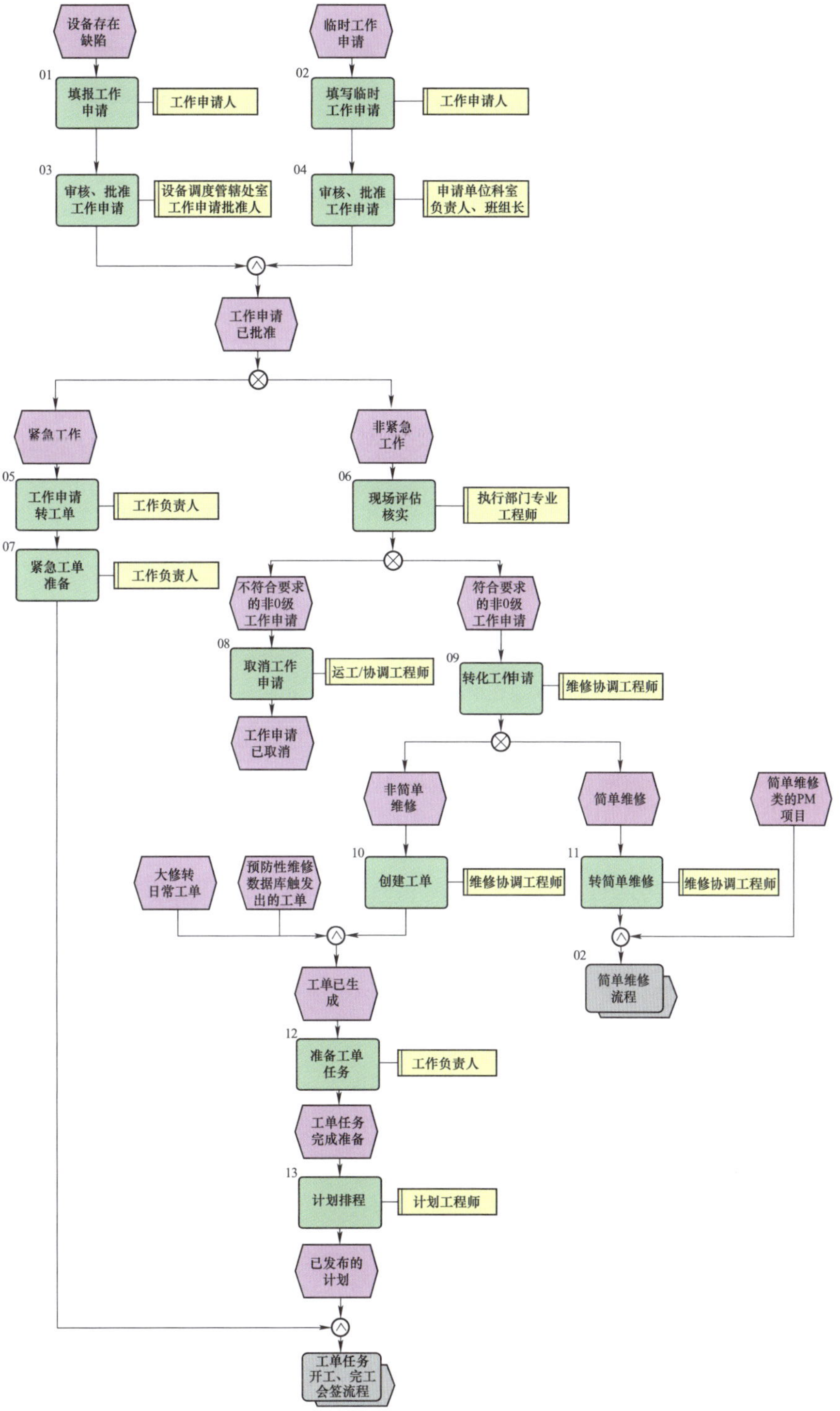

图 5－2　工作控制管理流程

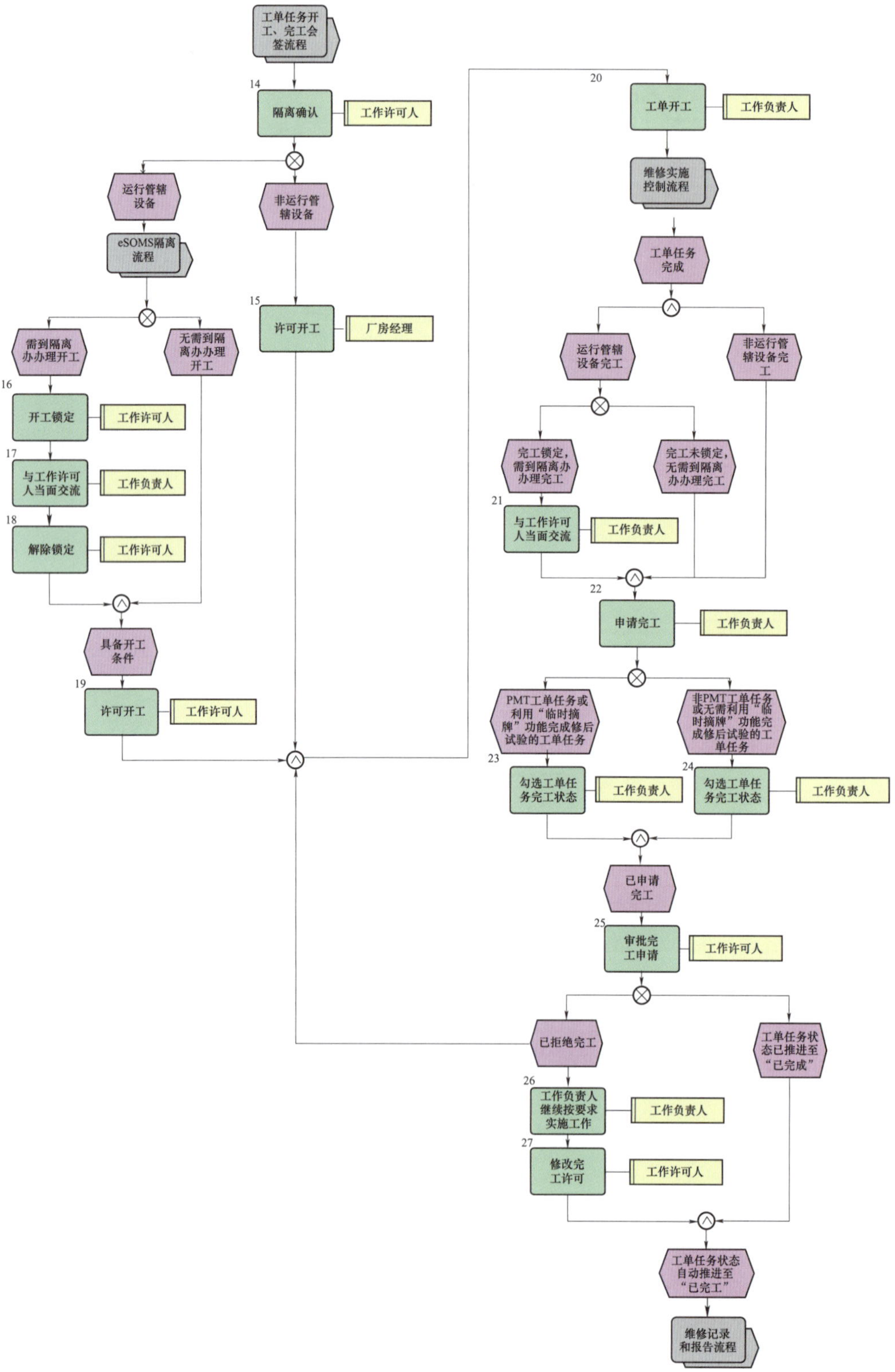

图 5-2　工作控制管理流程（续）

表 5–1　工作控制管理流程

序号	流程步骤	责任和行动	角色/部门
1	填报工作申请	电厂员工发现 SSCs 存在缺陷时，均需按要求填报工作申请 工作申请人在工作申请上填写如下内容：电厂、机组、设备代码、描述、附加详细描述、故障、发现方式、缺陷牌号和缺陷牌位置等 工作申请人核实是否是重复申请，若是，则取消已重复填报的工作申请	工作申请人
2	填写工作申请	工作申请人在工作申请上填写如下内容：电厂、机组、设备代码、描述、附加详细描述和作业类型等 附加描述中应需详细说明工作的来源 工作申请人核实是否是重复申请，若是，则取消已重复填报的工作申请	工作申请人
3	审核、批准工作申请	设备调度管辖部门工作申请审批人审核、批准本部门调度管辖设备产生的缺陷类工作申请，确定工作申请的优先级、作业类型，对工作申请填报人填报的信息进行补充和完善，并将工作申请推进到“已批准”状态 取消重复或无效的工作申请，原则上，当班期间产生的所有工作申请均应在当班期间审批、批准完成 值长负责紧急工作的判断和安排 工作优先级初判为 1 级的应立即通知值长处理	设备调度管辖部门工作申请批准人/运行部门
4	审核、批准工作申请	申请人所在科室负责人或班组长负责审核、批准本科室人员提出的临时工作申请。确定工作申请的优先级、作业类型，对工作申请填报人填报的信息进行补充和完善，并将工作申请推进到“已批准”状态 取消重复或无效的工作申请 原则上，当天产生的所有工作申请均应在 24 小时内审批、批准完成	申请单位科室负责人、班组长
5	工作申请转工单	值长将 1 级工作申请转化为紧急工单	值长
6	现场评估核实	各执行部门准备工程师对处于“已批准”状态的非 1 级工作申请进行现场评估，初步判断专业、缺陷状况、是否简单维修、是否需要材料、备件、许可证等信息	执行部门专业工程师
7	紧急工单准备	工作负责人根据缺陷现场情况，对紧急工单进行必要的准备	工作负责人
8	取消工作申请	工作申请批准部门取消不符合要求或重复的工作申请	运行工程师/协调工程师
9	转化工作申请	工作准备人或维修协调工程师负责将已批准的非 1 级工作申请转为工单	维修协调工程师
10	创建工单	维修协调工程师将非小维修的工作申请创建成工单	维修协调工程师
11	转小维修	维修协调工程师根据小维修管理制度判断工作是否为小维修	维修协调工程师
12	准备工单任务	工作准备人根据工作包准备程序的要求完成工作包准备	工作准备人
13	计划排程	计划工程师根据生产计划管理程序的要求完成计划排程工作	计划工程师/生产计划部门
14	隔离确认	隔离安措审核人将工单任务对应的隔离推进至“隔离确认”状态 厂房负责人确认工单任务提出的隔离要求	工作许可人
15	许可开工	厂房负责人许可非运行调度管辖设备上的检修工作开工	厂房负责人
16	开工锁定	对于需工作负责人到批票部门办办理开工的工作，由工作许可人进行开工锁定	工作许可人

续表

序号	流程步骤	责任和行动	角色/部门
17	与工作许可人当面交流	处于开工锁定状态的工单任务，需工作负责人与工作许可人当面交流	工作负责人
18	解除锁定	工作负责人与工作许可人当面交流后，由工作许可人解除锁定	工作许可人
19	许可开工	工作许可人通过电子许可授权方式，许可工单任务开工	工作许可人
20	工单开工	工作负责人在工单电子终端（AWT）中进行工单开工，系统自动将工单任务状态推进至“工作中”	工作负责人
21	与工作许可人当面交流	工单任务完工被锁定，需工作负责人与工作许可人当面交流	工作负责人
22	申请完工	工单任务现场工作实施完成后，工作负责人向工作许可人提出完工申请	工作负责人
23	勾选工单任务完工状态	修后试验（PMT）工单任务或利用“临时摘牌”功能完成修后试验的工单任务在申请完工时，需根据工作实际情况勾选：“修后试验合格”“修后试验不合格，重新安排”	工作负责人
24	勾选工单任务完工状态	非 PMT 工单任务或无须利用“临时摘牌”功能完成修后试验的工单任务在申请完工时，需根据工作实际情况勾选：“工作完成”“条件不具备，等待验证”“临时处理”“工作未完成，重新安排”	工作负责人
25	审批完工申请	工作许可人审批完工申请，确认完工的工单任务推进状态至“已完成”，拒绝完工的工单任务需维修工作负责人继续执行维修工作	工作许可人
26	工作负责人继续按要求实施工作	拒绝完工后，工作负责人按照工作要求继续实施工作，按要求完成工作后电话汇报工作许可人	工作负责人
27	修改完工许可	工作许可人在工单开工/完工许可中修改工单完工状态至“许可完工”	工作许可人

5.2.2 工作申请管理要求

工作优先级和响应要求　工作优先级共分为 5 级：

（1）1 级：紧急缺陷

分级原则：设备失效或严重降级对机组安全稳定运行造成以下即时的现实威胁：

1）停机停堆；

2）机组降负荷；

3）进入退防时间≤3 天的 TS 运行限制条件；

4）放射性物质释放明显超标或失控；

5）工业安全水平下降造成人身伤害；

6）重要设备损坏；

7）反应堆、汽轮机、高中压变压器、重要设备的保护系统失去冗余；

8）消防保卫功能全部或部分失去；

9）值长认为需要紧急处理的其他缺陷。

响应要求：立即响应。

（2）2 级：重要缺陷

分级原则：符合以下准则的非 1 级缺陷：

1）TS 相关系统设备缺陷；

2）发电直接相关系统/设备缺陷；

3）火灾监测系统设备缺陷；

4）辐射监测系统设备缺陷；

5）物理、化学监测、分析设备缺陷；

6）可能造成人身伤害的设备缺陷；

7）运行特别关注的缺陷。

响应要求：批准后 48 小时内完成准备，且工作实施前必须做好充分的风险分析和工作准备。

（3）3 级：一般缺陷

分级原则：除紧急缺陷与重要缺陷之外的其他缺陷；

响应要求：批准后 6 天内完成准备，且在方案明确的情况下安排在最近的工作窗口进行消缺。

（4）4 级：非缺陷工作

分级原则：适用于非缺陷工作。

响应要求：安排在 13 周内，或安排在 13 周矩阵的下一个可用的系统窗口（先安排在 2 周后）。

（5）5 级：构筑物非缺陷工作

分级原则：构筑物的非缺陷工作。

响应要求：根据资源的可用情况在正常流程内安排计划（先安排在 3 周后）。

5.2.3　工作申请作业类型

工作申请的作业类型由工作申请批准人填写/校核，见表 5－2。

表 5－2　工作申请作业类型

工作申请作业类型代码	中文名称	释义
CM	故障维修	针对故障、失效的设备，或已出现即将导致故障的严重缺陷（在运行周期或预防性维修间隔内）设备而开展的纠正性维修，这些情况下设备将不能满足或无法执行其设计功能
DM	小缺陷维修	针对有小缺陷的设备进行的纠正性维修，这些设备有劣化趋势或已有轻度的劣化，但劣化程度还不至于影响其实现设计功能，不影响其性能指标
OM	其他维修	指在明确定义之外的作业任务
MD	变更	用于永久性变更实施工作
TM	临时变更	用于临时性变更实施和恢复工作

5.2.4 工作申请填写相关规定

工作申请通过 N1－EAM（中国核电生产管理信息系统）中的工作申请填报页面填写和提交。任何人都有权提出工作申请，在填写工作申请时，请按下列要求进行工作申请填写。

（1）重复申请检查

在填报工作申请前，工作申请人需要查看填报工作申请的设备是否已经有相同的工作申请，如果已经存在相同的工作申请则停止申请填报。工作申请人在确定没有相同的工作申请后，方可创建新的工作申请。

（2）基本信息的填写

工作申请人在工作申请填报页面填写如下信息：电厂、机组号、系统、设备编码、设备名称、设备位置信息、描述、附加描述、工作实施专业等。

如是设备缺陷类工作申请，则需要选择填写“故障”“缺陷牌号”“缺陷牌位置”等信息，以便于后续的缺陷定位及处理。

（3）设备编码信息填写

填报工作申请应该合理选择设备编码。

（4）工作申请描述

设备缺陷类工作申请填写要求。

工作申请“描述”的内容应简洁，且具有概括性。对于设备缺陷情况的详细描述在“附加描述”栏内进行说明。

工作申请的“附加描述”应详细有效，设备信息使用双重命名。规范填写形式为设备名称、设备编码、故障描述（包含位置，厂房，房间号，严重程度）等信息。正确的工作申请描述对于协调工程师、工作准备人正确转化工单，计划工程师的窗口安排以及对工作负责人的维修措施准备和实施非常重要。

1）针对缺陷进行比较：尽可能通过比较两列相同设备或两台机组中相同设备的状态，对设备的故障参数做出详尽的描述。

2）针对缺陷进行的操作情况：如果针对缺陷进行过运行操作，应写明故障设备对某些操作的反应情况。

3）缺陷严重程度：如果是漏水漏油缺陷，必须注明漏量，如滴/min、滴/s、连续流、喷出等。对于气体储罐相关设备的故障，可以注明气体体积或压力的变化情况，如 bar/min、L/min 等。

4）缺陷描述清晰：应对缺陷进行详细描述，并说明判断的过程和依据，不能只写“阀门工作不正常”、“设备工作异常”“某某设备有问题”等含糊不清字样。

工作申请人在工作申请填报页面上需要填写如下内容：电厂、机组号、设备编码、设备名称、描述、附加详细描述。附加描述中应需详细说明工作的来源。

5.2.5 工作申请审批相关规定

（1）工作申请采用一级审批，即工作申请提出后，由工作申请批准人批准后即为工作申请生效。

（2）运行部门管辖的 SSC 上缺陷由运行部门值长负责审批，其他工作申请由工作申请人所在科室的科长、专工审批。

（3）工作申请批准人在批准工作申请前必须仔细确认并完善该工作申请的优先级、作业类型。

（4）对于填报不符合本程序要求或重复的工作申请，由工作申请批准人负责取消，并注明取消的原因。工作申请取消后，系统会自动告知工作申请人。

（5）同一个工作申请的工作申请人和批准人不能为同一个人。

（6）工作申请批准人应审核工作申请所挂接文件的完整性和有效性。

（7）工作申请批准人应对工作申请人没有完善的信息进行补充。

（8）对于影响机组状态或涉及核安全的工作，工作申请批准人在批准工作申请前，必须确认或写明具体影响、处理要求等信息。

（9）值长已确认为 1 级工作申请的工作，走紧急工作流程。

5.2.6　工作申请的跟踪和协调

（1）已批准的工作申请，以下情况由生产计划部门跟踪协调。

1）无法确定执行专业。

2）转小维修工作申请超一周未关闭。

3）已批准的工作申请超过 2 个工作日未转成工单或小维修。

（2）已批准的工作申请，以下情况由设备调度管辖部门负责跟踪协调。

1）若需取消工作申请，运行部门调度管辖设备缺陷的工作申请由运行工程师负责取消，非运行部门调度管辖设备缺陷的工作申请由设备调度管辖部门协调工程师负责取消，临时工作申请由工作提出部门的协调工程师负责取消。

2）对于工作申请未批准时取消工作申请，由工作申请提出部门负责摘除现场的缺陷牌。

3）对于工作申请批准后工作申请，由工作申请批准部门负责摘除现场的缺陷牌。

4）对现场已完成的设备缺陷工作相关的缺陷牌，由工作执行部门负责摘除。

5.2.7　工作申请转为小维修或工单

（1）工作申请转为小维修

工作准备人、协调工程师根据小维修的判定原则判断已批准的非 1 级的工作申请是否符合小维修。判定为小维修的工作申请，由协调工程师将工作申请状态推进至“小维修”，并进行班组分配。

（2）工作申请创建生成工单

1）工作准备人、维修协调工程师根据工作申请描述的工作内容进行工作申请组合处理。

2）如果工作申请需要一个或多个任务并且没有模板工单可用，则需要工作准备人、协调工程师将工作申请创建生成新工单及工单任务。

（3）工单类型

工单类型见表 5-3。

表 5-3 工单类型

工单作业类型代码	中文名称	释 义
PM	预防性维修	指按照预定的日历时间间隔，或预定的设备运行时间，或电站大修周期间隔而开展的预防性维修
CM	故障维修	指针对处于运行周期或预防性维修间隔内发生失效或严重降级，且不能执行其设计功能的系统、构筑物和部件（SSC）开展的纠正性维修工作
DM	小缺陷维修	指不影响设备执行设计功能的那些缺陷
OM	其他维修	SSCs 不存在缺陷，用来改进厂房、系统、设备性能或状态的工作，如厂房装修、清洁、油漆、接地检查、现场测量等工作。其他 4 种工单类型不能包含的工作
MD	永久性变更	用于永久性变更实施工作
TM	临时性变更	用于临时性变更实施和恢复工作

（4）工单任务作业类型

1）工单任务作业类型与工作申请的作业类型的配置相同。

2）在新建多个工单任务时（例如需要配合工作），新生成工单任务的类型由新工单任务的创建人进行填写。

5.2.8 紧急工作管理要求

（1）紧急工作的判断

1）运行部门调度管辖设备的缺陷，由值长判断优先级是否为 1 级进行抢修。

2）非运行部门调度管辖设备的缺陷，工作申请批准人认为其优先级为 1 级且应立即安排抢修时，需电话通知值长，值长有最终决策权。

（2）紧急工作的响应要求

1）正常工作时间，当班值长直接联系执行部门进行紧急抢修；非正常工作时间，当班值长按照生产值班待命表直接联系相应的执行专业的生产待命人员进行紧急抢修；

2）对于需要隔离安措的紧急工作，由值长通知隔离经理同步在 eSOMS 中准备隔离。

5.2.9 小维修管理

（1）小维修管理流程

小维修管理流程见图 5-3。

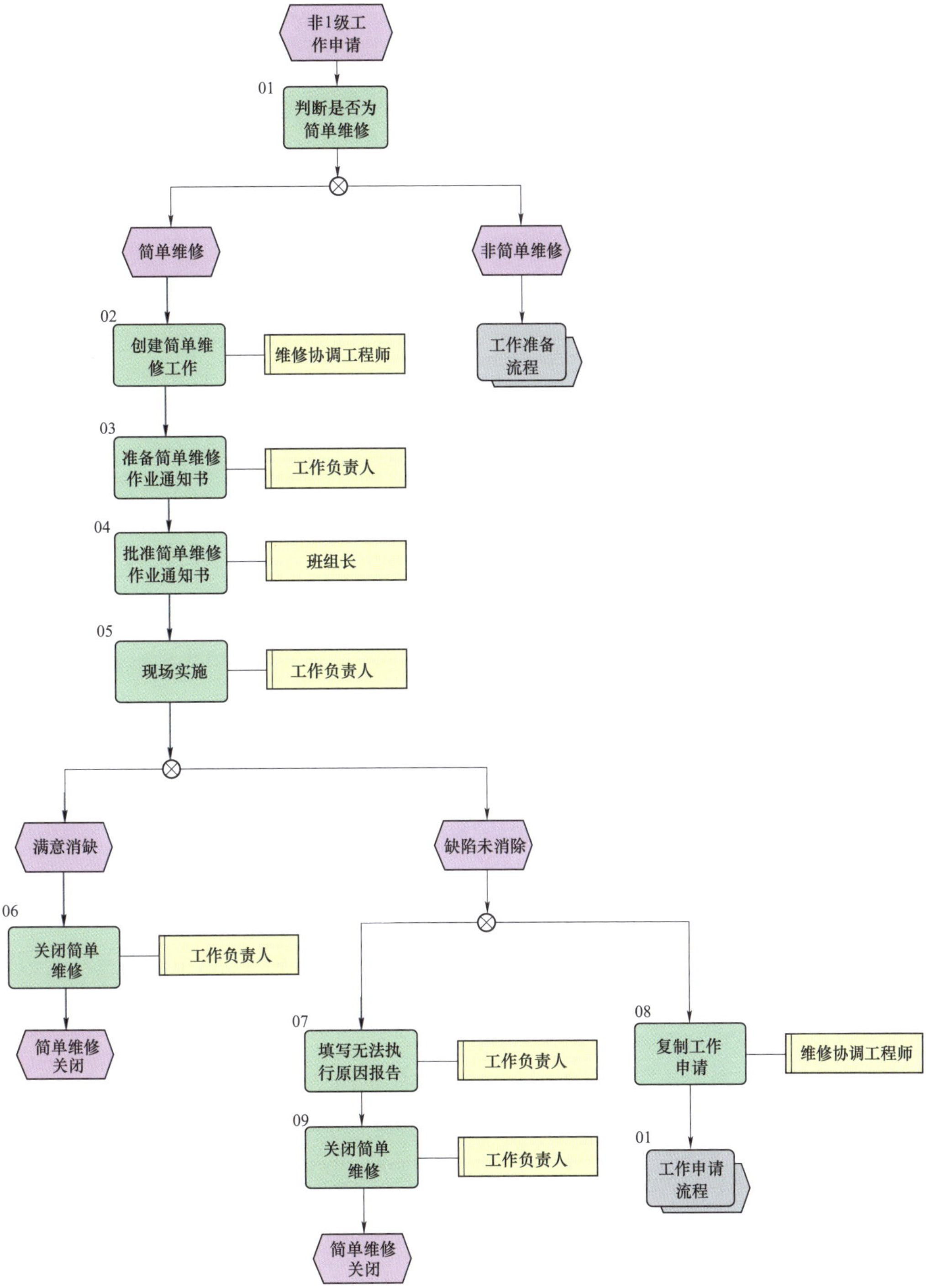
非1级工作申请
01
判断是否为简单维修
简单维修
非简单维修
工作准备流程
02
创建简单维修工作
维修协调工程师
03
准备简单维修作业通知书
工作负责人
04
批准简单维修作业通知书
班组长
05
现场实施
工作负责人
满意消缺
缺陷未消除
06
关闭简单维修
工作负责人
简单维修关闭
07
填写无法执行原因报告
工作负责人
08
复制工作申请
维修协调工程师
09
关闭简单维修
工作负责人
01
工作申请流程
简单维修关闭

图 5－3　小维修管理流程

表 5-4 小维修管理流程

序号	流程步骤	责任和行动	角色/部门
1	判断是否为小维修	维修协调工程师需核实小维修是否符合本程序中关于小维修的定义和分类中的规定，对于不符合定义和分类的，直接走正常处理流程。核实备件、人力、工器具等，并准备检修必备的图纸、规程、领料单等	
2	创建小维修工作	维修协调工程师将 EAM 系统中的工作申请转为小维修	维修协调工程师
3	准备小维修作业通知书	维修准备人准备小维修	工作负责人
4	批准小维修作业通知书	工作负责人打印小维修通知单	班组长
5	现场实施	工作负责人现场实施小维修工作	工作负责人
6	关闭小维修	工作负责人在工作申请页面填写小维修完工报告，并将工作申请推进至“已关闭”状态	工作负责人
7	填写无法执行原因报告	工作负责人对于通过小维修无法消缺的工作，在工作申请附加描述中的“完工报告”中填写无法执行原因	工作负责人
8	复制工作申请	维修协调工程师对于通过小维修无法消缺的工作，在 EAM 复制工作申请，在附加描述中写明原因，重新提交	维修协调工程师
9	关闭小维修	工作负责人将工作申请页面填写小维修完工报告，并将工作申请推进至“已关闭”状态	工作负责人

（2）小维修管理要求

通过小维修活动识别，简化这些维修活动的工作过程控制，以提高维修工作效率，从而使电站重要的维修活动能得到充分的关注力和维修资源保障。

维修协调工程师评估已批准的非 1 级工作申请是否符合是小维修工作项目之一，运行工工程师或厂房调度管辖设备的协调工程师/厂房负责人将该工作申请转化为小维修，进入小维修流程处理见表 5-4。

5.2.10 工作准备管理要求

（1）工作准备

工作准备包括维修工作实施前的技术准备、实施准备、维修人力准备、维修材料准备、备品备件准备、工器具准备、工作包评估文件准备、辐射防护工作准备、维修支持准备、工前会准备和外委项目的准备等内容。

工作申请及变更工作产生的工单，工作准备进度由工单实施部门跟踪。

（2）非工作申请来源的工单及工单任务的产生

需要多个工单任务执行的工作（例如配合工作），由主要工作任务的工作准备人创建新工单任务，由配合工作专业准备新工单任务。

根据方案已批准的永久（或临时）变更提出的工单，为了便于后续跟踪，需在标题上写明所对应的已批准的变更编号。

（3）工单任务的取消

工单任务如存在内容错误、已核实现场缺陷不存在、重复填报等情况，可以取消相应的工单任务。

（4）配合工作准备

1）在工单和工单任务准备过程中，尽量避免拆分成多个工单任务。如识别出需要其他专业人员进行配合工作时，应尽量采用配合工种（例如：保温、脚手架、机械对中、探伤、焊接等）的形式。

2）因工期或技术规格书限制原因等特殊情况，配合工作需单独安排时，则由主工作包准备人创建新工单任务，新工单任务需独立准备和许可，主工单任务负责人（单位）承担工作协调的职责。

（5）维修后试验的相关准备

1）维修工作包准备时，工作包准备相关人员维修后试验管理的判别条件进行维修后试验的准备。

2）对于维修后试验不单独准备工单任务的情况，由工作准备人在工作准备阶段，提出维修后试验需要的隔离措施。

3）维修后试验条件的建立涵盖在当前隔离边界内，则使用 eSOMS 系统的临时摘牌功能，建立维修后试验的条件，完成维修后试验。

4）维修后试验的条件建立超出当前隔离边界，必须申请单独的修后试验工单任务进行维修后试验，在维修工作完成后，再通过修后试验工单任务实施维修后试验。

（6）工单任务完成准备

1）工作包已批准后，该工单任务的技术准备完成，所有工作文件包中填写的工作步骤技术生效。在工单任务所需要的备件材料、许可证准备（除运行隔离许可）、工作实施所需资源等确认具备执行条件后，由工作准备人推进到“完成准备”，工单任务准备完成。

2）在工单任务推进到“已批准”或“完成准备”状态后，如果对提交的工单任务的详情信息不同意或者有些信息遗漏或不正确，则需将工单任务退回给工作准备人重新准备，并将回退信息及工单任务修改内容通知计划工程师和运行工程师/厂房负责人。

5.2.11　计划排程管理要求

日常计划工程师根据日常计划管理和长周期日常计划管理的要求，对工单任务进行计划排程。日常计划工程师应综合考虑工单任务及内容、隔离安措要求、工作实施风险及环境影响因素、运行技术规格书的限制要求等信息，根据当前机组工况，统筹合理安排工单任务实施窗口。

对于涉网设备检修工作，检修项目实施部门需按照涉网设备检修计划管理要求完成日常涉网检修计划申报。

根据日常涉网检修计划，计划工程师将相关涉网检修工作排入三日滚动生产计划，但最终以电网批复为准。

5.2.12　工作实施管理要求

（1）工单任务开工、完工会签流程

工单任务开工、完工会签流程见图 5-4 和表 5-5。

（2）工单任务开工、完工会签管理要求

已完成隔离准备的工单任务，隔离安措准备人根据工单会签规则判断相应工单任务是否需要会签。如需要会签，则由隔离安措准备人发起工单任务会签流程。

在实际操作中，如果相关部门工单会签人员对会签工单任务内容及实施窗口等存有异议，可拒绝会签，并将相关信息反馈给计划工程师重新进行计划安排。

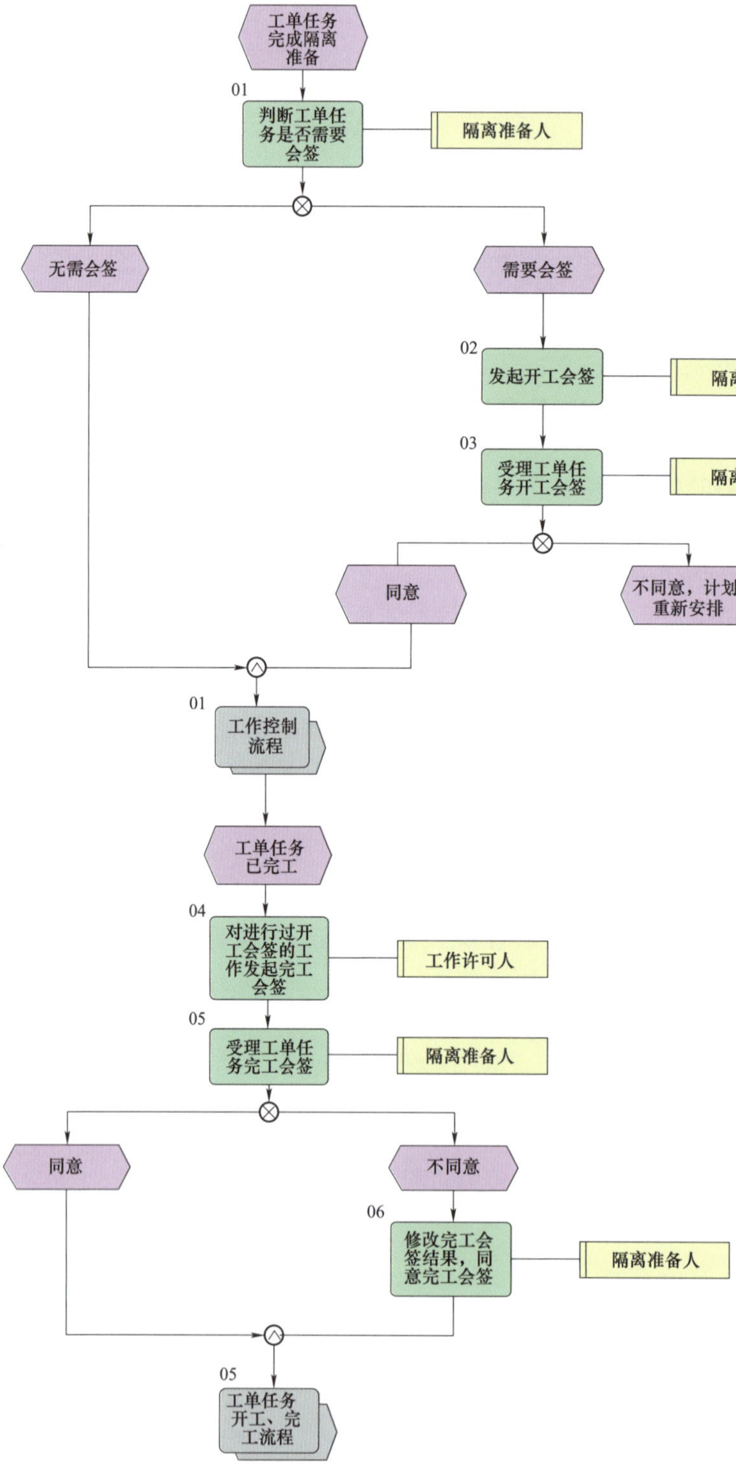

图 5–4 工单任务开工、完工会签流程

表 5–5 工单任务开工、完工会签流程

序号	流程步骤	责任和行动	角色/部门
1	判断工单任务是否需要会签	隔离准备人根据已编写的隔离安措指令，判断工单任务执行是否需要会签	隔离准备人
2	发起开工会签	对于需要开工会签的工单任务，隔离准备人选择需要开工会签的受理部门，发起开工会签	隔离准备人
3	受理工单任务开工会签	会签受理部门的隔离准备人进行工单任务开工会签	隔离准备人
4	对进行过开工会签的工作发起完工会签	工单任务许可完工后，隔离准备人对进行过开工会签的工单任务发起完工会签	工作许可人
5	受理工单任务完工会签	隔离准备人受理工单任务完工会签	隔离准备人
6	修改完工会签结果，同意完工会签	对于不同意完工会签的工作，待现场条件允许后，隔离准备人修改完工会签结果，同意完工会签	隔离准备人

（3）隔离安措审查、实施

SSCs 按设备划分为运行调度管辖设备或非运行调度管辖设备。隔离安措的编写和实施分别遵从如下要求。

1）运行调度管辖设备隔离安措审查实施规定

① 隔离安措准备人根据工单任务上的隔离安措需求确定隔离范围、编写安措票，确保隔离安措满足工单任务的隔离安措需求。

② 隔离安措准备人如对工单任务的隔离安措需求有异议，必须与工作负责人进行沟通，在达成一致意见后，将工单任务回退至工单任务准备人，工单任务准备人修改完隔离安措需求后，重新提交工单任务。

③ 隔离安措审核人如对隔离安措内容有不同意见，在与隔离安措准备人沟通并达成一致意见后，可以修改隔离安措内容，并经由隔离安措批准人对修改内容进行审核。

④ 隔离安措批准人根据机组的运行状态和工作的必要性，批准已审核的安措票。

⑤ 在实施隔离安措时，隔离安措实施人如发现安措票与现场情况有任何不一致，应停止工作并汇报隔离安措实施组织人和隔离安措审核人。

2）非运行调度管辖设备隔离安措审查实施规定

① 非运行调度管辖设备隔离所使用的禁止操作牌采用统一格式。

② 非运行调度管辖设备安措由厂房负责人负责，厂房负责人根据隔离要求执行安措。工作开工前厂房负责人需与工作负责人共同确认安措。

③ 如果待实施的隔离安措既涉及运行调度管辖设备，又涉及非运行调度管辖设备时，则工单信息需传入 eSOMS 中，隔离安措部分由运行调度管辖设备部门负责；非运行调度管辖部分隔离安措由厂房负责人执行负责。

④ 厂房负责人根据维修安措隔离要求，在非运行调度管辖设备隔离安措表上编写隔离安措指令并实施。

（4）工单任务开工、完工

工单任务的开工和完工分别遵从如下要求。

1）运行调度管辖设备的开工、完工要求

① 在工单任务开工前，工作负责人应复查隔离安措和相关文件，并到工作现场检查所建立隔离安措的正确性和有效性。在确认隔离安措能为现场工作提供可靠的工作保护，明白工作保护覆盖范围的限制要求，并对现场所实施的隔离安措无疑问后，方可实施工单任务开工。

② 对于需要与工作负责人进行当面沟通交流的工单任务，工单任务许可人应在许可开工确认时对工单任务进行开工锁定。工作负责人需要到工单任务许可人处当面进行沟通交流，内容包括工作实施过程中的相关注意事项、隔离措施上的特殊说明及其他工作相关的必要信息等。工单任务许可人应在确定工作负责人正确理解其信息内容后，解锁相关工单任务的开工锁定。

③ 工作负责人在办理工单任务完工前，应将相关设备恢复到维修前初始状态，检查工作现场符合文明检修原则。

④ 工作负责人确认已按工单内容完成了设备检修且检修结果符合程序要求，则申请工单任务完工。

2）非运行调度管辖设备的开工、完工要求

① 非运行调度管辖设备开工、完工许可采用电子许可方式，与运行调度辖设备开工、完工许可方式保持一致。非运行调度管辖设备的工单任务利用工单电子终端进行开工、完工。

② 在工单任务开工前，工作负责人应复查隔离安措和相关文件，并到工作现场检查所建立隔离安措的正确性和有效性。在确认隔离安措能为现场工作提供可靠的工作保护，明白工作保护覆盖范围的限制要求，并对现场所实施的隔离安措无疑问后，方可实施工单任务开工。

③ 非运行调度管辖设备上的检修工作完成后，工作负责人需通知厂房负责人，厂房负责人进行完工确认，根据需要厂房负责人组织试车验收。

3）工作执行过程

① 工作负责人应严格按照维修准备和实施的管理要求开展现场维修工作。

② 运行调度管辖设备

工单任务延期——任何工作均应在计划工期内按时完成，如遇特殊情况而无法按计划完成时，可以申请办理工单任务延期手续，工单任务延期申请应该在工单任务到期前提出。

如预计涉网设备检修工作存在延期可能，则应在工期过半前完成厂内延期审批，再向电网申请延期。

工作负责人变更——当工单任务开工后，工作负责人因特殊原因不能负责实施本工作，需要更换同专业或同班组工作负责人时，工作负责人填写“临时签出申请表”，经其专业或班组科室长审批后，分派新的工作负责人。原工作负责人将已开工的工单任务临时签出，新的工作负责人持“临时签出申请表”到工作许可人处重新办理开工手续，经工单任务许可人同意后，再重新签入工单任务。

在工作过程中如发现需要扩大工作范围或深度时，工作负责人应及时汇报隔离经理，并通知本部门协调工程师，经隔离经理同意后，工作负责人在工单电子终端中进行工单任务完工申请，重新复制工单任务，隔离经理终结原有隔离，并由协调工程师在日生产计划会中通报。

工作过程中如需要补办一般工作可证，工作负责人应及时汇报隔离经理，经隔离经理同意后，在工单电子终端中临时签出工单任务，待一般工作许可证批准完成，并经隔离经理同意后，再重新签入工单任务。

③ 非运行调度管辖设备

工单任务延期——由工作负责人向厂房负责人说明工单任务延期原因，由厂房负责人根据现场实际情况批准工单任务延期。

工作负责人变更——由工作负责人通知厂房负责人，待其确认许可后，方可变更工作负责人继续实施后续工作。

隔离安措变更——如需变更隔离安措时，工作负责人应向厂房负责人汇报，经厂房负责人同意后，工作负责人在工单电子终端中进行工单任务完工申请，重新复制工单任务，并由协调工程师在日生产计划会中通报。

4）维修后试验实施

① 对于通过运行临时摘牌进行维修后试验的工作

维修工作负责人在试验前提交临时签出申请表。

工作负责人在申请维修后试验时，应根据受影响的工单任务和隔离，通知并确认其他相关工作负责人已完成受影响的工单任务临时签出。

该隔离安措下的其他工单任务工作负责人根据当时的工作状态，判断要求的维修后试验是否可以进行。如果同意该试验进行，则需将其目前的工作置于一个安全状态后签出工单任务，并通知维修后试验负责人。维修后试验条件建立后，维修后试验负责人对需试验的设备进行维修后试验验证。

维修后试验过程中，如果出现异常情况，必须停止试验，将设备置于安全状态，对工作现场进行安全控制，对可能的故障进行分析，等待进一步处理的方案审批。

试验过程中或试验后（经过在线调整），试验结果不能满足验收标准，即维修后试验不合格，则必须在维修后试验规程记录表中详细记录，记录异常现象和初步的原因分析等内容。

试验合格且还有后续维修工作时，则申请恢复完成后续维修工作所需的隔离安措。

② 对于有维修后试验工单任务的工作

工作负责人在维修工作结束后终结维修工作票，在工艺系统具备试验条件时，工作负责人按工作控制流程办理维修后试验工单的开工许可申请。

维修后试验工单许可开工后，工作负责人按照规程或工作指令执行维修后试验。

如维修后试验不合格或试验中发现设备缺陷时，工作负责人需重新申请新的工单，进行设备检修。

维修后试验合格的，工作负责人对工作现场恢复后，终结工作票，结束现场所有维修工作。

5.2.13　工单完工报告管理要求

维修工作完成后，工作负责人需要按维修报告与记录的管理要求编写维修报告。维修报告主要包括维修包中的各类纸质文件、N1－EAM 中的完工报告以及实施过程中 QDR 质量缺陷报告和专项总结。维修完工报告应对技术方法的实用性、工作中的疑惑、异常或改进建议进行总结，对技术活动效果做出评价。

涉网设备检修工作完成后，当班值值长向网调调度汇报涉网工作完结情况，按期完结涉网申请单。

5.3　日常计划管理

日常计划管理旨在规范电厂机组运行期间对生产相关的构筑物、系统、设备（SSCs）上进行的工作，保障日常计划项目合理编排，加强日常计划风险管理，增强电厂整体安全和可靠性水平。

5.3.1　日常计划管理流程

日常计划管理流程见图 5－5 和表 5－6。

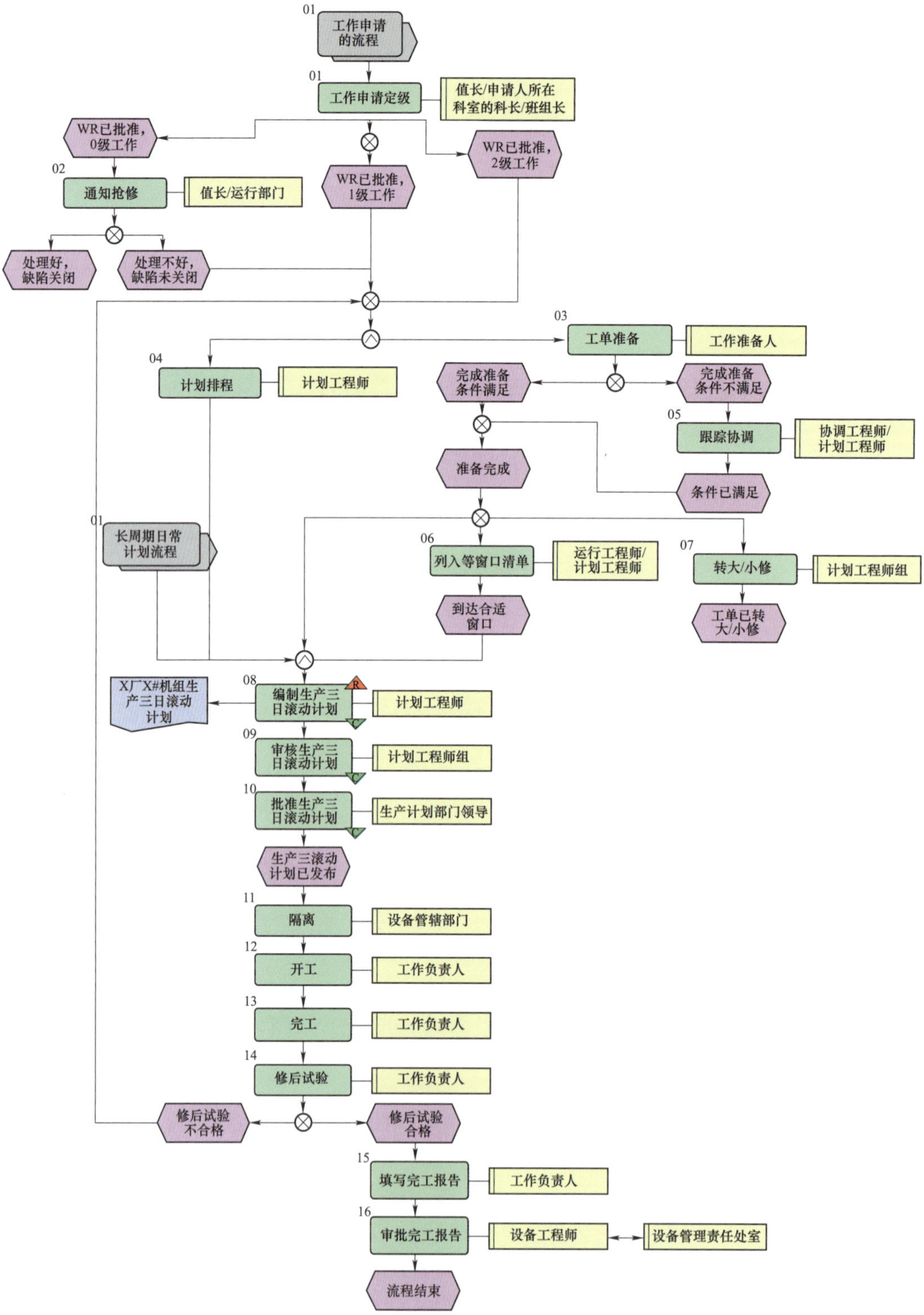

图 5－5　日常计划管理流程

表 5－6　日常计划管理流程

序号	流程步骤	责任和行动	角色/部门
1	工作申请定级	值长或申请单位科室负责人/班组长审批工作申请人提交的工作申请，确定工作申请的优先级	值长/申请人所在科室的科室领导/班组长
2	通知抢修	对于工作申请优先级确认为 1 级的工作，由值长负责通知抢修	值长/运行部门
3	工单准备	工作包准备人根据工作包管理要求，进行准备，包括在软件系统中进行工作包准备、对纸质工作包进行补充和完善。对于工期超过 10 天（含）的工作，要求在工单准备期间编制二级网络计划	工作准备人
4	计划排程	计划工程师分析、讨论、确定工单的计划开、完工日期	计划工程师/生产计划部门
5	跟踪协调	对于无法完成准备的工单。执行专业应协调解决相关问题，并负责填写备注信息，反馈问题。计划工程师定期组织审查	协调工程师/计划工程师
6	列入等窗口清单	对于完成准备的工单，计划工程师在与运行工程师等协调窗口后，如无法确定计划日期，则项目列入等窗口清单。计划工程师做好等状态工单管理	运行工程师/计划工程师
7	转大/小修	计划工程师组根据缺陷性质和电厂运行工况，提出工单转大/小修建议，经相关部门及电厂主管领导审查同意后转大/小修	计划工程师组
8	编制生产三日滚动计划	计划工程师根据日常计划编制规定，编制生产三日滚动计划	计划工程师/生产计划部门
9	审核生产三日滚动计划	生产日计划会上，计划工程师组所有成员共同审查该生产三日滚动计划	计划工程师组
10	批准生产三日滚动计划	生产三日滚动计划，完成审核后，由生产计划部门领导批准，计划工程师发布	生产计划部门领导/生产计划部门
11	隔离	设备管辖部门负责检修设备的隔离措施审查及隔离安措实施，以满足设备检修要求	设备管辖部门
12	开工	工作负责人在确认工单开工的各项条件均具备，并获得许可后现场开展检修工作	工作负责人
13	完工	工单内容要求的检修工作均已完成	工作负责人
14	修后试验	工作完成后，工作负责人根据维修后试验的管理要求安排进行维修后试验，若修后试验不合格则重新安排	工作负责人
15	填写完工报告	工单完工后，工作负责人按照维修记录和报告管理要求填写完工报告，并提交审批	工作负责人
16	审批完工报告	设备工程师审批完工报告，并对完工报告进行评价	设备工程师/设备管理责任部门

5.3.2　日常计划管理要求

（1）日常计划管理限制性要求

1）严格禁止为了同一目的或工作而采取的，先退出 LCO 然后再重新进入 LCO 以复位 TS 退防时间（重新开始退防时间计时）的行为；

2）功率运行期间如果因为恶劣天气影响造成场外电源失去或降级，则电厂应尽快地将用于缓解外电源丧失的系统复役或置于可用状态，日常计划必须为满足此要求做出相应调整；

3）功率运行期间降负荷的时间排程指导原则（注：设备故障和紧急状态需要降负荷的情况不在下列限制范围之内）：

① 为减少电站的非计划能力损失因子（UCLF）的影响，所有的计划降负荷都要尽可能在 30 个工作日以前提交电网调度；

② 电网迎峰度夏期间，计划需要尽量避开降负荷的工作。与降负荷有关的监督试验需要按期实施（不能超过 TS 规定的延迟日期）；

③ 需有效控制降负荷期间工作数量，部分日常工作可结合降负荷工作一起安排（如：主汽门试验、主给水泵切换等）；

④ 依据下一个的循环时间框架和大修时间框架等，降负荷限制可以依据以上的考量作适当调整。

4）化学控制相关系统的维护工作安排，不能影响电站的化学控制要求。功率运行期间安排重要化学设备停役，需满足如下要求：

① 预防性维修工作在 T－5 周前化学人员需完成重要化学设备解体对系统水质影响的预测，非预防性维修工作应在其排入三天滚动生产计划前完成预测；

② 日常计划应将影响化学控制的重要设备的工作安排在不同的时间窗口。对计划安排的重要化学设备停役检修工作需要避免引起化学控制纠正行动；

③ 需要采取行动尽量减少重要化学设备停役检修时间；

④ 可以在重要化学设备停役检修前安排相关工作以控制化学参数；

⑤ 在重要化学设备停役检修时间超出化学控制纠正行动所允许的最长时间，需 24 小时抢修。

5）利用准确的项目筛选和安排，绑定日常工作和试验项目，依据 SSCs 监督周期来安排计划和排程，在 SSCs 不可用性和可靠性之间取得平衡，最大程度降低停役维修造成的 SSCs 不可用率，从而最大程度降低电厂总体风险。

6）基于当前状态（如：电网的稳定性、天气预报、当前电厂状况及 SSCs 的状态），参加早会和计划会的运行、维修、计划、技术、保健物理、核安全和工业安全等人员应当评估日常计划活动对机组运行的整体影响。

7）日常计划在严格遵循各单元机组技术规范要求的同时依据运行技术规范中对同时进入运行限制条件的活动个数限制来安排造成运行限制条件的活动，以避免超出限制造成不可接受的风险，降低机组安全功能。

8）在计划安排时，将单点敏感设备的维修活动列入较高优先级。

（2）日常计划编制

1）日常计划项目来源于日常工作申请（包括设备缺陷）、长周期工作（包括预防性维修、试验项目等）及大修转日常项目。

2）计划工程师组应根据自身职责对拟安排的工作进行审查，内容包括：

① 对反应性的影响；

② 对主系统水装量的影响（压力和水位）；

③ 对 SSCs 冗余和多样性的影响；

④ 电厂瞬态的潜在影响；

⑤ 在同一时间需要监督和监视的 SSCs 的数量；

⑥ 天气的影响；

⑦ 电网不稳定性的影响；

⑧ 发电风险性；

⑨ 对安全壳的完整性影响（隔离和余热移出）；

⑩ 电厂变更改造对系统可用性的影响；

⑪ 电厂检修活动对系统可用性的影响。

3）日常重要维修活动要求：

① 计划工程师根据“日常重要维修要求”对拟计划安排工作进行审查和安排，确保维修工作时间符合要求；

② 重要维修相关参与部门应严格执行“日常重要维修要求”，确保重要系统或设备能及时恢复运行或热备用；

③ 对于复杂项目的工作窗口不符合“日常重要维修要求”的，但是经计划工程师评估，根据需要可以要求执行部门编制专项二级网络计划；

④ 对于不可用时间小于等于 TS 限时 25%的工作，由日计划会讨论确定；不可用时间超过 TS 限时 25%在管理晚会通报、决策（数据库中的预防性项目及大修机组安排的项目除外）；

⑤ 计划工程师对所有已计划安排的日常重要维修活动在管理晚会中进行通报。

4）按照工单优先级要求初排计划

每日新工单产生后，计划工程师根据缺陷优先级确定工单初排日期：

① 2 级缺陷要求批准后 48 小时内完成准备，且工作实施前必须做好充分的风险分析和工作准备；

② 3 级缺陷在方案明确的情况下安排在最近的可实施窗口进行消缺，若无明确遗留原因，最晚在缺陷批准后 6 天完成准备；

③ 非缺陷工作申请由生产计划部门根据实际情况进行合理安排。

5）三天滚动生产计划的编制：

① 三天滚动生产计划是以保证机组安全稳定运行为前提，在长周期日常计划的基础上，结合机组消缺需要而综合编制的；

② 凡是进入三天滚动生产计划的项目应完成实施文件、备件、材料和人力资源的准备，并确认运行条件许可、实施风险分析可控；

③ 缺陷数量较多时，非工作日也需积极安排消缺工作，避免过度集中在工作日期间；

④ 计划工程师综合考虑长周期工作、日常消缺等项目，以及机组运行状态，编制三天滚动生产计划；

⑤ 计划工程师在对日常计划项目进行审查时，应注意审核各项目之间相互有无影响，如果项目的安全措施互相矛盾，应将其工作时间窗口分开；

⑥ 专业科室的预防性维修应以系统的系列为基础制订项目，出现缺陷和预维项目，尽可能进行捆绑，避免重复隔离；

⑦ 计划项目审查后，计划工程师应合理确定日工单总量，避免出现大的波动以及日工单总量过多引入的风险；

⑧ 计划工程师组应根据自身职责，对三天滚动生产计划进行审查，审查内容包括运行风险、TS 要求、工业安全风险、电离辐射风险、消防保卫风险、化学指标等。各部门协调工程师应根据自身职责对三天滚动生产计划进行审查，并在日生产计划会对上述审查结果进行确认，确保三天滚动生产计划安全、合理、科学；

⑨ 为提高日生产计划会的效率，计划工程师组应在会前对当日计划会内容进行审查；

⑩ 日生产计划会讨论冻结工单后，原则上不再增加（调整）工单；

每日的三天滚动生产计划编制完成后，生产计划部门给主控室主送一份电子版三天滚动生产计划并抄送各相关部门；

计划工程师在编制三天滚动生产计划时，应将 SPV 设备检修项目标识出来，以便协调工程师通知本部门设备工程师开展 SPV 设备的维修监督与支持工作。

6）日常计划风险控制要求

① 功率运行期间安排的工单均应进行风险分析；

② 对于运行部门或生产计划部门判断符合重要缺陷条件且持续时间较长的设备缺陷，由运行提议进入十大缺陷流程管理。

（3）计划工作的执行

1）电厂所有人员应根据三天滚动生产计划安排工作，维护日常计划的严肃性；

2）计划工程师组应对每日的日常计划执行情况进行跟踪，特别是 TS 项目和维修工期长的重要项目；

3）执行部门协调工程师负责在计划会中反馈未按时开工、完工的工单任务原因，并根据现场最新情况，给出对计划项目调整的建议；

4）执行部门协调工程师应跟踪重点工作的执行情况并在日计划会上进行通报；

5）工作执行部门应进一步强化工作负责人报告制度，对于超过 30 min 未能按计划开展的遇阻项目，应及时报告行政上级协调解决，并及时通报计划工程师，以便于快速做出其对计划安排的影响性评价；

6）计划项目下达后，在检修过程中如发现了超出检修内容，即并非该设备组件上的问题，而是相邻或上级设备的故障引起的，可允许另外开工单，否则必须执行完成检修工作包中要求的内容后，方可终结工单；

7）各部门协调工程师负责反馈准备工作中和实施过程中的问题，协调计划执行过程中各环节遇到的问题，如果协调困难或无法协调，可以报告其直接行政领导、部门领导进行协调。部门协调困难或无法协调的工作，可以在当日或次日的管理晚会中提出；

（4）T+1 执行工作总结回顾规定

1）计划工程师总体负责对上周工作执行情况进行总结回顾；

2）计划工程师按生产计划指标的要求完成相应指标统计工作；

3）T+1 执行工作总结回顾。

5.3.3 长周期日常计划管理流程

长周期日常计划是以技术规格书规定的定期试验为基础，结合预防性维修计划和每日产生新的工作申请基础上进行制定的工单执行计划，通常包含了约半年时间内的生产工作安排。对电厂的生产计划项目实行长周期日常计划管理，从而保证电厂三天滚动生产计划的有效执行，降低机组非计划降功率、停机以及各种瞬态的可能。

长周期日常计划管理流程详见表 5－6。

表 5-7　长周期日常计划管理流程

主责部门：生产计划部门

序号	流程周	责任和行动	角色/部门
1	T-28	项目清单生效，协商确定工作执行周目标系统相关故障维修、预防性维修、定期试验等活动的优先级，明确工作准备人并开始准备工作包，识别长周期采购备件并提出物资需求 MR。技术部门审查优化预防性维修项目及预防性维修大纲	日常计划工程师/生产计划部门、设备工程师/技术部门
2	T-27	对于没有物资编码的物项，物资编码归口管理部门生成物资编码	设备管理部门
3	T-26	维修专业完成工作文件包准备（Planning Complete），识别明显约束因素，初步风险评估，提出隔离许可证、PMT 一般工作许可证、RWP 许可证、协作单位服务等申请，WOT 在 T-26 周前批准，识别提出并批准物资需求 MR，标识等备件 MA 停滞因素。初审工作许可证申请信息、物资与服务采购信息符合要求。召开工作准备审查会	维修部门、日常计划组
4	T-25	设备管理处核实 EAM 系统中所有工单（包括已触发生成但未进入 28 周流程的预定义工作工单）的 MR 备件预留情况，对于没有成功预留备件的工单（包括已触发且批准 MR 的预定义工作工单）进行评估提出物资采购立项。在一周时间内批准物资采购立项并到达商务合同处进入采购流程	设备工程师/设备管理部门
5	T-24	维修实施部门提供物料编码、采购申请号、立项单号，标识等备件 PM 停滞因素	实施部门
6	T-18	技术部门完成技术变更方案	技术部门
7	T-16	召开工作范围确认会，范围冻结（Scope Freeze），维修确认工期、资源，维修解决明显约束因素。预定义大纲编制部门审查 EAM 触发工单任务与大纲项目的一致性，确认预定义工作数据库触发工单的完整性和准确性。审查立项超过 2 个月（或者 9 周）的备件采购已经签定采购合同	日常计划组、预定义大纲编制部门、设备采购部门
8	T-9	物供部门核实仓库中已有备件数量、位置和订货备件信息，更新备件到货日期。辐射防护部门识别高剂量工作。运行和监督部门初审工作许可证申请信息是否符合要求。维修实施部门核实人力资源和人员资质。计划工程师进行工作量平衡，细化计划	设备采购部门、安全监督部门、运行部门、生产计划部门
9	T-8	召开计划审查会，完成计划初稿的审查	日常计划组
10	T-5	风险评估审查，辐射防护人员批准 RWP，安全监督部门审查 PMT 许可证，技术部门完成 QC 选点。运行人员进行电厂风险评估，识别并提出高风险工作，管理隔离冲突、完成隔离单的准备，隔离指令已编制	安全监督部门、技术部门、运行部门
11	T-3	安全监督部门批准各种 PMT 许可证，从各自监管领域进行工作审查；工作实施部门指定工作负责人，打印工作包并装订，确认资源（备品备件、人力、厂家服务等），验证工作包的可执行性，若需要安排现场巡查，WOT 推进到完成准备状态	安全监督部门、实施部门
12	T-2	计划冻结（Schedule Freeze），召开计划冻结会，工作执行 2 周前，冻结工作计划。辐射防护管理工程师、安全监督管理部门（安全质量部门、保卫部门、核安全部门、辐射防护部门）分别从本部门管理领域给出 T-2 周工作计划安全审查结论以支持工作计划推进到 T-1	日常计划组
13	T-1	执行准备，召开严格技术审查会。计划工程师继续进行风险审查，运行部门提前考虑准备下周的运行操作。维修人员领取工具、材料、备件，联系配合支持部门，开展不影响现场系统运行的辅助工作。各部门对下一周即将执行工作的准备情况严格技术审查（Technical Rigor Review）	日常计划组、实施部门、运行部门
14	T-0	工作执行周（Execution），参加早会，早会后召开 WR 筛选会，召开日计划会，发布日计划。按照冻结计划执行维修工作，识别处理计划偏差，工作结束时将系统和设备复役，编写完工报告，总结历史信息	日常计划组
15	T+1	工作总结（Critique），工作执行完一周内，收集工作执行数据，召开工作总结会，分析工作执行指标，确定改进行动项	生产计划部门

5.3.4 长周期日常计划管理要求

（1）长周期日常计划与3日滚动计划的关系

28周滚动计划是为三天滚动计划的执行做准备，三天滚动计划是28周计划中工作执行周的具体执行计划，二者是总体和片段的关系。

（2）长周期日常计划会议

一个完整的28周计划过程包含6个会议，其中包括6个周例会。28周计划管理的协调会与每天的生产计划日协调会（即工作执行周日例会PPOD）结合，作为每天日协调会的一个议题，每天讨论一个主题，具体的会议安排见下表。另外，在每天早会后召开新工作审查会，简要讨论前一天新产生的工作申请见表5–7。

表5–8 长周期日常计划会议

日期	主题	例会类型	主持
周一	$T-26$ 工作准备审查会	周例会	日常计划科长
周二	$T-16$ 工作范围确认会	周例会	日常计划科长
周三	$T-8$ 计划审查会	周例会	日常计划科长
周四	$T-2$ 计划冻结会	周例会	日常计划科长
周五	$T-1$ 执行准备审查会	周例会	日常计划科长
周一下午	$T+1$ 工作总结会	周例会	注：与每周一生产管理组会合并召开

（3）$T+1$ 周分析报告

每周一次对上周长周期计划执行情况进行回顾，生产计划部门编制T+1周分析报告，分析报告包含以下内容：

1）产生缺陷数、消除缺陷数、转小修缺陷数及消缺率数据；

2）按工作类型统计缺陷；

3）累积缺陷；

4）超期项目；

5）预防性维修执行统计分析，包括：计划安排、实际完成、完成率；

6）未按期完成的预防性维修工单；

7）进行中的重要维修活动；

8）计划或非计划项目调整；

9）预防性维修延期安排管理要求。

长周期计划中，固定周期的预防性维护工单（PM）在宽限期内执行都认为是有效的，在宽限期的1/2时间段之前完成的，作为“PM按时完成”。（宽限期：针对某项周期性维修任务，其执行周期的25%作为宽限期，只要该项任务能够在宽限期内完成，则该任务还被认为是有效执行的。）计划工程师调整幅度原则上不能超过维护周期的25%。每一项固定周期的预防性维护工单（PM）如果不能在宽限期内完成，需要填写项目延期风险审查单，进行项目延期执行的审批。严格禁止未经批准的PM延期执行。

5.4　日常计划风险控制

在核电机组并网运行期间，根据机组安全运行需要，电厂会安排维修、试验、运行操作、变更（包括临时变更）等工作，这些工作的执行将给机组的安全稳定运行带来风险。日常计划风险控制就是指为了有效降低处理设备缺陷引起的意外机组停机、停堆、降负荷等瞬态风险，同时有效控制由于计划工作引起的系统设备停役降低机组安全裕度。

核电行业的特殊性决定了整个工作控制过程对于风险管理的高度重视，风险管理关系到电厂核安全、工业安全和运行稳定性，是核电厂企业生存和实现效益的根本。核电厂风险管理的主要特点总结如下：

（1）风险管理的全面性与突出重点相统一

核电厂生产领域的风险管控流程的建立，参照 AP928 管理流程与国内核电先进经验，并根据自身实践不断优化，目前已形成了日常计划风险控制流程、运行决策与十大缺陷管理等流程，对生产领域风险做到了全面覆盖，确保所有生产活动的核安全风险、运行风险、工业安全风险、消防安全风险、辐射风险等重要风险因素得到有效审查。

AP－928 工作管理流程是由美国核电运行研究所（INPO）总结当今核电最佳运行管理和运营实践的基础上形成的适用于所有类型核电厂的工作管理流程，并根据各核电厂的良好实践，定期修订并由各电厂审核，能最大程度地保证核电厂设备和系统的有效性和可靠性，并通过管理工作风险，识别出工作对电厂和工作组的影响，保护电厂不受工作产生的不可预期瞬态影响，有效提高核电厂人员和资源利用率。

（2）风险管控的“长期性”与“全程性”

风险管理最重要的一个理念就是风险识别和管控的长期性和全程性，为实现这一要求，核电厂生产领域将风险管理嵌入到整个工作控制流程中，实现了从长周期覆盖到工作执行、总结的全程管控。

1）工作产生阶段，从工作申请（WR）产生开始，通过每天早会后的 WR 分发，组织运行维修部门识别机组需尽快处理的缺陷，设备管理部门重点关注 SPV 设备每天新产生的工作申请，提前安排设备工程师介入工作准备、计划、实施环节。此环节另一个重要作用是使整个生产团队对每天机组新产生的工作和机组状态建立起一个整体认识。

2）工作准备阶段，由工作准备人对工作风险进行初步识别，按照日常计划风险控制管理要求，对高风险工作发起风险评估流程，根据需要制定工作方案或风险管控预案；隔离经理在隔离预置过程中，识别机组运行风险、不可用（I_0）信息等重点信息完成标注。

3）计划安排阶段，由计划工程师组织核安工、运行工程师、安全质量、保卫、保健物理等监督部门，在长周期计划与三天计划讨论过程中，按照《日常计划风险控制》等程序规定的风险等级，对工作风险进行统一审查、评级，确定高风险工作清单及 TOP 工作清单，要求执行专业对列入清单的工作安排安全监督人并制定风险管控措施。每天晚会及第二天早会，由生产计划部门对将要开工的重要高风险工作进行通报提示；运行部门在进行隔离审批时，会给当班值及隔离办进行隔离提示，确保风险讨论内容按流程逐步传达。

4）工作实施阶段，执行专业对高风险工作安排监督人全程进行安全监督，同时领导层观察指导、监督部门现场检查也优先选择高风险工作；《日常计划风险控制》程序对工作负责人的级别进行了要求，确保高风险工作现场实施过程的有效管控。

5）工作总结阶段，按照 AP928 流程体系，生产计划部门定期召开重要工作总结会，编制 T+1 总结报告等形式，对已完工的重要工作进行经验总结与反馈。通过状态报告等形式进行总结记录与行动跟踪。

5.4.1 日常计划风险控制管理流程

日常计划风险控制管理流程见图 5-6 和表 5-9。

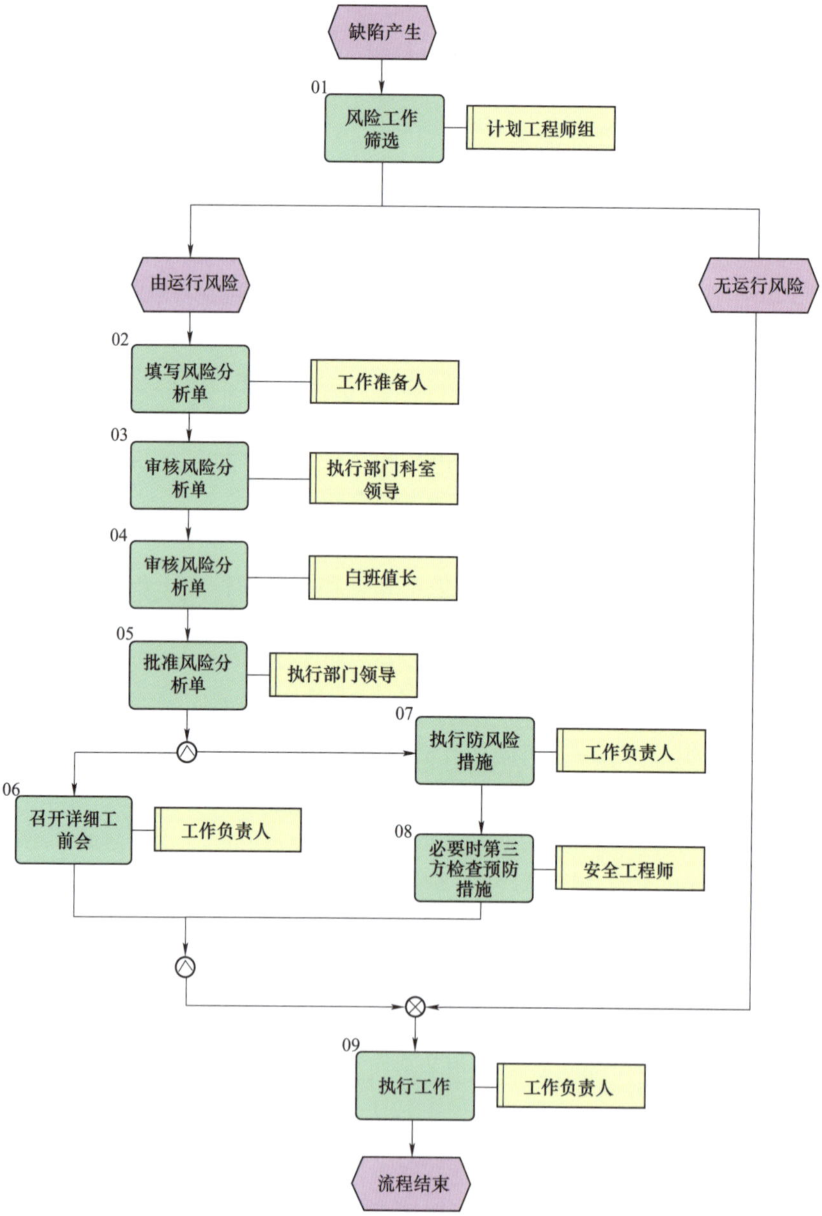

图 5-6 日常计划风险控制管理流程

表 5-9 日常计划风险控制管理流程

序号	流程步骤	责任和行动	角色/部门
1	风险工作筛选	对于已产生的设备缺陷，运行工程师、执行部门计划协调工程师、生产计划部门计划工程师应根据自身职责对运行风险进行识别和筛选	计划工程师组
2	填写风险分析单	对于确定有运行风险的工作，工作准备人填写风险分析单，说明工作执行过程中可能引起的风险及拟采取的措施	工作准备人
3	审核风险分析单	执行部门科室领导或专业工程师、白班值长审核工作负责人的风险分析，并从运行的角度识别工作可能引入的风险并提出降低风险措施	执行部门科室领导
4	审核风险分析单	执行部门科室领导或专业工程师、白班值长审核工作负责人的风险分析，并从运行的角度识别工作可能引入的风险并提出降低风险措施	白班值长
5	批准风险分析单	执行部门领导审核工作的风险及措施并批准风险分析单	执行部门领导
6	召开详细工前会	对于有运行风险的工作，应召集详细工前会	工作负责人
7	执行防风险措施	根据已批准的风险分析单上的要求，采取相应的防风险措施	工作负责人
8	检查预防措施	对于重要的风险防范措施要由第三方检查确认到位	各安全工程师
9	执行工作	按照正常的工作控制流程执行工作，并确保防风险措施的落实	工作负责人

5.4.2 日常计划风险控制管理要求

（1）长周期计划安排的运行风险控制

核安全相关系统、设备由于维修、试验、运行操作、变更（包括临时变更）等工作退出正常运行或热备用状态，将影响运行系统的配置，从而降低机组的安全水平，必须对由此产生的风险进行评价和控制，确保将风险降到可接受水平。

根据系统、设备的停役情况使用概率安全分析 PSA 模型，计算出机组的 CDF（堆芯损伤概率）水平，并与相应标准进行对比，得出当前机组核安全状态，用绿色、黄色、红色来表征。

根据《长周期日常计划管理》，对于长周期维修、试验、运行操作、变更（包括临时变更）等工作，在 T-2 周将冻结工作范围。生产计划部门在 T-2 周将冻结范围后的工作计划提交给设计管理部门，设计管理部门根据该工作计划中的停役范围利用 PSA 模型进行 CDF 计算。

如果 CDF 计算结果显示核安全状态为绿色，则表示 T-2 周制订的工作计划安全可控。如果 CDF 计算结果显示核安全状态为橙色或红色，生产计划部门应对生产计划进行适当调整，直至 CDF 计算结果为绿色。如果现场工况要求必须在 CDF 计算结果为黄色的情况下工作，必须得到管理晚会上电厂主管领导的认可。

由于 T-2 周长周期工作计划制订之后，直至工作开工前一天，仍有可能加入其他工作项目（如设备缺陷），这样 T-2 周进行的 CDF 计算结果就不能反映机组真实的核安全水平。因此，生产计划部门需在每日 14:00 之前将即将发布的三日滚动计划提交给技术管理部门，技术管理部门根据三日滚动计划中的停役范围利用 PSA 模型再次进行 CDF 计算。如果 CDF

计算结果显示核安全状态为黄色或红色，生产计划部门应对三日滚动计划进行适当调整，直至 CDF 计算结果为绿色。如果现场工况要求必须在 CDF 计算结果为黄色的情况下工作，必须得到管理晚会上电厂主管领导的认可。

如果 CDF 计算结果显示核安全状态为红色，而且工作项目必须开展并无法调整窗口，则该工作必须得到电厂主管领导的批准，工作执行部门及运行部门应编制应急预案，确保风险可控。

（2）生产工作的计划安排中运行风险控制

1）风险工作的筛选和识别

① 符合以下条件之一的工作应列为风险工作：

－ 在单点敏感设备（SPV）上进行的工作或工作地点附近有单点敏感设备且可能触碰引起其动作；

－ 可能引起停堆、停机、降负荷的工作；

－ 在反应堆、汽轮机、发电机变压器组、主泵、主给水泵等重要设备的保护系统上进行的工作；

－ 可能造成重要系统、设备意外启动或停止。

② 在每日的计划会上，运行工程师、计划工程师、各安全工程师、各部门协调工程师对昨日新产生的缺陷进行风险识别和筛选，确定需要进行风险分析的工单。如各专业确认 SPV 设备上的工作不存在运行风险，可以不填写运行风险分析单；

③ 在工作准备、工作执行过程中，工作准备人、工作负责人可根据实际情况向本部门协调工程师或生产计划部门计划工程师提出进行运行风险分析的要求；

④ 当计划会上对是否符合运行风险分析准入条件存在争议时，由生产计划部门计划工程师综合各方意见决定是否进入风险分析流程；

⑤ 计划会确定进行风险分析后，应明确所依据的准入条件，执行部门协调工程师传达给工作准备人。

2）风险分析

① 工作的风险分析应贯彻保守决策的理念；

② 当工单经筛选、识别被确认为风险工作之后，工作准备人需提供以下信息，以便于进行风险分析：

工作内容；

主要工作步骤和工作过程描述；

工作地点周边是否存在敏感设备，如有则进行说明；

工作过程中可能引起的后果（包括人因失误引起），如设备跳闸、启动、联锁、继电器动作、控制保护装置异常、主控室报警等；

为防止失误，拟采取的措施（包括工前会、维修班组长监护、运行监护、编制专项检修方案、安排有经验的员工执行工作等）；

工作准备人根据上述信息，填写《运行风险分析单》。

③ 工作准备人填写完成《运行风险分析单》后，由所在科室领导审核，提交给白班值长，白班值长根据分析单的信息及相关技术文件，充分了解工作过程，对工作执行对机组、电厂安全稳定运行的风险以及拟采取的应对措施的适宜性、是否需要运行监护进行评估，

给出审核意见，必要时在分析单上补充相关信息；

④ 白班值长在风险分析过程中应跟工作准备人进行充分的信息沟通，确保充分理解工作风险。如必要，双方应共同讨论确定应对措施，确保风险控制有效；

⑤ 白班值长审核同意后，将《运行风险分析单》提交执行部门领导进行审核、批准。如执行部门领导不同意风险分析结论或应对措施，工作准备人应根据审查意见重新进行风险分析；

⑥《运行风险分析单》完成审批后，工作负责人应将其纳入工作包的一部分进行管理，见表 5－10。

表 5－10　运行风险分析单

	运行风险分析单		工单（任务）号：
工作内容			
工作地点		工作准备人	
入口条件： □在单点敏感设备（SPV）上进行的工作或工作地点附近有单点敏感设备且可能触碰引起其动作 □可能引起停堆、停机、降负荷的工作 □在反应堆、汽轮机、发电机变压器组、主泵、主给水泵等重要设备的保护系统上进行的工作 □可能造成重要系统、设备意外启动或停止			
工作过程描述：			
关键步骤：			
工作地点周边的敏感设备（如无，则填写 NA）：			
工作过程中可能引起的后果分析（包括人因失误引起）及拟采取的风险控制措施：（如：工前会、有经验员工执行工作、班组长监护、运行监护、检修方案、应急预案等）			
执行科室领导审核意见：			
白班值长审核意见：			
执行部门领导审批意见：			

3）风险工作计划与执行

① 风险分析完成后，生产计划部门根据正常的工作流程将该工作列入三日滚动计划，并在三日滚动计划、管理晚会和生产早会上进行风险提示。

② 工作开始之前，工作负责人应：

充分了解《运行风险分析单》的内容和要求。

到工作现场进行巡视，确认隔离措施并熟悉工作现场及周边环境。

召开标准工前会，工前会应覆盖《运行风险分析单》的内容和要求。

③ 工作执行过程中，应根据《运行风险分析单》的要求，落实监护人（维修班组长和/或运行人员，和辐射防护人员/安全工程师/消防监督人员等）。

④ 工作执行过程中应充分遵守防人因失误工具使用要求，确保不发生人因失误。

⑤ 工作执行完成后，应进行工后总结。通过对工作执行过程的回顾和总结分析，评估风险分析的充分性、准确性和工作执行的有效性，以利于持续改进。

4）紧急工作的风险分析

① 紧急工作通常对机组安全稳定运行的威胁更大、风险更高，因此紧急工作的风险分析工作应得到更高的重视。

② 当值长认定紧急工作后，工作负责人在进行正常的工作准备的同时，应开展风险分析工作，风险分析的方法和要求参照前述要求执行。

③ 在正常工作时间之外执行的风险分析，当班值长可替代白班值长进行风险审核，执行部门领导可电话委托合适人员批准运行风险分析单。

5.5 发电计划

5.5.1 发电规划管理

发电规划指 3 年及以上发电、新机组投产、技术改造、大修、燃料循环、机组退役等规划，需要综合考虑机组大修、新机组投产、机组退役等规划，规范编制公司的发电规划。

（1）总体原则

1）发电规划是为实现公司战略目标，将战略分解为发电目标，规划公司中长期发电生产活动。

2）发电规划根据实际执行情况，每年需要进行滚动调整。

3）为年度发电计划提供依据与指导。

（2）发电规划管理流程

发电规划管理流程见图 5－7 和表 5－11。

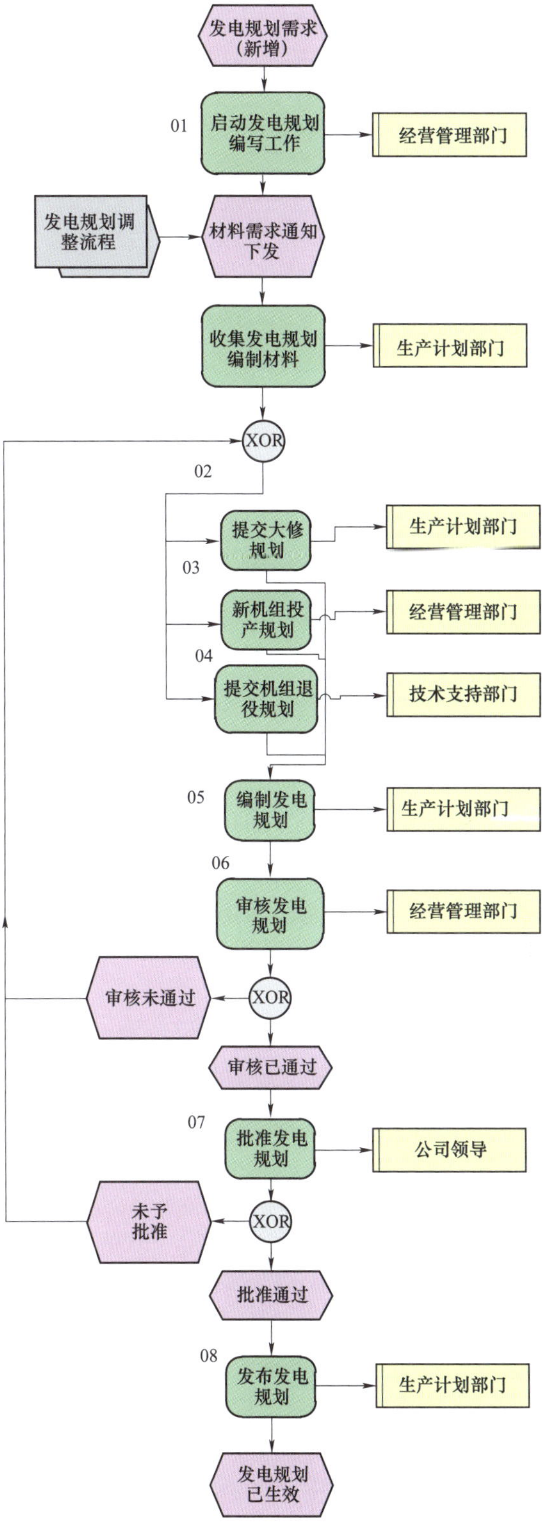

图 5－7　发电规划管理流程

表 5-11　发电规划管理流程

序号	流程步骤	责任和行动
1	接到五年规划编制通知	经营管理部门根据上级单位的要求，启动发电规划编制工作
2	提交大修规划	生产计划部门提交大修规划表，并经部门领导的审核
3	提交新机组投产规划	经营管理部门提交新机组投产规划表，并经部门领导的审核
4	提交机组退役规划	技术支持部门提交机组退役规划表，并经部门领导的审核
5	编制发电规划	生产计划部门编制发电规划，并经部门领导的校核
6	审核发电规划	经营管理部门审核发电规划
7	批准发电规划	公司领导批准发电规划
8	发布发电规划	生产计划部门发布发电规划

（3）发电规划管理要求

1）生产计划部门收集材料，编制发电规划，完成材料编写。

2）经营管理部门负责审核材料，将审核通过后的材料报送至总经理办公会讨论。

3）经总经理办公会讨论后，由公司领导批准。

4）由生产计划部门负责发布生效的发电规划。

5）生产计划部门根据偏差情况，每年对发电规划进行调整。

5.5.2 发电计划管理

发电计划是对公司运行机组在某一时段内的发电量进行合理安排的计划，发电计划管理明确了公司以及机组年度、月度、日发电计划编制、执行流程及相关部门的责任。

总体原则：发电计划是发电规划的分解，按照年度、月度、日三级计划进行分解和管控，要求结合实际情况，科学客观地编制发电计划；发电计划是公司生产活动的目标，各级生产部门和人员应遵照执行。

（1）年度发电计划管理要求

1）年度发电计划是发电规划的分解，以发电规划为依据，同时参照上级单位下发的年度经营计划考核的要求，是公司年度生产活动的目标计划。

2）生产计划部门每年年底前邮件通知启动次年年度发电计划编制工作（如电网通知时间提前以电网要求为准）。

3）年度计划中应包含本年度发电计划完成情况，下年度计划安排（机组大、小修安排；分月发电计划）。

4）生产计划部门负责提供机组年度大、小修时间；提供年度机组调门试验项目、收集确认电网相关影响机组发电能力的工作和通知要求。

5）生产计划部门负责汇总并初审上述材料，并编制年度发电计划初稿。

6）生产计划部门领导审核年度发电计划。

7）生产计划部门主管领导审核年度发电计划。

8）生产计划部门将年度发电计划提交至经营管理部门，统一报公司总经理部审查后，公司总经理批准年度发电计划。

9）经营管理部门年底前向上级单位报送年度发电计划。

10）上级单位下达年度发电计划。

11）生产计划部门收集电网涉及机组负荷变化的相关通知和要求；经营管理部门及时将与电网协调的发电计划结果反馈生产计划部门。

（2）月度发电计划管理要求

1）月度发电计划是年度发电计划的分解，是公司月度生产目标。

2）生产计划部门负责提供机组当月大、小修计划、机组当月调门试验项目、提供各机组当月日常涉网设备检修计划、收集确认电网相关影响机组发电能力的工作。

3）生产计划部门汇总材料并完成厂网之间月度计划的协调。

4）生产计划部门负责编制月度发电计划。

5）生产计划部门领导审核月度发电计划。

6）生产计划部门主管领导批准月度发电计划。

7）经营管理部门每月月底前上报下下月（具体以电网公司的要求为准）的月度发电计划，如当月月底为非工作日，提前至上一工作日上报。

8）电网公司每月月末下发次月月度发电计划。

（3）日发电计划管理要求

1）日发电计划是月度发电计划的分解，是机组运行调度的指令性计划，是调度考核的指标。

2）生产计划部门收集提前两个工作日下班前将涉及机组负荷变化的操作、试验及升降负荷速率等信息。

3）生产计划部门收集电网涉及机组负荷变化的相关通知和要求。

4）运行部门提供接收到的电网涉及机组负荷变化的通知和要求相关的对应机组的升降负荷速率。

5）生产计划部门负责日发电计划的协调并编制日发电计划。

6）生产计划部门领导批准日发电计划。

7）生产计划部门提前一个工作日向电网上报日发电计划，并公司内部发布。

8）运行部门负责执行日发电计划。

9）当日计划临时变更和调整时，由运行部门当班值长负责与电网当班调度汇报、协调，并将结果反馈生产计划部门。

10）当日计划执行过程中，出现偏差时，运行部门当班值长需第一时间汇报电网调度，并以反馈生产计划部门。

5.6　生产计划管理效益优化案例分析

5.6.1　设备功能组在工作控制流程中的应用

【案例启示】设备功能组 FEG（Function Equipment Group）是指执行同一功能且具有

相同隔离特征的设备组合。在现场检修活动中，这些设备的隔离范围相同或能够互相覆盖。

通过核电厂工艺系统流程图，分析相关设备功能，确定功能范围并建立设备功能组，给功能组内所有设备编码，并将设备的 FEG 编码作为设备标识录入电厂 EAM 信息系统，当某个设备需要隔离检修时，通过 FEG 编码可以查询到相同隔离范围的其他工作，以便统筹合并准备文件包、同时安排隔离检修。设备功能组的应用可以高效推动 AP－928 各流程环节，实现电厂资源的最优利用。

（1） 项目概况

1） FEG 应用背景

核电厂的工作来源主要分为两类：预防性维修数据库触发出来的预定义工单和电厂新增的工作申请。预定义工单触发后，信息系统会根据首次触发日期、执行频度以及工期，自动计算出工单的计划开始日期和计划完成日期。电厂新增的工作申请通过审查批准后进入工作准备环节，再由计划工程师进行计划排程，安排至合适窗口。

预定义工作之间的统筹安排，以及新增工作申请与预定义工单的统筹安排，是考验电厂计划管理水平的关键，并且直接影响电厂的资源利用率，为了保证计划编制的科学严谨，国内核电厂通常安排有经验的人员担任计划工程师，通过他们的经验知识来保证计划的合理性，但是设备功能组的应用却较少推广，导致国内核电厂没有成熟的应用经验。设备功能组的应用，涉及核电厂运行、维修、技术、计划等专业，由于核电厂系统功能复杂、设备数量庞大、FEG 编码编制工作量大、工作跨度长，因此需要总体规划 FEG 的应用。

2） 设备功能组应用

在 AP－928 工作管理流程的指导下，结合核电厂运行技术规范，明确以下工作思路：

① 确定设备功能组分类原则，并根据工艺系统流程图组织分析，确定设备功能组初步范围及可接受隔离检修工期；

② 组织维修各专业审查，根据工期、隔离需求等信息优化功能组范围；

③ 根据设备功能组范围，提出预定义数据库修改建议，技术部门组织审查，评估调整预定义工作频度或执行日期；

④ 制定电厂设备功能组编码规则；

⑤ 根据设备功能组编码规则，对所有设备进行编号；

⑥ 将设备的 FEG 编码录入信息系统；

⑦ 进行软件开发，实现基于 FEG 编码查找其他工单的业务需求；

⑧ 组织 FEG 应用测试，优化相关内容。

3） 设备功能组分类原则

分析工艺流程图内相关设备功能，按照系统功能初步划分出若干个 FEG，再通过设备分类完善 FEG，分类可通过以下原则确定：

① 支持设备功能组内设备工作的，例如电源开关、冷却水、气动设备气源管线阀门等；

② 影响设备运行的，例如与泵在同一管线上的阀门、与风机在同一管线上的过滤器等。

4） FEG 编码规则

FEG 编码规则参考国内 M310 压水堆核电机组的设备编码规则，采用 1 位机组号＋3 位系统＋3 位数字标识系统内的重要设备功能组，采用该 FEG 内的主要设备代码＋2 位字母标识系统内的一般设备功能组，以便在 FEG 使用过程中更容易被识别并理解。

以福清核电系统代码为 DVE 的通风系统为例：

① 系统内某些设备随时可以隔离，不影响系统功能且没有特定窗口的，编码为 1DVE999；

② 导致系统全停的，编码为 1DVE000；

③ 导致通风系统 A 列停运的，编码为 1DVE001，导致通风系统 B 列停运的，编码为 1DVE002；

④ 会导致关键风机 1DVE009ZV 不可用的，编码为 1DVE009ZVI0；设备隔离不影响 1DVE009ZV 风机运行，但可以和风机一起安排的，例如仅参与监视不参与保护的测振探头，编码为 1DVE009ZV；

⑤ 若两个 FEG 存在嵌套关系，例如导致关键风机 1DVE001ZV 不可用的设备功能组可以放在 A 列停运窗口时，则将 1DVE001ZV 的 FEG 编码规则修改为 1DVE001－001ZV。

（2）改进措施及实施情况

福清核电日常计划排程采用 Oracle 公司 P6 专业排程软件进行，隔离软件采用 eSOMS 软件系统，工作许可证根据作业类型分为以下 5 类：

1）用于检修活动的 PW 类；

2）用于试验活动的 PT 类；

3）用于介入工作的 PI 类；

4）用于在系统或设备上施加外源工作的 PR 类；

5）用于在工作许可证无法覆盖的特殊工况下的 PX 类。

设备功能组的应用，主要是针对上述 PW 隔离检修类工作，因此电厂在 P6 软件中新开发“最近窗口”字段，并通过以下原则抓取数据：

当工作申请被批准时，自动搜索当前计划内许可证类型为 PW 且具备相同 FEG 号的作业计划开始时间并写入“最近窗口”时间；

当工单完成准备时，再次搜索当前计划内许可证类型为 PW 且相同 FEG 号的作业计划开始时间并写入“最近窗口”时间。

（3）效益测算

通过 2018 年，福清核电全年工作申请统计，PW 类的工单占比达到 41.46%，设备功能组可以有效实现 PW 类工单的计划排程应用。通过设备功能组的应用，取得了如下效益：

1）管理效益：通过系统自动信息抓取，当某个设备的工作申请被批准时，可以直观查看到最近的维护窗口，以便电厂快速评估工作申请的优先级是否满足电厂需求，并将工作申请与长周期计划统筹安排，既为电厂缺陷评估提供了技术支撑，也高效实现了电厂资源的最优利用。

2）经济效益：通过设备功能组的应用，可以减少计划工程师近 40%的排程工作量，按电厂每台机组 3 人配置，以每人每年 15 万的成本核算，4 台机组每年可为公司节省 $15\times3\times4\times0.4=72$ 万元人员成本。

5.6.2　电网重复计量问题协调优化

【案例启示】生产计划部门发电计划管理人员对电量关口设置、计量方式等专业知识熟练掌握，具有较高的职业敏感性，发现疑问及时互相沟通，积极配合，通力合作，成功地发现并解决了问题，为公司挽回巨额损失，并从根源上杜绝问题重复发生。

（1）项目概况

2018 年 5 月，生产计划部门发电计划管理人员根据以往工作经验，凭借敏锐的观察力，发现电厂实际用电量与电网数据存在一定偏差，经过多方核实以及多次赴福建电力交易中心和福州电力公司当面沟通，最终各方明确 2018 年 4 月合环运行给我公司带来额外 973 万度的用网电量费用为误收，同意退还。

（2）改进措施及实施情况

1）在 2018 年 5 月份，发电计划管理人员发现我厂实际用电量与电网数据存在一定偏差，经多方核实，确认给我公司带来额外 973 万度的用网电量。

2）发电计划工程师在电厂运行部门配合下，提取了关口计量数据，连同福建省电力公司签发的并网调度补充协议一起到福州局办理退还手续。

3）在福州电力公司办理流程过程中，发电计划工程师秉承高度责任心，密切跟踪，积极配合对方经办人员，随时提交福州电业局所需材料，最终于 2018 年 8 月 31 日完成了退款工作。

（3）创造效益

为公司挽回近 800 万的直接经济损失，避免了今后出现合环运行时错误收费的隐患，并从根源上杜绝问题重复发生。

5.6.3 预定义工作数据库优化

【案例启示】预定义工作（the predefined work）项目是存在于生产管理信息系统 EAM 中预先定义的设备维护条目，与各种维护试验大纲要求的工作项目对应。机组在建成投产初期面临着一些管理基础性工作需要解决落实，而预定义工作数据库优化，是电厂建成投产面临要解决的一项重要课题。

（1）项目概况

福清核电 6 台机组连续建设，预定义工作数据库建立匆忙，为改变福清核电杂乱无章的预定义工作数据库，福清核电成立预定义工作数据库优化专项组，研究实施预定义工作数据库优化。完成预定义工作数据库优化，提高工作计划可执行性，取得良好的管理效益。

（2）改进措施及实施情况

1）2015 年 12 月，福清核电发布《关于成立预定义数据库优化专项组的通知》，成立了项目专项组，确立了专项组的组织机构和运作形式。从 2016 年 1 月开始，专项组每周二下午召开专项组工作会议，明确工作分工和工作安排，回顾工作行动项。专项组会议重点讨论工作系统功能设备组 FEG 划分和窗口安排，讨论进行该工艺系统的检修时，运行的操作规划、维修的工作准备要求。

2）2016 年 7 月，项目组组织成员赴中广核大亚湾核电有限公司调研，交流预定义工作数据库优化经验。

3）2016 年至 2018 年福清核电在 1、2 号机组实施工艺系统预定义工作数据库优化，2017 年至 2019 年同步推广至福清核电 3、4 号机组预定义工作数据库，2019 年在“华龙一号”5 号机组上落实实践数据库优化。

（3）创造效益

测算 2016 年至 2018 年在 1、2 号机组预定义数据库上优化使用 2 400 人工时。把 1、2 号机组预定义数据库优化的成果推广应用到 3、4 号机组，可节省讨论优化 3、4 号机组数据库 1 600 人工时。

预定义数据库优化后，同一检修窗口的工单事先进行了窗口信息标识，预安排计划排程时间将触发安排在同一天，并可通过功能设备组 FEG 信息把消缺、技改等工作安排到同一窗口，提高了计划工程师计划排程的工作效率。预定义数据库优化后测算每工作日可节省单台机组计划工程师 2 人工时，减少日常计划工程师加班情况，每年可节省 1、2 号机组计划工程师 1 000 人工时，推广到 3～6 号机组，合计每年将可节省福清核电计划工程师 3 000 人工时。

第6章

核电厂运行管理与效益分析

6.1 系统运行管理

压水堆核电厂通常可以分为三大部分见图6-1，共有300多个系统：

（1）核岛：反应堆及其有关的一回路主辅系统和设备部分以及所在的建筑物；

（2）常规岛：汽轮发电机组及其有关的二回路/三回路系统和设备部分以及所在的建筑物，还有三回路系统设备等；

（3）电厂配套设施（BOP）

压水堆的运行工况按所预计的发生频率和对公众可能带来的放射性后果，通常分为以下四类：正常运行和正常运行瞬态过程；中等频率故障；稀有事故；极限事故。核电厂运行人员要努力将机组控制在正常运行状态，通过核电厂配置的系统设备，将核裂变能量安全可靠的转化为电能，输送到电网上；并常备不懈，确保系统设备和人员技能可以满足应对瞬态与事故的能力要求。

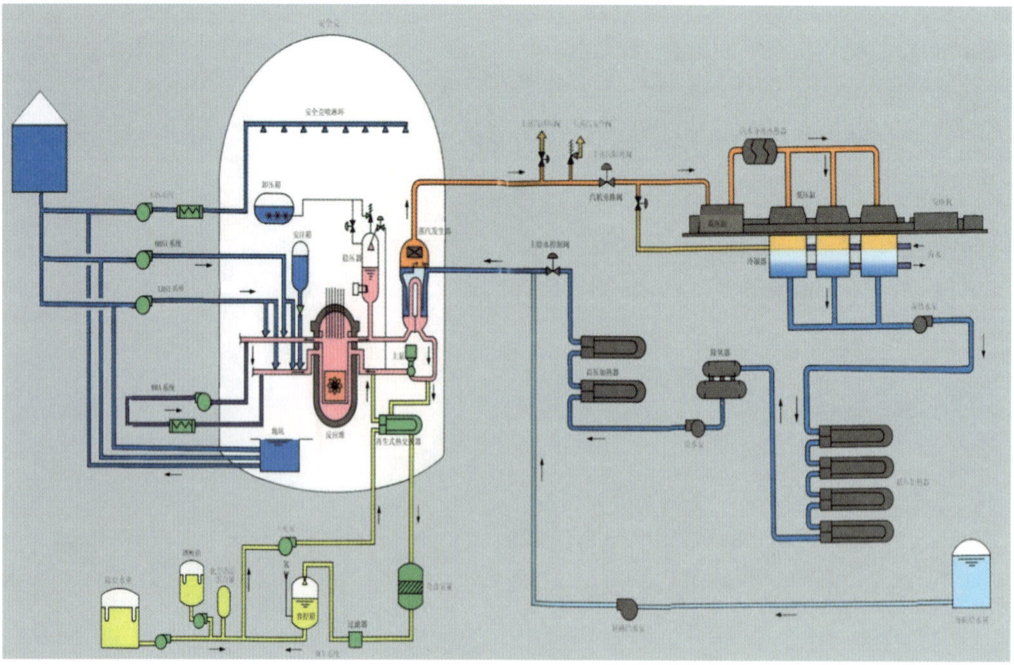

图6-1　压水堆核电厂系统设备配置简图

这些系统设备，既是核电投资的主要方面，也是确保核电机组安全发电的主要依托，通过完整的系统配置，稳妥的运行方式，确保核电机组安全发出电力，发挥综合效益。

核电厂要为社会提供清洁能源，为客户提供稳定电源，至关重要的就是做好运行管理工作。核电机组由数百个系统与数万台套设备组成，运行管理的核心就是要确保这些系统运行在设计工况，确保这些设备工作在最佳状态，并采用高效的运行管理策略使这些系统设备协同工作。核电厂的质量和安全是核电商业运行的基本前提和根本保证，是核电厂一切综合效益的生命线。在安全第一、质量第一的前提下，高效开展核电厂的运行管理，融入安全要素、探索管理策略、提升管理效益。

6.1.1　一回路系统运行管理

压水堆核电厂一回路系统包括一回路主系统和相关辅助系统，以及其他一些控制保护系统等。

一回路主系统——由反应堆、主泵、稳压器、蒸汽发生器和相应管道组成。

一回路辅助系统——保证反应堆和一回路正常启动、运行和停运，包括化学和容积控制系统、余热排出系统、硼和水补给系统、反应堆和乏燃料水池冷却和处理系统、设备冷却水系统等。

其他系统——如安全壳通风系统、核岛电气系统、堆内外测量、反应堆控制和保护系统等。

（1）一回路主系统

1）系统功能

① 反应堆热量的传递：使冷却剂循环流动，将堆芯中核裂变产生的热量通过蒸汽发生器传输给二回路，同时冷却堆芯，防止燃料元件烧毁或毁坏。

② 中子慢化：压水堆的冷却剂为轻水，它具有比较好的中子慢化能力，起到慢化剂的作用，使裂变产生的快中子减速成为热中子，以维持链式裂变反应。另外，它也起到反射层的作用，使泄漏出堆芯的部分中子反射回来。

③ 反应性控制：反应堆冷却剂中溶有的硼酸可吸收中子，因此通过调节硼浓度可控制反应性（主要用于补偿氙效应和燃耗）。

④ 压力控制：稳压器用于控制冷却剂压力，以防止堆芯中发生不利于燃料元件传热的偏离泡核沸腾现象。

⑤ 放射性屏障：一回路系统压力边界作为裂变产物放射性的第二道屏障，在燃料元件包壳破损泄漏时，可防止放射性物质外泄。

2）系统描述

一回路主系统由并联到反应堆压力容器的三条相似的传热环路组成。

每一条环路有一台反应堆冷却剂泵和一台蒸汽发生器。在运行时，反应堆冷却剂泵使冷却剂通过反应堆压力容器在冷却剂环路中循环。作为冷却剂、慢化剂和硼酸溶剂的水，在通过堆芯时被加热，然后流入蒸汽发生器，在那里将热量传递给二回路系统，最后返回到反应堆冷却剂泵重复循环。

系统还包括稳压器及其为反应堆冷却剂压力控制和超压保护所需的辅助设备。压力控制通过电加热器和喷淋阀的动作实现。由三个安全阀组提供超压保护。安全阀排汽进入稳压器卸压箱。每条冷却剂环路热段和冷段的温度在蒸汽发生器旁路管线和反应堆冷却剂泵旁路管线上分别测量。

每根燃料棒由烧结的二氧化铀（UO_2）芯块装在 M5 合金包壳内。燃料包壳是核电厂第一道安全屏障，将绝大部分放射性物质包容在燃料包壳内。

3）系统主要设备

① 反应堆压力容器及堆内构件；

② 蒸汽发生器；

③ 反应堆冷却剂泵；

④ 稳压器；

⑤ 卸压箱等。

（2）化学和容积控制系统

1）系统功能

容积控制：吸收或补偿稳压器不能承受的一回路水容积变化，将稳压器水位维持在整定值上。

化学控制：清除水中的悬浮物，维持一回路水的化学和放射性指标在规定范围，将一回路管道和设备的腐蚀降到最低。

反应性控制：通过调整一回路冷却剂的硼浓度，补偿因燃耗、毒物而损失的反应性，并且控制轴向功率偏差，控制温度调节棒在调节带内以及保证停堆深度。

2）系统描述

系统由下泄回路、净化回路、上充回路和轴封回水及过剩下泄回路四个部分组成。另外，还有一条低压下泄管线和除硼管线。

化容系统的运行状态与机组的运行状态密切相关。

3）系统主要设备

① 再生式热交换器；

② 下泄孔板；

③ 下泄热交换器；

④ 下泄控制阀；

⑤ 除盐器；

⑥ 容控箱；

⑦ 上充泵；

⑧ 上充流量调节阀；

⑨ 轴封回水及过剩下泄热交换器等。

（3）反应堆硼和水补给系统

1）系统功能

主要功能：为化容系统制备、贮存和供应容积控制、反应性控制、化学控制所需的各种流体。

辅助功能：为稳压器卸压箱提供喷淋冷却水；为换料水箱初始充水和补水；为安注系统硼酸波动箱初始充水和补水；为容控箱充水，以便排出氢气；为稳压器和余热排出系统先导式卸压阀充水。

2）系统描述

REA 系统主要由两部分组成：水回路和硼酸回路。另外，还有硼酸制备和化学添加设备。

3）系统主要设备

① 除氧除盐水贮存箱；

② 除氧除盐水泵；

③ 硼酸贮存箱；

④ 硼酸泵；

⑤ 硼酸制备箱；

⑥ 化学混合箱；

⑦ 管线与阀门等。

（4）余热排出系统

1）系统功能

核安全的主要问题是要在任何情况下能够保证核燃料的持续冷却。反应堆的物理特性决定了核电厂需要设置余热排出系统。

在反应堆停堆过程中，当一回路温度降到 180 ℃，压力降到 3.0 MPa.a 以下时，余热排出系统投入运行，排出堆芯余热、一回路水和设备的显热以及主泵产生的热量，使反应堆过渡到冷停堆状态。在大部分事故工况下，余热排出系统也被用来排出热量。

2）系统描述

余热排出系统由两台余热排出泵、两台热交换器及相关的管道、阀门组成。

余热排出泵从反应堆冷却剂系统的 2 环路热段吸水，加压后送入一条母管。母管上设有两套安全阀组，用以避免一回路和余热排出系统超压。母管的流体分别通过两个热交换器及一条旁路管线后汇合，再通过中压安注的注入管线分别回到反应堆冷却剂系统 1、3 环路的冷段。

3）系统主要设备

① 入口阀门与出口阀门；

② 余热排出泵；

③ 余热排出热交换器；

④ 调节阀与安全阀等。

（5）反应堆和乏燃料水池冷却水处理系统

1）系统功能

反应堆换料水池和乏燃料水池冷却和处理系统的作用主要就是保证乏燃料元件贮存池的持久冷却，以及反应堆换料水池的充水、排水和净化。

系统还具有以下安全功能：维持乏燃料水池中燃料组件在次临界状态；换料水箱为安全壳喷淋系统和安全注入系统贮存所需的硼酸溶液；事故情况下，通过化学与容积控制系统向一回路主系统紧急提供浓度为（2400±100）$\times 10^{-6}$ 的硼酸溶液；一回路打开后，余热排出系统不能运行时，作为余热排出系统的应急备用，向堆芯提供冷却；反应堆和乏燃料水池冷却水处理系统充入水池的水层为操作人员提供生物屏蔽作用；去除分散在水池冷却剂中的污染物，保持水池的清洁和透明度。

2）系统描述

整个系统有两个水箱、2台热交换器、5台泵、1台除盐器和5台过滤器组成。

该系统涉及水池有5个：反应堆换料水池（包括压力容器隔室和堆内构件贮存隔室）、燃料转运舱、乏燃料水池、乏燃料装罐池和乏燃料屏蔽罐冲洗池。水泵和热交换器构成的两套管线为非对称性布置，每一套管线都能分别保证对反应堆换料水池和乏燃料水池冷却和处理系统的冷却能力和作为余热排出系统的应急备用。

3）系统主要设备

① 换料水箱；

② 水池；

③ 水泵；

④ 热交换器；

⑤ 管线与阀门等。

（6）设备冷却水系统

1）系统功能

冷却各种核岛辅助系统的热交换器，经过由安全厂用水系统冷却的热交换器将热负荷传递至最终热阱——海水；在核岛辅助系统热交换器和海水之间形成屏障，防止放射性流体不可控制地释放到海水中，避免核岛辅助系统热交换器由海水直接冷却而产生腐蚀污垢等问题。

2）系统描述

每个机组的设备冷却水系统由两个独立的安全系列和一个公用环路组成。

安全系列：设备冷却水系统中与反应堆安全设施和冷停堆有关的部分具有100%的冗余度。其供水回路由两个独立的系列组成。每个系列在事故工况下都能提供100%的应急冷却能力。

公用环路：冷却对象是指在事故工况下不需要提供冷却水的冷却器，它们可以通过任一安全系列供水，并可通过电动阀门与系统的安全系列隔离。

3）系统主要设备

① 波动箱；

② 热交换器；

③ 水泵；

④ 管线与阀门等。

（7）安全厂用水系统

1）系统功能

主要作用是把设备冷却水系统收集的热负荷输送到最终热阱——海水。还保证限制板式热交换器内有机污垢的生成（注入次氯酸钠和装设贝类捕集器）。安全功能用于在正常运行和事故情况下能把从与安全有关构筑物、系统和部件来的热量输送到最终热阱。

2）系统描述

每个机组的安全厂用水系统有两个系列，每个系列为：直流式的海水系统；与安全有关的系统；每个系列可冷却板式热交换器。

3）系统主要设备

① 安全厂用水泵；

② 板式热交换器；

③ 贝类捕集器；

④ 管道、阀门、仪表等。

（8）核仪表系统

1）系统功能

连续监测反应堆功率、功率水平的变化及反应堆轴向功率分布。

通过功率测量通道所得信号计算，可监测反应堆径向功率的倾斜和轴向的功率偏差。

向功率调节系统、反应堆保护系统提供功率量程范围内中子注量率信息。

在安全方面的作用是通过功率量程测量通道高中子注量率和中子注量率变化率高信号触发反应堆紧急停闭。

2）系统描述

压水堆核电站在启动过程及其后的运行中，必须通过核仪表系统对反应堆的核功率进行连续不断的测量和监视。分属于源量程、中间量程和功率量程的 8 个独立的测量通道，它们可以提供三种不同的保护水平。

3）系统主要设备

测量通道是指由一些必要的元件或者仪表、装置所组成的系统。

——源量程由两个相同而独立的通道组成，提供在停堆及启动期间的冗余注量率信号，探测器测量通量范围 $10^{-1}\sim2\times10^{5}$ n/（cm^{2} • s），可覆盖的量程范围相当于 10^{-9}%～10^{-3}%FP。

——中间量程由两个相同而独立的通道组成，可提供冗余中子注量率信号。探测器测量 $2\times10^{2}\sim2.65\times10^{10}$ n/（cm^{2} • s），可覆盖范围 10^{-6}%～100%FP。

——功率量程由四个相同的独立通道组成，可提供来自堆芯六段的冗余中子通量信号和一个平均通量信号。探测器测量 $5\times10^{2}\sim2\times10^{9}$ n/（cm^{2} • s）范围的中子通量，即 10^{-6}～200%FP。

三种探测器的量程有一定范围的重叠，这是为了保证反应堆从源量程水平到功率量程水平的整个范围内的控制和保护的连续性，读数互相校核，信号互相联锁。

（9）堆芯测量系统

1）系统功能

温度测量系统在事故的情况下，该系统的保证进行连续的温度测量和过冷裕度的计算，提供足够的信息，以便在事故中和事故后的情况下，让操纵员注视着堆芯温度和堆芯过冷度的变化趋势，根据相关程序进行操作。

堆芯中子测量系统可以提供更精准的堆芯中子信息。

压力容器液位监测的目的是为在事故中和事故后向操纵员提供明确的可靠的反应堆压力容器内液位和压差数据，以减少操纵员错误判断的可能性。

2）系统描述

温度测量系统由38个布置在燃料组件的出口热电偶和2支布置在反应堆压力容器上封头腔室内的热电偶来实现的。热电偶有不锈钢包壳且用氧化铝绝缘，为了冗余，温度测量分为两个系列（A 和 B），每个系列包括 20 支热电偶。

堆芯中子测量系统由 50 根堆内中子测量装置组成。微型裂变室由焊接端塞、同芯包壳及测量体（即灵敏体）三部分组成。

压力容器液位监测系统由 A\B 两列水位测量装置组成。堆芯水位测量系统主要作用体现于失水事故后的堆芯水装量的监测，故采用了冗余技术，分 A、B 两个通道，每个通道用了三台差压计。其中，宽量程差压计用来在主泵运行时监测堆芯压差，窄量程差压计用来在主泵停运时监测堆芯水位，参考差压计用来消除宽、窄量程差压计输出信号中的参考液柱项。

（10）反应堆保护系统

1） 系统功能

反应堆保护系统的功能是保护三大核安全屏障（即燃料包壳、一回路压力边界和安全壳）的完整性。当运行参数达到危及三大屏障完整性的阈值时，保护系统动作触发反应堆紧急停堆，必要时启动专设安全设施。

2） 系统描述

反应堆保护系统是广义的保护系统的一部分，它包括那些为了保护反应堆，根据电站参数变化而操作紧急停堆断路器和专设安全设施执行机构的全部电气设备。

广义的反应堆保护系统还包括上游的过程仪表系统和核仪表系统中有关保护参数的传感器，另外还包括下游的停堆断路器和安全驱动器。

6.1.2 二回路系统运行管理

二回路，其作用是将一回路的主蒸汽热能通过二回路热力设备和系统转化成机械能，再通过汽轮发电机转化成电能，然后通过电气设备将电能输送到电网。

（1）汽轮机及其辅助系统

汽轮机利用蒸汽做功的高速旋转式机械，其功能是将蒸汽带来的反应堆的热能转变为高速旋转的机械能，并带动发电机发电。

汽轮机辅助系统：

1）汽轮机调节油系统：向汽轮机调节系统和汽轮机保护系统提供处理过的具有合格品质和运行参数的抗燃动力油及保护油。

2）汽轮机润滑、顶轴和盘车系统

润滑油系统：

① 给汽轮发电机组的支持轴承、推力轴承和盘车装置提供润滑油；

② 向汽轮发电机组提供顶轴油；

③ 向发电机提供氢气密封备用油；

④ 为汽轮机机械超速和手动脱扣装置供油。

顶轴油系统：

① 在汽轮机及发电机轴承中形成油膜，防止轴颈与轴瓦间发生干摩擦；

② 减少摩擦力矩和盘车装置功率。

盘车系统：

① 冲转前检查动静部分是否有摩擦以及大轴弯曲情况；

② 停机后使汽轮机转子均匀的冷却，防止大轴弯曲。

3）汽机调节系统：通过调节汽轮机进汽量对机组实施功率控制、频率控制、压力控制和应力控制，并对机组的负荷和转速实施超速限制、超加速限制、负荷速降限制和蒸汽流量限制，使机组安全和经济地运行于各种工况，满足供电的质量要求。

4）汽轮机保护系统：当汽轮发电机组发生任何预定的故障时，为汽轮发电机组提供安全停机的手段，防止事故发生、扩大和损坏设备，并将汽轮机脱扣信号送到反应堆停堆逻辑线路中，在满足一定条件下反应堆停堆。

5）汽轮机轴封系统：汽机轴封系统的功能是向汽轮机提供密封蒸汽，在汽轮机正常运行、启动和停止时，防止环境中的空气从轴封处漏入汽轮机低压缸或汽轮机高中压缸中的蒸汽漏入外界环境中，并回收汽轮机轴封和汽机进气阀阀杆的漏汽。同时轴封系统也是维持凝汽器真空的必要条件。

6）凝汽器真空系统：在汽轮机启动时和正常运行期间从凝汽器中抽除不凝结气体，建立凝汽器真空并保持凝汽器的设计真空，从而为汽轮机提供一个合适背压。

（2）发电机及其辅助系统

发电机主要由定子和转子两部分组成，当发电机转子被原动机（汽轮机）带动旋转之后，定子绕组切割磁通就会感应出电势。转子不停地旋转，磁场的磁力线被三相定子绕组切割，于是就在三相绕组中感应出三相交流电来。

发电机辅助系统：

1）发电机定子冷却水系统：通过一个闭式的低电导率水的循环回路带走发电机定子线圈带负荷运行时产生的热量。

2）发电机密封油系统：防止发电机内部高压氢气从转子与发电机壳体间缝隙泄漏出来，同时防止氢气受到密封油所带空气的污染，此外还可用于带走运行时密封瓦产生的热量。

3）发电机氢气供应系统：发电机氢气供应系统的主要功能是在发电机检修结束后通过中间介质 CO_2 来排除发电机内的空气而充入氢气，相反在发电机停机检修之前，则通过 CO_2 排除发电机内的氢气而充入空气。

4）发电机氢气冷却系统：利用常规岛闭路冷却水系统（SRI）的水冷却发电机内循环的氢气以及励磁机内循环的空气。利用设置在发电机及励磁机内的热电偶，对发电机和励磁机内的温度进行连续监测。

5）发电机励磁和电压调节系统：保证发电机的励磁，建立转子的旋转磁场，发电机并网以前调节同步所需的空载电压；发电机并网以后调节与电网交换的无功功率；当电力系统发生突然短路或突然加负荷、甩负荷时，对发电机进行强行励磁或强行灭磁，以提高电力系统的运行稳定性和可靠性；当发电机内部出现短路故障时，对发电机进行灭磁，以避免事故扩大；监测发电机定子、转子的电气参数用于报警与保护。

（3）汽水循环回路相关系统

二回路的主要热力系统包括主蒸汽系统、凝结水系统和给水系统。

主蒸汽从核岛的每个蒸汽发生器各经一根主蒸汽管进入主蒸汽联箱，从主蒸汽联箱再由四根主蒸汽管道进入汽轮机的高压主汽调节联合阀进入汽轮机高压缸膨胀做功。做功后的蒸汽通过四根管道分别送至汽轮机两侧的汽水分离再热器中进行汽水分离和再热后送入中压缸继续膨胀做功，排汽送往低压缸。在低压缸膨胀做功后的乏汽排入凝汽器凝结成水并汇至热井中。

凝汽器热井中的凝结水由凝结水泵抽出升压后经四级低压加热器加热后送到除氧器。除氧器对凝结水加热和除氧，且贮存一定的除氧凝结水。主给水泵从除氧水箱底部吸水，将水升压后经高压加热器进一步加热，最后通过给水流量调节阀进入蒸汽发生器二次侧，吸收反应堆冷却剂热量转变成饱和蒸汽，从而形成一个完整的热力循环。

汽水循环回路辅助系统：

1）主蒸汽系统：用于将蒸汽由蒸汽发生器输送到相关设备和系统。主蒸汽系统与主给水流量控制系统、启动给水系统和辅助给水系统一起，用于在电厂正常运行工况、紧急工况和事故工况下排出由反应堆产生的热量。主蒸汽系统由三条主蒸汽管线组成，每条管线分别与一台蒸汽发生器相连。三条主蒸汽管线分别穿过安全壳，通过主蒸汽隔离阀管廊进入汽轮机厂房，然后合并为一根主蒸汽母管。三条主蒸汽管线在汽轮机厂房汇集于一根主蒸汽母管，从主蒸汽母管上引出四根支管连接至汽轮机主汽门。

2）汽轮机旁路排放系统：当反应堆功率与汽轮机负荷不一致时，汽轮机旁路排放系统通过把多余的蒸汽排向凝汽器、除氧器或大气，为反应堆提供一个“人为”的负荷，从而避免核蒸汽供应系统的温度和压力超过保护阈值，确保核电厂的安全。汽轮机旁路排放系统由向凝汽器排放系统、向除氧器排放系统和向大气排放系统三部分组成。

3）汽水分离再热器系统：除去高压缸排汽中约 98%的水分；改善中、低压缸的工作条件，防止水分对汽轮机中、低压缸叶片的侵蚀；将蒸汽在进入中压缸前加热为过热蒸汽，从而提高热力循环效率；对汽水分离和再热过程中产生的疏水进行回收利用。汽水分离再热系统总体上分为汽水分离再热、疏水收集回流、排气部分和超压保护四部分。

4）辅助蒸汽生产和分配系统。

5）凝结水抽取系统：为汽轮发电机组提供一个经济的背压；接收汽轮机排汽并将其冷却成凝结水；当排向凝汽器的旁路排放系统运行时接受旁路蒸汽，并对其减温减压；正常运行时，接收低压加热器疏水、各种管道疏水和蒸发器排污水，在启动、低负荷和特殊运行工况时接收高压加热器疏水、除氧器溢放水、减温水和各种设备管道疏水等。每个低压缸下方有凝汽器的一个壳体，每个壳体的循环水侧分隔为两个独立水室。循环水均为单向流，自一侧进入，由另一侧排出，流过凝汽器后排入暗渠中，然后经具有虹吸水封作用的跌落井排入大海。

6）低压给水加热器系统：利用汽轮机低压缸抽汽加热凝结水，提高回热系统热效率；将低压加热器壳侧疏水和不凝结气体排向凝汽器和低压加热器疏水回收系统。低压给水加热器系统主要由双列、四级低压加热器及其给水、抽汽、疏水及排气系统组成。

7）主给水除氧器系统：对给水进行加热、除氧，向给水泵和启动给水泵提供符合蒸汽发生器给水含氧量要求的给水；保证给水泵和启动给水泵具有充分的净正吸入压头；储存足够的水量以满足蒸汽发生器需水量和凝汽器供水量不匹配时的瞬态工况等。主给水除氧器系统由给水系统、加热蒸汽系统、排气系统和卸压系统等组成。

8）主给水泵系统：主要功能为：在各种工况下，通过高压加热器给水系统，从除氧器连续向蒸汽发生器供应给水；具有变速设施，以保证在反应堆整个热功率范围内，能够满足蒸汽发生器给水流量调节系统的流量变化要求；在前置泵和升压泵之间的滤网能保证给水充分过滤，使给水泵组长期安全运行。电动主给水泵系统由三台并联布置、容量为 50% 的电动泵组构成，为蒸汽发生器的二次侧提供所需的给水。正常时两台运行，一台备用，三台泵可以任意切换。当两台运行的电动给水泵组一台脱扣时，处于备用状态下的电动给水泵组快速启动。

9）启动给水系统：启动给水系统的设置增强了辅助给水系统的安全功能；增加启动给水系统后在正常的机组启动与停运期间不再使用辅助给水系统为蒸汽发生器供水，减少了辅助给水系统的启动次数，同时能够保持辅助给水箱处于满水状态，避免了频繁的补水操作。每台机组配置一台电动启动给水泵，与主给水泵并联布置，将除氧器的给水通过高压加热器输送到三台蒸汽发生器。

10）高压给水加热器系统：利用汽轮机高压缸抽汽加热给水以提高热力循环的经济性。此外，还接收汽水分离再热器第一级、第二级再热器的疏水和排气，并从蒸汽侧排出不凝结的气体到除氧器。高压给水加热器系统可以分为给水系统、抽汽系统、疏水系统、放气系统和卸压系统等几个子系统。

11）主给水流量控制系统：向蒸汽发生器供应给水并且通过给水流量调节站调节给水流量，以将蒸汽发生器水位维持在一个随汽机负荷变化的整定值上。主给水流量控制系统主要由给水母管和三个给水调节站及文丘里管和逆止阀组成。

12）蒸汽发生器排污系统：主要是用于收集和处理蒸汽发生器的排污水，控制蒸汽发生器二次侧水质在正常运行范围。蒸汽发生器排污系统由排污水收集、冷却、减压和流量控制、处理及排放五部分组成。

13）凝结水精处理系统：通过前置阳床、高速混床和相应的过滤器，除去凝结水中的离子态及悬浮状杂质，确保给水水质满足蒸汽发生器的要求。

（4）厂内外电源相关系统：

1）厂外电源

每个机组有两路厂外电源：

500 kV 电力输电线：500 kV 电网保证 1 号机组、2 号机组的发电机输出电能，并保证 1 号机组和 2 号机组正常启动和停止时厂用电设备的供电。

220 kV 辅助电源：当 500 kV 主厂外电源和发电机均失电时，由厂外 220 kV 电网经辅助变压器向机组的常备厂用设备、应急厂用电设备和共用厂用设备供电。

2）厂内电源

机组的厂用设备一般分为以下几类：

单元厂用设备，是指机组正常运行所必需的设备，如反应堆主冷却剂泵、给水泵、循环水泵。

常备厂用设备，是指机组停运期间需要供电的厂用设备，如闭式冷却水泵、部分核岛/常规岛低压厂变。

厂区及公用厂用设备，是指两台机组公用的厂用设备，如一般情况下当两台机组停运期间仍需供电的设备，如网控变，照明等。

应急厂用设备，包括安全级（1E 级）电气设备及主设备安全厂用设备。前者在核电机组发生事故时，用于防止、限制、减少放射性物质的泄漏，如安注泵；后者用于保障核电厂主要设备的安全，如盘车装置、交流润滑油泵等。

6.1.3 三回路系统运行管理

核电厂设置了三回路系统，用于冷却凝汽器里面的排汽。一、二、三回路的设置，确保了一回路放射性物质，不会直接与海水接触，进一步保障了核电厂对环境影响最小化。

（1）循环水系统

1）系统功能

每台机组的循环水系统通过两条独立管道向下列设备提供必需的冷却水：凝汽器，保证凝汽器的真空度，以满足发电的要求；辅助冷却水系统，带走常规岛设备运转产生的热量。

2）系统描述与主要设备

每台机组的循环水系统由 A、B 系列两条回路组成，每个系列提供机组正常运行所需冷却水量的一半。

每个系列分别冷却两台凝汽器的同一列，每个系列主要由以下设备组成：

① 一台立式混凝土蜗壳水泵；

② 一条由泵站向汽轮机厂房输送冷却水的管道；

③ 一条连接辅助冷却水系统进口水的管道；

④ 两条连接凝汽器水室进口的管道；

⑤ 两个位于凝汽器水室入口的二次滤网；

⑥ 两台凝汽器；

⑦ 每个系列一条排水管线（包括排水管道，虹吸井，排出口）等。

（2）循环水过滤系统

1）系统功能：循环水过滤系统用于对核电厂使用的海水进行过滤预处理。

2）系统描述与主要设备

每个机组的循环水过滤系统由两个系列组成，每个系列提供正常运行所需循环水量的 50%。每个系列由下列设备组成：

① 两机组共用的引水明渠；

② 两套带加氯装置的粗格栅；

③ 两套闸门；

④ 两套细格栅及格栅除污机；

⑤ 一台配有三速电机的鼓形滤网；

⑥ 一套鼓网反冲洗装置等。

（3）循环水处理系统

1）系统功能：通过连续重力流加药的方式，将电解海水产生的氯气注入每台机组进水渠道粗格栅上游的闸门导槽中的加氯框及安全厂用水泵取水上游。由于氯气具有毒性，能有效抑制海水中生物及孢子的繁殖，从而保证各海水回路免受海洋生物污染，保证传热效率。

2）系统描述与主要设备：每台机组由两台海水泵，一台海水过滤器，两套电解槽，一个缓冲罐以及一套酸洗装置组成。

（4）辅助冷却水系统

1）系统功能：向常规岛闭式冷却水系统和凝汽器抽真空系统的真空泵密封水热交换器提供冷却水（海水），将闭式水系统中各个用户以及真空泵密封水热交换器的热量最终排入海水。

2）系统描述与主要设备：辅助冷却水系统由两个电动滤水器，两个水热交换器，以及相应的管道、阀门和仪表组成。

（5）常规岛闭式冷却水系统

1）系统功能：常规岛闭式冷却水系统的功能是将常规岛系统设备和部分配套系统设备运转产生的热量导出，保证这些设备的安全运行。

2）系统描述与主要设备：常规岛闭式冷却水系统主要有以下设备：1 台高位水箱；2 台各为 100%容量的卧式离心泵；2 台各为 100%容量的管式冷却器；冷却水母管及各用户冷却器。

此外，电厂配套设施数目较多，它们不属于核岛或常规岛，也不一定同核岛、常规岛系统有什么直接联系，但对保证核电站的安全运行又是必不可少的。对应的系统如除盐水生产系统、辅助锅炉系统、压缩空气生产系统、氢气生产和分配系统等。

6.1.4　福岛核事故后改进项系统运行管理

2011 年日本福岛核事故发生后，福清核电按照国家核安全局和国家能源局的统一安排和部署积极响应，实施了核安全提升改进行动——福岛后改进项。

福岛后改进项共 10 多项，其中防水封堵、防全厂失电、增强乏池补水和监测、安全壳内氢气监测、环境监测等 5 项涉及现场实体改进。福岛后改进项新增设的移动设备，包括：1 辆 6.6 kV 移动电源车、1 辆 400 V 移动电源车、2 台移动式柴油机驱动泵、4 台 75 kW 柴油发电机组、4 台移动柴油机驱动潜水泵和 4 台手抬式消防泵等。

福岛核事故后改进项很大程度上提高了核电机组应对严重事故的能力，取得了较好的安全收益。

福岛改进项主要如下：

（1）严重事故下安全壳内氢气浓度测量系统

严重事故安全壳内氢气浓度监测用于在线连续测量核电厂严重事故后安全壳大气中的氢气浓度，以便于对核电厂事故状态做出准确评价，采取正确应急处理和安全保证措施。

福清核电每台机组的严重事故安全壳内氢气浓度监测系统配置两套装置，单套装置由 3 只氢气传感器、3 组支撑、3 组防淋罩组件、6 根热电偶和 1 台机柜组成。

严重事故安全壳内氢气浓度监测系统氢气浓度数值在如下位置可以读取和监测：位于电气间的系统机柜，可供现场人员查看状态；主控室操纵员的操作站；主控室后备盘台显示；当氢气浓度达到设定值，产生报警提醒操纵员关注。

（2）一回路应急补水系统

全厂断电事故情况下，当二回路排热手段不可用时，依照相关规程或严重事故管理导则进行综合评估，通过开启稳压器安全阀等，对一回路进行降压操作成功后，实施一回路的应急补水，最终实现对堆芯的冷却。

技术要求如下：

1）应急补水流量应满足停堆 6 小时后堆芯余热排出的需要；

2）应考虑主泵轴封水泄漏的补水措施；

3）设备应保证事故后至少 72 小时的运行需求；

4）需在停堆后 6 小时内完成所有准备工作；

5）可考虑一回路可用的卸压手段，保证适当的应急补水流量；

6）应将一回路应急补水操作纳入严重事故管理导则或相关规程。

在安注和安喷相连的 H4 管线上增设临时补水管道，将接管口引至燃料厂房外，在管端设置标准接口，可连接移动式泵组和水源，实现向一回路补水。

当需要实施一回路补水时，如果换料水箱可用，则使用换料水箱的“含硼水”实现一回路补水，因为换料水箱中储存的是 $2\,300\times10^{-6}$ 的含硼水，最有利于堆芯冷却和反应性控制。如果换料水箱不可用，通过移动式泵（组），使用临时设置的管道将可用水源连接至已设置好的临时补水接管实现一回路补水。

（3）移动式应急电源

根据福岛核事故经验反馈，柴油发电机组绝对标高在 10.5～11.5 米位置，存在发生重大自然灾害（海啸、洪水等）时应急电源系统出现“共模故障”的风险。为加强核电站应急供电系统中全厂失电（SBO）工况下电源的可靠性，需增加可移动式应急柴油发电机组作为厂内 SBO 电源的后备，以提高其纵深防御能力，同时增设 6.6 kV 接入接口。

移动式应急电源分为 380 V 移动式应急电源和 6.6 kV 应急电源接口设计两个部分。

新增 380 V 移动式应急电源的接入端接箱，对原有结构不构成影响，可提高水压试验泵、仪控柜及应急照明等供电的可靠性，进一步提升纵深防御能力。

中压移动电源可在全厂断电事件后尽快接入，全厂断电后 6 小时前可由汽动辅助给水泵向蒸汽发生器供水，蒸汽发生器产生的蒸汽通过蒸汽旁排系统 GCT–a 排向大气将堆芯热量导出。6 小时后可接入电动辅助给水泵，由中压移动电源供电。

（4）二回路应急补水

福岛核事故表明，在发生全厂断电事故且电源长期得不到恢复的情况下，核电厂应具有应急堆芯冷却措施，国家核安全局明确要求“综合考虑核电厂全厂断电工况下满足堆芯冷却的能力”。针对全厂断电事故，利用事故规程导出堆芯余热，必须具备两个条件：辅助给水系统必须具有足够水源和辅助给水汽动泵必须可用。

全厂失电叠加丧失全部柴油机事故工况下，辅助给水汽动泵的投入运行是堆芯余热排出的关键因素之一。事故工况下辅助给水汽动泵向蒸汽发生器的注水，通过蒸汽旁排系统 GCTa 释放阀的蒸汽排放，导出堆芯余热。

为了能够长时间的通过蒸汽旁排系统 GCTa 阀门和辅助给水汽动泵导出堆芯余热，需要保证辅助给水水箱水量的充足供应。

在辅助水箱的补水管线上，增加管线，引出到消防车容易到达的地方；在辅助给水汽动泵出口连通管线上，增加管线，引出到消防车容易到达的地方。

（5）乏燃料池应急补水

福岛核电厂 4 号机组因地震前处于维修停堆的工况，乏燃料水池中装入了刚卸下的整个堆芯，因此乏燃料水池的热负荷比较大，而全厂失电后失去全部冷却手段以及补水手段，导致乏燃料池水升温乃至沸腾。

在运行人员无法从反应堆换料水池和乏燃料水池的冷却和处理系统、核岛除盐水分配系统或核岛消防系统获得应急补水时，采用福岛改进项新设置的管道和设备就可以为乏燃料水池补水，避免福岛核电厂 4 号机组这种情况的发生。

（6）严重事故下重要设备、监测仪表可用性

严重事故下需要使用的设备和仪表是根据严重事故的缓解需要确定的，具体表现为在严重事故管理导则的执行过程中所需的支持设备和仪表。福清核电根据国内外在严重事故环境条件计算时事故序列选取的经验及机组的实际情况，进行了大量计算分析，得到严重事故下的环境条件，分析确认严重事故下重要设备、监测仪表的可用性能够满足要求。

（7）环境监测设施改进

结合日本福岛核事故的经验反馈，梳理现有设计方案的薄弱环节，依据国务院全国核设施安全检查对在建核电厂的安全审评要求，提出的改进设计方案，主要内容包括对环境实验室、环境辐射水平及气象连续监测站、中央站、环境监测车的改进设计。

福清核电在这方面的改进设计方案共涉及 4 个方面：

改进项 1：环境监测站布点改进。

改进项 2：增加一辆越野应急监测车。

改进项 3：增加 2 套大流量气溶胶采样器。

改进项 4：增加环境 γ 剂量率监测的恢复手段。

（8）防水淹改进

日本福岛核事故发生后，针对极端外部事件（天文潮、风暴潮、海啸、可能最大降雨等）对核电厂防洪安全的影响，权威机构开展了全面的再评估工作。福岛核事故表明对核电厂核安全相关厂房和设备进行防护以抵御水淹造成的设备失效是非常重要的。这一项的改进主要针对核安全相关厂房，对水淹水位以下的廊道、门窗、管沟和贯穿件等逐项进行排查，评估确定薄弱环节并对其进行改进，以加强核电厂应对外部水淹的能力。

（9）增强乏燃料水池的监测能力

在 M310 堆型反应堆换料水池和乏燃料水池冷却和处理系统的原有设计中，对于乏燃料水池状态的液位监测，设有两个液位开关，信号送至主控室进行高、低液位的报警。对于乏池的温度监测，设有就地和远传温度连续量测量仪表，同时设有温度开关，可就地监测乏池温度，并将温度信号送至主控室进行乏池温度的连续量监测和高高报警。所选仪表均为非安全级设备、无抗震要求。福岛事故发生后，为增强对乏燃料水池状态的监测能力，在原有测量通道保持不变的情况下，增加一套乏燃料水池液位、温度连续量测量系统。

（10）厂区应急补水水源

核电厂在事故期间控制放射性外泄的主要手段是通过应急供水向受损堆芯注水。考虑到福岛核事故的经验反馈，国家核安全局要求从设计上进一步增强超设计基准工况下重要系统和设备的应急补水能力。应急补水改进是指利用厂区水源通过移动设备（消防车、临时水泵等）向用于堆芯冷却、乏燃料水池冷却的系统或设备提供紧急补水。在原设计基准的基础之上，对厂区内可利用的水源进行改造，增设取水接口，实现消防车从厂区水源的快速取水。

二回路应急补水过程中，依次水源如下：辅助给水水箱、除盐水分配系统水箱（常规

岛除盐水分配系统优先）、凝结水精处理水箱、淡水厂清水池、凝汽器水箱、除氧器水箱、常规岛废液水箱、核岛废液水箱、消防水池。如果厂内淡水用尽，将使用海水完成应急供水。

一回路应急补水过程汇总，依次水源如下：换料水箱、除盐水分配系统水箱（常规岛除盐水分配系统优先）、辅助给水水箱、凝结水精处理水箱、淡水厂清水池、凝汽器水箱、除氧器水箱、常规岛废液水箱、核岛废液水箱、消防水池。如果厂内淡水用尽，将使用海水完成应急供水。

厂区水源临时取水设备的配置：

1）厂区水源临时取水共配置 4 台手抬消防泵、4 台潜水泵；

2）全厂配置 6 台消防车；

3）两台移动泵（为一、二回路补水）；

4）消防软管。

为了使福岛改进项设备日常处于良好可用状态以及在应急状态下能快速发挥其应急功能，需要做好福岛改进项设备的日常管理、定期试验与应急演练（响应）工作。

福岛改进项设备的日常管理：

① 对福岛改进项设备厂房内福岛改进项移动设备进行定期巡检，检查设备有无缺陷；

② 福岛改进项设备厂房内福岛改进项移动设备的日常维护保养和燃料（柴油）补给；

③ 福岛改进项设备厂房卫生清洁和土建维护；

④ 应急移动设备相关车辆的定期巡检和维护保养；

⑤ 福岛改进项设备备品备件定额管理和预防性维修项目清单维护管理。

福岛改进项设备的定期试验：日常运行期间，通过设置合适频次的设备定期试验，验证设备的可靠性和备用能力，确保关键时刻可以派上用场。

福岛改进项设备的应急演练：开发演练脚本，负责设备的启停操作。

6.1.5 “华龙一号”机组新增系统运行管理

福清核电三期工程即 5、6 号机组采用中国具有完整自主知识产权的三代核电技术——“华龙一号”。“华龙一号”是在我国三十余年核电科研、设计、制造、建设和运行经验的基础上，充分借鉴国际三代核电非能动安全的先进理念，深刻汲取福岛核事故教训，满足国际最先进的法规标准而研发的三代核电机型。

“华龙一号”技术定位和安全特点：

满足三代核电技术标准；

技术特色：177 堆芯、单堆布置、双层安全壳；

能动+非能动系统：堆腔注水冷却、二次侧余热排出、安全壳热量导出；

抵御风险能力提高：提高抗震与抵御外部事件能力、提高抗商用飞机撞击能力、提高电厂的事故应急能力。

“华龙一号”的关键参数指标：设计寿命 60 年，堆芯热功率 3 050 MW，燃料组件数量 177 组，换料周期 18 个月，电厂平均可利用率≥90%，安全停堆地震 0.3 g，操纵员不干预时间 30 分钟，电厂自治时间 72 小时。

其中，三套能动+非能动系统，是“华龙一号”独有设计，大幅提升核电机组的安全性能。通过设计配置和良好的运行管理，确保这些系统处于良好备用状态，关键时刻派上用场确保堆芯安全。

（1）非能动安全壳热量导出系统

1）系统功能：非能动安全壳热量导出系统用于超设计基准事故或严重事故等工况（包括与全厂断电、喷淋系统故障相关的事故）下安全壳的长期排热，将安全壳压力和温度降低至可以接受的水平，保持安全壳完整性。系统安全壳内换热器、安全壳外隔离阀和两者之间的管道为电站第三道安全屏障的组成部分。在系统设备、管道出现破口时，及时关闭隔离阀，防止放射性物质外泄，确保电站第三道安全屏障的完整性。

2）系统描述与主要设备：系统设置三个相互独立的系列。每个系列包括两组换热器、两台汽水分离器、一台换热水箱、一台导热水箱、两个常开电动隔离阀、四个常关并联的电动阀。换热器布置在安全壳内的圆周上；换热水箱为钢筋混凝土结构不锈钢衬里的设备，布置在双层安全壳外壳的环形建筑物内。

（2）二次侧非能动余热排出系统

1）系统功能：在发生全厂断电事故且辅助给水系统汽动泵失效工况下，系统投入运行，在不超过冷却剂压力边界设计条件的前提下，通过蒸汽发生器导出反应堆冷却剂系统及各设备的储热，在 72 小时内将反应堆维持在安全状态。在完全丧失给水的工况下，系统投入运行，降低一回路的温度和压力。

2）系统描述与主要设备：系统设置三个系列，每个环路的蒸汽发生器二次侧都设置一个非能动余热排出系列，每个系列按照反应堆额定功率的 0.5%设计（0.5%FP），即 15.3 MW。每个系列包括一台应急余热排出冷却器、两台应急补水箱和一个换热水箱以及必要的阀门、管道和仪表。

（3）堆腔注水冷却系统

1）系统功能：系统在发生堆芯熔化的严重事故后，通过压力容器外冷却带走堆芯熔融物热量，降低反应堆压力容器外壁的温度，维持压力容器的完整性，实现压力容器内堆芯熔融物的滞留。

能动部分：

在严重事故发生时，将水（前 4 个小时从消防泵房取水，4 小时后从换料水箱取水）注入堆腔中压力容器保温层内，冷却反应堆压力容器外壁面，导出堆芯熔融物的热量，确保压力容器不被熔穿，维持压力容器的完整性，减轻事故的后果。

非能动部分：

在严重事故发生，且能动注入部分不可用的情况下，安全壳内非能动堆腔注水箱内的水能够依靠重力注入堆腔中压力容器保温层内，淹没反应堆压力容器下封头到一定高度，并补偿堆腔内水的蒸发量，以“非能动”的方式实现反应堆压力容器的冷却。

本系统的安全功能为：电站正常运行时，安全壳隔离阀处于关闭状态，保持安全壳的完整性。

2）系统描述与主要设备

系统由能动子系统、非能动子系统和净化及补水子系统组成。

华龙一号机组新增系统，从设计理念，到设备配置，充分吸收了福岛核事故的教训，借鉴了国际上先进的事故预防与应对思路，创新安全系统设置方式，采用经过实验充分验证的技术，并利用我国目前成熟的装备制造业体系，具有技术成熟性，具有完整的自主知识产权，将发挥重要的安全保障作用。

6.2 运行管理基本策略

确保核电机组安全，充分发挥其环保、经济效益，除了配置相关系统设备的“硬件”外，将核电厂置于安全的运行管理下，“软件”方面也要跟上，也是重要一方面。核电机组较为复杂，确保核电机组系统设备高效运行管理，安全可控，也是确保核电机组综合效益的重要举措。

6.2.1 系统状态控制

系统状态控制的目的是确保当班运行人员熟悉系统和设备的正常状态，并按照系统设备的设计以及《运行技术规范》的要求进行控制，确保系统和设备以安全可靠的方式运行并得到有效的监控。

1）必须将机组相关的参数控制在标准状态所要求的范围之内。

2）当班值运行人员应该熟知其所负责系统/设备的设计原理，熟知其正常和异常工况下的运行控制方式，了解相应的定值设定情况和设计限值。

3）主控室操纵员应该密切监视系统和设备的重要运行参数，识别异常和缺陷。

4）正常情况下，所有系统和设备都应该处于运行程序所规定的、并与机组状态相适应的在线和运行状态。

5）运行值在正常运行过程中由于设备故障等原因需要临时改变系统/设备的正常运行状态，需要建立临时运行隔离。

6）机组运行工程师跟踪机组上发生的临时状态改变，并协调消除导致临时状态改变的原因（如消除故障），确保及时恢复正常运行状态。

7）运行值人员应该按照要求填写运行值班日志，主控室操纵员必须在主控室日志中记录工艺系统/设备状态的重要变化，如隔离、在线、设备变更、重大异常等。

8）因日常运行控制的要求，需要频繁变化状态的系统（如：硼补给水系统），应该建立对主控室操纵员来说非常直观的系统状态控制办法（如：使用颜色标识在线状态的系统流程图）。

9）对于与核安全直接相关而又不能在主控室监视其状态的系统设备，必须通过行政隔离进行管理，现场挂牌、上锁，并定期检查该隔离的现场实施情况。

10）系统在线和流体传输的活动，必须从文件准备到现场实施和验证进行全过程的控制，以确保这些活动准确无误。

11）通过现场系统设备标识的完整性来减少人因失误，确保在运行操作时操作对象的正确性。

6.2.2 系统设备退出运行

设备或系统不可用时，即在正常的运行条件下设备或系统不能以所要求的性能水平执行其规定的功能时（如轴承严重冒烟、管线已破裂等较为严重的故障），发现缺陷的核电运行人员应该及时启动备用设备，将故障设备退出运行，并将其置于不能自动启动的状态以进行纠正性的维修。

若故障的设备对机组的安全稳定运行或机组可用率有较大的影响则当班值长应该立即下令启动紧急工作许可程序，并召集相关人员进行抢修，视故障设备的重要程度确定是否需要进行 24 小时连续工作。

设备有故障但还能维持其功能时应该填写工作申请，当班值根据缺陷的严重程度决定是否要将故障设备退出运行，此类故障设备退出运行时仍然需要保持其在备用状态（紧急备用），此类设备在最终隔离之前必须确认备用的设备运行状态良好；同时应该填写工作申请，保持对其状态和缺陷进行管理跟踪。

有故障但还能维持其功能的设备若必须保持其运行状态则必须对所存在的异常和缺陷进行跟踪，必要时提供临时运行指令，对这些存在异常和缺陷的系统或设备实施特殊的控制。

预防性维修需要将系统或设备退出运行时，必须根据机组状态进行周密计划。

6.2.3 系统设备再鉴定试验

再鉴定试验是指：验证进行过维修或变更工作的系统或设备能否满足其设计功能的活动。只要在系统或设备上进行了有可能影响其设计功能的维修或变更工作，就应该进行再鉴定试验。再鉴定试验过程分为两部分：

品质再鉴定试验：它针对的是某一具体设备，验证该设备本身的各项品质指标满足要求，这是再鉴定试验的基础；

功能再鉴定试验：它针对的是能够实现某一功能的系统或子系统，验证该系统的各项功能指标满足设计要求，这是再鉴定试验的目的。

再鉴定试验结果由值长评价。如果结果是满意的，则值长宣布设备重新投运且是可用的。若对再鉴定结果不满意，值长开始实行新的纠正性的维修过程。

大修期间，核电厂会成立专门的再鉴定试验组，相关专业紧密配合，完成检修设备的维修后试验工作。

6.2.4 系统在线管理

系统在线：将系统或设备置于特定运行方式所要求状态的一系列运行操作，系统在线一般要求：

1）在线操作必须严格按明星自检操作原则进行，重要操作必须严格执行操作监护制度，简单操作单人执行时执行“自唱票”制度。

2）在线工作必须预先编制在线文件。

3）一项在线工作应该包括设置整个或部分系统（阀门和传感器）及其辅助设施（供气、供电）的一系列操作。

4）在线的目的是在系统或设备投运之前将整个或部分系统的运行启动或停运各项条件准备好；若在线是为了系统或设备的运行和启动则必须包括充水排气、吹扫等操作，充水排气条件暂时不具备时必须进行记录以便持续跟踪；若在线是为了停运进行检修则必须包括疏排水，疏排水有困难时必须在发出的许可证上进行详细说明。

5）对于日常运行期间因仪表退出后再次投运时，必须按照维修工作控制流程取得工作许可证后做好仪表投入风险分析及采取措施后才能开展现场在线投用工作。

6）重要、复杂、高风险且需进行在线文件准备的在线工作应该尽可能有计划地进行，事先进行在线文件的编制、审核、批准。

6.2.5 流体传输管理

流体传输：将一定量的流体从某一箱体、某一回路或某一区域，传送到另一箱体、另一回路或另一区域。

机组日常运行时的充水、排水、倒罐等操作，机组大修时流体传输，以及工程特殊用水如系统设备冲洗、维修临时用水、气等都可作为流体传输工作的依据。

1）机组日常运行时的流体传输由运行值负责安排实施；机组维修或试验用流体，必须由使用方填写流体传输申请单向运行部门提出申请。

2）流体传输需要进行在线的应该按相关要求进行在线。

3）涉及废气、废液的传输必须要有值长的指令，涉及废气、废液向环境的排放同时必须得到相关主管部门的许可。

4）流体传输应根据准备时确定的方法、步骤进行。

5）在传输过程中，两端容器的液位变化趋势应持续加以监控，并和要求达到或希望达到的值比较，如有较大偏差应停止传输，查明原因，处理后，再进行传输。

6）传输过程中，应对报警、各项参数严密监视。

6.2.6 隔离与许可管理

隔离：隔离是指明确界定的设备按确定的状态要求进行操作后用挂牌、上锁的方式禁止对其进行任何操作或释放储能的运行行为，以达到以下目的之一。

1）建立并维持一个可以确定安全条件的工作区域，以避免在此区域内工作的人员受到伤害。

2）确保与核安全功能相关的设备处于正确状态，而这些设备的状态无法在主控室得到确认。

3）防止对设备的误操作或由于设备的偶发性故障造成的人身伤害或设备损坏。

隔离是用来划定一个工作区域的界限，在界限范围里，人身安全得以保证和控制，以避免工作人员的意外伤害和设备的损坏。为了建立起一个合适清楚的工作区域，在隔离活动中应遵守下列原则：

1）除运行人员外任何人都不能操作电站运行处管辖的系统和设备；试验负责人只有在持有占用类工作许可证时才可以操作试验许可证许可范围内的设备。

2）任何情况下非运行人员都不能操作挂有隔离牌的设备。

3）严禁在隔离边界设备上进行工作。

4）只有受控制的、有效的图纸或文件才能作隔离参考文件。

5）设备、系统或电气回路的工作许可证发出之前，所有可能引起人身伤害和设备损坏的能源都必须与工作区域隔离。包括一次/二次以及可能耦合引起反向送电的源项。

6）在设备上锁挂牌之前，其相应的电气开关或遥控起动开关都应隔离上锁挂牌，以防止人员在实施设备隔离时电气开关或起动器的误动。

7）设备的隔离挂牌上锁应遵循先高能侧、后低能侧的原则（如：泵的出口阀先，入口阀后），以避免某些低压设计的设备过压损坏。

6.2.7　临时变更管理

因现场处理直接影响机组安全稳定运行的缺陷或计划检修需要，对电厂生产工艺直接有关的系统、设备、部件、材料等方面所进行的实体或功能上的偏离原设计的临时性改变。根据具体的工作内容，临时变更分为两类：临时控制变更、临时特殊装置。临时变更一般较小地改变与已批准的图纸或其他设计文件有关的系统或设备。

临时变更管理原则：

1）应尽量减少临时变更的数量、限制其涉及的系统和设备范围以及临时变更存在的时间。

2）临时变更应受到与永久性变更类似的严格审查。影响到颁发运行许可证依据的安全重要系统、部件、运行限值和条件的变更，以及原先由国家核安全监管部门批准的程序和其他文件的变更必须在实施前报送国家核安全监管部门批准。如果国家核安全监管部门有要求时，任何其他变更也必须事先报送国家核安全监管部门批准。

3）对部件、设备或系统的临时变更应由变更申请部门负责评估其对机组的风险或组织各部门评估其对机组的影响。安全审查确保提议的变更将不会对电厂安全产生不利影响。安全审查也应包括审查潜在失效模式及其影响。

4）对临时变更应实施后（及拆除后）验收。这种验收的范围基于设计要求和安全分析的结果。

5）系统上已实施的临时变更要记录在运行值班日志上，并在交接班时明确告知接班人员已实施的变更。

6.3　运行管理效益优化案例分析

6.3.1　核级树脂运行成本优化

【案例启示】控制核级除盐床树脂更换周期及选择不同品牌树脂是核电运营成本的重要抓手。优化树脂类型，不仅关乎成本，还有利于采购多样选择，及运行经验的传承。本案例中，运行、化学人员以高度熟练的业务技能，精准的生产组织，改变电厂原树脂床树脂采购供货单一情况，改为可多样选择，是优化运行管理、提升效益的实践案例。

（1）项目概况

核级树脂是核电厂重要的化学填装物，其性能参数直接影响一回路水化学环境。同时，核级树脂的采购预算占比超过核电厂化学品采购总金额的 50%。由此可见，核级树脂的运行管理对核电厂至关重要。运行初期，福清核电出现了核级树脂更换频率较高、库存树脂过期、树脂采购价格居高不下等问题，这些问题增加了福清核电在核级树脂运行管理方面的成本。核电厂工作人员专项分析并制定了树脂更换换型方案，减少不必要废水处理的工作，降低了运行成本。

（2）改进措施及实施情况

1）开展同行电厂 TEP/TEU/APG/RCV/PTR 系统的树脂采购方式和使用情况调研，充分比较各种树脂采购方式的优劣。分析认为通过单一来源方式采购，在商务谈判上，不具有议价权。同时单一来源的供应商可能无法按合同约定时间供货，导致不得不多备货，增加库存量，进而出现库存树脂过期。

2）编制新树脂试验方案，根据方案对失效树脂床进行更换，并监督更换后效果，经过 6 个月跟踪，新树脂满足运行及化学各项指标。

（3）创造效益

相对于核级树脂单一供方采购方式，采用市场化竞争模式可降低采购成本，可降低核级树脂运行单机组年度成本 15%以上。六台机组每年约可以节省人民币约 300 万元。

6.3.2 RCP 逆止阀热点冲洗降低辐射剂量水平优化

【案例启示】“以解决客户需求为导向”深入思考，跨专业智慧碰撞，是非常好的“创新”突破点。

（1）项目概况

福清核电 1～4 号机组均出现过反应堆厂房内环境剂量率高的情况，尤其是 5 米内环区域，大修期间 RCP 逆止阀需要执行密封性试验，不合格时需要敲击，且根据 PM 项目还会有解体检修工作。此外，由于阀门特点，RCP 逆止阀位置往往成为高剂量“热点”。

为了降低大修期间人员工作接受剂量，缩短大修工期，核电厂工作人员勇于探索，经过反复研究，最终制订了一套 RCP 逆止阀热点冲洗方案，实现了对 RCP121、221、321VP 和 RCP122、222、322VP 等阀门的冲洗，降低了大修期间的辐射剂量水平，提高工作效率，减少大修工期 1 天。

（2）改进措施及实施情况

1）利用 RRA 泵作为冲洗动力，RIS 系统试验管线作为冲洗管线，将逆止阀区域的腐蚀产物冲洗脱落，并利用 RCV/TEP 系统除盐床作为净化床净化的原理实现冲洗净化。

2）该冲洗方案在福清核电多次大修中已得到实际应用，冲洗效果对比如图 6-2 和图 6-3：

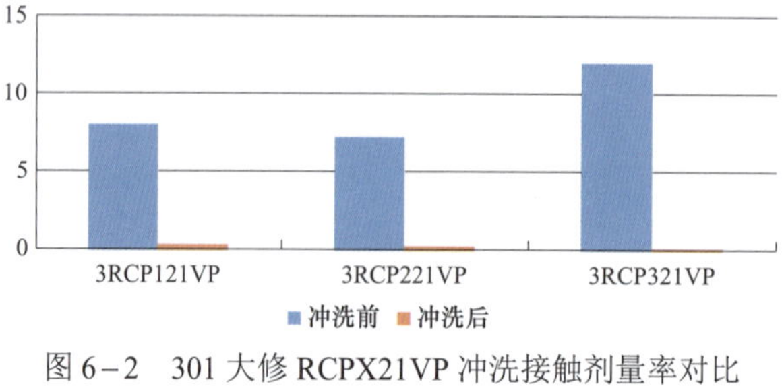

图 6-2　301 大修 RCPX21VP 冲洗接触剂量率对比

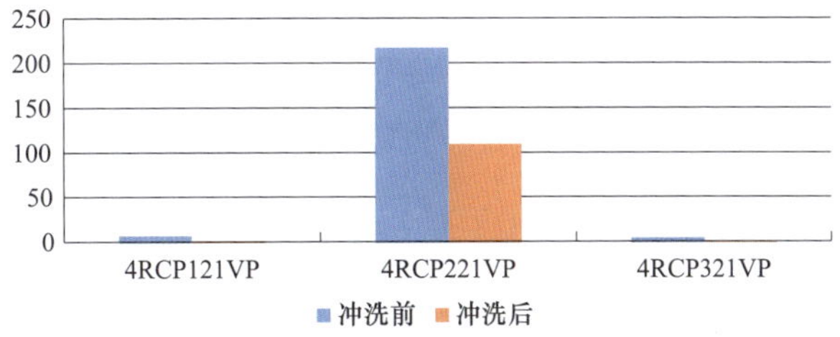

图 6－3　401 大修 RCPX21VP 冲洗接触剂量率对比

从图 6－2 和图 6－3 可知，方案实施后，RCP 逆止阀接触剂量率下降幅度达到 50%～95%。

项目成本：

项目使用现有系统设备，且执行时机为卸料期间，不占用大修关键路径，因此不增加任何经济成本；

方案操作均在主控室进行，不增加现场人力成本。

（3）创造效益

项目方案已得到多次大修的实践，效果良好，逆止阀接触剂量率下降幅度达到 50%～95%，每次大修约减少大修工期 1 天，折合增加发电量 0.26 亿度，增加售电收入约 800 万元。

第7章

维修管理与效益分析

7.1 日常维修管理

有效维修对核电厂的安全运行十分重要，它不仅保证所有承担安全功能的核电厂构筑物、系统、设备和部件能按设计意图和假设保持其可靠性和有效性，而且保证在运行开始以后，核电厂的安全状态不会受到有害的影响。

核电厂应实施以预防性维修和纠正性维修相结合的维修体系，使维修工作能正确有序地进行，支持核电厂安全可靠且经济地运行。

核电厂维修的有效性将直接影响电厂机组发电和盈利能力，维修费用成本控制也将对电厂效益产生影响。维修人力（承包商）成本及维修备件领用成本，是维修费用的两大主要贡献因子。

7.1.1 日常维修管理策略

（1）维修目标

1）确保维修过程满足核安全法规、技术规范和导则的要求；

2）使核电厂的核安全保持在最高水平，至少是与原设计水平相同；

3）降低故障和缺陷水平，获得电厂最佳的可利用率；

4）使人员的受照射剂量保持在“合理可行尽量低（ALARA）”的水平和防止污染扩散，尽量减少事故频率；

5）注重经验反馈，提高技术能力，不断优化维修策略；

6）制定并优化维修承包商政策；

7）在上述目标范围内，优化维修成本和管理成本管理，提高电厂经济效益和市场综合竞争能力。

（2）维修原则

维修工作的总的指导思想是：在符合国家、行业法规要求的基础上，坚持安全第一、质量优先，有章可循、充分准备的原则，在以预防性维修和纠正性维修相结合的基本方式上，结合行业先进经验优化维修工作，提高设备完好率和可用率，降低维修成本。根据维修能力发展，在以时间为周期的预防性维修基础上逐步开展预测性维修。在满足以上维修目标和原则的前提下，研究并改进成本管理，努力降低维修成本和管理成本，提高核电厂经济效益和市场综合竞争能力。

维修过程应满足核安全法规、技术规范和导则的要求，以及充分考虑核电厂设计单位和供货方的建议；维修部门应广泛传播核安全文化，提倡各部门、专业之间的良好沟通与协作，强调个人责任心与团队精神；通过妥善维修，尽量减少安全相关设备的不可用率。

所有的维修活动必须进行充分准备：用于电厂系统、设备的材料、备品备件应符合原设计的要求；执行维修准备和执行的电厂员工或承包商人员，要经过培训合格并取得相应授权；维修活动应按照相应的程序、工作指令进行准备和实施；建立维修活动准备阶段的风险分析和预防，充分利用内外部的经验反馈，帮助维修决策。

在维修活动实施阶段应充分重视辐射防护最优化原则，将其作为工作中需考虑的基本要素之一，在实践中制定辐射防护最优化的目标值，并落实最优化的措施；通过不断采取先进的维修工艺、使用合适的工器具和选择更加符合环保要求材料，提高工作人员的人身安全和职业健康保障的水平；维修的结果应做好记录，编制维修报告，并归入相应的文档系统，供后续使用。

应鼓励研究和应用新技术、方法、工具、材料，同时研究并改进成本管理，提高关键、重要 SSCs（指核电厂厂房、设备及配置）的维修质量，提高其运行可靠性，降低维修成本和管理成本，防止出现意外失效而导致的机组非计划或强迫电能损失。

（3）维修管理策略与维修效益的关系

核电厂应采用对 SSCs 进行分级、实施“以预防性为主、预测性维修为辅、纠正性为补“的维修原则、并采用自主维修与外委承包相结合的方式，在保证机组安全稳定运行的前提下，合理分配维修资源、提升维修效益。

维修策略应基于设备的重要性（分级）、设备类型、设备故障诊断技术、维修实施反馈及内外部经验等信息制定。对机组的安全稳定运行具有重要作用的设备，必须采取积极的维修策略即预防性维修方式来及时探测和缓解设备的老化/降级现象，避免非预期故障。

1）SSCs 的分级管理

电厂应综合考虑 SSCs 的安全分级、质量保证分级以及对电厂可用率的影响，对 SSCs 执行分级管理。通常情况下，关键、重要 SSCs 执行预防性维修为主的管理，而一般的 SSCs 以纠正性维修管理为主。分级管理的主要目的是基于 SSCs 的重要度合理安排维修活动的先后次序，以利于电厂维修资源的优化利用，确保安全相关的 SSCs 能够获得最优的维修资源。为此，需要制定电厂 SSCs 分类识别的分类原则、分级方法和工作程序，识别出电厂工艺系统的重要功能，并根据设备失效对系统重要功能的影响程度来确定设备的分类等级，进而识别出对电厂安全、生产有重大影响的关键、重要设备。电厂 SSCs 的分类识别也为进一步的 SSCs 性能监测与评估以及可靠性的持续改进提供输入。

由于电厂 SSCs 的分类原则、分级方法是基于核安全监管要求和电厂的管理要求加以制定，因此，按照不同的发展时期，SSCs 的分级结果应按相应的周期或规则进行修正，确保其始终是充分考虑了电厂的工程改造实践、内外部经验反馈、新监管政策和管理要求、专项研究成果等要素。随着电厂运行时间的积累，逐步积累 SSCs 的可靠性数据和失效数据，并在合适的时机建立电厂自身的可靠性指标体系，以满足电厂安全生产与发展的需要。

2）预防性为主、预测性为辅、纠正性为补的维修原则

根据国际国内的实践，在设备投产初期，电厂缺乏设备运行经验，对设备状态了解不足，预防性维修方式应以周期性维修为主，随着设备可靠性工作的开展和基础数据的积累，可逐步将部分周期性维修过渡到状态维修。

福清核电实施以预防性维修为主体的维修体系，通过对 SSCs 功能和管理目标的系统分析评价方法，建立预防性维修大纲，以确定必需的预防性维修措施及相关要求，达到通过控制 SSCs 的性能劣化或防止故障发生来保持其设计功能的目的。在积累运行、维修经验的基础上，运用先进的状态监测、诊断技术，逐步建立 SSCs 的性能评价准则和监测参数，推动并指导预测性维修工作的开展。

重视采用基于风险的维修决策，在综合使用预防性维修、预测性维修和纠正性维修之间达到合理的均衡，适时建立具有前瞻性的中长期维修目标和计划，开展必要的前瞻性维修工作。

3）自主维修与外委承包相结合的方式

自主维修是指电厂内部培养并保持一支具备一定维修技能且相对稳定的维修队伍，能够解决维修中出现的各类技术问题和突发性设备故障。对于超越外部承包商能力之外的或因响应不及时可能危及电厂安全或核安全设备降级的故障处理能力，电厂必须自主保证，承担电厂关键、重要的维修实施和操作以及与电厂运行操作密切相关、对核安全和机组可用率敏感的仪控及电气继电保护专业维修工作。

外委承包方式是指在保证安全和质量的前提下，为补充电厂因人力资源配置、技术、专用/贵重装置等条件的限制，合理选择和使用电厂之外合格的维修承包商和市场专业化服务队伍，承担大部分用工量大的常规机、电设备维修和绝大部分辅助性服务工作（如清洁、保温、脚手架等工作），以优化电厂维修的人力资源使用，降低维修和管理成本。维修承包商的技能、培训、质保等必须按照核电厂管理要求执行。

7.1.2 日常维修活动类型

核电厂的维修活动包括两种基本维修类型：纠正性维修和预防性维修。其中预防性维修又分为基于时间的维修和基于设备状态的维修。

7.1.2.1 纠正性维修

纠正性维修是针对发生缺陷、故障或失效的 SSCs 开展的将其执行规定功能的能力恢复到可接受标准的维修活动。

考虑到对核电厂安全运行影响程度的不同，纠正性维修可细分为“故障维修”及“小缺陷维修”两类：

故障维修（CM，Corrective Maintenance）：是指当电站 SSC 出现故障、性能明显下降或即将出现较大故障，并因此无法满足设计功能的状态时，对这些 SSC 开展将其性能恢复到可接受标准的维修活动；

小缺陷维修（DM，Deficient Maintenance）：是指电站 SSC 出现潜在或实际的较小缺陷、但不影响其设计功能和性能参数要求时，对这些 SSC 开展的维修工作。

纠正维修的一般方法包括：

故障诊断：根据检查、核实和试验的信息资料，进行逻辑推理，查明故障原因；

修理：尽量恢复损坏的部件；

更换：在损坏部件无法修复的情况下，更换新的部件；

校验：为符合校验或“回零”要求实施的行为。

（1）纠正性维修的要求

核电厂运行期间，如果发现设备缺陷、故障或失效，应进行纠正性维修，使设备与部件恢复正常运行状态。纠正性维修应编写相应的维修方案或工作指令并遵照实施。

纠正性维修过程中，当发现部件缺损时，应根据缺损情况，分别进行修理和更换。更换和修理的原则如下：

1）更换：当发现缺损的物项无法修复时，需使用已证明是相同的备品备件进行更换。更换下来的缺损物项必须有相应的处理流程，不允许堆放在工作现场。更换后必须在运行人员的配合下进行适当的功能试验和性能试验，并记录试验结果。

2）修理：修理可以在线或离线进行，但必须通过维修工作流程取得许可证，并在修理完成后进行检查和试验，以保证其使用性能尽可能完全恢复。

3）纠正性维修过程中的文件、维修中的重要数据及试验结果等必须有完整的记录，并能供维修人员查询。

（2）纠正性维修选择的原则

1）纠正性维修选择的考虑因素

① 故障设备不可用时对其所在系统的影响，以及该系统对机组乃至核电厂的影响；

② 缺陷的存在对设备短期及长期的影响，以及该缺陷设备故障后的潜在后果；

③ 故障或缺陷设备对辐射防护和工业安全的影响；

④ 故障或缺陷设备的维修条件（隔离措施、作业现场、维修工艺、技术难度、技术条件、专用工器具、备品备件等）。

2）纠正性维修的可能选择

① 零部件的全面更换；

② 故障部件的维修；

③ 部件修改；

④ 临时检修；

⑤ 将维修活动推迟到更合适的时间窗口（大修或小修）。

如果维修中不是采用同类的零部件来更换发生缺陷的零部件，那么在实施更换前必须按照变更的程序要求进行物项的替代论证，保证替代物项所涉及的设备、零部件、材料不改变原设计功能和不低于原安全水平。

7.1.2.2　预防性维修

预防性维修管理是为了规范核电厂预防性维修活动与管理，使其合理高效开展，保证核电厂所有安全重要的构筑物、系统和设备能按要求执行其功能。

预防性维修（PM）：针对系统、设备和构筑物开展的防止和缓解性能劣化或故障，或预防性维修包括周期性维修（基于时间）和预测性维修（基于状态）两个部分。它的目的在于保证设备处于设计运行状态，延长使用寿命。对于核电厂构筑物、系统和设备，都要编制相应的预防性维修大纲，规定预防性维修活动的项目与频度。

（1）预防性维修计划控制的总体原则

某项周期性的预防性维修工作（PM），将其执行周期的 25%作为宽限期，只要该项工作能够在宽限期内完成，则被认为是有效的。对于关键设备（CC1 和 CC2 级）的 PM，应尽可能安排在宽限期的前 1/2 时间段内完成，见图 7-1。

任何 PM 工作的推迟（延期），需要事先提出申请，由设备管理责任工程师对工作推迟执行所引入的风险进行评估，严格禁止未经批准的 PM 工作推迟（延期）。

PM 计划安排：

窗口：优先在线任务（风险评估），同一功能组设备 PM 同时安排；

执行频度：按照大纲要求；

执行时间：关键设备尽可能在宽限期中点前。

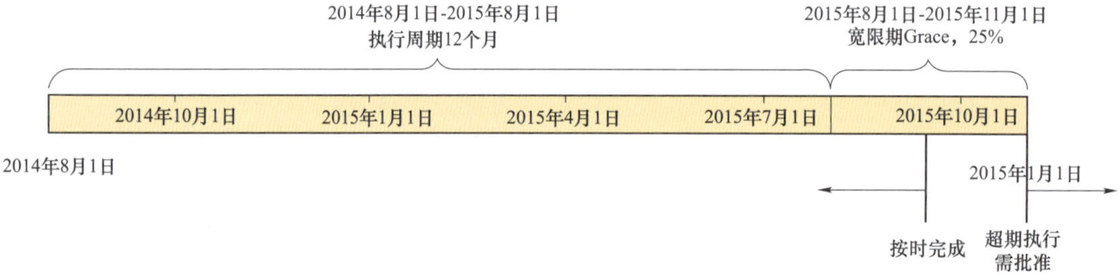

图 7-1 预防性维修执行时间的示意图

（2）预防性维修任务

设备管理责任工程师应根据设备的结构特点、部件材质、工作环境等基本信息，分析设备和部件的故障模式，针对各故障模式制定预防性维修任务。

在选择预防性维修的任务时，应该优先考虑制定状态监测任务，其次考虑定期的维修任务。

合适的预防性维修工作安排是指通过经验或对设备性能的主动监测（包括针对设备状态而开展的试验、诊断、标定、检查、取样化验、无损探伤等主动安排的状态监测任务和故障检测任务）而预测设备可能故障的一个时间点，在这个点前安排合适的预防性维修就可以使设备消除故障隐患。

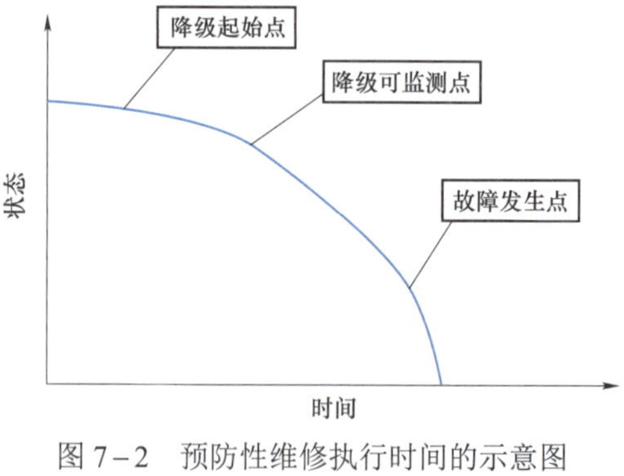

图 7-2 预防性维修执行时间的示意图

状态监测任务和故障检测任务及其执行周期要求是在设备发生故障前，能够及时确定设备老化或性能降级状态，并留有足够时间裕量处理，见图 7-2。

（3）周期性维修（TBM）

周期性维修是对非故障的设备和部件进行的定时长的预防性维修。其周期依照换料循环周期或日历时间或运行小时而定，工作内容或是对某些部件进行更换或修理，以确保设备保持或恢复设计功能；或是对有些部件进行检查，并按与设计性能要求比较的结果，决定是否进行更换、修理或保持现状。

此类预防性维修策略就是有计划地定期对设备作解体检查或更换，目的是通过有针对性地控制设备的某类失效，在设备零部件达到预期寿命以前进行更新，从而降低设备的故障率，防止设备损坏。它包括的维修活动一般有：设备润滑、过滤器更换、清洗、试验、调整、标定和检查等。周期性维修启动的依据是行业标准、供货商的推荐和核电厂的经验。

下面是选择此类维修的建议示例：

1）在如下情况，宜于采用：

① 可以对零部件故障率或失效周期进行估算的设备；

② 设备是一组合体，且部件故障能对设备造成极大影响。

2）在如下情况，不宜采用：

① 检查会导致设备可用性的降低；

② 通过对安全、生产和效益的综合评价来看，备件和人力费用过于昂贵。

（4）预测性维修（CBM）

预测性维修是按预先规定的用以衡量设备性能下降的一套准则，所采取的预防性维修活动。其实施可分为监控、试验与检查、修复或更换三个步骤。如果发现设备与部件偏离允许范围时，便采取相应的修复或更换措施。相应流程详见图 7-3。

此类预防性维修旨在通过充分的监督来评估设备的状态，以便确定和计划下次预防性维修活动。对计划实施此类维修的系统和设备，如清楚外部信息（如振动、温度、油成分等）和设备状态之间的联系的系统和设备，可以采用。且首先应建立参数趋势、弄清监测信息与设备状态之间的关系，在获得足够的经验之后，逐步实施“按状态的维修”。对于不能进行数据采集或数据不能反映设备状态的系统和设备则不建议采用。

此类维修还有利于提早发现设备可用性的降低和早期故障，以便最大限度地减少纠正性维修或只作小的纠正性维修而不作大的维修；通过预先发现潜在的设备故障，调整预防性维修计划，缩短维修周期；并且可以根据设备状态调整同类设备的维修周期。

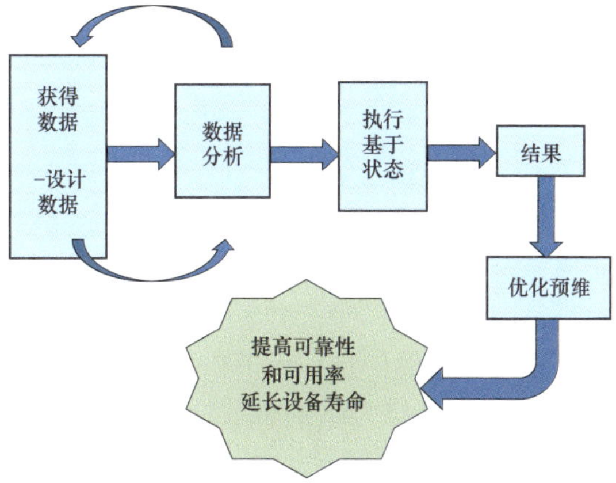

图 7－3　CBM 工作流程示意图

7.1.2.3　维修活动类型分布优化对维修效益的影响

压水堆核电厂基于设备分级，遵循以周期性预防性维修为主、预测性维修为辅、纠正性维修为补的维修原则。相关维修活动类型分布见图 7－4，在保证设备可靠性的前提下，在预防性维修和纠正性维修分布中取得均衡，可达到总维修费用最低。

（1）维修活动类型分布优化的原则

采用周期性的预防性维修，能够有效降低设备功能缺陷发生数量，提升机组稳定发电能力。但在制定预防性维修任务和确定其执行周期时，也必须认真考虑“度”的问题，并不是越多的预防性维修任务和越短的执行周期就是越好。过多和过于频繁的维修工作首先从经济上是不合算的，同时也降低了设备的可用性，并且因为维修过程中的不确定性也大大增加设备降级和故障的风险。如下所示的是一个预防性维修和纠正性维修同经济性、可用性、故障率的关系示意，以说明合适地安排维修工作任务对维修效益的重要性。

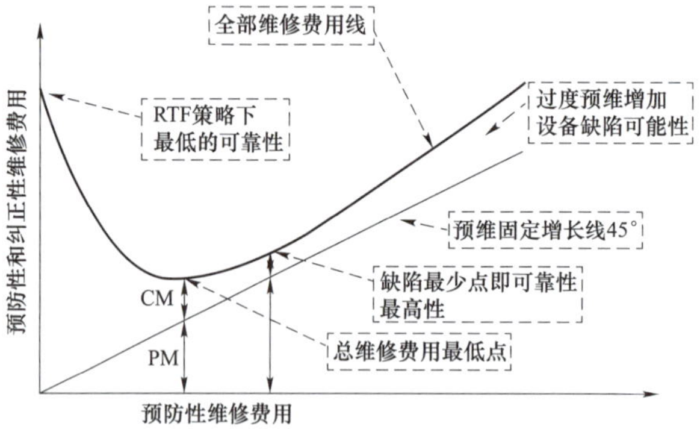

图 7－4　预防性维修和纠正性维修同经济性、可用性、故障率的关系示意图

核电厂应主动监测到设备状态，即提前预防，通过状态监测发现设备功能降级，再结合设备的预防性维修对设备进行主动性维修，从而避免对设备过度维修，重复而无必要的维护，以增加维修成本。但对于不能进行数据采集或数据不能反映设备状态的系统和设备无法采用，增加相应的采集设备，可能导致维修费用增加。

对于纠正维修，一方面应主动对 RTF 设备（允许运行至损坏后更换的设备）进行识别；另一方面对其他类缺陷分析全面，工作准备充分，处理彻底，做到“一次修好”，有效地避免设备的过度维修。

（2）维修活动类型分布优化的方法

一旦建立核电厂系统、设备的预防性维修大纲以后，应定期对不同种类的预防性维修项目进行检查。这种检查应是全面的，包括对运行、维修、试验和设备性能的综合评价。应当通过检查和评价，对系统和设备选择什么类型的维修和维修的周期进行优化。

利用设备运行、维修过程中获得的信息、反馈和系统、设备可靠性的统计、分析以及预维改进项的分析评价，对预防性维修大纲的有效性进行评价。信息来源可以包括修前运行记录、维修记录（也包括维修历史记录、修前状态检查记录）、维修报告的信息反馈以及系统、设备状态监督与性能评价和可靠性指标的跟踪统计等。设备再次投入运行后产生的缺陷，如果证明与维修频度、范围及类型有关的，也纳入预防性维修大纲的有效性评估范围。

对预防性维修大纲开展有效性评价工作的直接作用是利用维修发现的设备实际状况来检验、评价预防性维修大纲中关于设备维修类型、范围及频度等规定是否充分、合理和有效，是否存在维修过度和不足，并通过有效的管理程序对预防性维修大纲进行实时优化，最终实现维修优化。

优化预防性维修的目的是在提高或至少不影响核安全和可用率的前提下，从维修成本和设备可用性的角度获得最佳维修效率。应以技术和经济的方法为基础，综合考虑设备的功能、设备的可靠性和设备的不可用性对核电厂安全及可用性的影响。

主要采用以下方法对维修活动类型分布进行优化：

1）合理地采用“在线维修”，即在正常运行期间，安排不影响核电厂安全和可用率的维修活动，通过减少大修期间的维修活动，达到缩短大修工期的目的；如果涉及核安全相关的系统和设备，应进行风险分析，分析确认停运这些系统和设备，不会造成核安全水平的下降或仍然满足运行技术规范要求；

2）应减少整套设备的不可用性，尽量同时执行对整套设备的机械、电气、仪表等的预防性维修活动；

3）连续几年按预防性维修实施大纲要求，进行相同的维修活动，将能提高技术熟练程序，减小风险，弱化工作强度；

4）标准化的更换将减少设备的不可用性和维修队伍的压力，但要与增加备用设备的费用综合考虑；

5）当多个基于时间的预防性维修工作出现执行时间的重叠且不能在同一窗口执行时，所有这些工作的执行不能超过核电厂程序规定的宽限期。

6）对于不影响核安全，故障率能够控制和/或可接受，或不具有重要功能的设备，维修经济性可适当考虑作为其选择维修策略的一个因素。

（3）维修活动类型分布优化案例

福清核电 M310 堆型双机组有 20000 项左右的预定义工作项目，其中包括了预防性维修大纲、在役检查大纲、防腐大纲、QSR 定期试验监督大纲、非 QSR 定期试验监督大纲、运行设备定期切换等项目，这些工作项目汇总在一起构成了预定义工作数据库。但执行过程中有的需要设备运行、有的需要隔离，多个设备隔离又不满足机组运行需求，为了解决矛盾，优化、调整预定义工作数据库。

预定义工作项目优化：大纲管理部门一方面根据预防性维修大纲的编制准则及设备分级、设备可靠性理论、设备维护手册的要求，另一方面通过将本厂预定义数据库的工作项目的设置进行优化，精简了部分预防性维修项目，补全了需要进行预防性维护设备的工作项目。

周期优化：为配合 28 周长周期计划的实施，除个别 QSR 定期试验项目保留外，将工艺系统的预定义工作项目的执行周期全部修改为星期的倍数，这样确保了日常的预防性维修工作基本安排在工作日执行，触发出来的工单及窗口安排能很好的与 28 周长周期计划匹配。

替代关系设置：预防性维修工作在执行过程中，通常长周期的项目会包含短周期项目的维护工作内容，EAM 系统支持长周期的预防性维修工作项目替代短周期的预防性维修项目，设置数据库项目替代关系并匹配执行日期后，触发长周期项目的工单时将不会触发短周期项目的工单，以此维修人员不需要再进行短周期工单的准备。在预定义工作数据库初次录入过程中，这些替代关系并没有设置。专项组在运作讨论过程中，讨论并补全设置了替代关系。

停役窗口安排、识别 FEG：工艺系统的停役安排和窗口安排是预定义数据库专项组讨论的核心内容，也是计划安排优化的精髓所在。福清核电通过召开会议专门讨论系统检修窗口和停役窗口，以及在停役时的运行和维修部门需要提前准备和确认的事项，实现一次停役完成多项工作，减少系统设备不可用时间。设备功能组 FEG 指为完成某一特定主要功能，而由不同类型的设备组合而成的设备组，其设备适用同一隔离措施，或者必须一起停役。设备功能组 FEG 识别和建立可大大的帮助计划工程师提高计划编制按照窗口安排的效率，使工单的计划安排变得智能化和简单化。

1） 预防性数据维护及优化

福清核电完成 0、9 号公用机组工艺系统的预定义数据库优化：从 2016 年 1 月 4 日至今，预定义数据库优化专项组已完成了 0、9 号公用机组 TEP、SDA、SEA、XCA、DVN 等 53 个公用系统的数据库项目讨论优化，对于部分公用系统（如三废系统）还一并把 1、2 号机组系统中的项目进行了讨论和调整，并完成各个工艺系统的预定义工作数据库优化报告编制。

① 总结形成了预定义工作排程优化方法论和流程规范

预定义数据库优化专项组确定如下的预定义工作数据库优化过程规范：生产计划部门导出预定义工作项目清单；大纲管理部门比对确认、修改 PM 项目清单，提出 PMRQ 修改单；生产计划部门在工艺系统流程图上标注工作对象设备和工作内容、频度；设备管理部门设置等效替代关系；实施部门提出工作实施的隔离需求和工期要求；运行部门分析系统停役方式、标注隔离边界图纸、I0 信息；生产计划部门组织会议确认停役窗口和 FEG 划分，具体时间安排，整合梳理窗口下的项目清单，标注 PM 项目备注信息，提出 PMRQ 修改单调整修改数据库；生产计划部门整理隔离图纸，编写该系统预定义工作数据库优化报告。

② 确定了预定义工作执行的窗口

预定义工作数据库优化首先从公用机组的工艺系统，主要考虑到公用机组的工艺系统因为涉及两台机组其系统停役和窗口安排具有一定的难度，例如三废系统，其检修要避开大修，且需要运行部门提前做好设备运行规划，以提供出检修窗口。2016 年由上述各部门协同，充分讨论 9LGIA、9LGIB、9LGR、0GEW、9ASG、9SVA、9TEG、9TEU、0XCA 等公用工艺系统的停役检修窗口，并在此基础上编制了福清核电 1、2 号机组年度重要检修窗口，为后续公用机组工艺系统的停役窗口安排积累了工作经验，为 2017 年年度生产计划的编制提供了指导。

③ 提高了计划的可执行性

在进行预定义工作数据库优化以前，工单系统触发的工单不具有计划可执行性，计划工程师需要花大量精力调整计划，检修窗口安排一推再推；因没有从整个工艺系统的数据库层面进行优化，仍有发生错过窗口或者重复隔离的情况发生。预定义工作数据库优化从整个工艺系统全局角度，并将相关联的工艺系统一起优化，明确了系统检修窗口和停役窗口，以及在停役时的运行和维修部门需要提前准备和确认的事项。长周期计划的项目冻结稳定性大幅提升，工单触发发布的年度计划可执行性提高。年度计划项目安排基本科学合理，以保障机组安全与资源合理配置。

④ 初步进行设备功能组 FEG 划分，对 FEG 的使用进行了尝试

在数据库优化调整的过程中，初步对工艺系统进行了设备功能组 FEG 划分，把设备划分到 FEG 中，以 FEG 为一个小的单位进行工艺系统的停役窗口安排。FEG 的建立应用与计划窗口形成良性互动，促进预定义工作计划进一步完善。预定义工作项目根据设备的 FEG 信息，和 FEG 窗口对齐，促进预定义工作项目的调整优化。FEG 和窗口是长周期计划的精髓，建立先进生产管理标准流程，持续推广 FEG 的应用，是提高计划编制的合理性、优化资源、减少设备不可用时间的必经之路。

2）福清核电 PM 优化成果

① 2018 年福清核电 PM 优化成果

2018 年 1～4 号机组 CM、DM 类的缺陷总数 1 986 条，预防性维修项目优化条数 13 529 条，从总体趋势来看，PM 开展优化后 3 个月后缺陷数量呈现下降趋势，从年中最高 255 项下降到 100 项。

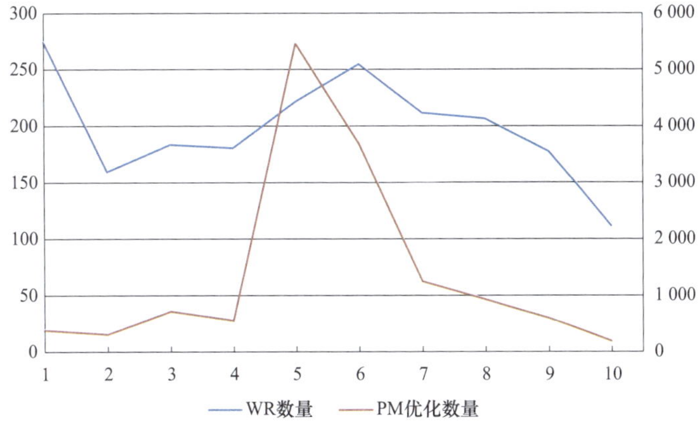

图 7-5　2017 年预防性维修优化数量与 WR 数量关系图

② 2019 年福清核电 PM 优化成果

2019 年 1～6 月持续开展预防性维修大纲优化，提出预防性维修项目优化申请 3 664 项如图 7-6 所示，根据实际已触发的工单预留备件，必换件金额年度可节省 720.4 万元。同时可节省大量施工费用，优化大修工期，降低大修成本，提高经济效益如图 7-4、图 7-5 所示。

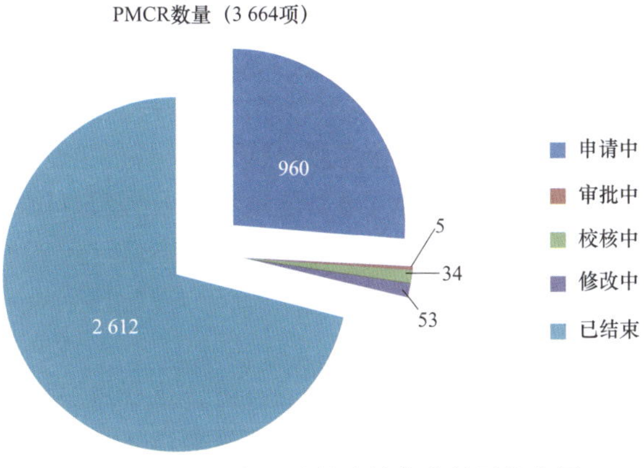

图 7-6　2019 年预防性维修优化数量状态图

7.1.3　维修承包商整合管理优化及其对核电厂效益影响

（1）承包商外委工作范围及合同优化的目的和意义

在群堆模式下，核电厂在既定维修承包原则，将在日常维护和大修维护任务中引入大量承包商。核电厂如果对维修承包商的引入缺乏统一规划，将容易产生承包范围重叠、承包人员冗余、合同费用无序增长等问题，直接影响核电厂效益。

通过系统性地规划未来的承包商外委工作安排，可以有序开展工作，节约管理成本。维修承包商外委工作范围及合同优化，须达到以下目标：

1）建立统一的外委工作范围标准，使维修部门和维修支持部门的承包商工作标准化；

2）建立统一的外委工作规范，合同到期日期和合同周期趋于合理优化；

3）梳理维修外部支持资源，形成业绩可比、留有备用的格局；

4）合理划分维修承包商的分类，统一分类分级管理概念。

（2）承包商外委工作范围及合同分类及优化原则

根据核电厂各机组目前日常维修外委的实际情况，可针对存量和增量采取不同的模式进行整合。存量是指目前已有较为稳定的协作单位，且该单位总体任务完成情况良好，其外委工作原则上采取对原有协作单位进行持续合作的模式。增量是指新增加的外委工作，或原外委工作范围变化比较大的外委工作，其外委工作可依据商务采购的相关规定通过招投标或竞争性采购的方式确定协作单位。

根据外委工作性质、外委工作范围的不同，维修外委合同应分为以下 7 个类型分类整合：

1）综合性日常外委：日常维修工作，现场有较多的常驻人员、以厂房为边界承担的日常外委工作。

2）专业外委：属于经常性日常维修工作，现场有少量常驻人员，针对个别有专业要求的系统和专业的维修工作作为专项外委给某个承包的合同。

3）专项外委：不属于经常性维修工作，现场没有常驻人员，根据现场工作需要，就事论事的专项具体维修工作的外委合同。

4）日常技改：和某单位签订的不涉及具体技改项目的框架性技改合同。最终结算以平常委托的技改工作量进行核算。

5）专项技改：超过了日常技改框架性合同的委托范围，需要针对某项具体技改工作进行的单独专项外委合同。

6）大修项目：涉及大修的外委合同。

7）其他：无法归纳入上述 6 类的其他合同。

对综合性日常外委合同优化，应以厂房为边界，以机组为单位进行工作范围划分，共划分为常规岛、泵房和 BOP 三大类，北林水库和淡水厂纳入一厂的泵房及 BOP 系统范围，不再单独设置。分解如表 7－1 所示。

表 7－1　工作范围划分表

厂房系统名称	电厂单元一（1/2 号机组）	电厂单元二（3/4 号机组）	电厂单元三（5/6 号机组）
核岛核辅及 BOP 系统	1	1	1
汽轮机厂房系统	1	1	1
海水泵房、淡水厂及北林水库系统	1		
保温、脚手架服务	1	1	1
厂房土建维修	1		
厂房水电暖通	1		
现场机加工	1		
非控制区厂房清洁	1		

大修合同整合优化，大修期间的合同原则上与日常合同范围和内容相一致，对不同类别的承包商按不同方式处理合同委托业务。

大修合同包按厂房范围设置，不分单元或机组，两台机组每 6 个大修为一个大修合同包（压水堆核电厂核电机组一般每台机组 12 个月或 18 个月开展一次大修），以利于承包商提前准备工作、实现大修准备的日常化。大修合同包以日常承包商优先的方式开展委托。这些大修项目每一个都需要准备技术规格书，以标准工日为项目的计费基础。BOP、厂房与构筑物等不再设置大修，全部按日常项目处理。

大修项目承包商确定后，大修文件包的准备由承包商技术人员按管理程序要求提前准备，并接受维修文件包审查人员的审查，向核电厂的大修准备负责人报告工作。

分解如表 7–2 所示。

表 7–2 文件包准备表

厂房系统名称	核电厂单元一（1/2 号机组）	核电厂单元二（3/4 号机组）	核电厂单元三（5/6 号机组）
核岛厂房系统	每 6 个大修为 1 个合同包	每 6 个大修为 1 个合同包	每 6 个大修为 1 个合同包
汽机厂房系统	每 6 个大修为 1 个合同包	每 6 个大修为 1 个合同包	每 6 个大修为 1 个合同包
泵房系统	初期每 6 个大修为 1 个合同包，在四机组以后每 3～5 年一个合同包		

（3）专项外委及变更项目承包商

统一设置为按项目结算，大修和日常工作内容放在一个合同中管理，费用通过工时核定在财务上分开。

1）专业外委合同整合

需要特种作业的工作，如火灾、消防等；充分发挥专业检修优势的工作，分析仪表、通信安保、蓄电池；日常简单重复、低技能的工作，如照明；各单元都有维修的工作，列入日常专项合同统一外委，如仅一个单元有外委需求，需要有充分的理由向核电厂申请；各单元日常专项外委合同系统和设备相近，合并同类项，签订尽可能少的承包商。

2）专项外委合同整合

针对某个特定工种，和有专业技能的单位签订的框架性技术服务或现场支持合同列入专项外委范围。这类合同一般对技能或专有知识的要求较高，不要求合同对方长驻现场，在设备需要维修时通过通知的方式要求来现场服务。

分为① 电机检修；② 电动头检修；③ 带压堵漏；④ 电能计量；⑤ 海工结构维护；⑥ 空压机冷冻机类维护；⑦ 标识制作；⑧ 网络及数据服务；⑨ DCS 类；共 9 类专项进行外委。

3）日常技改合同整合

对零星变更实施外委，单项金额较小的项目，根据压水堆核电厂现场安装阶段的合同情况，压水堆核电厂日常技改整合为两家。约定日常工作分为常规岛和核岛两家，但专项合同工作范围不区分核岛或常规岛。

4）专项技改

单项费用较大的变更应列入专项技改合同。专项技改根据项目需要，单项提出单项委托。对于可以由现场两家日常技改承包商实施的项目，根据报价和服务承诺择优选择；对于两家日常技改承包商专业和能力上不适合的项目，通过其他方式选择供方，由日常技改承包商提供配合。

除已确定上述综合性承包商、专业外委承包商、专项外委承包商及变更项目承包商外，核电厂在初期可能还需要一些大修期间的厂家支持，以补充自身经验、能力上的不足。这些厂家支持的工作内容本身可能是由核电厂自身承担，也可能是某个已确定的承包商承担。这种双重委托是核电企业运行初期的必要补充，以保证大修的安全质量和进度全面受控。由于其成本较高，对这些项目应当一事一议地审查，并且应当明确核电厂自身掌握维修能力的目标时间（例如三个大修后），在目标时间后原则上不应当再大量依靠厂家的服务。这一类事项一般应当列入专项委托项目。

完成整合优化后，综合承包合同由原先 1 年签订周期统一调整为 3～5 年签订周期，在人力成本上涨的背景下，提前锁定合同价格，为核电厂节约成本数百万元。且除直接效益外，还将产生一定的社会效益，以常规岛厂房设备维护外委项目为例，某外委项目承接单位为国企老厂，随外委项目的签订，解决企业 110 余名职工的就业问题，并为该承接单位带来经济效益约 1 100 万元。

7.1.4 自主维修对核电厂效益影响

自主维修是指核电厂内部培养并保持一支具备一定维修技能且相对稳定的维修队伍，能够解决维修中出现的各类技术问题和突发性设备故障。对于超越外部承包商能力之外的或因响应不及时可能危及核电厂安全或核安全设备降级的故障处理能力，核电厂必须自主保证，以承担核电厂关键、重要的维修实施和操作，以及与核电厂运行操作密切相关、对核安全和机组可用率敏感的仪控及电气继电保护专业的维修工作。

对核电厂关键设备培养并建立自主维修能力，将能够摆脱对外部承包商的依赖，为核电厂带来客观的直接收益，并将产生维修人员核心能力提升的潜在收益。

以福清核电为例，已建立主泵、主给水泵、辅助给水泵、上充泵、余热排出泵、循环水泵、主变、辅变、GIS、棒电源系统、数字化控制系统、堆芯测量系统、核仪表系统、棒控棒位系统、汽机控制系统自主维修能力，建立了装换料、开关盖自主实施能力，建立了建立汽轮发电机组自主维修管理和监督能力。2019 年维修逐步提升大修自主维修率，从 2018 年度 10%已提升至 15%。

（1）根据维修专业区分，自主维修主要使用两种工作方式

1）机械、电气专业自主检修多为电厂业主人员作为工作负责人持票，支持人员或外委项目人员作为工作成员共同完成，例如 RPV 开关盖工作。

2）仪控专业多为电厂业主人员自主持票，工作全部自行完成，例如功率量程通道试验、DCS 数据自主修改等。

（2）结合如下案例，说明自主维修对对核电厂效益的影响

1）DCS 数据自主修改

背景介绍：DCS 二层组态是福清核电 KIC 系统（电站信息与控制系统）的基础。机组调试期间由于最初版数据的原始性，组态与上游设计文件诸多不符，经过调试和维修，存在许多需要组态修改及设计变更的修改项目，福清核电自主实施修改 DCS 二层组态约 3 000 项节约了机组建设及运营成本，在此过程中也实现了维修队伍的培养和技能的传承。

自主维修：现场主要通过以下措施完成 DCS 二层组态修改的自主实施。

① 自主搭建了 DGS 组态工作站，确认修改需求后制定修改方案，由 KIC 技术人员在 DGS 工作站离线修改组态。

② DGS 工作站离线组态修改后，由 KIC 技术人员在 DGS 工作站上对修改数据进行独立校核，校核后集成数据生成 KIC 平台新版数据包。

③ 自主搭建 KIC 系统最小平台，并将数据包进行下装，下装后，在 KIC 测试平台操纵员站上，对本次的修改项进行逐一静态验证，验证成功后，生成本次数据更新前最终版数据包。

④ 大修 KIC 数据更新窗口，自主完成平台数据更新，并组织进行现场最终验收，确认数据修改正确。

⑤ 核电厂维修人员对 DCS 二层组态修改自主实施，不仅大大节约外委成本，还能够对现场所有 DCS 二层组态修改进行全面把控，对数据版本进行严密控制，形成闭环控制管理。

对核电厂效益贡献分析：根据厂家人工时计算，DCS 二层组态修改如采用外委形式，约产生 15 000 元/项的维修费用。以群堆模式 6 台机组计，不完全统计组态数据修改约为 5 000 项，总体维修成本节约为 7 500 万元。

且由福清核电维修人员自主实施，能够对组态修改的内容和正确性全面把控，形成闭环控制，同时该自主实施也实现了维修队伍的培养和技能的传承，对机组后续的运维有不可估量的经济和技能效益。

2）大气释放阀内部件自主修复

背景介绍：大气释放阀是福清核电安全关键部件。解体检修周期为三个燃料循环，即在无缺陷的情况下，每次大修也均至少解体一台。大气释放阀所处的运行工况恶劣，根据以往历次大修解体经验，阀芯阀座与导阀芯密封面均有或大或小的缺陷。面对高昂的备件价格以及长时间的供货周期，加上一系列外部因素，备件自主修复迫在眉睫。维修部门通过讨论以往的检修经验以及严密的调研分析，制定了阀芯、阀笼以及导阀芯的修复方案，在确保维修质量和风险控制的前提下，成功实现场内自主修复。

自主维修：修复工作开始前，维修人员根据设备图纸、技术手册以及备件尺寸需求等，全面分析修复过程，制定详细修复方案；修复过程中，通过反复测量每次机加后的尺寸，来保证备件整体尺寸受控并最终消除密封面上的缺陷。修复后通过蓝油试验，验证密封面合格，并制定后续密封失效处理预案，保证最终机组启机后验证修复后的备件密封性能良好。

对核电厂效益贡献分析：大气释放阀导阀芯、阀芯以及阀笼备件价格约 60 万元/套，若通过自主修复备件代替更换备件，预计后续每次均能节约 60 万元；外送具备核级资质的厂家进行修复，大气释放阀导阀芯、阀芯以及阀笼备件价格约为 10 万元/套。且以上工作为后续厂内同类项目积累了充分的经验，节约了备件成本，增强了核电厂人员自主维修能力。

7.1.5 更换件维修利用管理及其对维修效益影响

在实施设备维修的过程中，因排除缺陷、设备解体检查等需要，将工艺系统中的设备或设备上的部件拆除进行维修，在维修工作结束后留下了被更换的、或不合格的、或来不及维修的被拆除设备或部件，称之为更换件。通过更换件管理流程推动备件自主修复及备件修复，有效管控维修成本。

在维修活动中维修备件的领用费用，将对维修成本的控制产生较大影响，对更换件维修后的循环利用及管理，能够有效地降低维修成本。

（1）判定更换件是否需要维修的依据

1）不需维修的更换件

① 属于消耗性的材料或设备部件，如密封垫、指示灯、阀门填料、过滤器、电刷、轴承、一次性使用的密封件或部件等；

② 属于预防性维修定期更换的易损部件；

③ 强放射性，或放射性污染严重的部件；

④ 无法修复或已经没有使用和修复价值的部件。

2）需要维修的更换件

① 为了安全需要，或为了减少降功率时间，或为了减少大修主线时间，或为了应对紧急情况等目的而制定的“以换代修”策略实施时整体或部分拆除下来的有价值的更换件；

② 在要求的时间窗口内没有替代备件的更换件；

③ 缺陷不明的情况下，包括正常部件在内的扩大范围的拆除部件；

④ 具备维修条件与能力，且维修后利益大于维修成本的缺陷部件。

（2）修复更换备件的验收

1）经维修后的更换件，应依据电厂维修规程，设计文件，竣工文件，有效的定值手册或其他上游文件中的验收标准对其合格性进行判别，并将相应的文件依据提交审批和存档。

2）按照维修规程维修未发现异常，并且只能在返装到系统或设备上后才能验证其合格性的更换件，应通过间接方法验证其可用性，经核电厂评估认可后，可视为合格的更换件，但要标识出尚未经过验证，标识到设备本体醒目位置。

3）对于无法在使用前确认合格性的备品备件禁止直接使用到系统上。

（3）维修不合格的更换件处理

1）对于维修后不合格的更换件，如果维修部门初步判断有留作培训模拟体的价值时，则应进一步确认是否需要留作培训模拟体并根据情况转移到培训中心；

2）对于维修后不合格并且不具备用作培训模拟体的更换件，按照废旧物资回收和处理管理执行或丢弃处理。

（4）结合如下大气释放阀内部件自主修复案例，说明更换件维修对核电厂效益的影响

背景介绍：大气释放阀是福清核电安全关键部件。解体检修周期为三个燃料循环，即在无缺陷的情况下，每次大修也均至少解体一台。大气释放阀所处的运行工况恶劣，根据以往历次大修解体经验，阀芯阀座与导阀芯密封面均有或大或小的缺陷。面对高昂的备件价格以及长时间的供货周期，加上一系列外部因素，备件自主修复迫在眉睫。维修部门通过讨论以往的检修经验以及严密的调研分析，制定了阀芯、阀笼以及导阀芯的修复方案，在确保维修质量和风险控制的前提下，成功实现场内自主修复。

自主维修：修复工作开始前，维修人员根据设备图纸、技术手册以及备件尺寸需求

等，全面分析修复过程，制定详细修复方案；修复过程中，通过反复测量每次机加后的尺寸，来保证备件整体尺寸受控并最终消除密封面上的缺陷。修复后通过蓝油试验，验证密封面合格，并制定后续密封失效处理预案，保证最终机组启机后验证修复后的备件密封性能良好。

对核电厂效益贡献分析：大气释放阀导阀芯、阀芯以及阀笼备件价格约 60 万元/套，若通过自主修复备件代替更换备件，预计后续每次均能节约 60 万元；外送具备核级资质的厂家进行修复，大气释放阀导阀芯、阀芯以及阀笼备件价格约为 10 万元/套。且以上工作为后续厂内同类项目积累了充分的经验，节约了备件成本，增强了核电厂人员自主维修能力。

7.2　大修管理

7.2.1　大修组织管理

针对福清核电群堆管理特点，采用多项目管理和单项目管理相结合的组织管理方式，实施有效的大修管理，确保电站总体及单体目标的实现。

（1）多项目管理

建立多项目管理组织机构，从电站的总体规划高度对多机组大修项目进行统筹安排和统一管理，对有限的资源进行合理的调配，对共性领域工作实行规范化、标准化，对单项目进行协调和控制。确定总体目标和任务后向单项目移交过渡。

（2）单项目管理

负责承接单机组大修任务，针对单机组采取矩阵型的大修组织形式，建立以项目管理为主、行政管理辅助支持的大修项目管理团队，在核电厂的统一领导及各职能部门的支持配合下，由大修经理和项目团队具体负责单机组大修的准备、实施、总结组织管理；负责大修准备及实施工作按计划执行；负责具体落实大修指挥层的各项要求及行动项的完成，确保大修的安全、质量、进度、成本等管理指标受控。在大修任务完成后就共性事项对多项目管理反馈或移交，形成闭环管理。

在规范统一的大修项目组织基本框架下，根据每次大修特点，大修准备阶段建立相应的大修组织机构如图 7－7 所示。机组完成大修及大修总结后，大修组织机构正式结束相关工作。

大修组织机构包括指挥层、执行层、监督层和支持层四个部分；对于接口多，内容复杂的活动成立专项组。

大修结束后，大修组织机构正式解散，但仍需服从大修经理安排完成大修总结等收尾工作。

（3）大修组织机构基本框架

1）大修指挥层

大修指挥层是大修组织的核心，总体负责大修活动的组织协调、计划安排和进度控制，以及重大问题的决策和组织处理。大修指挥层设置大修总指挥和大修执行指挥。大修指挥层负责大修组织机构的管理，大修指挥层也可以指定大修经理来具体负责大修组织机构的日常运作。

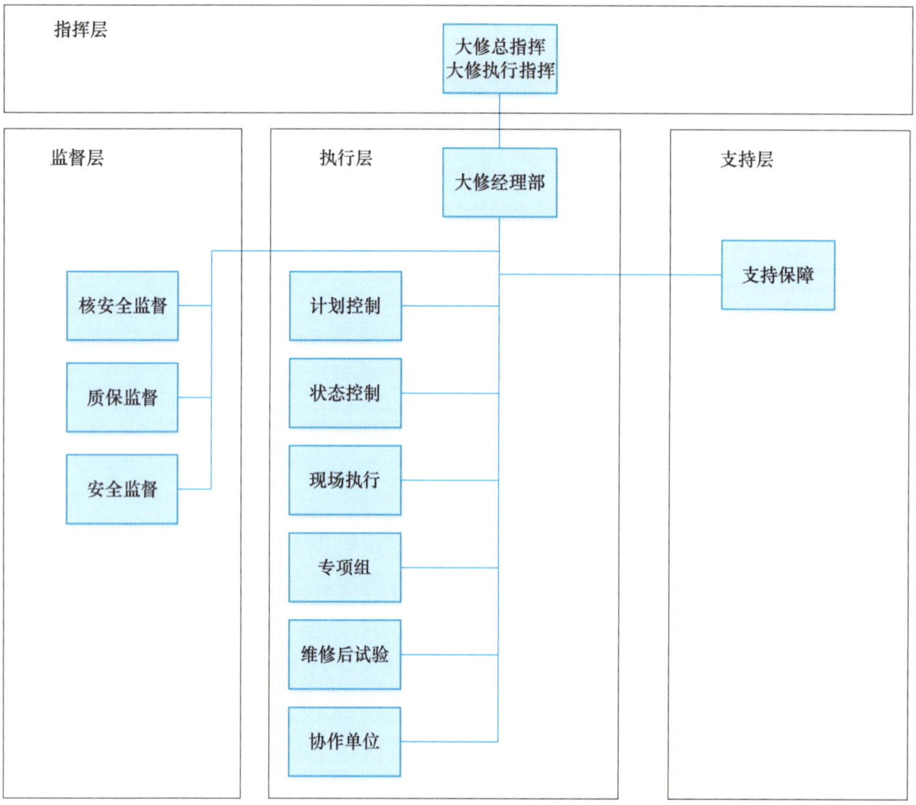

图 7－7　换料大修组织机构简图

2）大修执行层

包括（但不限于）大修经理组、计划、运行、机械、电气、仪控、维修服务、役检、防腐、性能试验、土建等专业人员及团队。执行层还包括大修承包商和大修专项组。大修经理具体负责协调大修组织机构各层次、各领域之间的工作，向大修指挥层汇报。大修主要承包商需要派人参加大修组织机构，人员资质要求由相应的对口领域负责提出和审核。大修执行层各岗位人员根据职责和大修指挥层的要求完成各项大修任务。

3）大修监督层

监督层包括核安全、辐射防护、工业安全、消防保卫、质量保证、设备及质量控制、应急等专业人员。大修监督层负责监督所有大修工作按安全法规、技术规格书、电站管理程序执行。大修监督层各经理直接向大修指挥部和大修经理报告，并根据职责独立做出监督和整改行动要求。

4）大修支持层

支持层包括变更改造、化学控制、停复役申请、执照管理、合同管理、物资采购、经验反馈、医疗保障、后勤管理、人力支持、储运管理、承包商管理、培训授权、信息文档、通讯支持、宣传报道等岗位。大修支持层根据职责和大修指挥层的要求完成各项支持保障工作，向大修指挥部、大修经理报告工作。

5）责任处长

对大修业务涉及的电厂各处室，在大修组织机构确定时应明确责任处长人员名单，可同时兼任大修各领域经理。负责指导和协调本处大修工作，在确保安全和质量的前提下，严格执行大修计划，保证大修工作按计划完成。

6）大修专项组

对于大修项目中接口较多、技术复杂的活动将指定专门项目负责人组织协调这类活动的准备、实施以及经验反馈，如堆本体、装卸料、配电盘检修等专项组，专项组根据职责向相应的维修经理、技术支持经理、计划经理等报告工作，必要时也可直接向大修总指挥/大修执行指挥、大修经理报告。

7）维修后试验组

组织和全面协调维修后试验工作的准备、现场实施、结果评价和缺陷跟踪，对设备维修后试验的过程负责并签署维修后试验的结论。

8）大修承包商

遵照福清核电管理要求，根据合同内容保质、保量按计划完成大修工作，指定负责人和协调人参与大修组织机构。

7.2.2　大修准备

（1）大修准备的基本原则

安全第一原则。按照大修工作“七分准备、三分实施”的基本规律，将大修准备工作质量作为保障大修安全的重要措施来管理，在大修准备过程中将安全相关的技术规格书遵守、系统停复役与状态控制、许可证、纵深防御措施等作为专项审查内容。

标准化原则。根据机组相似性，福清核电以 1 号机组和 5 号机组为两种堆型的首堆，其余机组的大修项目以首堆为标杆持续改进。首堆为每次大修确定标杆项目、标准水位及隔离窗口，其余机组的大修准备根据首堆大修准备及实施经验反馈、运行经验反馈持续优化。

项目制原则。大修准备成立专门的项目制组织机构，采用矩阵式管理模式，以行政管理和项目管理相结合，统一调配各种资源，逐级管控，逐层推进大修准备工作，将计划、准备和实施工作细化落实。大修准备组织机构由大修准备经理及经理层、执行层、大修专项组三部分构成。

合理合并原则。与工作控制相关的大修准备工作（例如工作包准备、工作许可证）分机组开展，不同机组的相同工作只能相互参考，不能合并；与工作控制无关的大修准备工作（例如协作单位、备品备件、工器具准备）根据合理性可以合并准备。

（2）大修准备的组织与管理

1）组织机构

各部门责任处长对本部门大修准备工作负责，参加或授权指定的大修准备人员参加公司大修准备定期例会。部门指定的大修准备工作责任人协助处室责任处长开展大修准备工作，根据部门责任处长的授权参加公司大修准备定期例会、督促大修准备工作进展、报告大修准备完成情况。

某一个机组的当前大修准备工作完成后进入实施阶段，其余机组的大修准备工作在原组织机构下继续按计划实施。

2）大修准备进度控制

大修计划部门编制大修准备计划，对大修各项准备工作进行计划安排，总体计划要根据外界因素及时进行调整升版。

大修准备根据工作内容按里程碑节点进行控制，里程碑节点按其对大修实施的影响程序分为以下三个等级：

① 1级里程碑节点：这些工作若不按时完成，将导致大修工作不能按计划完成；

② 2级里程碑节点：这些工作若不按时完成，将影响大修工作实施的安全或质量；

③ 3级里程碑节点：这些工作若不按时完成，将影响大修工作效率。

福清核电大修准备共设置24个里程碑节点，节点名称及等级如表7－3所示。

表7－3　大修里程碑节点

里程碑	里程碑描述	备注	等级
P0	大修准备开始	上次大修结束1个月后	2级
P1	大修准备组织机构建立	大修开始10个月前	2级
P2	大修准备计划生效	大修开始10个月前	1级
P3	确定并发布大修项目	大修开始10个月前	1级
P4	完成物资采购计划	大修开始8个月前	1级
P5	完成大修外委集中立项	大修开始8个月前	1级
P6	确定大修变更改造项目	大修开始7个月前	1级
P7	确定大修关键路径和工期	大修开始5个月前	1级
P8	大修项目冻结	大修开始4个月前	1级
P9	完成大修工作包准备	大修开始4个月前	2级
P10	大修工作包审查生效	大修开始3个月前	1级
P11	完成大修服务合同谈判	大修开始3个月前	1级
P12	内外部人力资源确定	大修开始3个月前	3级
P13	组织完成大修物资核查工作	大修开始3个月前	2级
P14	大修实施组织机构建立	大修开始2个月前	2级
P15	大修关键路径计划生效	大修开始2个月前	1级
P16	预大修工作开始执行	大修开始2个月前	3级
P17	完成大修工器具准备	大修开始2个月前	2级
P18	大修检修计划生效	大修开始1个月前	2级
P19	完成大修工作文件包交底	大修开始2周前	2级
P20	完成大修协作单位集中培训	大修开始2周前	2级
P21	预大修工作完成	大修开始3天前	3级
P22	完成日常向大修工作移交	大修开始2天前	3级
P23	大修准备结束，大修正式启动	大修开始	2级

3）大修准备的工作协调

大修准备工作协调采取会议与项目现场协调的方式。

大修准备工作协调会议分大修准备定期例会和大修项目专题协调会两种形式。

大修准备定期例会由大修计划部门组织，开始大修准备后每月召开一次大修准备月度例会。大修前 3 个月，每两周召开一次大修准备双周例会。大修准备定期例会检查大修准备各项工作的进展情况，协调大修准备所遇到的困难和问题，同时对大修项目部的工作进行督促和支持。

大修项目专题协调会由公司指定的项目牵头部门或者项目经理组织，会议频度由牵头部门或项目组织确定，按照大修准备计划，推动所负责大修相关准备工作的顺利开展。

7.2.3　大修标准化管理

大修标准化有利于群堆机组大修经验的快速复制和推广，是降低群堆运维成本，提升电厂效益的一项重要措施和手段。

大修标准化包括大修项目的标准化、大修文件的标准化以及指标的标准化。

（1）项目标准化

通过预定义数据库的建立，以及首台机组数据库项目的多次对标优化和多机组之间项目的复制和优化，福清核电 1～4 号机组形成了统一的大修项目数据库，不同机组轮次相同的大修项目基本一致，有利于大修集约化准备和备件储备，提高了大修准备效率，避免了备件库存周期过长以及过多的紧急采购，有利于电厂效益的提升。

（2）文件标准化

一次大修使用到的文件数以万计，对于一些例行使用的文件，例如大修计划、运行总体规程、维修标准工作包、控制点检查规程、大修逻辑图等，福清核电已实现文件标准化。在项目标准化的基础上，标准化的大修文件可以带来大修执行的标准化，可以有效避免运行事件的发生，有利于大修工期的稳步提升，也有利于大修人才的培养。

（3）指标标准化

福清核电设立了 33 个大修综合指标，从安全、质量、进度、成本四个方面综合评价一次大修的成果，并可以通过不同机组大修之间的横向对比和同一机组不同大修之间的纵向对比，找出大修管理的待改进方向和良好实践，通过群堆间不断的滚动优化，实现大修业绩的提升。

7.2.4　大修风险管控

大修风险管控是大修管理的一个重要方面，通过建立风险指引型核安全理念，利用各种风险管控工具，可以有效降低大修安全风险，保证机组安全和大修安全。

大修风险管控工具主要包括：大修预案管理、大修专项组管理、大修 TOP 工作管理、大修控制点管理、大修决策管理、重大设备检修质量控制、大修免扰设备管理、大修主隔离边界管理等。

（1）大修预案管理

在大修准备阶段提前制定防范和应对措施，在大修开始前编制大修预案，避免大修执行过程中的主线操作、重大项目检修、主要工具使用时出现异常，异常情况发生后能够迅速缓解其对安全、工期及其他大修项目的影响。

大修活动预案包括以下 3 种：大修主线活动预案、大修专用工具预案、大修重大检修项目预案。另外针对各领域的工作内容增加了核安全、消防保卫、工业安全、质保监督、质量控制、辐射防护六大监督领域的总体风险控制方案，以及防异物专项方案。

通过对历次大修预案的总结梳理，形成了大修预案参考清单，原则每次大修应包含这些内容，并根据当次大修的特点进行适应性修改。每次大修前 4 个月大修计划部门根据大修准备计划编制大修原专项编制/升版计划，形成当次大修的预案清单，各预案编制责任处室根据计划编制/升版相应的预案。

（2）大修专项组管理

针对大修期间可能对安全、质量、进度产生较大影响的工作应成立专项组，专项推进工作，确保良好的工作协调和接口管理。

在大修开始前按照大修准备要求，在大修前 9 个月开始组织确定专项组，落实专项负责人及组织机构。在大修准备过程及大修实施过程中，根据新产生的项目补充成立专项组。大修标准重大专项参考项目清单如表 7–4 所示。

表 7–4　重大专项参考项目清单

序号	专项名称
1	汽轮机发电机组检修
2	低低水位阀门检修
3	柴油机全面检查
4	主泵及电机解体
5	主变/厂变大修及滤油
6	主蒸汽隔离阀全面解体检查
7	开关盖操作
8	装卸料操作
9	大修停运及启动操作
10	一回路水压试验
11	蒸发器氦查漏
12	安全壳密封性试验
13	压力容器在役检查

专项组主要工作职责如下：

1）负责项目内各专业之间工作的总体协调，确保该项目的每一项工作都得到具体的落实；

2）负责根据换料大修总体计划编制该项目的详细计划，负责控制项目的风险并编制质量计划进行有效的控制，必要时编制风险预案；

3）开工前，项目负责人确认专项组工作的准备情况，即适用文件清单和内容的完整性、备品备件、专用工具、消耗材料的可用性等，组织检查、确认开工的所有前提条件满足要求；

4）项目进行过程中，项目负责人应跟踪工作进展并协助各执行人，确保风险分析中的预防措施都已经建立，通过质量安全计划控制及验证各项工作，及时向大修经理和大修 OCC 报告项目的工作进展及存在的问题；

5）项目负责人应确保 TSD、TCA、异物防护措施等已经得到有效执行，确保所有异常和不符合项已完全解决或有条件关闭，并确保现场清理工作已经完成；

6）完工后，项目负责人负责组织完成项目完工报告及经验反馈的编制。

（3）大修 TOP 工作管理

大修 TOP 工作管理是大修风险控制的一种工具。对大修机组核安全、工业安全、辐射防护、质量、进度等造成重大偏差风险或一旦风险发生后后果不可接受的项目，被定义为大修 TOP 风险项目。。

按照大修 TOP 风险项目筛选原则，对大修相关工作进行评估后，如果确定列为大修 TOP 风险项目，则要求责任部门组织相关部门对所负责的 TOP 风险项目制定处理措施、计划或预案；在大修准备会、早会及协调会定期反馈项目信息，及时通报进展及风险管控情况；原则上，一级风险项目由科级以上人员担任责任人。大修计划工程师跟踪 TOP 风险项目进展，当 TOP 风险项目完成后直接从清单中删除项目，退出跟踪；当未完成的 TOP 项目风险降级，满足退出条件时，责任部门在大修准备会、大修早会、协调会上提出项目退出 TOP 管理申请，经大修准备经理/大修经理同意后，退出 TOP 工作管理。

大修 TOP 项目包括大修准备 TOP、大修实施 TOP 和大修总结 TOP。

大修准备 TOP。在大修准备中发现的影响大修准备的高风险项目。原则上，这些项目必须在大修前关闭，否则大修开始后直接转入大修实施 TOP 管理。

大修实施 TOP。大修实施 TOP 来源于三个部分：由大修计划工程师组织从大修活动中识别大修既定高风险项目；大修期间新增的高风险项目；大修准备 TOP 遗留项目。

大修总结 TOP。在大修总结会上确定的经验反馈和提升项目，列入下次大修准备行动项中跟踪管理。

（4）大修控制点管理

为了有效控制大修某项重要工作或机组状态转变带来的作业风险而设置专项控制点。所有控制点在释放前禁止控制点受控工作开工或机组状态转变，只有控制点释放后才允许进行后续工作，确保大修关键工作和机组状态可控。

正常运行期间反应堆状态的转换应遵守电厂控制点释放与再启动安全管理。在相应的运行控制点程序满足后再进行状态转换。

在大修后首次临界控制点释放前，需召开大修临界控制点释放会议。计划部门在临界相关准备工作完成后组织相关处室填写“大修后首次临界控制点释放申请单”，经大修总指挥/大修副总指挥批准后，提交至生态环境部华东核与辐射安全监督站。经监督站释放后，现场可以开始临界相关操作。

当外部监管部门（国家核安全局或生态环境部华东核与辐射安全监督站）对控制点释放提出异议时，应组织召开专题会讨论决策。

针对大修装卸料等操作，除了满足核安全要求外，还需要满足现场管控要求，因而除遵守《控制点释放与再启动安全管理》外，还设置大修实施控制点，在相应的大修实施控制点组织自查，在自查满足后释放控制点，必要时编制自查报告。大修期间一般设置如下大修实施控制点：反应堆卸料、反应堆装料、反应堆临界；其中临界控制点按照电厂控制点释放与再启动安全管理要求执行。

在相应的控制点到达前组织检查，召开大修控制点释放专题会，审查后对大修实施控制点审批单签字，释放控制点。

（5）大修决策管理

大修决策分为大修协调组（OCC）决策、大修经理组决策和大修指挥层决策三个层级。

当大修中出现问题需要协调解决时，主线计划工程师组织各专业进行讨论，依据程序形成统一意见作出决策；大修 OCC 决策可通过计划会或者专题会形式做出。

当出现的问题与程序规定存在偏差或 OCC 无法形成一致意见，但是不满足进入大修指挥部决策时，由大修经理指定负责的项目经理，组织大修经理组成员及专业人员进行讨论，并由大修经理组做出决策；大修经理组决策可通过大修协调会，专题会的形式做出。

在大修过程中，当出现安全、质量、进度等重大异常时，启动大修指挥层决策流程，由大修指挥层负责对重大异常进行决策，确保大修安全、质量和进度受控。

（6）重大设备检修质量控制

针对重大设备检修，大修检修过程中一机一人制负责人负责跟踪设备的检修情况，必要时发布日报跟踪汇报设备检修情况，确保检修过程可控。涉及汽轮机解体，主泵解体，循泵解体，ASG 汽动泵解体等工作，一机一人制负责人应在检修工作开始后发布检修日报，反馈工作进展，存在偏差及需协调事项。

进行过解体的重大设备，检修后一机一人制负责人需要对当次检修工作进行总结并形成报告，在重大设备首次启动前，一机一人制负责人负责准备材料，在大修协调会上汇报设备当次大修检修情况，确认设备是否具备启动条件，确认具备启动条件后才允许启动。

重大设备包括汽轮机、主冷却剂泵、循环水泵、ASG 汽动泵、其他进行过解体的 6 kV 泵或电机、余排热交换器、低低水位阀门、重大技改，其他大修经理部或大修指挥层认为需要汇报的设备。

（7）大修免扰设备管理

根据经验反馈，大量的核电机组运行事件发生在大修期间，而核电厂只有大约 5%的时间处于大修阶段。大修期间系统设备状态变化频繁，很多设备将处于维修状态，为确保重要安全功能不丧失，必须对有安全功能的系统设备（及其辅助支持系统）的可用性进行保护，防止误隔离、误操作、误转为维修状态等。

“如何能够确保核电机组在大修期间，重要设备能够实现其安全功能”成为一个亟待解决的重大问题。

因此，国际核能运营者协会（WANO）重要运行经验报告指出，迫切需要“建立一项免扰设备大纲来专门应用于停堆工况”，包括免扰设备的定义（支撑重要停堆安全功能的设备或系统，包括支持系统）以及免扰设备开展工作的要求。

福清核电根据群堆管理经验，探索确立了独特的大修期间免扰设备管理，为提升核电厂运行阶段尤其是大修期间运行管理、综合效益，提供了有益借鉴。

1）大修期间免扰设备管理概述

免扰设备：即应受到保护的设备，用以确保大修期间安全重要功能（余热导出，水装量控制，电源可靠性和开关站活动，反应性控制和安全壳密闭性）不丧失的系统设备及其支持系统设备，尤其是大修期间长期作为安全必需设备的重要转动设备及其配电装置。

福清核电建立大修期间免扰设备管理机制，以明确核电厂对免扰设备的定义和期望。

免扰设备因其安全重要特性，应具备较高的优先级，大修进度计划必须要确保免扰设备不会受到威胁，不应为了进度将免扰设备置于非安全状态。

核电厂全体员工应了解并遵守免扰设备管理政策；核安全监督工程师、运行操纵员、计划工程师、维修工作人员、系统工程师等生产相关岗位人员必须重点熟悉并应用免扰设备保护的政策。

必须在计划安排、状态转换、工作开展等方面，有效控制免扰设备状态。

必须采取实体屏障、风险提示、工作控制、状态评估等多重手段，确保免扰设备可用。

2）大修期间免扰设备管理的主要内容

① 计划控制

编制大修计划时，应从合理安排计划窗口、有效缩短工作工期、确保工作准备充分、确保风险分析到位、遵守技术规范等角度，对免扰设备工作开展专项审查，确保免扰设备工作计划受控。

应尽量避免或减少在免扰设备上开展工作，冗余的免扰设备不应同时开展工作：原则上不允许因在免扰设备上开展工作导致某一安全重要功能完全丧失，不允许违反技术规范，否则应以特许申请的形式开展；如必须在免扰设备上工作，原则上应先确保其冗余设备可用并确信安全重要功能得到保证。

大修期间新发现的设备缺陷，进行讨论评估时，需评价是否影响免扰设备的可用性，如果影响，则应尽快安排处理，必要时采用紧急维修形式。

免扰设备上的缺陷消除工作，不得采取小维修和快速维修方式。

免扰设备上的工作原则上不得延期，应集中力量开展工作，在确保安全质量的前提下优先完成。

② 技术规范

根据运行技术规范中关于设备可用性的定义，应全面细致地核实免扰设备有没有因隔离、维修、或其他原因不能执行其设计功能。免扰设备缺陷导致核安全设备不可用，须严格按照运行技术规范采取缓解措施，并遵守累计原则等内容。

免扰设备维修后没有进行维修后试验，或维修后试验不合格，均应认为免扰设备不可用。

为了确保大修期间免扰设备可用，尤其是在机组状态转换期间，必须按照《控制点释放与再启动安全管理》管理程序要求，严格执行状态转换程序，确保技术规范得到遵守。在即将进行状态转换时，需检查免扰设备状态，梳理免扰设备清单。如发现免扰设备不可用，应及时提出并解决，并评价是否影响机组状态转换。

行政隔离是确保免扰设备可用性的重要手段，必须按照《隔离与许可证管理》管理程序要求，进行严格管理。

针对大修期间，因免扰设备开展工作或其他原因，导致免扰设备不可用或性能降级，需要应用特许申请、限制条件、特殊规定等，应做好详细的记录，必要时编制专门的“执行跟踪单”，确保免扰设备性能及其影响的安全重要功能得到监督控制。

③ 报警响应

主控室报警是运行人员监测、判断免扰设备状态的重要手段，大修期间，主控室操纵员应重点关注免扰设备相关的重要报警，一旦出现相关报警，应立即响应。

梳理福清核电大修免扰设备相关的重要报警清单，这些报警体现在运行大修规程中，应得到足够重视。

针对后备盘上的报警，为了有效识别大修期间的重要报警，应在后备盘上进行特殊标识。

④ 监督检查

每值接班后应对照免扰设备清单确认本班期间免扰设备状态，并通报全值人员；大修前制订免扰设备巡检清单，针对免扰设备和\或其周围区域，运行每班应进行巡检，现场核查免扰设备运行状态，阻止在免扰设备和\或其周围区域开展的未经授权的或可能影响免扰设备可用性的活动；主控核查免扰设备运行状态，关注免扰设备上的预期变化。

核安全监督工程师、系统设备工程师应针对免扰设备状态进行高频率的独立监督。

运行操纵员、大修计划工程师、核安全监督工程师应将免扰系统中的状态改变作为交接班的内容进行讨论交接，确保信息传递到位。

⑤ 风险控制

针对大修期间有潜在可能导致安全功能丧失的免扰设备上的工作，应从如下方面开展风险警示与控制：

在工作文件包中应详述工作风险及应对措施；

隔离工作指令中应详述工作风险及应对措施；

运行日志中应记录工作开展情况及注意事项；

必要时应制定专门的应急预案（对于计划外、高风险的情况，允许在免扰设备和/或其周围区域开展工作时，须制定足够的控制手段以确保风险降到最低）；

应采用监护制度；

应召开工前会。

⑥ 实体屏障

针对免扰设备，经过评估认为需要阻止在免扰设备和/或其周围区域上开展工作，应该应用实体屏障或类似措施，防止设备误动导致机组瞬态和系统停运。

鉴于大修期间配电装置和设备再供电装置的重要性，针对大修期间部分免扰设备的配电装置、再供电装置，应有明确的标志使易于辨认。

运行部门通过隔离警示带、警示标识等手段，对免扰设备进行实体隔离和警示，尤其是大修期间较长时间作为免扰设备的相关系统设备；如果可行，采取钥匙等手段控制。

⑦ 信息传递

非大修机组管辖的免扰设备：大修机组和非大修机组有共用设备，相互之间有关联，如果大修机组的免扰设备功能实现受到非大修机组的影响，应该在非大修机组上确定免扰设备清单，开展生产活动时特别关注，确保非大修机组的活动不影响大修机组免扰设备的可用性。

免扰设备清单、免扰设备相关的重要报警清单应随着大修经验的积累而逐步优化完善；免扰设备清单如有变更，应及时升版管理指令以便相关人员获知信息；应将免扰设备清单汇总进入大修信息手册，便于核电厂员工和协作单位获得。

各部门应在员工和协作单位之间，广泛宣贯免扰设备清单及其管理政策，促使员工和协作单位遵守免扰设备相关管理规定。大修期间，免扰设备清单应张贴于主控室和隔离办等合适的地方；免扰设备相关的重要报警清单应张贴于主控室；设备维修后试验清单应张贴于主控室，以便操纵员关注免扰设备维修后试验情况；特许申请\限制条件\特殊规定执行跟踪单应配置于主控室；免扰设备工作状态应作为运行人员巡检内容，相关记录应体现在巡检表单中。

3）大修期间免扰设备管理的应用价值

福清核电大修期间免扰设备管理，是中国大陆地区首次将大修期间免扰设备管理应用到核电机组运行管理，获得了国际核能运营者协会（WANO）的好评。

大修期间免扰设备管理，从“被保护的、不可受到损害的设备”角度出发，采取系列措施，强化核电厂人员确保安全设备可用的意识、手段。

福清核电数次大修期间，成功应用了大修期间免扰设备管理，最终安全设备无一损坏，有效确保了大修机组的核安全！

大修期间免扰设备管理，这一管理思路和创新，可以有效应用于核电机组，提升核电机组大修期间的安全水平，确保安全设备可用。也可以转化应用到安全生产风险高的各类工业企业，以核安全管理的高标准，进一步提升各类生产活动的安全管理水平，实现更大的安全、经济与综合效益！

4）大修主隔离边界管理

大修期间为提高工作效率，避免不必要的重复隔离，设置了许多大修主隔离，以覆盖该区域内的大量工作。对于主隔离覆盖下的子工单，其安全措施必须由主隔离边界来保证，因此对主隔离边界的任何改变都有可能影响其覆盖下子工单的安全。鉴于主隔离边界的重要性，必须尽可能避免改变主隔离边界的状态，但大修期间主隔离边界设备检修工作不可避免的需要对主隔离边界进行改变，对主隔离边界的修改需通过电厂程序规定的要求进行控制。

因检修工作导致主隔离边界设备需要临时摘牌的，由大修隔离经理提交主隔离边界临时摘牌风险分析单申请。由大修计划工程师组织分析风险和安全措施，确认风险可控后，提交计划部门、运行部门和该主隔离相关工作涉及部门负责人签字批准，只要任何一方未签字批准，该工作都不允许执行。

7.2.5　大修优化

福清核电已执行 11 次大修，其中包括 4 次首次大修，积累了较为丰富的大修管理经验和技术优化措施。

（1）大修管理优化

实行群堆大修的统一化准备。主管维修公司副总经理总体负责 1～4 号机组大修准备工作，大修准备实行行政线管理，各大修相关处室第一负责人对大修准备直接负责，有利于大修资源的调配以及重要经验反馈的快速推广和反馈。

建立大修准备指标评价体系，针对大修准备里程碑节点和重要准备事项，建立考核控制指标，有力推动大修准备的进度和质量。

建立大修协调组（OCC）运行机制，集中主线计划工程师、核岛计划工程师、常规岛计划工程师、运行工程师、核岛隔离经理、常规岛隔离经理、机械维修协调工程师、仪控维修协调工程师、电气维修协调工程师、维修支持协调工程师、辐射防护协调工程师、技术支持协调工程师、核安全监督工程师、维修后试验主管等大修主要骨干力量，作为大修一线的指挥中心，采取集中办公的方式开展大修协调工作，有利于大修工作的推动开展。

（2）大修技术优化

1）调整首次大修三大试验逻辑顺序，有效节省大修工期

详见 7.4.1 节案例。

2）开发使用 EPP223TW 临时密封装置，合理缩短蒸发器二次侧冲洗关键路径时间

由于蒸发器二次侧冲洗专用工具的特殊性，其管线必须穿过核岛安全壳贯穿件 EPP223TW，受运行技术规范要求，只有在 RCD 模式才能打开安全壳贯穿件。通过开发带自密封功能的 EPP223 TW 盲板，在遵守运行技术规范的要求下，将蒸发器二次侧冲洗的工作窗口提前到 RCS 模式开始，比之前的窗口提前了 3 天，有效缩短了关键路径时间。

3）优化设备闸门运输物资种类，减少设备闸门开关次数

通过优化设备闸门运输物资种类，将装卸料工具在第一次设备闸门打开期间运入核岛，减少了一次关键路径开关设备闸门工作，有效节省了大修工期，并降低了重要设备损坏的风险。

（3）设备可靠性提高

设备可靠性直接影响大修的工期，关键设备的可靠性提升为大修优化改进的重点方向。

针对历次大修容易出现的装卸料机问题，制定装卸料机专项提升计划，提升装卸料机设备可靠性。针对装卸料设备的历史缺陷，形成事前处理标准流程，同时落实备件和软件修改方案，以便出现异常时第一时间响应处理。

针对环吊可靠性，依托公司维修重点工作室持续进行环吊设备可靠性提升并提升自主检修能力。目标将环吊和装卸料机的故障占用关键路径时间控制在每次大修小于 4 小时。

7.3 小修管理

根据电网调停需要或机组缺陷情况，在换料大修之外，也会进行停机停堆检修，称为小修。

小修管理整体上包括小修日常管理、小修准备、小修执行和小修总结四部分，通过每月定期升版小修计划预案，实现小修准备的常备不懈。

小修日常管理主要工作在于小修项目的管理和小修计划预案的升版维护。

小修项目包括小修优先处理项目和小修择机处理项目，小修优先处理项目是指在有小修窗口时尽快处理，否则会影响机组安全运行或潜在后果重大；小修择机处理项目指经过评估为非优先处理项目，可以考虑安排在合适的小修窗口或大修中处理。

为方便小修项目管理，根据机组后撤状态及小修工期不同，将小修类型分为 A/B/C 三类，日常无法处理的缺陷或其他工作，以隔离需求和工期为依据，纳入不同的小修类型管理，以便于小修需要实施时能够迅速识别可执行的工作。当机组具备执行某类型小修的条件时，相关工作整体打包移入小修执行。

表 7-5　小修类型

小修类型	核岛状态	常规岛状态	小修工期	检修工期	可覆盖工作
A 类小修	热备用或热停堆工况 视情况停运一台主泵（NS/SG 模式）	视情况可关闭 VVP 主隔离阀或不关； 不破真空； 不停盘车； 二回路不排水； 视情况可停运一台循泵或不停	2～7 天	1～5 天	VVP/GSS/GSE/GRE/GFR/SEN/SRI 相关工作 循泵及鼓网水上部分工作 APA 相关工作
B 类小修	视情况最深退至 MCS 视情况停运主泵 视情况排空中压安注 视情况隔离一列柴油机	VVP 主隔离阀关闭； 破真空； 不停盘车； 二回路不排水； 视情况停运一台循泵	7～14 天	抽真空相关工作 1～7 天； 循泵工作 5～12 天； APA 相关工作 5～12 天	VVP/GSS/GSE/GRE/GFR/SEN/SRI 相关工作 CET/CEX/GSS/ADG 相关工作 循泵及鼓网水上部分工作 APA 相关工作
C 类小修	视情况最深退至 RCS 视情况停运主泵 视情况排空中压安注 视情况隔离一列柴油机 视情况是否开大盖	VVP 主隔离阀关闭； 破真空； 停盘车； 视情况二回路排水； 停运一台循泵； 视情况隔离一列 CFI			VVP/GSS/GSE/GRE/GFR/SEN/SRI 相关工作 CET/CEX/GSS/ADG 相关工作 盘车相关工作 循泵水下部分工作（鼓网水下工作） APA 相关工作

对于经过日常累积缺陷会讨论并由运行工程师确认日常期间无法执行且缺陷状态不会影响日常机组正常运行的工作项目，按照转大小修流程完成审批后，转入大修或小修进行工作安排。原则上缺陷类项目通常直接转到小修计划预案中。对于需结合电源母线停役、主要设备（如汽机、主给水泵、凝结水泵）解体大修、二回路降温排水或破坏真空等窗口，处理时间跨度比较长（一般指 7 天或以上）的项目，则转大修。实际操作由计划工程师根据小修计划预案进行工作安排。

计划部门每月组织小修计划预案和新增小修项目的审查，并在重大节假日（春节和国庆节等）和电网有调停要求前组织审查，并组织设备管理部门对存量缺陷和关键敏感设备（SPV 设备）状态进行评价，根据必要性升版小修计划预案。

当确定需要进行小修时，需在小修计划预案的基础上组织运行、维修、设备管理、技术支持等部门讨论确定小修项目清单，如果是非计划性小修，还应增加引起非计划停机停堆的缺陷。然后根据小修检修范围确定机组后撤状态，编制小修实施计划，各部门进行小修准备工作。

各部门按照发布的小修实施计划进行小修活动的实施，计划部门负责根据小修进度修正实施计划，每天更新发布小修三日滚动计划，并根据小修的性质向上级单位汇报小修进展信息。

小修实施完成之后各部门需进行小修总结，对小修的执行情况进行总结反馈，原则上小修结束两周内完成并提交计划部门。计划部门负责在小修结束后一个月内组织完成小修总结报告，并报送给上级单位。小修总结行动项及优化措施，需持续跟踪、改进，并作为经验反馈纳入后续的小修管理。

7.4 维修管理效益优化案例

7.4.1 首次大修三大试验执行顺序调整

福清核电 1～4 号机组作为 M310 改进型压水堆机组，首次大修及十年大修最重要的三大试验分别是：一回路水压试验、压力容器全面在役检查、安全壳整体密封性试验。国内同行电厂首次大修或十年大修是按照一回路水压试验→压力容器全面在役检查→安全壳整体密封性试验的顺序执行。按照此工作顺序，这三项重要工作总工期会达到 22-26 天左右。

福清核电 1～4 号机组依据法国 RCC 系列法规设计建造，在役检查活动遵循 RSE-M（1997 版+2000 补遗）规范。福清核电认真研究分析相关技术规范条款，根据对 HAD103/07《核电厂在役检查》、RSE-M（1997 版+2000 补遗）、ASME XI 卷（1998 版）和 RSE-M（2010 版）进行分析，以上规范标准中均未规定在役检查与水压试验的执行先后关系。因此，福清核电认为调整三大试验执行顺序是满足规范要求的。

福清核电在 201 大修（2016 年）前，通过调研国内外核电厂同行实践，并充分与设计院进行多次沟通确认后，决定从 201 大修开始，调整三大试验的顺序，将三大试验的顺序调整为压力容器全面在役检查→安全壳整体密封性试验→一回路水压试验，并将相关试验顺序调整的可行性分析报告（《福清核电 RPV 和 SG 传热管检查安排在水压试验前的可行性分析报告》）上报国家核安全局备案。

三大试验执行顺序的调整，减少了蒸汽发生器一次侧开关人孔、一回路主系统装料后关盖的动排气工作、上部构件吊装等关键路径工作的操作次数，将压力容器全面在役检查部分工作提前到低低水位期间执行，对大修工期的缩短有着明显的提升。

201 大修低低水位期间安排压力容器役检设备提前进岛展开调试，在堆底相关工作完成后即开展压力容器筒体焊缝的检查工作，在 201 大修第一次低低水位的第 8 天（2016 年 10 月 19 日）开始实施，在低低水位期间完成了压力容器 B8/B9 焊缝的所有检查项目以及 A2 焊缝除超声检查外的所有检查项目，此部分役检工作为国内首次将压力容器筒体所有焊缝的役检工作安排在低低水位期间执行，相比于三大试验顺序调整前的旧工作逻辑，共节省大修工期 115 小时，再加上减少了其他重要设备的操作，三大试验执行顺序调整后合计可缩短大修工期 5 天以上，带来的经济效益可观。

通过调整三大试验执行顺序，首次大修三大试验总工期合计可缩短 5 天左右，自 201 大修以来，2017 年的 301 大修和 2018 年的 401 大修均延续了调整后的试验执行顺序，三次大修合计节省大修工期 15 天左右，按照每天发电量 1000 万元人民币计算，增加经济效益 1.5 亿元人民币。

7.4.2 优化大修中长期规划

福建电网作为一个负荷容量只有 3600 多万千瓦的“小”型电网，省内装机容量却高达 5600 多万千瓦，同时存在福清核电和宁德核电两大核电基地（设计装机容量合计 1200 多万千瓦），再加上福建省雨量丰沛，水电装机容量大，福清核电自商运以来，就面临一个国内其他核电基地（秦山核电基地、大亚湾核电基地、田湾核电基地）从未面临过的新问题：频繁的调峰调停。

元旦、清明、五一、国庆、春节……每逢节日必然调停。频繁的调峰调停，减少了电站发电量，导致大修开始时间不确定，打乱了大修规划和发电规划。为了减轻频繁调峰调停对公司业绩的冲击，福清核电通过合理利用调停调峰规则，将机组大修与法定节假日相匹配。自 2016 年 101 大修以来，完成的 11 次大修有 10 次覆盖了国家法定节假日，粗略计算，共节省调停天数 67 天，按照每天发电量 1000 万元人民币计算，增加经济效益 6.7 亿元人民币。

表 7–6　大修覆盖法定节假日统计表

	元旦	国庆	春节	合计
大修次数	2	6	2	10
节省调停天数/天	6	42	19	67

7.4.3　全套装卸料技能培训设施建立

【案例启示】培训部门与装卸料操作部门共同筹建了福清核电装卸料技能培训室，该技能培训室包含 R 厂房装卸料机、K 厂房人桥吊车及两个厂房之间的转运装置等装卸料全套培训设施，能够实现燃料操作的全过程技能培训。该培训室的建成，极大地节约了福清核电燃料操作人员外出培训的成本，提升了福清核电燃料操作人员技能水平，节省了大修装换料操作的时间。

（1）项目概况

培训部门与装卸料操作部门联合筹建的装卸料技能培训室，该培训室包含 R 厂房装卸料机、K 厂房人桥吊车及两个厂房之间的转运装置等装卸料全套培训设施，能够实现燃料操作的全过程技能培训。技能培训设施包含三个部分，第一部分是人桥吊车、装卸料机及转运装置的模拟机，其操作界面和操作及运行方式与机组上的设备一致；第二部分是仿真系统，其功能是利用三维图像呈现燃料操作的环境，以提升培训效果；第三部分是教控系统，可以通过教员机设置各种故障，用于提升学员对故障原因分析及处理的能力。

（2）实施情况举例

1）装卸料工作作为停堆大修期间的关键路径项目和重大、高风险作业，燃料操作人员的培训授权及大修前的复训对装卸料工作的安全、进度至关重要，可以说直接决定着大修的成败。根据《燃料操作授权管理》规定，取得燃料操作授权后才能进行装换料操作，并且授权人员在每个季度要进行一次复训，在每次装换料操作前，也需对燃料操作人员进行复训。

2）福清核电装卸料技能培训室建成之前，福清核电已经安排 4 批次燃料操作人员前往大亚湾核电厂进行装卸料技能培训，培训及差旅费用共计约 160 万元。如果后续继续采用外出培训的方式进行燃料操作人员授权培训及复训，每年培训及差旅费用预计约 130 万元。

3）福清核电于 2017 年 6 月建成装卸料机仿真培训系统，并于建成当月投入培训使用，该培训系统建设费用约 78 万元；于 2018 年 4 月 30 日完成人桥吊车及转运装置仿真培训系统建设，并于当月投入培训使用，该培训系统建设费用约 80 万元。自投入培训使用后，该技能培训室每个月至少进行一次燃料操作技能培训。除燃料操作技能培训外，该技能培训室还进行了相关人员防人因失误、防异物实操培训等，提升了相关人员技能水平。

（3）效益测算

上述事例中，福清核电建设装卸料技能培训室共投资约 158 万元。在该培训室建成之前，福清核电燃料操作人员每年外出培训成本约 130 万元，培训室建成后能够完全实现自主培训，节约了大量的外出培训成本。此外，该培训室建成后，每次换料大修前燃料操作人员都在培训设施上进行常规燃料操作技能强化训练，确保了换料工作的顺利进行。

该培训教室的建成为燃料操作人员提供了更加高效的培训平台，有效解决了装卸料机等设备日常期间不可达，无法进行实地培训的制约，基于常态化的培训，快速提升了装卸料机操作员的技能水平和操作熟练度，能有效缩短《装卸料前 PMC 系统试验与检查》规程执行时间和缩短装卸料操作时间（均为大修关键路径时间），产生客观的经济效益。该培训室建成后，每次装换料操作均未出现人因失误事件、异物事件，并且装换料操作时间平均节省 8 小时。对于百万千瓦级核电站来说，每个机组大修节省时间 8 小时相当于创造经济价值 320 万元，以福清核电 6 机组配置，每年至少实施 3 个机组的大修为基础，可以至少创造经济价值 960 万元。

另外，在培训的过程中，也发现了燃料操作人员对异常工况的判断及解决能力欠缺，不能很好地处理燃料组件安全与人员安全的关系，通过该培训设施的应用，针对性地开展相关专项强化培训，培养、强化了燃料操作人员的异常处置能力，提升了燃料操作安全性。

综上所述，通过本项目的实施，在缩短大修时间方面可以创造至少 960 万元的经济效益，通过自主培训方式有效降低外出培训成本每年约 130 万元，总体可以获得每年 1 090 万元的经济效益。

7.4.4 大修脚手架搭拆计划优化

【案例启示】核电厂大修辅助工种（脚手架）的工作控制及计划安排是减少核电运营成本的重要手段之一，以人员资源配置、计划统筹安排为基础，分阶段优化大修辅助工作，不仅降低了成本，通过计划优化更好地满足各检修工作的需求，从而极大缓解大修辅助工种（脚手架）的关键性。本案例中厂内脚手架人员及业主接口人结合同行电厂大修实践及其自我优化，采用预大修模式（大修前一个月）开展大修脚手架搭设，以合理的计划安排及严格的风险管控措施，6 个机组大修均采用此模式，期间未发生一起人因事件，效果显著，做法值得推广并学习。

（1）项目概况

为保证大修期间检修、役检工作的顺利开展，福清核电脚手架管理部门自 101 大修起对大修的所有配合工单（脚手架）进行梳理，制定预大修及大修期间配合原则及方式，以便更好地满足大修配合工作的需求。预大修期间严格执行“一票一点”的方式，主专业及实施部门业主监护，详细分析现场的工业安全及误碰风险，在预大修期间尽可能完成与机组状态无关的机械、役检、防腐等脚手架配合工作；大修期间配合原则分为主线、专项优先，梳理优先级，并预留机动班组配合运行隔离及出现的其他工作。2015 年至今福清核电

1～4 号机组共计进行了 8 次大修，均采用上述模式。脚手架管理部门组织主专业及生产计划合理安排搭设计划，识别搭设风险，在现场实施过程中自身严控作业风险，大修期间辅助工种的工作压力得到了缓解，保障了大修进度。

（2）改进措施及实施情况

1）持续优化预大修及大修期间脚手架搭设人员安排、工作范围、计划安排及风险管控；

2）目前已采用预大修模式圆满完成 101、102、103、201、202、203、301、401 共计 8 个大修的配合工作，后续将继续依托此模式，开展大修工作。

（3）创造效益

同行电厂一个 10 年大修保温脚手架项目成本约为 400 万元左右，一个短大修成本约为 260 万元左右，根据福清核电 8 次大修保温脚手架项目成本统计，预大修的工作量得到保证，大修期间增加的人数较少，一个 10 年长大修保温脚手架项目成本约为 300 万元左右，一个短大修成本约为 150 万元左右，8 个大修共计节约成本约 840 万元，后续大修将持续采用此模式，成本得到有效控制。

7.4.5　凝汽器钛管冲洗项目优化

【案例启示】减少设备维护维修外委支出，优化维修工作人力、物力调配，是减少核电运营成本的重要途径。本案例中维修人员以精细的生产准备，精准的生产组织，在同行核电厂单独外委的情况下，成功实施了福清核电凝汽器首次全冲洗，并大大提高了工作效率，做法值得借鉴和学习。

（1）项目概况

凝汽器海水侧钛管冲洗是每个换料大修的必修项目，以往受限于工期和冲洗水源等因素，冲洗管道数量约占总管道数量的 1/5。考虑到凝汽器钛管的清洁度直接影响到凝汽器在下一个运行周期的换热效率，维修部门于 203 大修期间实施福清核电首次凝汽器 64 208 根钛管全冲洗。通过细致的分析准备，采购冲洗专用工具，提出技改优化冲洗水源等措施，在确保维修质量和风险控制的前提下，成功实施首次凝汽器钛管全冲洗。

（2）改进措施及实施情况

1）在决定实施首次全冲洗后，维修部门进行了冲洗工艺上的优化。在以往四台冲洗枪的基础上新采购两台，同时将冲洗子弹的数量从 4 000 颗补充到 35 000 颗，保证可以同时进行两个水室的冲洗工作，同时减少回收、清洗子弹的次数；改变以往接水至桶中后再用泵打入冲洗枪的清洗方式，通过技改将常规岛饮用水系统 SEP 水源管线引至凝汽器水室附近，加接头改造专用工具，提高了冲洗工具的使用效率。

2）为了进一步提高冲洗效率，203 大修开始前维修部门组织了运行、服务、役检等部门进行了细致的分析讨论，明确了各部门工作的工期和交接节点，确保各阶段工作无缝衔接；同时组织大修承包商对凝汽器全冲洗工作具体人力、物力安排进行了交底，将冲洗工序精确到小时，优化人员倒班顺序，最终实现了在计划工期内对凝汽器钛管的全冲洗。

（3）创造效益。

以往大修凝汽器 1/5 钛管冲洗工作需投入人力 8 人，用时 10 天，参考承包商工时费用，成本约为 5 万元。203 大修钛管全冲洗，实际投入人力 10 人，用时 15 天，成本约为 9.4

万元。考虑工作量增大为原工作量的 5 倍，每个大修理论节约成本 15.6 万元。调研同行电厂，凝汽器钛管全冲洗作为单独外委项目，每台机组每次大修需 18 万元，价格高昂，对比 203 大修投入人工时，实际节约成本 8.6 万元。当前福清核电共四台机组运行，若以 203 大修凝汽器钛管全冲洗作为经验反馈参照执行，假定 1、2 号机组还可运行 37 个周期，3、4 号机组还可运行 39 个周期，去除技改及补充专用工器具费用，后续总计可节约成本 1 000 万元以上。

7.4.6 常规岛照明优化项目

【案例启示】深入剖析常规岛及 BOP 厂房照明亮度及灯具损坏率高的问题，紧跟行业最新技术趋势，突出照明智能化、节能、长寿命、环保等特点，最大化降低现场高空作业的数量和安全风险，节约了电费支出及备件更换费用，大大减少了运营成本和降低安全风险管控的压力。

（1）项目概况

1、2 号机组常规岛及 PX 厂房区域照明系统存在照明灯具损坏率高、消耗功率、照明线路在大功率下线路老化快问题。维修需要投入大量物力、人力进行照明维护，需要投入较多资金进行照明备件采购。经调研，LED 具有故障率低、寿命长、能耗低等优点，可替代传统照明光源。现对 1、2 号机常规岛 MX、PX 厂房进行照明改造，用 LED 灯替代原照明灯，不仅将厂房照明亮度大大提升，更是减少了因照明不足而存在的安全及工作隐患。

（2）改进措施及实施情况

深入解析规划区域用途，并严格按照《建筑照明设计标准》对不同场所进行照明设计，满足照明要求，以人为本，针对核电站运行、检修人员的需求展开设计，营造舒适的照明环境，避免眩光的产生，防止溢散光干扰检修工作，创新性、独特性与可实施性三者并重，运用成熟、先进的照明技术措施，保证方案的可实施性、经济性与安全性，设计贯彻节能环保理念，采用高效、环保、节能的照明设备与材料，降低能耗并杜绝光污染，通过多种场景的控制降低运行成本。MX 厂房 8.5 米平台该区域所用灯具为 1 000 W 金卤灯，现场测试照度值在 133.4 lx 左右，且光源色温偏暖，影响色彩辨识率，根据设计规范以及现场灯具线路载荷情况，经软件仿真计算，选用功率为 300 W LED 工矿灯进行替代后，计算所得平均照度在 252 lx 左右，大大提高现场亮度，且根据现场灯具缺少安全带挂点现象，自行设计制作安全带挂点进行安装，并经过安全测试，消除灯具更换时存在的安全隐患。

（3）创造效益

采购费用：采购总价约为 50 万，采购数量为 1 595 套，平均套价为 313 元，大大低于原金卤灯灯具采购价格（金卤灯灯具约 2 000 元/套），采购总价节省约 270 万元，按照灯具寿命计算，LED 灯具寿命为金卤灯的 2～3 倍以上，总计节约费用超过 800 万元。

节省电能费用：经计算，若将现有 1 MX\2 MX\PX 全部灯具更换为 LED 产品，每年用电费用约为 118.5 万元。（详见表 7－7）仅节约电能一项，每年将节约电能费用 152 万元/年。

改造完成后，按照 LED 损坏率五年＜5%大大减少工单及人力成本支出，且大部分修灯工作属于高风险工作范围，大大降低了发生安全事故的概率。

表 7-7 改造前后每年用电费统计表

序号	改造前灯具	改造后灯具	改造后功率：光源功率/W	改造后功率：电器功率	数量	总功率/kW	开灯时间/h	电费/元	每天用电量/kWh	每天电费/元	每年电费/元
1	250 W 金属卤化灯	150 W 工矿灯	150	0	152	22.8	24	1	547.2	547.20	199 728.00
2	100 W 金属卤化灯	80 W 工矿灯	80	0	747	59.76	24		1 434.24	1 434.24	523 497.6
3	1 000 W 金属卤化灯	300 W 工矿灯	300	0	100	30	24		720	720.00	262 800.00
4	32 W 环形吸顶灯	15 W 感应防水吸顶灯	15	0	134	2.01	24		48.24	48.24	17 607.60
5	36 W 防尘荧光灯	2 × 24 W 三防灯	48	0	125	6	24		144	144.00	52 560.00
6	36 W 双管荧光灯	2 × 24 W 带罩荧光灯	48	0	261	12.53	24		300.72	300.72	109 762.80
7	36 W 三管荧光灯	3 × 24 W 带罩荧光灯	72	0	4	0.29	24		6.96	6.96	2 540.40
8	100 W 防爆灯	80 W 防爆灯	80	0	18	1.44	24		34.56	34.56	12 614.40
9	32 W 船灯	10 W 壁灯	10	0	54	0.54	24		12.96	12.96	4 730.40
10	改造后每天及每年用电费小计										1 185 841.20

7.4.7 DCS 自主维护项目

【案例启示】DCS 自主维护项目能够在维护中不断壮大维修团队的技术能力，提高机组重要 DCS 缺陷的响应速度，尽快将机组置于安全状态，还能节省外委支出。本案例中维修人员以精通的业务技能和对日常维修的宏观把控实现自主维修，对比同行电厂常驻外委每年约支出 450 万元的情况下，福清核电 DCS 维修项目团队从备件维护、现场消缺、大修自主实施维护项目等方面，实现关键重要设备 DCS 的自主维护，节约了维护成本。

（1）项目概况

DCS 自主维护项目，对比同行电厂中有每年常驻外委支出 450 万元的情况，福清核电一单元 DCS 维修团队，从备件维护、现场消缺、大修自主维修等各方面实现 DCS 的自主维护，极大减少核电运营成本，还实现了维修团队的技术传承。

（2）改进措施及实施情况

1）通过 DCS 自主备件搭建、网络交换机、软件部署、修改配置等一系列动作，将系统全面升级产生的低版本淘汰设备（工程师站、操作员站）用于试验平台搭建。在系统升级前，提前规划现场低版本设备再利用计划，搭建 KIC 试验平台，用于 KIC 数据更新后验证、版本升级测试、人员培训等。

2）该热备平台不仅用于 DCS 组态验证平台，还时刻保持拷机状态，当现场出现 DCS 一二层的紧急缺陷时，大大减少软硬件配置的时间，节约抢修时间，以最短的时间消除影响机组的 DCS 相关安全隐患；

3）通过 DCS 自主维护项目，能够有效消除日常的 DCS 一层缺陷诸如 FCP 故障等，DCS 二层故障诸如 CCT、CFR 服务器故障灯，这些缺陷均有使得 DCS 失效风险，而维修团队自主维护，能做到快速响应、一次修改。

4）KCP、KCS 系统日常维护与大修预维产生的故障设备修后利用。双机组经一个寿期循环后产生的耐久性异常设备，经外部检测、自主维护后，重新获得功能，考虑到性能问题仍需再鉴定。搭建 KCP、KCS 系统试验平台，一是做到旧设备的检修维护和验证，以便进行先进知识的学习和技术能力的提升等方面的人才培养；二是进行新设备的版本升级和测试，对现场关键步骤进行验证，保证工作进度和维修质量。

（3）创造效益

DCS 自主维护项目，同行电厂中有每年常驻外委支出 450 万元的情况，而福清现场未常驻外委，大部分实现自主维修，较大技术难题需厂家技术支持每年合同金额为 185 万元，福清核电一单元 2 台机组每年节约 265 万元，按 2014 年 1 号机组商运至今计算，已约为福清核电节约 1 060 万元。

将 DCS 淘汰设备用于平台搭建，节约培训设备采购成本近千万元，自主知识学习与检修技能提升已实现培训现场化与真实化，大大节约培训成本，不可测算的经济和培训效益显著。

DCS 维修团队大部分项目自主维修，节约了巨大的外委经济支出。此外，电厂业主人员自主维修能够更快响应 DCS 缺陷、更好地对维修质量和风险进行把控，同时也实现了维修队伍的培养和技能的传承，也体现了业主人员的高度责任心并实现了打造人才高地的目标。

7.4.8 发电机旋转二极管检测装置一阶报警问题的自主维修

【案例启示】确保关键敏感设备安全可靠进而保障机组安全稳定运行，提升维修人员自主检修能力，是维修人员重要职责。本案例中，维修技术人员组织相关专业进行充分的技术分析，并进行调研、制订了有效实施方案，通过自主创新，提升设备可靠性的同时，有效降低了检修成本。

（1）项目概况

2018 年 1～2 月期间福清核电 3 号机组发电机旋转二极管检测装置（以下简称 DNC），频繁触发 DNC 一阶故障报警，当时该报警信号未上送主控室，仅能运维人员现场查看得知，该报警信号参与跳汽轮发电机逻辑，若该报警问题不及时找到根本原因并解决，则有误跳发电机风险，将给机组安全稳定运行带来巨大安全隐患。

（2）改进措施及实施情况

1）经技术研讨，发现造成 DNC 一阶故障报警的根本原因为 DNC 信号通道中转航空插头接触不良，经过充分的技术讨论，会议一致认为在机组停机窗口，通过自主维修的方式取消 DNC 中转航空插头改为直连的方案是可行的，提升自主检修能力的同时，可以根本上解决该风险隐患，间接创造巨大的经济价值。

2）经技术研讨，创新性提出了通过自主维修—改造报警板卡的方式，从而实现 DNC 一阶报警信号上送功能，经线下试验，充分验证了该方案的可行性，实际应用后发现该方案通过创新方式不仅大大减少了检修成本，而且规避了传统方式带来的检修风险。

（3）创造效益

若因 DNC 一阶故障导致跳机，则带来的直接经济损失约 1 000 万元/天，停机解决此问题工期预计 2 天，则带来直接经济损失约 1 000×2=2 000 万元；

DNC 一阶报警信号创新改造，较传统方式节省工期约 8 小时，避免了可能由于传统方式造成进口设备损坏及工期延误所带来的损失，间接创造巨大经济价值。

7.4.9 大修安全壳试验项目优化

【案例启示】通过专项组织的形式，整合电厂优势资源，明确职责分工，确保大修主线项目高效、规范实施，不仅保障核安全，而且缩短大修主线时间，创造潜在经济效益。

（1）项目概况

大修期间的高低压安注贯穿件试验和安全壳整体打压试验不仅是超运行技术规范的高风险作业，而且是占据大修关键路径的主线工作，技术支持部门通过组织运行、维修、计划等部门的专业人员成立专项组，在试验准备、实施和恢复的三个重要环节，分析风险提出优化措施，确保试验安全、规范、高效的实施。

（2）改进措施及实施情况

1）高低压安注贯穿件试验项目优化

① 优化试验隔离阀的预维周期，降低阀门在机组上行阶段的试验次数，确保机组顺利上行。

② 优化试验隔离边界，在保证核安全的前提下缩短隔离实施和恢复时间。

③ 优化试验实施方案，在确保试验质量的前提下高效完成试验实施。

2）安全壳整体打压试验项目优化

① 优化实施平台，缩短打压试验平台停留时间。

② 优化试验实施步骤，建立标准化的试验步骤，提高人员工作效率。

（3）创造效益

1）2018 年福清核电已实施完成的 103、401 和 203 共 3 次大修的高低压安注贯穿件试验项目节约大修关键路径时间约 12 小时，按照单机组满功率运行测算，折合经济效益约 500 万元。

2）2018 年福清核电已实施完成的 401 大修安全壳整体打压试验节约大修关键路径约 17 小时，按照单机组满功率运行测算，折合经济效益约 700 万元。

第8章

核电厂设备管理与效益分析

8.1　设备可靠性管理

8.1.1　设备管理体系

设备是核电厂系统组成的基本单元，是核电厂生产活动的主体。提高设备的安全可靠性和保持设备良好的经济运行水平，可降低或避免由于设备原因造成核电厂非计划停机停堆，也可以在很大程度上减少甚至杜绝设备事故、杜绝因设备问题给作业人员带来的安全隐患或事故，另外还可以优化设备的储备定额、维护频率等从而减少设备维修费用等。因此，设备管理的好坏对对核电厂经济效益影响重大。

福清核电在学习研究国内外先进管理经验的基础上，基于 AP－913 建立一套国际先进的设备可靠性管理体系和流程（图 8－1），通过设备分级管理、设备预防性维修管理和设备性能监测管理使设备的可靠性处于最优状态。

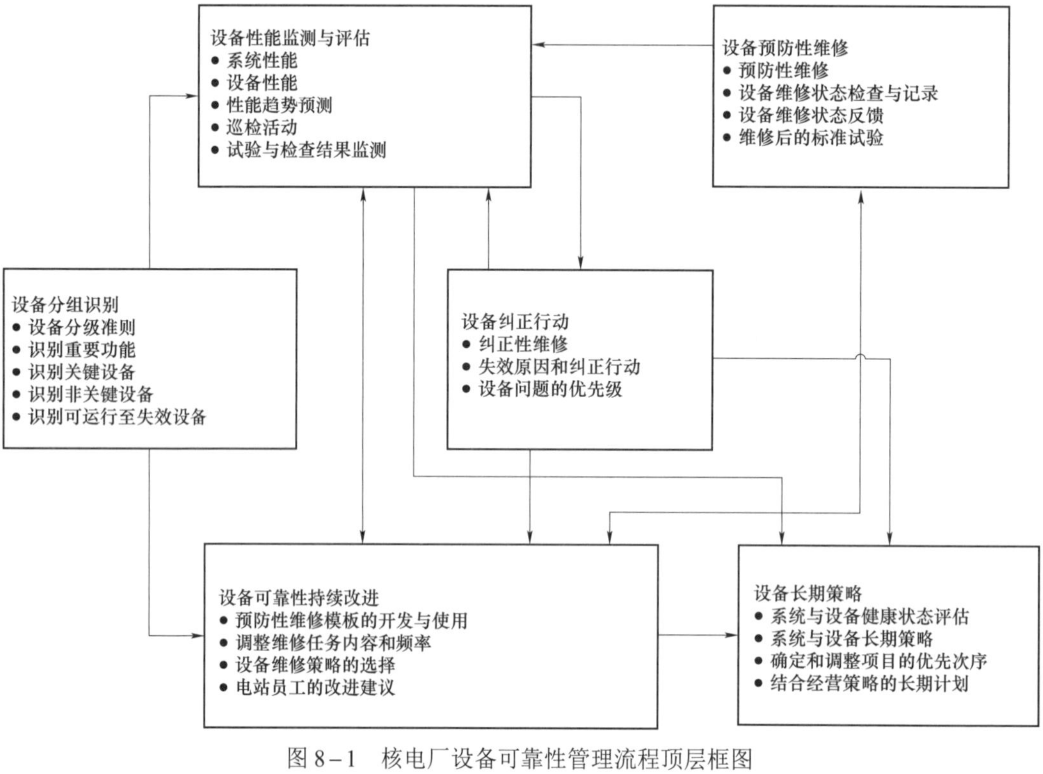

图 8－1　核电厂设备可靠性管理流程顶层框图

8.1.2　设备分级管理

（1）核电厂设备分级识别流程一般包含如下步骤：

1）制定核电厂设备分级准则。

2）识别核电厂系统的重要功能。

3）根据设备失效对系统的重要功能、核电厂的安全与生产的影响程度确定设备分级。

设备分级识别流程可为设备性能监测与评估、设备可靠性持续改进流程提供输入。

（2）设备分级是基于设备功能，即以单一设备故障发生时产生后果的严重程度为基准，包括以下内容

1）设备关键度分级（关键 1、关键 2、重要、一般）。

2）设备工作环境分级（严酷、良好）。

3）设备工作频度分级（高、低）。

其中对设备进行关键度分级管理，可识别出电厂中关键重要的设备，集中核电厂资源对这些设备进行重点监督管理和保障，可有效保障机组的安全稳定运行，减少非计划停堆停机或降功率，提高核电厂的经济效益。对于一般设备，可减少预防性维修、巡检等，减少电厂的人力物力投入，从而节约成本提高经济效益。

8.1.3　SPV 设备管理

单点敏感设备（英文缩写 SPV），即关键 1 级设备（CC1）：指单个设备故障即可导致核电厂停堆、停机、降功率、功率大幅度波动的设备。

发生单一设备故障，将产生下列任意一项后果的，即为关键 1 级设备：

1）引起自动或手动停堆、停机；

2）引起大的功率扰动，幅度≥10%FP；

3）要求在 7 天及以内修复，否则进入 LCO 要求的降模式，或 LCO 有降模式要求，而设备不可在线修复；

4）无法在线对其进行检修，且该设备的故障使得机组无法保持长期稳定运行。

SPV 设备管理是实现核电厂设备分级管理的重要内容，电厂管理提升的切入点。福清核电以 SPV 设备管理为突破口，实践 AP－913 的管理方法，持续提高设备可靠性。

（1）管理体系

管理三要素：技术管理立根本；状态监督识隐患；维修监督控风险。

设备工程师和管理人员全体参与 SPV 设备管理，各有分工定位，承担相应职责。

管理体系配套工作评价体系、闭环反馈、持续优化等管理流程。

基于 AP－913 的 SPV 设备管理体系见图 8－2。

（2）技术管理

SPV 设备管理重点工作包括：SPV 设备与部件识别、责任人落实、设备标识、设备监督、设备缓解策略分析等，如图 8－3 所示。

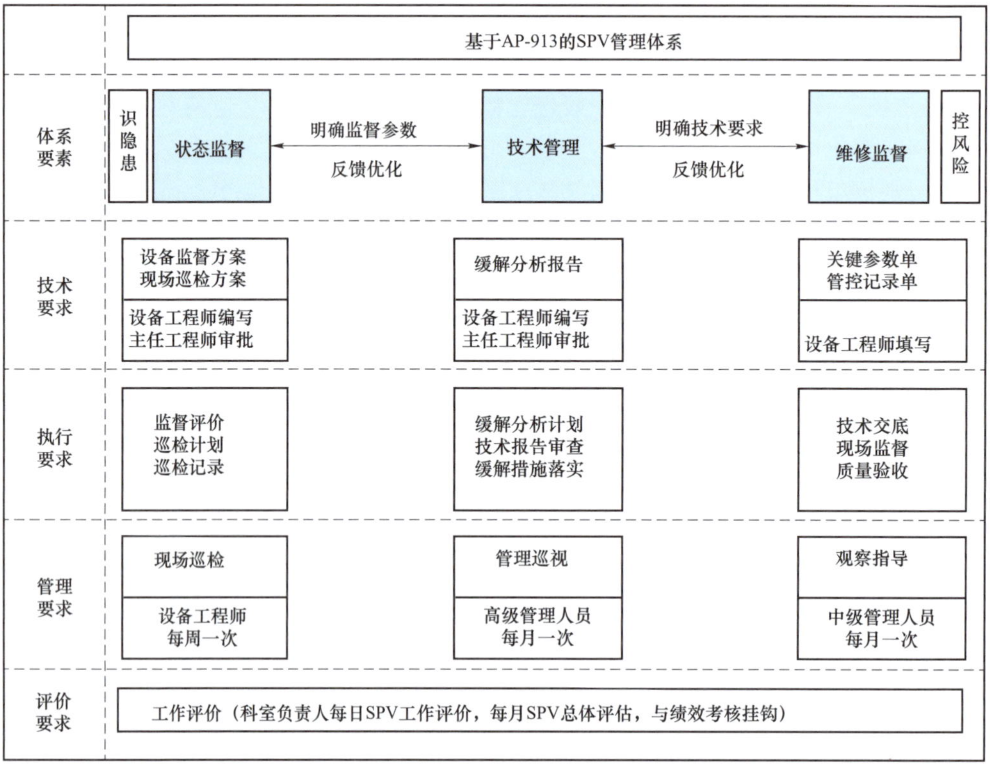

图 8-2　基于 AP-913 的 SPV 设备管理体系

图 8-3　SPV 设备技术管理要求

1）设备和部件识别

系统工程师基于设备的系统功能，按照设备分级原则识别出 SPV 设备，设备工程师对设备部件进一步分析，根据对设备功能的影响识别出 SPV 部件。设备管理部门根据识别结果发布 SPV 设备清单，并根据电厂运行经验、同行交流、经验反馈、变更改造等进一步对 SPV 设备和部件进行识别，持续优化和升版 SPV 设备清单。

2）责任人落实

专人管专人修要求。SPV 设备责任到人，每一 SPV 设备安排专门的设备工程师和维修工程师负责。设备工程师负责 SPV 设备技术管理，总体负责；维修工程师负责 SPV 设备维修活动管理，对维修质量负责。设备工程师和维修工程师围绕 SPV 设备可靠性提升的共同目标，发挥各自专业强项相互配合，协助支持，力保 SPV 设备工作在最佳状态见图 8－4。

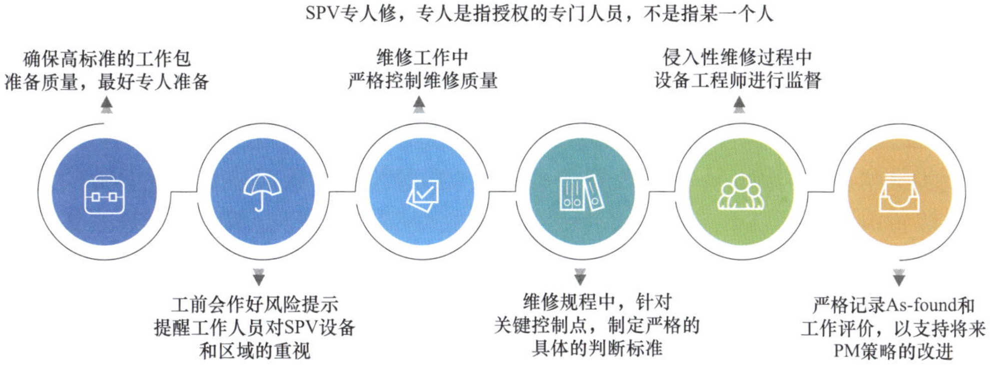

图 8－4　SPV 设备维修管理要求

3）标识管理

增强现场对关键敏感设备辨识度，降低误动误碰关键敏感设备的风险，SPV 设备标识说明详见表 8－1。

表 8－1　SPV 设备标识说明

分类	SPV 设备标识说明
SPV 备件标识	SPV 备件实物外包装增加“SPV”代码
SPV 软件标识	EAM/CBA 等生产系统增加“SPV”字段
SPV 文件标识	工作文件包封面增加“SPV”水印
SPV 设备标识	SPV 设备标牌更换为 SPV 设备警示标牌
SPV 地面警示线	有误碰误动风险的 SPV 设备周围区域地面印刷 SPV 警示带（从预防误碰风险角度划定）
SPV 区域提醒牌	如果 SPV 区域标识还不能保证防误碰效果，在 SPV 警示区域附近悬挂提醒牌，要求人员取得授权后方可进入（运行和维修正常巡检除外）

4）设备监督

设备工程师通过监督掌握设备状态、跟踪设备趋势、发现设备隐患、记录设备参数。设备监督主要方式有现场巡检、ERDB 在线监督、缺陷工单、状态报告、变更改造等。

设备工程师对 SPV 设备的定向精细化巡检，是发现隐患，避免隐患质变为故障的重要手段。巡检范围：包括设备工程师负责的 SPV 设备，不限于本专业的设备和子部件，同时关注其他配合专业如仪表、保温、脚手架、支吊架、临时设施等设备及其环境的状态。巡检方案：SPV 设备现场巡检要求提前准备现场巡检方案或检查单，设备工程师编制，科长或主管校核，主任工程师审批后发布。SPV 现场巡检方案或检查单可以根据巡检线路包含多个或批量 SPV 设备清单，其内容需针对 FMEA 分析进行开发，无法直接获得的数据应采用间接巡检（如电流、热成像等）的方式进行。巡检技能：现场巡检工作由 SPV 设备主专业工程师组织，巡检时必须兼顾机电仪等所有设备，人员能力不足时组织联合巡检。巡检发现的问题应标准化描述，采用技术术语明确说明设备的状态、技术参数的大小、面积、速率等关键信息，便于其他人员判断隐患的严重程度以及制定措施紧迫程度。巡检反馈：

现场巡检同时在巡检方案或检查单中填写记录，巡检结束后 24 小时内在 ERDB 中录入巡检发现的问题。现场巡检或检查单原件要求录入 ERDB，设备协工筛选重点形成 SPV 工作日报内容，提高管理层关注。

对 SPV 设备关键参数、定期试验结果、振动/化学参数、报警等趋势进行监督，是识别 SPV 劣化趋势的重要途径。设备工程师需对各关键参数和非关键参数进行趋势综合分析，对于设备监测参数的评价不仅需要考虑预警值、报警值，还需要监督定量参数的变化趋势。趋势监督需要包括以下方面:设备参数监督、定期试验监督、AS-FOUND 监督、技术监督（振动、绝缘、化学）、重复缺陷监督、报警监督等。趋势监督内容需落实到 ERDB 设备监督方案内，监督方案由处室主任工程师批准。设备工程师应结合设备性能监测工作的开展逐步完善 ERDB 参数,并通过定期升版监督方案的方式落实监督优化工作。对于重要设备的监督，可利用 ERDB 建立趋势组态，定制设备工程师的个性化监督界面，提高设备工程师开展趋势监督工作的效率。

5）设备缓解策略分析

技术管理的核心是编制缓解分析报告，设备工程师接到 SPV 设备管理的任务后，需要编制专门的缓解分析报告，作为 SPV 设备的技术管理档案，并根据运行状态和趋势及时升版更新，提出设备可靠性的改进方法和措施，不断提升 SPV 设备的可靠性。缓解分析报告分为前期资料收集等数据输入部分、中期技术分析核心内容、后期成果输出等三部分，通过改善设备管理方式，提升维修活动管理水平。缓解分析报告的核心是失效模式开发和识别，并根据技术管理实践结果及时升版，以实现 AP－913 的闭环优化流程，详见图 8－5 所示。

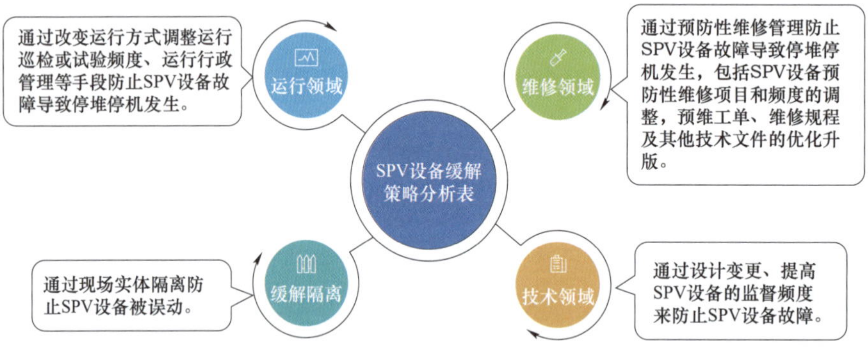

图 8－5　SPV 设备缓解策略分析表

（3）SPV 工作管控

SPV 工作管控是为了加强维修工作中 SPV 风险管理，这一风险是指可能会引起 SPV 设备关键功能失效或降级的风险。

SPV 工作管控采用识别判据＋管控流程－豁免清单方式管理，管控流程启用 SPV 工作管控记录单和 SPV 工作管控印章。SPV 工作管控记录单讲究实效和高效，发挥出设备工程师技术优势，重点描述维修工作文件包中没有识别的 SPV 风险和没有关注到的技术关键点，尽量避免与维修文件包内容雷同或者重复记录数据的情况。SPV 工作管控遵守维修质量控制管理要求，建议通过质量点见证等质量控制手段达成 SPV 工作管控目标见图 8－6。

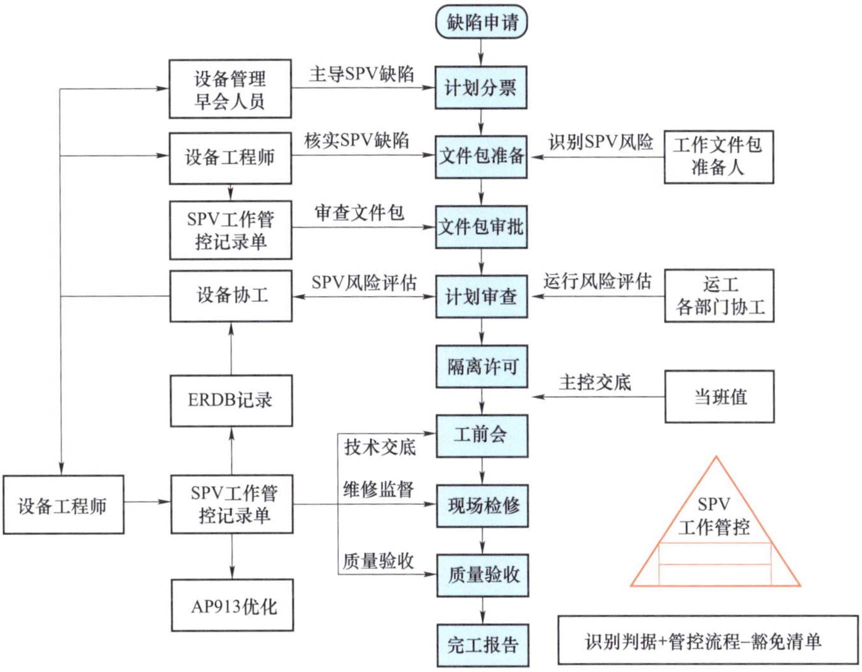

图 8－6　SPV 设备工作管控流程

（4）SPV 状态监督

状态监督分 ERDB 在线监督和现场巡检两部分，分别要求如下：

1）ERDB 在线监督

SPV 设备工程师发布在监督方案，ERDB 配置有效监督参数，设置合理阈值，每月真实评价设备状态，设备报警后，第一时间响应处理，管理要求三天内未响应需要被考核。监督记录要求全部录入 ERDB。

2）现场巡检

日常可达、具备现场巡检条件的 SPV 设备要求周期巡检，巡检周期在一机一人制清单明确，原则上不允许超过 1 个月。SPV 现场巡检要求提前准备现场巡检方案或检查单。

8.1.4　临时 SPV 设备管理

临时关键敏感设备：指在某些条件下，非关键敏感设备满足部分关键敏感设备识别判据，需要采取临时缓解措施的设备。

在核电厂，经常性地进行定期试验、预防性维护工作，也可能因为设备缺陷，导致个别设备成为临时关键敏感设备。这些设备的可靠运行，往往直接影响着核电机组的安全可靠和经济效益，必须采取有力手段，保证临时关键敏感设备得到足够关注，确保其正确行使功能。临时 SPV 设备工作流程见图 8-7。

（1）临时关键敏感设备的识别

当因预防性维修或突发性的设备缺陷导致某一设备满足以下任一入口条件后，该设备成为临时关键敏感设备：

1）引起自动或手动停堆、停机；

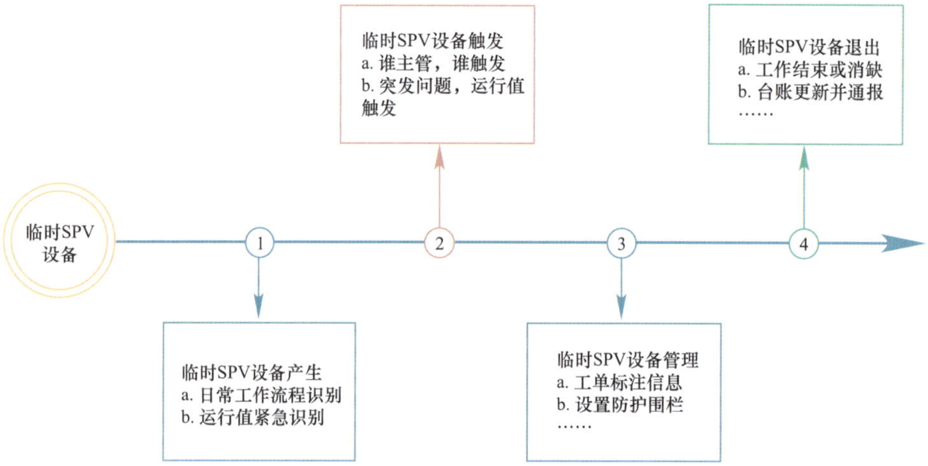

图 8－7　临时 SPV 设备工作流程

2）引起大的功率扰动，幅度≥10%FP；

3）要求在 7 天以及以内修复，否则进入运行限制条件要求的降模式；

4）无法在线对其进行检修，且该设备的故障使得机组无法保持长期稳定运行。

核电厂工作人员应该认真完整识别临时关键敏感设备，确保这些可能影响机组安全性、可用率、经济性的重要设备得到识别与关注。

（2）临时关键敏感设备的产生

1）通过日常工作流程识别

在生产计划会参照《临时关键敏感设备清单》及缺陷情况议定是否产生临时关键敏感设备，在生产计划会上对相关部门的工作进行部署。

2）通过运行值紧急识别

紧急缺陷产生的临时关键敏感设备，由运行当班值根据“可能产生临时关键敏感的设备清单”进行判断是否属于临时关键敏感，并根据流程进行相关动作。

3）存疑项目讨论确定

如有对即将产生的临时关键敏感设备的可运行性存在疑义，按照《系统设备可运行性评价管理》进行评价，必要时按照《运行决策与十大缺陷管理》程序进行运行决策。

4）核电厂的生产流程和工作人员，要确保临时关键敏感设备产生流程有效高效运转，每一个临时关键敏感设备“各得其所”得到管控。

（3）临时关键敏感设备的触发

1）谁主管工作，谁负责触发

“计划性临时关键敏感设备”由责任部门组织按照预定项目清单识别并在开工前发起临时关键敏感设备管理流程”，在工作文件包对应的隔离实施前落实好临时关键敏感设备缓解措施。

2）突发问题，由运行值触发

“非计划性临时关键敏感设备”由运行部门组织按照临时关键敏感设备识别准则组织进行识别，凡满足入口条件之一进行触发，原则上在隔离实施前将“临时关键敏感设备记录单”确认完毕。

3）完整填写电子版或纸质版“临时关键敏感设备记录单”，确保相关信息得到完整描述，风险分析到位，补偿措施有力。

临时关键敏感设备在识别后，必须通过正确的流程触发，进入有效管控的环节。

（4）临时关键敏感设备的管理

1）对于产生临时关键敏感设备的工单，生产计划部门需在工单上标注临时关键敏感设备信息，确保信息传递到位。

2）运行部门负责确认临时关键敏感设备可运行性后，方可安排产生临时关键敏感设备工作的隔离实施和许可证发放。

3）计划性“临时关键敏感设备记录单”由工作负责人在取票时将签字完成后的记录单打印交给主控室。

4）工作日上班期间非计划性“临时关键敏感设备记录单”由运行部门管控。

5）运行部门跟踪临时关键敏感设备台账，确保及时更新，信息准确无误。

6）运行部门根据需要编制补充加强巡检内容，并以指令形式下发，确保临时关键敏感设备得到充分的密切的关注，补偿措施有力有效。

7）超过 24 小时的临时关键敏感设备须设置临时关键敏感设备防护围栏并悬挂提示牌，以便在现场显著的进行标识、告知。

8）对于临时关键敏感设备预期存在时间大于 7 天的情况，需要将临时关键敏感设备转为关键敏感设备管理进行加强管控。

9）临时关键敏感设备通过信息传递、实体隔离、补充巡检、流程管控等系列手段，确保为人所知，被人重视，全流程管控，安全到位。

（5）临时关键敏感设备的退出

1）当产生临时关键敏感设备的工作结束或缺陷得到处理，使临时关键敏感设备已不满足识别准则时，临时关键敏感设备方可退出，否则组织专项处理。

2）申请部门根据识别准则判定退出，如有需要可通过《系统设备可运行性评价管理》辅助判定。

3）临时关键敏感满足退出条件后，由申请部门发起“临时关键敏感记录单”的关闭和临时关键敏感设备台账更新。

4）临时关键敏感设备的信息传递：临时关键敏感设备的产生和退出应在生产早会上进行通报。

5）临时关键敏感设备的退出流程，要严谨严格，避免误退出，确保管控全流程全部环节的有效实施，最终实现临时关键敏感设备工作的安全收尾。

（6）临时关键敏感设备的应用价值

临时关键敏感设备管理的理念与实践，是基于当前阶段核电安全管理与设备管理的新形势，在探索防止非计划停机停堆工作基础上，提出的全员全流程管控关键设备的思路与做法。高质量实施临时关键敏感设备管理，可有效管控高风险工作，加强对重要设备的监督管理，提升全员关注重要设备的意识和能力，确保核电机组的安全可靠运行，创造更大的综合效益。

8.1.5　系统设备监督管理

（1）系统设备监督的作用

1）状态监测：通过对相关物理参数连续的跟踪和趋势分析，能够预测设备降级，以便早期发现问题并采取措施。

2）收集数据：通过收集、记录系统和设备性能历史数据，为原因分析提供强有力的数据支持。

3）维修优化：为持续改进、长期战略提供输入，是设备可靠性改进流程中不可缺少的一环。

4）通过长期的系统状态和性能跟踪与评价，验证现有维修策略的有效性。

（2）系统设备监督工作方法

确定性能监测的设备—确定设备范围—编写监测方案—定量参数—定性参数—阈值设置—审批监测方案—ERDB 配置—开展监测和评价—问题及时纠正。

通过系统设备监督，对系统设备的重要参数进行定期巡视和趋势分析，在系统设备有恶化趋势但还未触发报警或导致缺陷时发现潜在隐患，及时识别开展分析，并介入处理，避免导致设备缺陷影响机组安全。

系统设备监督实例 1：系统设备监督过程中对 2SEC212MT（重要厂用水系统泵的轴承温度）近半年趋势图观察分析发现，2SEC212MT 高点和低点均在逐步上升见图 8-8，并由绿区上升到了黄区，但还未达到报警值。系统工程师敏锐发现这一异常问题，并积极开展分析，及时处理设备缺陷，避免影响系统的正常运行。

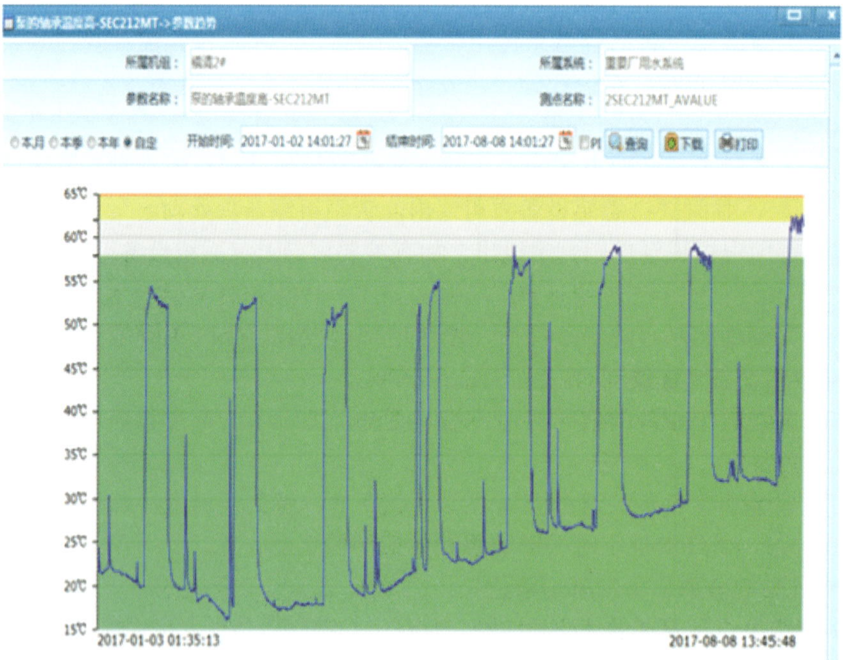

图 8-8　2SEC212MT 近半年持续升高

系统设备监督实例 2：系统监督发现 1RIS003BA（安全注入系统中压安注箱）补氮频率升高，见图 8-9 进入红区（<4.24）即开始补氮，补氮频率从约 7 天一次升高到约 3 天一次。系统工程师由此判断 1RIS003BA 泄漏率升高，并进行分析查漏，提前介入处理，避免了设备缺陷扩大化严重化。

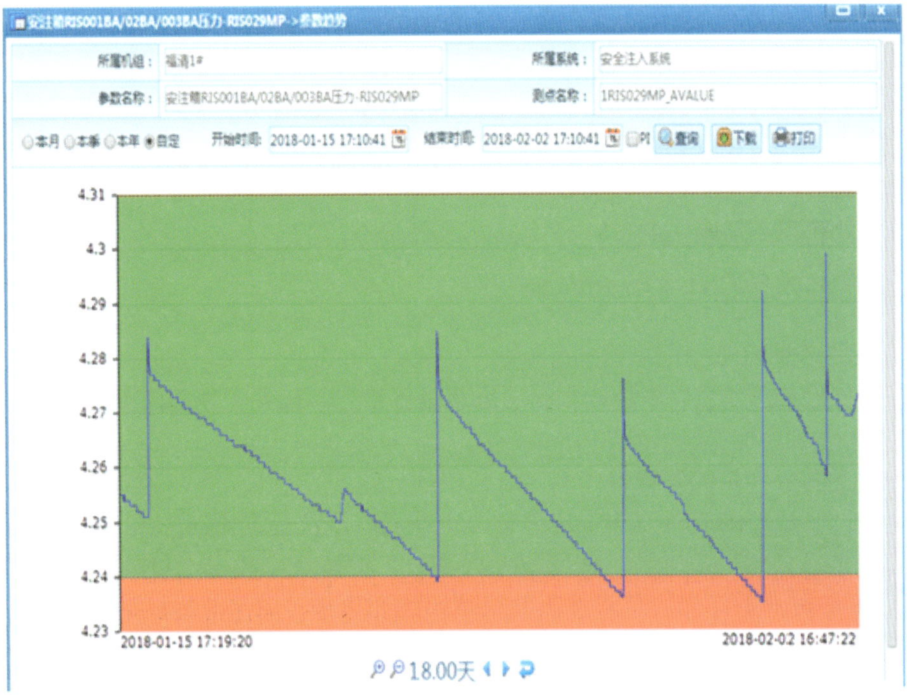

图 8－9　1RIS003BA 补氮频率升高

8.2　备件管理

核电厂的备品备件是设备正常运行和维修活动所需的整体或分散的零部件。鉴于核电厂设备的行业特殊性，为确保核安全和核电厂安全稳定经济运行，需要根据设备的运行维修情况及经验反馈、经济方面等因素，适当储存一定数量的备品备件，以保证核电厂设备维修和安全生产的需要。

备品备件管理是核电厂运行期间一项重要工作，它包括备品备件数据库建立和维护、申报、采购、运输、验收、仓储、发放、使用、替代、修复、退库、报废等一系列活动。

优化储备原则、合理储备量、进行报告和使用、适当进行替代和国产化，是保证安全、稳定、经济的根本途径。

8.2.1　备品备件的技术管理

备件技术管理工作由设备管理部门负责组织，各技术责任部门具体实施。

主要技术管理工作如下：

1）负责制定备品备件的储备定额；

2）备件数据收集和物资编码申请、修改、重码合并；

3）采购过程中的技术支持，重要备件的验收技术支持；

4）根据备件实际使用情况，及时提出替换或变更，并组织备件使用部门进行技术审查，并最终确定方案；

5）针对设备采购部门提供的厂家备件升级换代技术信息发起物项替代或变更；

6）建立 BOM（设备物料清单，Bill of material）备品备件数据库，并根据相关信息修改或更新数据库。收集备品备件的技术信息和管理信息，编制备品备件清单，确保备件描述信息完整、准确、清晰。

8.2.2 备品备件数据库建立和维护

（1）备件信息管理

备品备件的信息通过物资编码数据库系统进行管理。设备管理部门负责物资编码数据库维护。

（2）备品备件物资编码管理

核电厂设备管理部门负责按上级单位《物料主数据管理》制定备品备件物资编码标准并进行核电厂内编码审查及厂级编码字段维护，集团级字段由上级单位维护。备件技术责任人/备件技术责任部门负责按照要求填写编码申请，确保准确、完整地提供物资编码信息。

（3）备件的分级管理

S－SPV 关键备件：EAM 中设备分级定义的 SPV 关键设备的 SPV 部件。

A——关键备件：EAM 中设备分级定义的 A 级设备备件或 SPV 设备的非 SPV 部件。

B——重要备件：EAM 中设备分级定义的 B 级重要设备的备件。

C——一般备件：EAM 中设备分级定义的 C 级一般设备的备件。

（4）备件物资编码质量优化——实物信息补充

因各种原因，物资编码信息可能会有错误，通过物资编码信息与实物进行核实对比，发现并修改物资编码的错误信息，提高编码信息质量，保证采购/领用到正确的设备，可有效节约核电厂成本。

福清核电为有效提高编码信息质量，对有照片实物 53 207 项进行了数据库信息核实及补充，共计 22 474 条备件物资编码得到优化，共维护 134 843 个编码字段如表 8－2 所示。

表 8－2 福清核电物资编码实物信息补充台账

	1、2 号 SO 备件	3、4 号 SO 备件	自购物项总台账	总数
物资编码数	17 872	10 970	24 365	53 207
已完成	17 872	10 970	24 365	53 207
剩余	0	0	0	0

（5）物资编码质量优化——编码 QC

物资编码信息不全或不准确，可能导致采购的物资或者领用的物资不是所需求的物资，产生不必要的浪费，高质量的物资编码信息可保证物资的准确性，节约成本。

为有效提高编码信息质量，福清核电组织 5 个相关技术部门，成立提升物资编码相关字段优化率 QC 小组，共梳理 101 644 个物资编码，涉及 914 796 个字段，梳理量达到 718 070

（占比 78.4%），修改量达到 196 058（占比 21.4%）。本次物资编码的整体优化完成率达到 99.93%。编码质量获得了较大改善如表 8－3 所示。

表 8－3　某电厂物资编码字段优化台账

部门	编码数	字段数	已梳理	已修改	待修改	优化率/%
化学部门	1 648	14 832	9 627	5 205	0	100.00
设备管理部门	74 594	671 346	536 895	134 155	296	99.96
维修部门一	2 770	24 930	17 396	7 240	294	98.82
维修部门二	3 080	27 720	23 704	3 938	78	99.72
维修支持部门	19 552	175 968	130 448	45 520	0	100.00
总计	101 644	914 796	718 070	196 058	668	99.93

（6）重码识别和清理

重码是指在 ERP 系统中存在两个或两个以上的相同物料（指重码识别要素相同）而采用不同物料编码的现象。

重码识别要素是指物料主数据信息中的主要物理属性（分类特征值）或关键管理属性，用于参与判断两种或两种以上物料编码是否属于重码。针对不同种类（分类）的物料，重码识别要素各不相同。

重码识别是指在 ERP 系统或物料主数据平台中，采用重码识别要素进行信息比对，提出疑似重码可能，通过物料库存实物信息、技术文件比对及备件负责人技术澄清来确认重码，并由物料主数据工程师在 ERP 系统或物料主数据平台中进行重码标识并相应维护的过程。

重码问题的存在，一方面会导致库存备件数量超过所需数量，导致库存费用较高；另一方面可能导致库存实际有备件但因为重码原因找不到，不能及时消缺，影响机组安全稳定运行。通过重码识别并清理，可以优化备件库存数量，保障库存实物编码信息准确性，提高电厂经济效益。

8.2.3　备件定额管理及其经济效益

（1）备品备件的需求管理

福清核电备品备件的需求申报从三方面考虑，将备件分为 A/B/C 三类。A 类件通过工单申报。B 类件通过定额申报。C 类件通过框架协议申报。

1）工单对 A 类备件进行需求申报

A 类备件：预防性维修工作中必须更换的备件，即必换件；由备件使用部门负责申报，申报方式为工单线申报。核电厂通过建立 BOM（物料清单，Bill of Materials）和 PM 标准工单关联 A 类件。并按时间或事件（如，大修、小修）提前 18～24 个月触发 PM，产生工单及工单关联 A 类件的预留，未预留成功的触发采购。这部分的备件需求来源为 PM 工单，即买即用，在库房停留时间不长，不存在库存积压，理想状态下接近于“零库存”。

大修必换件保障：通过在大修开始前 5 个月左右，对大修必换件清单进行逐项跟踪核实，采购中备件进行跟踪到货，保证了历次大修备件满足率均在 98%以上。

2）定额对 B 类备件进行需求申报

B 类备件：纠正性维修中一定及可能使用的备件，即选换件；由定额管理部门负责申报，申报方式为定额线申报。定额的建立需要考虑多方面因素，包括：备件故障率、采购周期，备件重要性、工作环境、采购难易程度、备件设计寿命、老化周期、价值，更新换代情况，库存管理成本，备件是否有最低起订量等等。综合这些因素条件来预测需求比例，制定最大库存和最小库存（再订购点）。

定额计算软件开发：建立定额计算、定额优化数学模型，建立定额计算软件见图 8－10、图 8－11 和图 8－12。区分发生过领用，未发生过领用进行定额优化。同时将是否 SPV、采购周期、领用数据等信息纳入计算模型中。有效规范了定额优化原则，集成了装机量计算（使用 BOM 数据），简化了采购周期、备件分级等信息查找，为设备工程师进行定额优化提供了参考数据。

图 8－10　备件定额计算软件截图

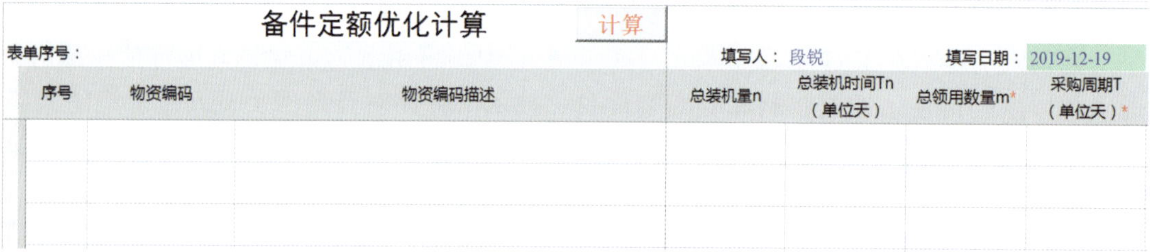

备件定额优化计算　计算

表单序号：　填写人：段锐　填写日期：2019-12-19

序号	物资编码	物资编码描述	总装机量n	总装机时间Tn（单位天）	总领用数量m*	采购周期T（单位天）*

图 8－11　软件截图

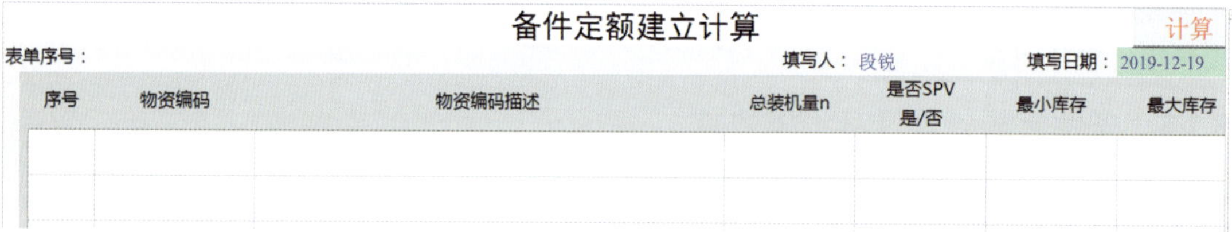

备件定额建立计算　计算

表单序号：　填写人：段锐　填写日期：2019-12-19

序号	物资编码	物资编码描述	总装机量n	是否SPV 是/否	最小库存	最大库存

图 8－12　备件定额计算软件截图

3）C 类备件需求申报

C 类备件：各类型备件被同一制造厂产品覆盖、使用量大、种类多、更换频繁的备件。由备件技术责任部门负责申报，申报方式为供货协议申报。核电厂根据预估需求范围与制造商拟定备件供货范围签订供货协议，在该供货协议下由供应商管理库存，并根据用户实际需求情况及时提供协议内备件并修正协议内容。

供货协议通常用于易损易耗件的采购，如垫片、填料等密封件，熔芯、信号灯、操作机构等电气元件，与合格供方签订供货协议，根据实际需求等结算。供货协议采购主要有以下优点：

1）可以将立项、评估工作一次性完成，减少采购管理成本，缩短采购流程；

2）可以在需要时直接由供方供货，及时响应现场设备检修工作的需要；

3）可以减少库存数量，降低仓储成本；

4）可以尽量避免紧急采购的情况，减少采购成本。

（2）战略备件采购管理

战略备件：是指在电厂的设计寿期内，对机组可用率或核安全有直接的重大影响，且采购、制造周期长，价格昂贵，维修更换时间较长的关键重要设备或部件。该设备或部件在设计寿期内无预测更换，是基于假定的替换考虑，以避免其意想不到损坏或失效导致电厂长期停堆而采购的整体设备或部件，或基于对其维修优化考虑所采购的整体设备或部件。此类备件通常价格昂贵而应用概率较小，例如主变压器、主泵电机、汽轮机转子等。

为达到降本增效目标，福清核电战略备件通过与兄弟单位 M310 机组联合储备共享原则，确保电厂发生重大设备非预期故障时，能提供战略备件更换支持，将电厂的发电损失减低到最低程度。

福清核电战略备件共七十余件，金额约四亿多元人民币，通过联合储备方式，福清核电只需采购约三亿多元的备件即可满足生产要求，节省近 1 亿元。

1）备件应急需求申请

备件应急需求属于需求计划外，由应急采购触发部门线下触发，经备件技术部门会签，备件使用部门科、处级签批并立项。同时应急采购触发部门负责后补线上流程。

2）备件需求计划（立项）管理

备件需求计划（立项）分为：年度备件立项、双月备件立项、单月备件立项、零星备件立项。由各技术部门在 N1－ERP 系统中发起立项。年度立项针对可预见备件需求，即预防性维修项目必换件，原则上提前 24～36 个月提出。双月、月度、零星立项针对不可预见备件需求，根据采购周期或现场需求时间提出立项。

① 备件年度立项：年度预防性维修项目备件立项。按同一厂家打包提出的原则，设备管理处根据年度工作计划在 3 个月内集中在 BPM 提出，并根据各大修实际需求分行填写不同需求时间，避免产生压库、寿期损失等。原则上提前需求 24～36 个月提出。

② 备件双月立项：双数月对前两月 BPM 系统中触发的定额报警备件（总可用数量小于再订购点）进行清理并进行立项。集中双数月第 4 周内通过 BPM 提出。根据预估采购周期设定需求时间。

③ 备件单月立项：PM 调整备件补漏、日常补库、等备件、专项补库等带来的备件立项。集中在当月第 33 周内通过 BPM 提出。根据现场实际需求设定需求时间。

④ 备件零星立项：缺陷等备件。随时发生随时提出，不进行整合处理。

8.3　设备国产化

8.3.1　我国核电设备国产化现状

核电站主要由三大系统构成：核岛、常规岛及辅助系统。核岛是整个核电站的核心，负责将核能转化为热能，是核电站所有设备中工艺最复杂、投入成本最高的部分。常规岛利用蒸汽推动汽轮机带动发动机发电。辅助系统（BOP）主要包括数字化控制系统、暖通系统，保障核电站平稳运行。一般而言，核电站投资中设备、基建和其他投资的比例分别为 50%、40%和 10%，设备投资占比近半成。

随着我国核电规模发展壮大，一批核电配套的装备和零部件生产企业成长起来，它们掌握了核岛和常规岛关键设备设计、制造核心技术，国内核电装备制造业产品供应链全面覆盖我国国内建设的各类核电堆型，形成了以中国一重集团有限公司（简称中国一重）、中国第二重型机械集团公司（简称中国二重）和上海电气上重铸锻有限公司为产业龙头的大型铸锻件制造基地，以东方电气集团、上海电气集团和哈尔滨电气集团为产业龙头的核电设备制造基地，以沈阳鼓风机集团、中核苏阀和大连大高阀门为代表的核级泵阀制造基地，核电装备制造能力达到国际先进水平。

2018 年以来我国核电装备制造的自主化和国产化能力不断提升，关键制造技术创新和重大工程装备制造成果丰硕，一批具有自主知识产权的关键设备成功完成制造及验收，包括全球首台“华龙一号”福清 5 号堆内构件、稳压器、汽轮机和发电机，首台出口海外的“华龙一号”卡拉奇 2 号汽轮机和发电机，中广核“华龙一号”示范项目防城港 3 号蒸汽发生器等；国家科技重大专项、全球首台球床模块式高温气冷堆蒸汽发生器和主氦风机等。

国家科技重大专项 CAP 系列核电设备研制方面，“国和一号”主管道制造完成、首台国产化 AP1000 屏蔽主泵制造成功。核电装备用大锻件、U 形管和焊材等原材料制造技术水平也不断提高，均已基本实现了国产化目标。哈电锅炉自主研制的百万千瓦等级核电 VVER 压水堆机组单体式除氧器、高压加热器，解决了百万千瓦核电机组除氧设备国产化的难题，成功打破国外技术壁垒，为“华龙一号”“国和一号”等大型核电机组国产化研制奠定基础。东方汽轮机自主研制的 350 t 高速动平衡试验站是世界最大的动平衡试验基地，能承载世界最大的转子回转直径和最大的转子质量，助推“华龙一号”核电低压转子 2017 年研制成功。2018 年国内核电主设备交付 49 台套，以二代加和“华龙一号”为主，占比为 90%。

以福清核电为例，福清核电 5、6 号机组国产化率达到 90%，实现了反应堆压力容器、蒸汽发生器、稳压器、堆内构件、安注箱、硼注箱、控制棒驱动机构、主泵、主管道和环吊、汽轮发电机等重要设备的自主设计、自主制造。

通过 30 年的积累，我国核电设备制造商的设计与制造能力明显提升，关键设备的国产化能力提高，为下一步核电技术降本提供空间。压力容器、蒸汽发生器、主管道及波动管、主泵、汽轮机等主要关键设备已实现国产化，设备国产化率达 90%。但仍有一些关键设备在使用进口备件。

8.3.2 进口备件存在问题

美法等国发展民用核技术比较早，核电设备技术成熟，加工工艺和材料也比较先进，尤其是部分核级设备和高端精密仪表处于世界领先水平，且有些设备的市场销售非常有限，我国在核电建设和生产中仍需进口部分设备。但采购进口备件存在以下问题：

1）设备采购价格高：进口备件的价格明显高于国产设备，有的价格高出数倍。

2）采购流程复杂：采购流程繁琐，增加商务人力成本。

3）供货周期长：进口备件通常供货周期在 24 个月以上，时间较长。

4）厂家服务不及时：出现紧急问题时厂家人员不能第一时间到厂提供服务。

5）厂家服务价格高昂，导致备件整体成本较高。

6）有停供风险：因贸易战，存在进口设备无法采购的风险。

为提高核电生产的经济性，降低进口备件的采购成本，规避国家之间贸易争端的风险，积极开展进度设备的国产化研究很有必要，且很有意义。

8.3.3　设备国产化推进

随着中国制造水平提高、研发能力增强，国产设备具有较高的质量满足电厂使用要求，设备国产化改造可降低采购成本、缩短采购周期、获得更便捷的技术服务。关键进口设备及备件直接影响到运行电厂安全、稳定和经济运行，国产化是国家长期战略，也是中国核电行业进一步“做大、做强、做优”的支撑和必然使命。

（1）为更好地开展设备国产化，上级单位召开了进口设备国产化工作专题会议，会议部署如下

1）国产化工作是一项长期战略性系统工程和事业，需要立即启动，通过组织体系和体系化、规范化运作，推动国产化工作有效、高效开展。上级单位成立国产化工作专项机构，由运行生产部负责运作。

2）国产化专项机构负责制定国产化中、长期规划，建立完整的国产化管理和技术体系，决策相关重大问题，并调动电厂、运行研究院、设计院、中核武汉和国内制造厂等各方面的积极性，共同做好国产化工作。

3）国产化工作主要分为需求、协调规划、实施、支持等层面。

各核电公司作为需求层，应制定各自的国产化中、长期需求规划，并负责核电厂个性的国产化项目的开展；国产化专项机构作为协调规划层，技术方面对各核电厂的需求进行集中分类分析，制定共性的国产化项目；商务方面在合法的基础上委托给实施层。支持层（运行研究院、各合作高校、设计院）由运行研究院牵头分类梳理各电厂进口设备国产化共性问题，形成国产化需求立项和具体国产化工作。实施层（运行研究院、中核武汉、国内厂家等）根据国产化项目开展立项和具体的国产化工作，并申请政策层面支持。

为落实我国核电设备国产化工作安排，积极推动设备国产化，福清核电组织了进口备件国产化启动专题会，并成立了专项组织机构，制订了专项计划。在上级单位初步确定研发项目 80 项中，福清核电负责研发项目 10 项（包括 ANDRITZ 主泵机械密封国产化研究、主给水泵高转速、大功率液力耦合器自主化研究、主泵可靠性提升研究等），对接上级单位项目 29 项。福清核电国产化替代项目初步确定为 13 项，包括 220 kV NCS 监控系统后台服务器国产化替代、主泵核级转速机箱国产化替代等。

（2）根据上级单位目前分类，福清核电国产化分为重大项目国产化、重大设备国产化、备件类的国产化替代三条路线开展具体工作

1）A 类，重大项目国产化

根据上级单位国产化工作思路，提报 4 项“华龙一号”重大国产化专项。

①“华龙一号”核电主给水泵高转速、大功率液力耦合器自主化项目；

②“华龙一号”基于 Python 的反应堆保护系统响应时间自动化测试装置；

③“华龙一号”DCS 系统数据分析及按错分析系统研发项目；

④“华龙一号”厂用电系统监控保护关键技术研究项目。

2）B 类重大设备国产化

根据上级单位统一要求，开展 5 项重要设备的国产化研发工作。

① M310 机组主泵转子稳定性及轴承可靠性提升研究；

② M310 机组电动辅助给水泵可靠性提升研究；

③ 国产流体动压型主泵机械密封可靠性优化提升；

④ DCS 后备盘最小系统；

⑤ DCS 交换机。

3）C 类，备件类的国产化替代项目

针对上级单位按紧迫性（技术政治市场原因断供可能性高）、垄断性（单一来源供货）、重要性、经济性原则下达的 8 类（98 项）备件国产化任务及福清核电自行开展的 13 类备件国产化项目。主要有 DCS 相关模块、NCS 系统服务器、核级电机、重要阀门及部件、重要仪表等，如下示例：

① DCS 安全级显示单元（SVDU）；

② 220 kV NCS 监控系统后台服务器 ；

③ M310 机组贝类捕集器电机；

④ M310 安全阀部件国产化；

⑤ M310 辐射监测仪表替代 。

（3）国产化从技术路线上分为三种，第一种是已有国内厂家生产出相同或同类产品，电厂进行物项替代，积极促进设备国产化应用推广；第二种是国内厂家有大部分或全部技术，但无成熟产品的或产品有缺陷的，由电厂和厂家联合研制\优化并应用，促进产品成熟并落地；第三种是国内无技术和产品的，由电厂、设计院\高校、设备厂家三方共同合作，开展科研攻关，走产学研联合路线，研制出新产品，填补国内空白。

8.4 设备管理效益优化案例分析

8.4.1 SPV 设备管理优化与实践

【案例启示】贯彻二八原则，实事求是，抓核心，抓关键，集中优势资源管好少数关键设备，补全设备管理短板。宣扬高度责任心，落实一机一人责任制，发挥设备工程师主动性，坚决落实好中国核电要求，开创福清核电设备管理新局面。

（1）项目概况

福清核电在中国核电设备管理工作总体部署下，坚定推进 SPV 设备管理，落实中国核电管理要求，先行先试，摸索出一条适合福清核电的 SPV 设备管理方法和模式。

经过一年多实践，在公司各部门积极配合支持下，福清核电 SPV 设备管理状况得到改善，可靠性水平明显提升，为实现零非停目标打下坚实基础。

（2）改进措施及实施情况

1）开展高度责任心活动，试行一机一人责任制。公司领导宣讲高度责任心内涵和标准，全员对标责任心之标，明确设备管理范围和职责；

2）公司设备可靠性委员会高效运作，执行力强。公司总经理和主管副总经理主持，有固定会议制度，管方向、定目标、抓落实，成效显著；

3）SPV 设备识别准确率高，SPV 设备管理对象清晰。对标广核，对标方家山核电，内部技术评估，外部审查，目前已升版到 006 版本；

4）建立了 SPV 工作管控流程，SPV 风险受控。管控流程配套记录单，实现了 AP－913 介入 AP928 的预期目标，有监督，有记录，有评价，有闭环；

5）建立了 SPV 设备档案，突出技术权威和指导。SPV 设备发布缓解分析报告，提升设备工程师能力，改善设备健康状态，指导设备管理工作，实现 AP－913 闭环反馈流程。

（3）创造效益

2018 年初以来，我国核电的非停次数/机组数约为 0.63。福清核电发生过一次非停事件，低于中国核电平均数。单次非停按三天粗略估算，SPV 设备管理实践活动相当于为福清核电贡献了约 4 600 万的经济效益。

8.4.2　物资编码数据库重码清理

【案例启示】物资编码基础数据如同大厦地基，虽不起眼，但却影响电厂从维修使用、工作准备、到立项申报、采购到货、以及成本核算的各个环节。其质量好坏直接或间接的影响核电厂成本控制及效益提升。

（1）项目概况

针对福清核电物资编码数据库存在重码问题，从库存控制、优化编码数据库质量角度出发，物资编码管理部门进行备件物资编码逐项核实，查找重码工作。历时 10 个月，逐项清理备件编码 7.9 万项，清理并工厂级冻结重码 1.34 万项，预计节约采购费用至少 3 900 万元。

（2）改进措施及实施情况

本次清理，由物资编码管理部门设备管理处负责，制定原则，建立流程，优化方法，扎实落实，最终达到较好效果。

1）制定原则：建立重码清理机制，发布《ERP 物料主数据重码合并管理指令》，规定了重码清理、审核、确认、合并、冻结的具体原则。

2）建立流程：建立 FFBUS 重码清理、审核电子化流程，确保重码清理过程可溯可查。避免减少重码误识别、误冻结。

3）优化方法：重码清理成果维护进 ERP 物料主数据系统，明确重码间关联关系，便于使用部门查询。并将成果通过工作联系进行内部通报。

4）扎实落实：历时 10 个月，逐项清理备件编码 8.2 万项，减少物资编码 1.64 万条，保守估计单次减少重复采购带来的经济效益约 5 200 万元，有效落实库存控制，降低重复采购成本浪费。

（3）创造效益

本次减少重码 1.64 万条见表 8－4，按单次采购，每项 1 个保守计算，预计至少节约采购费用 5 200 万元。

表 8-4 备件重码清理统计表

专业	编码总数/条	完成逐项清理/条	互为重码/条	重码比例/%	预估经济效益/万元
仪控	10 452	10 452	3 824	37	2 400
电气	15 301	15 301	5 063	33	1 100
机械	57 085	57 085	8 140	14	1 700
总计	82 136	82 136	16 325	20	5 200

8.4.3 汽轮机中压蝶阀轴封修复替代整机采购优化

【案例启示】设备备件维修是减少核电运营成本的重要抓手，备件实施维修项目，不仅关乎成本，检修工作不仅仅是更换备件，还在于企业维修队伍的素养。本案例中维修人员以精通的业务技能，精准的生产组织，积极与厂家沟通，联合开发，成功实施了关键设备的备件修复，做法值得借鉴和学习。

（1）项目概况

福清核电 1～4 号机组中压蝶阀轴封备件共采购了 6 套，已经全部更换使用，6 套旧备件需修复，满足现场维修活动需要。精细、合理的流程即能创造价值，维修二处积极与厂家多方联系，通过工作流程精细化管理，最大化人员工作效率，减少了备件采购的压力，节约了成本。

（2）改进措施及实施情况

1）根据之前大修经验，机组大修中压蝶阀损耗率比较高，每次大修都需要更换，一套轴封的购买价格约为 67 万元。按照三年内 9 次大修计算若轴封全部购买新的，三年共需约 1 208 万元，费用非常昂贵。

2）中压蝶阀国内 ADMS 供应商无法修复，需返原厂德国修复周期非常长，流程复杂需返厂至德国进行修复，目前未有过返修德国的经验。维修二处积极调研，与国内具有修复能力的制造商联合开发，为制造商提供设备图纸、技术手册等文件支持，讨论制订修复方案，对有不同程度损伤的 6 套中压蝶阀部件，成功完成修复并回装后，汽轮机组运行稳定，阀门动作可靠。

（3）效益测算

汽轮机中压蝶阀稳定性是保障汽轮机运行的关键部件，中压蝶阀轴封的原供货厂 ADAMS（德国），原制造厂为 Eagle Burgmann（德国）采购周期需 6 个月以上且备件价格较高，目前采购价格 67 万元/套以上。阀门轴封损坏位置为密封碳环（烧结）缺肉或者碳环密封面轴向贯穿伤，无法现场修复，修复价格 39 万/套，修复后的轴封能如同新备件一样进行使用。

目前为止完成 6 台中压蝶阀轴封备件的修复工作，按 6 台计算，预计总体节约 220 万元。同时，已后续 3 年大修为例，有 18 台阀轴可能需要更换，成功维修后，节约成本超过 500 万元。

8.4.4 循环水系统二次滤网隔离期间的机组功率水平优化

【案例启示】确保设备运行精良，是精益管理“八精”内容之一。本案例中，运行二处技术小组在保证设备及机组安全的基础上，把握设备运行规律、制订合理的检修方案，在强化设备管理的同时，有效降低了运行成本，提高了经济效益。

（1）项目概况

2018 年，福清核电 3 号机组两次开展 CRF（循环水系统）二次滤网的隔离检修，运行二处组织开展隔离期间机组功率水平的优化，成功在保证安全的前提下，提高机组功率水平，有效提升了机组经济效益，并有力保证了堆芯安全。

（2）改进措施及实施情况

隔离二次滤网需停运一台循泵，根据故障规程，此时需降电功率至 500 MW。运行二处组织维修、堆物理、设备管理、核安工等就隔离功率水平展开充分的分析论证，从以下几个方面开展评价：

1）从机组经济性角度，电功率保持 720 MW 可有效提高经济性，同时在电网考核方面对电厂影响更小；

2）从轴向功率偏差控制的角度，降至 720 MW 比降至 500 MW 更易控制，堆芯状态更加稳定；

3）从凝汽器真空角度，根据计算以及当时外部温度、历史经验，维持 720 MW 可以保证真空合格，汽轮机运行状态良好；

4）从凝汽器设备角度，保持 720 MW 对凝汽器管束的影响可以接受。

最终经决策，隔离二次滤网期间 3 号机组保持 720 MW 运行，实践证明该功率水平可以保证堆芯和设备安全，同时有力提升机组经济性，实现了降本增效。

（3）创造效益

两次隔离检修的总工期为 131 小时，故功率水平优化后机组多发电量（720 − 500 MW）× 131 h × 10^3 = 2.882 × 10^7 kWh，按 0.37 元/kWh 的电价计算，为公司创造效益约 1 066 万元。

8.4.5 “华龙一号”运行规程编制管理创新与实践

【案例启示】作为全球首堆的“华龙一号”核电工程，其运行规程编制过程进行了创新性的探索，为其他“华龙一号”工程各建设团队提供了借鉴，为后续“华龙一号”工程建设的各项成果转化输出树立了标杆。

（1）项目概况

由于首堆机组采用了许多新技术、新设计和新设备，很多设计资料不确定或频繁升版，对规程编制工作也带来了新的挑战。“华龙一号”运行规程在规范化的管理下保证了规程的整体质量，具有更高的通用性和可执行性，后续将这 11 类运行规程作为产品输出至新建机组，为公司创造非常可观的经济效益。

（2）改进措施及实施情况

1）运行规程编制模式、格式的创新，有效减少人因失误

“华龙一号”运行规程体系、格式采用了全新的模式，如将以往 S 规程进行操作票化，大大提高了规程可执行性，最大程度上避免人因失误，并将规程编制格式统一化、规范化，并形成相应的管理程序进行发布，极大提高规程编制质量。

2）全员实行系统包干制的创新

为确保“华龙一号”运行规程编制工作顺利开展和实施，保证高质量完成运行规

程的编制，开创性的实施了系统包干制。这样既能调动所有人员参与运行规程的编制，最大限度的发挥集体力量，同时也能保证单一系统学习的深入性，使规程质量得到有效保障。

（3）创造效益

规程编制的人力成本作为主要支出，在规程编制管理实施之后，平均每份规程编制减少人工成本为 2.5 人工日。共完成 4 474 份规程的编制，按人均日薪 700 元计算，直接节约的人力成本＝4 474 份×2.5 人工日/份×700 元/人工日＝782.95 万元。

“华龙一号”运行规程后续作为产品输出到其他“华龙一号”新建机组，目前共有 4 474 份规程，每份规程出售价估算 1 万元，一次性出售给一台新建机组售价＝4 474 份×1 万/份＝4 474 万元。随着“华龙一号”机组的建设和推广，不断输送给其他新建电厂，其产生的经济效益将十分巨大。

8.4.6 主泵核级转速机箱国产化替代

（1）项目概况

福清核电 1～4 号机组主泵核级转速 RCP140\141\240\241\340\341MC，采用的是国外 Ansaldo 型核级转速处理机箱采集，并转化为标准的 4～20 mA 电流信号，参与反应堆保护逻辑，转速低低阈值 2/3 与 P7 允许即触发反应堆停堆信号。但在机组运行期间，主泵核级转速信号多次出现不连续现象，经检测发现核级转处理机箱实际采集转速与输出不一致，确认为转速机箱处理电路故障。本项目将主泵核级转速机箱及核级转速探头进行国产化替代。

（2）改进措施及实施情况

前期已完成主泵核级转速机箱及转速探头国产化替代分析报告，且部分机组已完成国产化替代，运行情况良好。

此次主泵核级转速机箱及转速探头国产化厂家为江苏某公司。从 2015 年开始，1～4 号机组已陆续使用主泵核级转速机箱，使用效果良好。且同行电厂也已使用江苏利核公司核级转速机箱替代原进口核级转速机箱，运行稳定。

此次主泵核级转速机箱国产化仍根据原有物项替代报告，继续采购江苏某公司核级转速机箱及核级转速探头。

（3）创造效益

通过主泵核级转速机箱及核级转速探头国产化，解决进口备件制约，将打破海外品牌垄断，推动核电自主化发展。掌握主泵核级转速机箱及转速探头核心技术，打造国内核级转速测量技术高地，提升福清核电仪控技术影响力。

进口主泵核级转速机箱采购单价约 150 万元，国产化后采购单价仅 80 万元，单台设备可节省费用 70 万元，为后续备件采购节约大量成本。

8.4.7 “华龙一号”核电主给水泵液力耦合器国产化自主研究

（1）项目概况

本项目对核电液力耦合器长期依赖进口、检修依靠外方协助的现状，对标国际先进的德国公司液力耦合器技术、性能指标，对关键技术科研攻关，攻克设备设计、材料与制造工艺等技术瓶颈，制定液力耦合器设计、制造标准，形成具有自主知识产权的主给水泵高转速、大功率液力耦合器设计和制造技术。同步开展、完成样机试制与产品鉴定，为我国核电在运机组的长期安全稳定运行和新建项目的顺利开展，以及我国核电“走出去”战略规划的实现提供重要支持和保障。

（2）改进措施及实施情况

国内液力耦合器发展过程采取了仿制和技术引进的方式，在此过程中，对德国等国外先进耦合器技术进行了一定的消化吸收，虽然我国尚未实现高转速、大功率液力耦合器自主化，但在产品国产化过程中积累了大量的经验教训，为本课题提供了宝贵的研究基础。同时个别企业近年仍然在持续进行高转速、大功率液力耦合器科研攻关，并取得了一定成绩。

本科研与国内具有优秀业绩、技术积累与科研基础的制造厂商、科研院所开展深层合作，共同完成液力耦合器自主化研究。

主要合作方为某核电设备制造公司，该公司以工业泵、液力耦合器为核心产品，是集研发、设计、制造、试验于一体的专业化公司和高新技术企业。

主要研究目标如下：

1）制定设计制造标准

通过分析论证，完成关键零部件科研攻关，制定主给水泵液力耦合器设计、制造标准。

2）检修自主化

通过同类型设备故障分析研究、检修工艺与专用工具优化。制定液力耦合器自主维修路线及检验规程，实现液力耦合器检修自主化。

3）设备和备件自主化

完成样机设计、制造、试验与产品鉴定。实现“华龙一号”1 000 MW 核电机组主给水泵高转速、大功率液力耦合器的设计、制造和备件自主化。

（3）创造效益

1）经济效益

① 按国家第十三个五年计划，以每年新建 6 个 1 000 MW 核电机组速度计算，单机组配置 3 台套核电主给水泵组，每年需 18 台核电主给水泵液力耦合器。成果转化后，年均可创造工业产值 9 500 万元人民币。而目前我国能源结构中火电装机容量仍占最主要比例，若推广到超临界、超超临界火电项目，经济效益将更为显著。

② 德国公司同类产品价格极其昂贵，每台采购成本约 700 万元人民币。本产品样机研制及开发费用共计约人民币 3 614.2 万元，后期制造成本可大幅降低。以每台套液力耦合器制造费人民币 530 万元计算，配套 6～7 个 1 000 MW 核电机组后即可回收全部研发及制造成本。

③ 成果转化后，在运核电机组检修维护成本、备件采购成本也可大幅降低，每年预计可节约人民币 45 万元/机组。

2）社会效益

① 目前核电厂主给水泵配套的大功率、高转速液力耦合器均从国外进口。研发此类液力耦合器传动装置，填补国家空白，促进产业发展，提振民族工业。

② 实现核电重大设备自主化，保障我国核电在运机组的长期安全稳定运行和新建项目的顺利开展。

③ 液力耦合器在国内核电、火电机组广泛应用，实现自主化后可提升“华龙一号”品牌整体竞争力，助力我国核电“走出去”战略。

第9章

技术创新与效益分析

9.1 技术变更改造管理

在核电厂的运行过程中，可能会由于运行经验反馈，定期安全审查结论，监管要求，科学技术的进步等原因需要进行变更。有时可能因为经济的原因（比如增加功率或使用混合燃料）。有时可能因为消除的设备故障的需要或电厂设备失效后重新恢复运行的需要。

变更改造可以消除系统设备缺陷、提高机组可靠性、优化运行维修操作、缩短大修工期及节能减排等，提高机组效益，同时变更改造也是高风险工作，必须通过一套成熟可靠的管理体系规范变更流程、控制变更风险。

9.1.1 变更管理体系

核电厂一般由设备管理部门进行变更归口管理。设备管理部门负责建立配置管理体系，组织编制变更管理程序，负责电厂永久变更的归口管理，受理并审批永久变更申请。技术管理部门负责技术责任范围内变更项目方案编制、物项采购等工作，是变更项目的，负责变更改造项目总包外委及监督管理。维修管理部门负责变更改造的实施组织协调及具体实施。

9.1.2 变更流程

变更管理过程分为《变更申请管理》和《永久变更管理》两个流程。

《变更申请管理》是变更项目是否进入永久变更管理流程的判定过程。变更申请流程：电厂任何生产人员都可以提出变更申请，申请经科室处室审查后提交到变更归口管理部门，由变更管理工程师组织变更专业审查会对变更申请的必要性、可行性、安全性、经济性进行审查，并确定是否进入变更流程以及变更范围和分级等信息。

永久变更管理流程按照各个不同阶段，分为以下几个阶段，即：变更方案设计、变更实施准备、变更实施及试验、文件和数据修改、变更评价及关闭。其中变更实施准备包括施工物项材料准备、施工文件包准备、文件及设备数据修改准备等。

9.1.3 变更管理原则

一致性原则：电厂设计基准、设计文件、生产技术文件、实体配置应保持一致。变更项目应不与原有设计基准相矛盾，永久变更完成后应及时对图纸、程序、数据库进行修改，并通过培训使相关岗位人员掌握已改变的配置和操作要求。

风险控制原则：变更实施前应充分分析变更的影响范围，将变更带来的负面影响和风险控制在可接受的范围内。

目标管理原则：变更实施前应明确变更所期望达到的最终目标，并以确定的目标作为项目验收的标准。通过技术变更项目的实施，应至少能达到以下目的的其中一条：维持或提高安全水平、提高机组可用率、降低运行维护成本、运行和维修的可达性、机组节能减排、提高效益等。

项目管理原则：永久变更项目实行项目管理制度，每项变更都要确定技术责任处室、变更责任工程师、变更实施责任部门、变更施工负责人等。变更责任工程师对变更项目全程总体负责。重要变更项目根据项目的复杂程度决定是否成立项目组，项目组组长由技术领域分管领导指定，项目组成员由项目组组长和各有关部门协商确定，并报公司主管领导审批。一般项目原则上不成立项目组，由变更责任工程师负责即可。实施阶段的管理责任由变更实施负责人总体负责，变更责任工程师提供技术支持。

9.1.4　变更管理要求

系统设备上的技术问题，提倡对问题的根本原因进行分析，尽可能考虑通过正常的运行和维修手段从而不执行变更来达到相同目的，变更一般应视为解决机组技术问题最后手段。

永久变更生成后，由变更责任工程师初步确定设计方案、实施准备完成、现场实施完成、投用检查完成、变更关闭等时间节点，制定初步费用预算计划，反馈给变更管理工程师。

对永久变更项目进行分类管理，根据变更类型的差异走不同的流程。对永久变更项目进行分级管理，包括重要性分级、复杂性分析和优先性分级三种，并根据分级确定永久变更工作的范围、具体流程以及资源分配的优先程度。

永久变更的技术人员或单位必须能胜任有关的技术工作，有权查阅有关背景技术材料，并对原文件或设计的要求和意图有足够的了解。必须仔细地考虑永久变更所产生的技术方面的影响，永久变更必须采用与原文件或设计相同的控制措施。

改变安全重要的系统或设备原有设计功能或设计意图，需由原设计单位或证明具有相同设计资质的单位进行设计或确认。涉及核电厂配置的永久变更，都不得降低执行全部安全功能的能力，必须考虑安全和加强安全，不得降低原有的安全水平。永久变更必须保证电厂最终安全分析报告和适用的法规和标准的要求得到满足，不满足法规和标准要求的修改不得实施。

影响到颁发运行许可证依据文件的安全重要构筑物、系统和部件或材料的修改，运行限值和条件的修改，以及原先由国家核安全监管部门批准的程序和其他文件的修改，必须在实施前报送国家核安全监管部门批准。有要求时，任何其他修改也必须事先报送国家核安全监管部门批准。

永久变更项目涉及设备部件的环境鉴定要求，则依据永久变更项目涉及的该主要工艺系统的原环境鉴定要求进行。对特殊试验项目如辐照试验，要求对制造商先进行资格和资质的确认。所有的变更审查和批准都要求形成文件，整体变更项目过程都要求有记录文件。

变更项目的设备选型应尽量保持同原设计一致，同时不同机组间的相同变更应尽量保持一致，以避免人因失误。必须对永久变更的结果进行评价，确认变更已经按照预期要求完成，其中上报国家核安全局批准的变更项目的评价报告要求在实施完成后一个月内上报。

变更过程中，同时应考虑变更失败后，系统恢复原状的可行性，并提前考虑应对措施。如变更项目在变更验证、变更验收后试运行期间，评价无法达到变更效果，则应在五个工作日内组织评价，恢复系统原状或保留现场。对于需要恢复系统原状的，可通过工单流程恢复，已修改的文件也要恢复原状。

9.1.5 变更计划管理

变更计划管理主要分为日常变更计划管理、大修变更计划管理、变更中长期规划。

日常变更计划采用年度计划管理模式，兼顾短期和长期目标。每年 6 月发布次年的年度日常变更计划。日常变更计划的制定，原则上根据项目的优先级进行安排。永久变更项目优先级的划分，由技术责任部门经过评估，结合影响核安全程度、重要性、现场实施可行性，给出初步的优先级划分。同时日常变更计划的制定，也应综合考虑项目的实施时间，原则上应错开大修实施窗口，并且尽量将项目分散安排到各个月份，避免项目集中实施造成的人力等资源紧张。允许与机组十大缺陷、十大技术问题、监管要求等相关的变更项目优先排入计划实施，其他类型的变更项目不允许随意更改实施窗口和节点时间，以做到提前计划、合理实施。日常变更计划签发后，项目实施窗口和节点时间的调整，需经审批同意后，方可进行。

大修变更计划管理按照大修准备节点进行，大修变更项目清单根据每次大修开始时间，提前一年发布。大修变更计划是为了保证机组大修期间变更项目现场工作的顺利实施，明确变更领域大修前的各项准备工作、大修期间变更组织和进度控制方式、大修结束的后续行动事项，使大修变更工作规范化、程序化。为减小大修期间的工作量，优化大修工期，各变更技术责任处室应充分评估变更项目的特点和隔离要求，慎重考虑将变更项目列入大修计划。设备管理部门负责电站大修变更工作的归口管理，包括大修变更项目清单的收集、编制和发布，负责组织管理大修变更项目准备工作和进展跟踪，负责机组大修期间变更项目的总体控制并组织落实大修后续工作处理等事项。

变更中长期规划是为了规范电厂中长期变更活动，保证变更活动得到事前有效控制，提高公司整体经营管理水平。电厂变更项目以公司业绩目标以及电站主要性能指标要求为依据编制技改中长期规划，同时应同“电厂换料检修中长期规划”的时间窗口要求相匹配。变更中长期规划最终目的是实现资源的有效管理，中长期规划确定后可在季度、年度公司评审会上进行项目补充和修订，即实施动态管理。变更中长期规划项目管理，原则上根据公司中长期规划工作安排，重点报告将来 5 年的规划项目动态进展，后续的调整等工作根据公司中长期规划管理要求进行。变更中长期项目范围包括 5 年内为老化或提升可靠性而进行的重要设备（包括 SPV 设备）和系统变更，大修周期优化项目，许可证延续项目，退役项目等。

9.1.6 变更分级管理

永久变更项目进行分级管理，包括重要性分级、复杂性分析、优先性分级三种。

重要性分级：重要性评定标准见表 9-1。重要性不同，变更方案的审批流程不同。变更方案在会签完成后，一般变更项目由技术责任部门批准；重大变更项目提交技术委员会专业组审查并技术决策，核安全相关或特大变更项目提交技术委员会专业组审查后再提交技术委员会进行审查并技术决策，最终由技术责任部门批准。

表 9－1　重要性评定标准表

重要性评定		
重要性	重要性描述（满足一条即可，取高值）	
特大	金额超过 500 万元人民币的变更项目？	是□；否□
重大	金额超过 50 万元但小于 500 万元人民币的变更项目？ 影响颁发运行许可证依据的变更项目？ 涉及国家核安全监管的变更项目？ 直接影响电厂出力或电网调度相关的变更项目？ SPV 设备相关？ 电厂一段时间内首个工程或复杂技术改造？	是□；否□
一般	不满足上述任何一条标准？	是□；否□

优先级分级：优先级评定标准见表 9－2。为优化工作控制，筛选出需要优先实施的变更项目，电厂根据工作紧急程度、核安全、工业安全、投资收益比等标准确定变更项目的优先级，优先级高者享有优先开展工作的权利，并享有优先占有资源的权利。

表 9－2　优先级评定标准表

优先级评定		
优先级	优先级描述（满足一条即可，取高值）	
优先 1 级	主要为机组缺陷、核安全、辐射安全等相关的项目 1 级项目要求在 1 个月内完成审查，并优先安排实施，原则上在计划确定后不允许调整项目节点计划。对于年度计划确定后新增的 1 级项目，需以插队项目形式进入变更项目年度计划 永久变更申请提出人建议为优先 1 级时，需阐述理由及填写相应具体编号，例如十大缺陷、临时变更转化、核安全局承诺（要求有时限完成的）、电厂及以上会议纪要要求等	是□；否□
优先 2 级	除优先 1 级之外的归为优先 2 级，主要为设计优化、运行维修便利性等相关的项目 2 级项目在实施准备完成后，根据资源情况和计划安排实施 该永久变更申请原则上要求在 3 个月内评估完毕。根据实际情况，优先 2 级变更可通过变更申请审查会确认后转为优先 1 级变更	是□；否□

复杂性分级：复杂性评定标准见表 9－3。对于复杂的变更，应先进行概念设计，再进行详细设计。

表 9－3　复杂性评定标准表

方案复杂性评定		
复杂性	复杂性描述（满足一条即可，取高值）	
复杂	超出设计规范或设计要求？ 方案涉及三个及以上系统、专业？ 公司十大技术问题？ 科研项目？ 电厂一段时间内首个工程或复杂技术改造？	是□；否□
简单	不满足上述任何一条标准？	是□；否□

9.1.7 变更总包管理

变更项目任务分派到责任处室后，责任处室可根据实际需要开展项目单项总包外委或多项合并总包外委，即委托有资质的外部承包商，开展一项或多项变更的方案设计、采购、施工和验证等全过程服务，也可以是部分阶段的委托服务。总包项目由变更责任工程师发起总包立项外委，总包项目的变更责任工程师应做好项目管理与接口工作，具体包括组织方案内部审查、内部各部门的接口协调、项目物项的验收、施工人员的授权、施工质量控制和现场管理、组织文件修改与项目验收等。

9.1.8 变更改造经济性分析

通过变更改造，核电厂可以从以下几方面获得巨大效益：

1）消除设备缺陷，减少设备维护工作量；

2）缩短大修工期，提高大修经济效益；

3）节能减排，提高运行经济效益；

4）提高关键敏感设备可靠性，减少非计划停机停堆；

5）设备国产化改造，提高经济效益；

6）消除工业安全风险，减少人员辐射等。

（1）消除设备缺陷

核电厂运行期间，因设备质量问题或设计选型错误，部分设备频繁出现缺陷，需要频繁对其进行检修维护，消耗较大的人力物力。通过变更改造，更换为可靠性较高的设备，消除设备缺陷，可达到以下经济效益：

1）减少设备维护工作量，减少人力资源投入；

2）减少消除缺陷所需的备品备件；

3）减少因设备缺陷导致的停堆停机降功率。

下面介绍一例：某电厂 CFI 系统海水蝶阀阀轴变更改造。

某核电厂 1CFI103PO 启动后泵出口压力正常，出口阀 1CFI043VC 开启后母管压力降低，怀疑 1CFI043VC 故障。将 1CFI043VC 解体，发现蝶阀的蝶轴断裂（见图 9－1）。反冲洗水泵出口蝶阀的阀轴断裂，阀门无法打开或关闭，造成鼓网冲洗水泵不可用，影响鼓网运行的安全。该类型阀门已出现多次故障。

失效模式和后果分析：如果阀轴断裂，导致海水蝶阀工作失效。

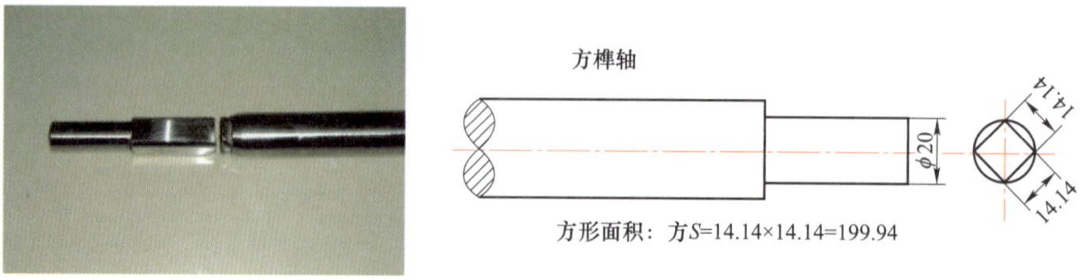

图 9－1　旋 CFI 系统海水蝶阀阀轴断裂照片及阀轴示意图

为解决海水蝶阀阀轴断裂问题，设计人员采用新型阀轴更换。新海水蝶阀与原海水蝶阀功能一致，组合后的外形尺寸无变化，仅将原生产厂商的海水蝶阀方榫阀轴和蝶板连接更换为花键连接的阀轴和蝶板。原方榫阀轴和蝶板连接，阀轴正方形方榫存在尖角。

在尖角，容易产生集中应力，在直径不变的情况下，正方形断面面积比花键断面面积小，阀轴机械强度差。新型花键联接结构，没有尖角，不存在应力集中，花键轴横切面面积是方榫轴断面面积 1.57 倍，其阀轴的机械强度优于方榫联接结构阀轴，从而降低阀轴断裂缺陷的发生概率。

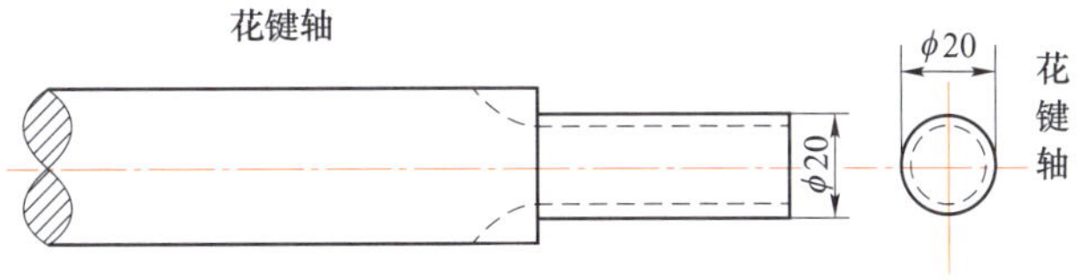

花键断面面积：圆S=3.14×20/2×20/2=314

圆S/方S=314/199.94=1.57

结论：花键轴断面面积是方榫轴断面面积的1.57倍。

图 9－2　新型花键轴断面示意图

该核电厂在 103/203/301/401 大修期间已完成该新型阀门物项替代实施见图 9－2。实施后，阀门未产生新的缺陷，运行状况良好，保证了系统运行安全。

根据估算，核电机组使用该新型阀门后，每个燃料循环可减少阀门检修 20 次，减少人力物力投入近 100 万元，同时保证循环水系统的安全可靠运行，减少非计划降功率及停机等，产生较好的经济效益。

（2）缩短大修工期

缩短大修工期，可以实现机组更早发电，将产生巨大的经济效益。变更改造主要通过以下方面缩短大修工期：1）通过对设备改造缩短大修关键路径上的检修工作所需时间；2）通过改造减少大修关键路径上的检修工作；3）通过改造增加系统设备或专用工器具，提高机组检修或充水排气效率，缩短关键路径时间等。

下面介绍一例：核电厂安全壳备用贯穿件结构优化。

某核电厂的备用机械贯穿件有两种结构，一是采用盲法兰焊接封堵结构，每次穿电缆前需切割盲法兰，电缆抽出后需重新焊接盲法兰并做液体渗透检查（简称 PT）和射线探伤（简称 RT），制约大修主线约 2.4 天；二是采用法兰连接结构，贯穿件密封性试验的支管采用堵头焊接形式，每次大修试验前需要将堵头切割并安装试验接头，试验后重新焊接并做 PT。两种结构都增加了大量大修工作量，频繁对盲法兰和试验支管进行切割、焊接不仅对管件有损失，不利于管件的可靠性，也增加了焊接动火工作产生的消防安全、工业安全和辐射安全风险。

该项目获得了国家核安全局批准后，该核电厂在 3 号机组首次大修期间已完成该新型机械贯穿件结果优化实施。将贯穿件盲法兰焊接封堵结构改造为法兰连接结构，将堵头焊接的试验支管改成隔离阀＋快速接头结构的试验支管。实施后，松开紧固件、拆除法兰盖，即可进行穿电缆操作；通过快速接头引入介质进行水压试验和密封性试验，较盲法兰焊接封堵结构和支管采用堵头焊接结构的贯穿件相比，无须切割、打磨、回焊和 PT、RT，节省了大量大修资源，消除了施工安全风险见图 9－3。

根据估算，核电机组使用该贯穿件可以避免 302 大修主线制约 2.4 天，即每次大修可避免约 2 400 万元的经济损失（百万千万核电机组每天产值约 1 000 万元）。

（3）节能减排

安全阀校验工作时，需部分压力容器排空或三废系统设备进行停运或隔离，介质排空、废气吹扫，导致校验工作工期长、工作量大、介质浪费及环境污染等问题。通过变更改造为可优化设备检修隔离条件，减少工作量和介质排放，达到节能减排的效果。

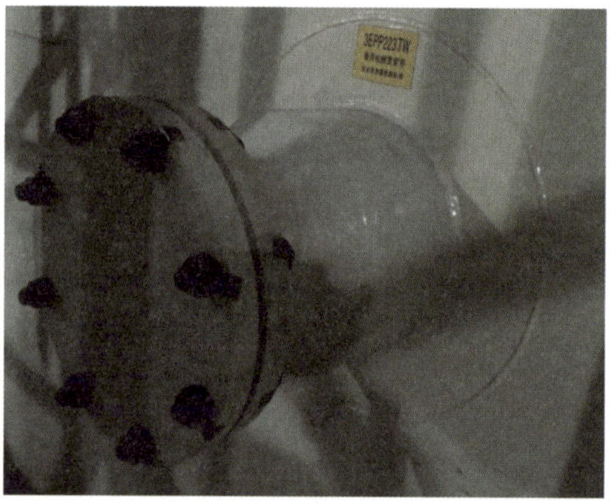

图 9－3　备用机械贯穿件现场实物图（安全壳内）

下面举一例子：核电厂安全阀“安全、节能、减排”提升改造。

在某核电厂安全阀校验工作中，由于某些系统在日常运行或大修期间均难以停运或隔离，或隔离后产生较大安全风险，导致安全阀定期校验难并可能引起安全阀有效期超期等负面影响；同时某些压力容器的介质排空、废气吹扫也会导致安全阀校验工期长、工作量大、介质浪费及环境污染等问题。

如核岛冷冻水系统（DEG）冷水机组安全阀定期校验时，需要先停运冷水机组、再排空设备内制冷剂，安全阀回装系统后还需对设备进行打压、抽真空、重新充注制冷剂等，不仅造成制冷剂流失、工序繁琐、工作量大、工期长，并且触发第二组 I0。

变更改造方案：安全阀进口增设隔离阀＋线下备份安全阀。

方案示意图如图 9－4 所示，在安全阀定期校验或解体维修时，可临时关闭安全阀进口的隔离阀，通过备用安全阀替换在线安全阀，即可实现在线安全阀的拆检。

目前该技术已成功应用在某核电厂的 1～4 号机组如图 9－5 所示。

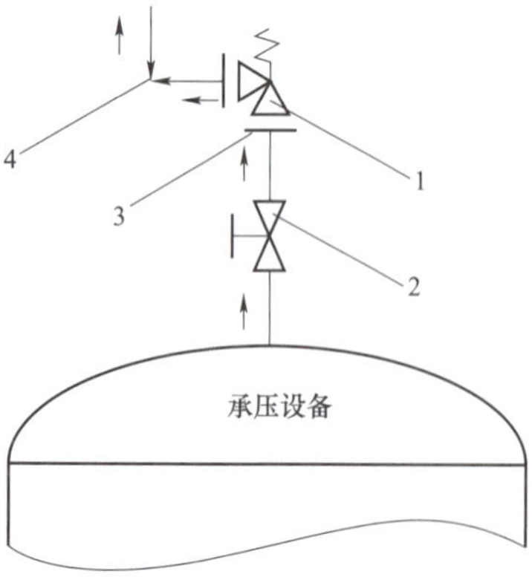

图 9－4　隔离优化方案示意图

1—安全阀；2—隔离阀；3—法兰；4—90° 弯头

图 9－5　安全阀 3DEG101VQ 改造后现场实物图

福清核电 1～4 号机组核岛冷冻水系统（DEG）、废气处理系统（TEG）衰变箱安全阀改造采用安全阀进口增设隔离阀＋线下备份安全阀。

节能减排及经济效益情况介绍：

每台安全阀校验需人力 4 人、20 工时，费用约 5 000 元/台年。TEG 缓冲罐、DEG 安全阀总数为 40 台，总费用为 20 万元/年。

每台核电机组有 3 台 DEG 冷水机组，每台冷水机组含制冷剂（R134a）1 000 kg，4 台核电机组制冷剂为 12 000 kg。制冷剂单价为 88 元/kg，总费用为 105.6 万元/年。

（4）提高关键敏感设备可靠性

非计划停堆不仅影响机组的经济效益，也影响机组 ERI 得分和 WANO 排名。核电厂内有很多重要设备，它们的失效将导致机组停机停堆或者降功率，比如主冷却剂泵、控制棒驱动机构相关设备、汽轮机相关设备等。通过改造提高关键敏感设备的可靠性，减少非计划停堆，可以有效保证机组的经济效益，主要通过消除设计缺陷、增加冗余设备/通道、替代可靠性高设备等改造手段实现。

下面介绍一例：核电站电动主给水泵暖泵及冷却方式创新。

1）M310 型压水堆核电站常规岛电动主给水泵系统设计有 3 台电动主给水泵，两用一备，为英国克莱德公司生产制造，电厂在调试运行期间发现该泵组存在以下两个问题

① 泵组未设计暖泵管线，在应急启动时可能由于转子瞬间受热不均匀导致动静部件发生碰磨，严重时会导致备用泵损坏；应急启泵时，备用泵及管道内的冷水对下游容器有热冲击，导致下游容器液位波动，严重时会触发停堆信号。

② 泵组未设计停机后冷却管线，由于泵组输送介质温度达 170 ℃，如运行泵由于缺陷停机后，泵体及内部介质温度高，立即排水检修会造成厂房内产生大量蒸汽，无法立即组织检修，等待泵体及介质冷却的时间长达 24 小时以上，增加检修时间且无法尽快将泵恢复备用状态，影响机组安全运行。

2）为解决以上问题，某核电厂通过分析论证并结合现场实际情况作出了以下改进

① 增加电动主给水泵暖泵管线：暖泵水取自主给水泵出口止回阀和电动隔离阀之间的高压给水管道，分别经多级节流孔板降压后引入前置泵底部排水口及压力级泵底部排水口。多级节流孔板后均设有截止阀，用于隔离以及粗略调节暖泵水流量，并在暖泵管线母管上设置两道手动隔离阀作为暖泵管线总阀。暖泵水从泵底部进入泵内，可避免泵底部存在暖泵死点。主给水联箱高温高压水经暖泵管线进入压力级泵及前置泵，再返回除氧器，对热备用的电动主给水泵进行有效的预热，确保泵壳上下温差小于 25 ℃，且压力级泵出口温度探头示数与除氧器内水温相差小于 25 ℃，保证热备用的电动主给水泵处于随时能够启动的状态。

② 增加电动主给水泵停机后冷却管线：将电动主给水泵中间排水管道全部排放至一根冷却管线母管，并在冷却管线母管上引入电厂常规岛除盐水作为冷却水源。运行泵停运后，同时开启泵组排水和冷却水，冷却水与泵组排出的热水混合，对热水进行冷却，最后一起排入排水地沟，可以有效防止热水排除后形成大量蒸汽。泵组排除热水后，通过自然冷却的方式进行冷却，可有效提高泵组冷却速度，缩短检修等待时间至 12 小时以内。

3）改造效果和经济效益

增加电动主给水泵暖泵管线。

① 新增暖泵管线利用三台主给水泵出口母管的高温高压水作为备用泵的暖泵水源，充分利用现场已有条件，不需要引入外接水源或热源；

② 暖泵用的热水最终回流至除氧器，不会造成二回路除盐除氧水的浪费，同时避免了厂房内产生大量蒸汽；

③ 暖泵改造实施后，备用泵可以长期处于暖泵状态，随时可以热启动，降低了备用泵紧急启动带来的停机停堆风险；变更实施后减少机组非计划停堆概率，可减少电量损失约 1 000 万元/年。

④ 暖泵管线设计已获国家实用新型专利授权；

⑤ 暖泵管线设计获 2017 年电力行业节能技术创新成果二等奖见图 9－6。

图 9－6　2017 年电力行业节能技术创新成果二等奖证书

增加电动主给水泵停机后冷却管线。利用冷水与热水直接混合的方式对热水进行冷却，有效缩短了泵组冷却时间，提高检修效率。

（5）设备国产化改造

采购国外备件通常有以下问题：设备采购价格高、采购周期长、厂家服务不及时等，导致备件整体成本较高。随着中国制造水平提高、研发能力增强，国产设备具有较高的质量满足电厂使用要求，设备国产化改造可降低采购成本、缩短采购周期、获得更便捷的技术服务。

下面举一例子：反应堆压力容器用 C 型密封环国产化改造。

核电厂反应堆压力容器用 C 型密封环作为压力容器顶盖与筒体之间的密封件，是一回路压力边界的一部分，其密封性能直接关系到核电站是否能够安全稳定运行。

长期以来，C 型密封环均为国外 GARLOCK 公司生产制造，单套售价高，供货周期长，一旦出现国外厂家停止供货或产能下降情况，将严重影响到核电站大修主线计划。现国内某厂家与中国核动力研究设计院、中国一重集团公司联合研制的国产反应堆压力容器 C 型密封环，通过了中国机械工业联合会专家组的鉴定，并成功应用于方家山等同行电厂。

通过国产化替代可以减少备件采购费用、缩短采购周期，能够最大程度上满足现场需求；同时，通过国产化替代可以打破国外公司的垄断局面，为国内核电站的安全稳定运行打下坚实的基础，也有利于推动关键设备国产化。因此有必要用国产 C 型密封环替代进口

C 型密封环。C 型密封环结构见图 9－7。

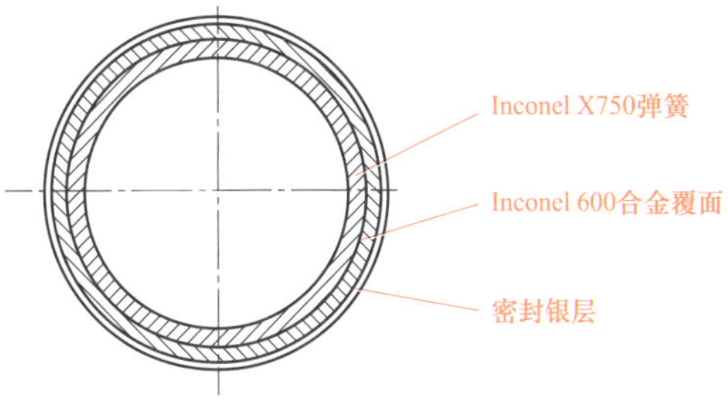

图 9－7　C 型密封环结构

福清核电对 C 型密封环进行了国产化改造，采用宁波天生密封件有限公司生产的密封环替代 GARLOCK 的产品。该项目获得了国家核安全局批准。目前该核电厂 3 号机组反应堆压力容器用 C 型密封环物项替代变更项目已施工完成，在 301 大修在役水压试验期间和机组大修启动后分别对 C 型密封环进行了试验，试验期间 C 型密封环监测参数无异常，结果合格，C 型密封环替代顺利完成。

根据估算，该核电厂 1～4 号机组每次大修至少需要 1 套压力容器 C 型密封环（机组首修需要 2 套），进口 C 型密封环每套售价高达 76 万元人民币，而国产 C 型密封环售价仅约 35 万元人民币，四台机组可节省备件开支至少 164 万元/燃料循环。

（6）消除工业安全风险

因设计缺陷、法规升版等原因，现场部分系统设备存在安全隐患，可能对工作人员造成人身伤害，或不满足最新的法规要求。通过变更改造可消除安全隐患，满足法规要求，保证人员人身安全，具有较好的社会效益。如在酸碱房间增加洗眼器变更、制氯站房间增加排氢风机、常规岛厂房消防喷头移位改造等。

下面介绍一例：SIR（二回路化学添加剂系统）加药系统液氨瓶改氨水箱变更

福清核电 1 号机组二回路化学添加剂系统 SIR 目前使用的液氨和联氨，采用的是液氨钢瓶储存液氨，液氨具有易燃易爆、腐蚀、有毒等危害性；液氨瓶在运输、吊装、装卸、储存及使用过程中存在着工业安全风险。联氨配制时也存在安全风险：搬运困难、工作量大，也存在联氨药剂洒落至加药平台下方设备的风险。

为优化福清核电 1 号机组二回路化学添加剂系统，对加药过程中液氨因其高压而带来的易燃易爆风险，以及联氨的毒性扩散进行规避，采用从市场上采购氨液的方式通过新增的氨水转转运箱和联氨转运箱对二回路系统进行加药。通过设置两个 5 m^3 氨水转运箱和一个 2 m^3 的联氨转运箱，将市场上采购的 20%左右浓度的氨水以及联氨通过转运箱以重力自流的方式加入目前的氨和联氨溶液箱，从而减少加药过程中的工业风险。改造后的现场照片见图 9－8。

图 9－8　SIR 加药方式变更

9.2 燃料管理策略

核电厂的燃料成本大约占发电成本的1/3，因此做好核电厂的燃料管理策略能有效地降低燃料成本，提高核电厂的经济性。

做好燃料管理策略，需要确定换料周期、电网受电能力、循环长度、燃料管理方案，最后根据经济性分析确定燃料管理策略改进的方向。对于核电厂来说，没有最好的燃料管理方案，只有最合适的燃料管理方案。

9.2.1 换料周期的确定

核电厂换料周期等于运行时间（含中间的停堆小修时间）加上换料大修时间。如果不考虑限制因素，那么换料周期越长，相应的换料大修时间越短，则机组的能力因子就越高，即电厂的经济性越好。

然而，一般电网的电力需求是有季节性的。比如一般夏季是北半球各个地区的用电高峰；随着经济的发展，冬季用电高峰在中国无供暖地区也开始显现出来，这时候电网希望各个发电机组都能启动发电，包括核电。福建地区春季水电比较充沛，东北地区冬季供暖需要热电联产机组发电，这时候电网可能要求核电给这些电力出让负荷。即电厂的燃料管理策略应考虑电网电力需求旺盛的时候保持运行发电，在电力需求低谷期进行换料大修，发电计划应与电网的需求相匹配。电网用电有比较明显的季节性峰电力需求，也就是我们必须考虑避免停堆换料大修的时间。如果换料周期是0.5年的整数倍，电厂的停堆换料大修就可以避开这些时间段。

另外由于设备可靠性及压水堆后备反应性控制等原因，电厂无法长时间连续运行，需要停堆换料大修。

因此综合燃料管理的限制性条件、经济性及设备可靠性等原因，国际上压水堆核电厂燃料管理策略中的换料周期一般只有年度、18个月和24个月3种。

9.2.2 循环长度的计算

循环长度是燃料管理方案的重要输入，直接关系到燃料循环的经济性。它与多个因素有关，可以由下式计算：

$$E_c = (T - T_r - T_t - T_p)P_r \qquad (1)$$

或

$$E_c = (T_o - T_t - T_p)P_r \qquad (2)$$

或

$$E_c = T \times P_n \times L_f \qquad (3)$$

式中：E_c 是循环长度，单位是等效满功率天（EFPD）；T 是换料周期，单位是天（d）；T_r 是大修时间，在这里大修时间 T_r 指从 $N-1$ 循环停堆到 N 循环初始临界的时间，单位是天；

T_o 是运行时间，$T_o=T-T_r$，单位是天；T_t 是停堆小修时间，单位是天；T_p 是启动物理试验时间，它包含了临界后零功率物理试验所花费的时间及升功率物理试验阶段损失的发电能力所折算的时间，单位是天；P_r 是平均运行功率，是指功率运行阶段的平均运行功率，包含了功率瞬态变化的影响，单位是满功率；L_f 是负荷因子；P_n 是 T 时间最大功率，即 $P_n=1\mathrm{FP}$。

表 9－4　平衡循环长度计算

	年度换料（计划）	年度换料（实际可能达到）	18 个月换料（计划）	年度换料（调峰）	18 个月换料（调峰）	24 个月换料（调峰）	24 个月换料
换料周期（T）/d	365	365	548	365	548	730	730
大修时间（T_r）/d	40	35	45	40	45	55	55
运行时间（T_o）/d	325	330	503	325	503	675	675
停堆小修时间（T_t）/d	5	0	8	5	8	10	0
启动物理试验（T_p）/d	2.5	2.5	2.5	2.5	2.5	2.5	2.5
平均运行功率（P_r）/FP	0.99	0.99	0.99	0.92	0.92	0.92	0.99
循环长度（E_c）/EFPD	314.3	324.2	487.6	292.1	453.1	609.5	665.8
能力因子/%	87.0	89.7	89.9	87.0	89.9	90.8	92.1
年度满功率小时数/h	7 544	7 781	7 801	7 010	7 250	7 314	7 989
负荷因子（lf）/%	86.1	88.8	89.1	80.0	82.8	83.5	91.2

例如，对于年度换料，根据 10 年大修计划，平均大修时间为 40 天左右。但由于设备周期性维修试验的要求，不同的换料周期还是会对大修时间有一定的影响。为了保守起见，18 个月换料的平均大修时间可取 45 天，24 个月换料的平均大修时间可取 55 天。同样，18 个月换料的停堆小修时间也取了保守的假设。如果采用先进的物理试验方法，启动物理试验可以缩短，但缩短的时间有限。表 9－4 按式（1）计算了不同换料周期的平衡循环长度。如机组不参与调峰，其中年度换料的平衡循环长度可以取 314 EFPD，而随着机组运行水平、大修水平及启动物理试验水平的提高，平衡循环长度可以达到 325 EFPD。对于 18 个月换料的平衡循环长度可以取 487 EFPD，24 个月换料的平衡循环长度可以取 665 EFPD。

然而，随着目前国内核电运行机组的增加，核电机组在一些地区由于电网的原因，被迫参与调峰、调停。如 2017 年中国大陆核电机组的平均负荷因子仅 81.1%，对应的发电小时数仅 7108 小时；而在 2014 年以前运行机组基本上不参与调峰，其平均负荷因子可以达到 89.0%，对应的发电小时数达到 7800 小时。因此，如果机组参与调峰，负荷因子按 81% 考虑，年换料平衡循环长度取 295 EFPD，18 个月换料的平衡循环长度取 450 EFPD，24 个月换料的平衡循环长度取 610 EFPD 就够了。

因此每个运行电厂应根据自己所在电网的情况及换料周期来确定合适的循环长度，避免造成燃料浪费，以提高燃料经济性。例如福清核电 18 个月换料项目，在项目启动时，福建电网仅少数几台核电机组，与国内其他核电机组类似，仅在放长假期间降负荷。因此福清核电 18 个月换料循环长度也与同类电厂类似，按 490 EFPD 目标考虑。然而随着福清电网核电机组的陆续投产，以及更多太阳能、风电清洁能源机组的投产，福建电网在水电、风电、太阳能优先的调度原则小，福建核电机组被调峰、调停的也更频繁。更长的循环长度需要更多的燃料，同时也意味着更大的浪费。根据福建电网近年来的电力需求和电力输送能力，福清核电 18 个月换料循环长度按 455 EFPD 目标考虑才是合适的。另外福清电网水电装机容量大，但发电量又有很大的不确定性，因此福清核电 18 个月换料循环长度又需要足够的弹性、灵活度，避免在夏季用电高峰停堆换料大修，这样才能提高负荷因子，提高产值。

9.2.3 福清核电燃料管理策略改进

福清核电 M310 的堆芯燃料管理的工程设计是仍然沿用 20 世纪 80～90 年代大亚湾核电的燃料管理方案，年换料，换料燃料富集度 3.2%，换料采用“外–内”装载方式（“out–in”），即新燃料组件布置在堆芯外围，已辐照燃料组件布置在堆芯里面，每次更换约 1/3 的燃料组件。批卸料燃耗仅为 33GWd/tU。燃料经济性较差。

为提高燃料经济性，自 2009 年工程建设阶段，福清核电同步启动了燃料管理策略改进。为了不影响工程建设的进行，从人员、设备可靠性、论证难度等方面考虑，提出了从第二循环开始提高换料燃料富集度，计划从第 4、5 循环开始转入 18 个月换料的燃料管理改进策略。

实施提高换料燃料富集度后，换料富集度为 3.7%，还是 1/3 换料，批卸料燃耗提高到 40GWd/tU；第四循环实施 18 个月换料后，换料富集度为 4.45%，每次换 72 组，批卸料燃耗可进一步提高到 44GWd/tU。

在群堆条件下的大修安排是非常重要的，它需要大量的内部、外部人力资源。如果大修时间重叠，更是对人力资源的挑战；大修时间在一年中可安排的时段有限，一般不适宜在夏季用电高峰安排大修，如果一个核电厂每年安排 6 次大修，那么大修人员可能产生疲劳，对工业安全与核安全都不利。因此采用 18 个月换料来降低年大修次数，对于群堆管理是非常有益的。岭澳核电厂一期进行从 1/4 年换料到 18 个月换料的论证，是为改善群堆管理下换料大修而进行燃料管理改变的典型例子。

福建电网电力受纳形势比较严峻，因此福清核电需要进一步优化 18 个月换料的目标循环长度，提高换料循环长度的灵活性，使发电能力与电网需求匹配。

9.2.4 燃料管理策略的经济性分析

燃料管理策略中经济性较好的有年度 1/4 换料和 18 个月换料。年度 1/4 换料在经济性上的主要表现在换料组件数目少，可以大幅度减少燃料采购成本。由于我国燃料乏燃料后处理费是按发电量抽取的，与国际上按乏燃料数量计算的方式不同，因此燃料管理策略改进不能减少这块的费用。从上述表 9–4 我们可以知道，18 个月换料相比年度换料在相当的条件下，可以提高电厂年均能力因子约 3%，并可减少年均大修费用，其综合经济性较高。表 9–5 给出了 M310 机组不同燃料管理策略经济性的简要比较，参考文献［13］也给出了类似的不同燃料管理策略经济性分析数据。

表 9–5　不同燃料管理策略经济性比较

	方案 1	方案 2	方案 3	方案 4
换料方式特点	年度 1/3 换料 工程设计	年度 1/3 换料 提高换料富集度	18 个月换料	18 个月换料 优化
燃料组件富集度/%	3.2	3.7	4.45	4.45
循环换料组件数/组	64	52	72	64
循环长度/EFPD	315	315	500	455
年均增加利润/亿元	0	～0.5	～1.7	–0.6

假设：

1）参照国际市场价格指数和原子能公司报价估算，即转化（含纯化）价格为 13.5$/kgU、浓缩价格为 159$/kgSWU，国际天然铀价格 50$/lb。

2）上网电价按 0.4 元/kWh 计算。

福清核电 1、2 号机组提高换料富集度论证，是国内首个采用从第二循环开始就提高换料富集度的方案，可以解决第二循环循环长度过短的问题，并提高了燃料的利用率。经测算，在发电能力相当的情况下，提高富集度能减少大约 12 组燃料组件，不考虑后处理费用的情况下，每个循环可节约 0.5 亿元燃料采购费用；同时为 18 个月换料打下一个基础。4 台机组 8 个循环，相比工程设计，预计节约燃料采购成本 4 亿元。该燃料管理策略也被方家山核电厂采用。

采用成熟的 18 个月换料方案，保证了福清核电按时发电，同时避免了燃料损失。18 个月换料一般采用低泄漏装载，可降低压力容器的辐照损伤，可使机组延寿到 60 年以上。在当前的物价水平及政策的前提下，预计可累计产生间接经济效益 250 亿元，相当于扩建 2 台二代改进型压水堆机组的投资。

福清核电在选择 18 个月换料管理方案时，有两个选项：一个是业内成熟的 18 个月换料方案（见表 9–5 方案 3），另一个是含 4.95%富集度比较激进的燃料管理方案。由于论证时间比较仓促，为此公司最终选择了比较业内成熟的方案。事实证明福清核电采用成熟的燃料管理方案是正确的。一个原因是采用 4.95%富集度燃料组件安全审评的难度比较大，无法保证按时获得 NNSA 的批准。如果不能按时获得批准，机组不能按时装料，对核电站造成无法估量的巨大损失。另一个原因是福建电网水电装机容量大，风电、太阳能装机也越来越大，福清核电参与调峰具有很大的不确定性。由于燃料组件燃耗和设备可靠性周期的限制，福清核电采用 4.45%富集度燃料组件的成熟燃料管理方案可以具有较大的灵活性；而含 4.95%富集度的燃料管理方案不适合福建电网这种较多调峰的情况，由于燃料组件燃耗的限制，从而出现严重弃料，将出现巨大的经济损失。

综合乏燃料后处理费减少、发电收入的减少，从表 9–5 可以看出，调峰运行（方案 4）相对于满功率运行（方案 3），将损失 2.3 亿元的利润。但如果在调峰环境下强行使用方案 3 的燃料管理方案，将因为设备可靠性问题被迫提前停堆换料大修出现弃料，同时几个循环后可能发生在夏季用电高峰停堆换料大修影响售电，严重影响电厂的经济性。为此，根据目前福建电网的情况，福清核电需要进一步优化调整 18 个月换料的循环长度到 455EFPD，这样每次换料可以减少 8 组燃料组件，减少近亿的燃料损失。

9.3 堆芯燃料管理技术创新

堆芯燃料管理领域重大技术创新可明显的提高电厂的经济性。这里举几个福清核电实施的创新技术。

9.3.1 动态刻棒技术

动态刻棒通过对空间效应的修正，使点堆方程适用于空间效应的反应性计算，是一种快速的控制棒价值测量方法。2009 年开始，福清核电在工程阶段就开始对核测仪表系统就行了变更改造，使其在硬件方便已经为动态刻棒技术做好了准备。福清核电是国内首家在此方面做好准备的核电厂。

机组投运之后，福清核电立即引进该项技术进行验证，并在 202 换料大修正式投入应用。使用动态刻棒技术后，每次零功率物理试验时间大概能缩短 12 小时，相当于每次启动增加 500 万元的产值。一台机组寿期内（60 年，18 个月换料）能增加 2 亿元的产值。

9.3.2 首炉堆芯备用燃料组件统筹采购方案

一般每台新机组会额外采购 4 组高富集度燃料组件作为备用组件。在国内目前多个核电厂进行多堆连续建设的情况下，原来的采购方案既不经济，安全性也不高。基于群堆考虑，用概率安全分析的方法对不同备用方案进行比较分析，并给出了推荐方案。

新的推荐方案把多机组备用统一考虑，不再每台机组单独备用，为此仅采购 4 组高富集度备用燃料组件即可；另外对每种低富集度燃料组件增加 1 组备用。新的备用方案用概率安全分析的方法评价，虽然总的备用燃料组件数量变少了，但是可应对的不利情况增加了，即备用的安全性增加了。

也由于备用燃料组件数量变少了，经济性也增加了。以 4 台机组为例，新方案比传统备用方案少用 10 组备用燃料组件，备用的安全性提高 1.5 倍；减少资金占用约 7100 万元，节省财务费用近 1000 万元。该思路在国内部分电厂得到推广使用，为其节省了不少的财务费用。

9.3.3 18 个月换料之乏燃料水池封堵问题

针对工程设计阶段遗留的乏燃料水池临界安全造成的大量贮存格架封堵问题，在 18 个月换料的燃料管理方案中，考虑了钆棒对乏燃料水池的临界安全贡献，解决了大量的格架封堵问题。

福清核电在 18 个月换料后，1 台机组减少了近 130 个格架封堵，减少了约 1.3 亿元的干式贮存潜在费用；4 台机组减少了近 520 个格架封堵，减少了约 5 亿元的干式贮存潜在费用。该方案也被同类电厂采用，避免了类似损失。

9.3.4 首炉堆芯斜装料

传统的首炉堆芯装料均采用“十”字或桥式装料。福清 M310 机组首炉堆芯首次采用斜装料，从而降低了装料难度，大幅度缩短了装料时间。首炉堆芯装料时间缩短到 40 小时，比业内同行至少缩短 24 小时。每次调试至少可节省主线 1 天时间，4 台机组节省主线时间 4 天或提前 4 天商运，即约增加 4000 万元产值。该装料方案也被同类电厂采用，缩短了它的调试工期。

9.3.5　等效氙平衡

传统核电厂如试验需要氙平衡，则需要在该功率平台稳定 48 小时后进行。实际上此 48 小时是设计上的一种特殊工况，另外实际负荷变化与设计差异很大。为此福清核电考虑了升负荷过程中的功率史，使堆芯氙的状态与设计要求一致，即达到“等效氙平衡”，从而一般可将功率平台氙平衡时间缩短到 24～30 小时。

因此，该创新方法在功率平台等待氙平衡期间每次可减少主线时间 20～24 小时。每次调试至少有 4 个功率平台需要等待氙平衡，且还有瞬态后需要氙平衡；4 台机组至少有 16 次氙平衡，该方法可节省主线时间 16 天或提前 16 天商运，即在调试阶段为福清核电增加约 16000 万元产值。

每次换料大修至少有 2 个功率平台需要等待氙平衡；每换料循环可增加近 1 天的发电量，即增加近 1000 万元产值。4 台机组每年增加 2666 万元，60 年增加 15 亿元产值（18 个月换料）。

9.3.6　刻度试验执行时机优化创新

传统核电厂进行功率量程系数刻度试验时是等待氙平衡后进行的。实际上在试验过程中，本身就需要轴向氙振荡。在清楚试验原理的情况下，福清核电在氙尚未平衡时开展功率量程系数刻度试验，试验结果也证明是满足验收准则。

前面说了，传统的功率量程系数刻度试验是在氙平衡后进行的，即它必须占用主线时间，试验、数据处理、参数修改最快需要 6 小时，一般需要 8 小时。而新的方法将试验提前到氙平衡之前进行，即它不占用主线时间，因此该创新方法在升功率期间每次可减少主线时间约 8 小时。

新的方法将试验提前到氙平衡之前进行，因氙平衡需要较长的时间，这增加了计划安排试验的灵活性。另外，可提前完成功率量程系数的校刻和调整，这对核电厂安全运行是更有利的。

每台机组调试至少需要执行 2 次功率量程系数刻度试验，4 台机组调试至少节省主线时间约 2 天，相当于提前 2 天商运，约增加 2000 万元产值。换料升功率至少需要执行 1 次刻度试验，已累计完成 6 次升功率刻度试验，节省主线时间约 36 小时，可增加 1.5EFPD，即约增加 1500 万元产值。

9.3.7　一点法

传统的反应堆功率量程系数刻度试验需要控制棒移动或氙振荡的方式使堆芯 AO 变化，试验时间长、风险高。福清核电跟踪国内外技术发展形势，与上海核星核电科技有限公司联合开发、验证，推动“一点法”技术落地，成为国内首家正式应用的核电厂。

功率量程系数刻度试验的“一点法”，无须控制棒移动或氙振荡的方式使堆芯 AO 变化，只需在稳态状态下测量一个功率分布即可，而这个试验还不需要单独做，只需要与功率分布试验共用一个测量；而 AO 变化可由软件提前模拟计算完成。因此“一点法”的试验时间缩短到 0，且试验在稳态下进行，消除了试验操作风险。

由于试验在稳态下进行，该试验方法将不再产生额外的含硼放射性水，每机组每循环约减少 25.8 吨。由于大幅度减少了功率分布测量，从而增加了堆芯测量系统探头的寿命，减少了维护成本。预计单机组 60 年寿期内至少可节约 7 个探头，计 600 万元费用。

在换料升功率期间每次可减少主线时间 8 小时，约增加 300 万元产值。单机组 60 年寿期内（18 个月换料）至少增加 8000～12000 万元产值。

9.4 功率提升与调峰举措

9.4.1 功率提升

功率提升可直接提升机组的发电能力，直接提高经济性。假设百万千瓦机组提高 1%的功率，那一年大约增加 3000 万元的产值。由于功率提升带来的效益显著且直接，美国核电厂基本都进行了 1%～20%不等的功率提升，相当于美国新增加了 6 台百万千瓦机组。

美国核电厂一般进行 3 个层次的功率提升。最简单一种是测量不确定性再俘获（Measurement Uncertainty Recapture），这种方法主要是改善热功率测量系统的精度，即采用最先进的给水流量测量装置，从而降低功率测量的不确定度。这种方法对电厂原始设计没有影响，当然这种一般功率提升小于 2%。第二种是伸展（stretch）功率提升，一般可以使功率提升 5%左右。这种方法主要是对现役机组的运行裕度进行挖潜。这种方法通常需要修改仪表设备的整定值，但不需要对电厂实施重大的改造。第三种是扩展（extended）功率提升，目前最大可以使功率提升 20%。这种方式需要对核电厂的相关配套设备，如蒸汽发生器、汽轮机、冷凝泵、主发电机及变压器等进行重大升级改造。

以上三种功率提升方式难度不一样，代价也不一样。第一种方式可能仅需要 100 万美元即可，而第三种方式可能需要花费 1 亿美元以上。当然投入不一样，获得的收益也是不一样的。功率提升的单位成本在 100～900 美元/千瓦，低于新电厂的成本，经济上非常有吸引力。

潜在的功率提升上限，取决于堆芯燃料、蒸汽发生器的状况、二次侧的状况及替换成本，必须对每台机组进行逐个检查，以确定容量提升上限。需要注意的是，替换一件设备的同时，可能还需要替换相关设备。

9.4.2 负荷跟踪和调峰

2014 年以前，我国商运核电机组的平均核电设备利用小时数可以达到 7750 小时以上，都是采用基本负荷运行方式，基本上不参与调峰，部分机组仅在国庆节、春节前后少量降负荷运行。然而，从 2014 年开始，随着更多的核电机组投产，多个电站出现长时间、高频率的调峰和调停，平均核电设备利用小时数逐步降到 7000 小时，2017 年止跌回升到 7108 小时。2017 年，我国在运 37 台核电机组，装机容量占比仅 2.02%，发电量占比仅 3.94%，核电在电力结构中的占比仍然较低，从全国角度来说电网负荷完全可以承受核电机组带基荷运行。

电网负荷有季节性变化，如一般夏季的电力需求比较旺盛，节假日的电力需求会降低。对一天来讲，一般夜里负荷较低，凌晨开始负荷又逐步升高，白天能达到一个峰值。因此，电力负荷具有季节负荷变化和日负荷变化的客观规律，这就需要电网对发电厂的电力输出进行调节，使之与电力需求匹配，保证电力供应和电网安全。

目前电网一般有水电、风电、太阳能、核电、煤电、气电等提供电力供应。目前不论是国内还是国外，一般优先安排清洁能源发电，而非清洁能源优先参与调峰。与国际上类似，目前福建电网核电发电的优先级在水电、风电、太阳能之后。到 2019 年，福建电网总装机容量达到 5700 万千瓦，水电、火电、核电、风电、光伏装机容量分别是 1321、3128、871、301、153 万千瓦，其中含气电 386 万千瓦，非夏季负荷约 2500 万千瓦，谷负荷约 1500 万千瓦。福建电网水电装机容量接近谷负荷水平，且无调节能力的径流水电站占比大，当雨季来临时，首先火电机组被调峰，在气电和抽水蓄能的调峰能力不足以完成调峰任务时，核电也会被迫减载，而让煤电参与调峰运行。因海峡“狭管效应”福建沿海还是风电的良好厂址，风电装机容量在福建电网的比例已经达到 5%，风电发展得也比较快。风电波动性、间歇性、可预测性差，随着风电规模不断扩大，最大峰谷差是增大的，这将进一步加重福建电网调峰压力[14-15]。

核电厂设计上具备一定的负荷跟踪和调峰能力，如果让核电参与调峰，能增加发电量，可能会增加收入。但由于核安全方面的特殊性及其投资巨大，核电厂参与调峰特别是负荷跟踪，既不安全也不经济。不论站在环保角度还是经济角度，要求核电机组提供调峰都是不适宜的。

（1）调峰对核电的影响

在调峰功率变化过程中，燃料芯块温度发生剧烈变化而发生强烈的热胀冷缩，芯块与包壳之间产生挤压、剪切等作用，即芯块包壳相互作用（PCI）。PCI 易使燃料包壳（第 1 道屏障产生威胁）发生破损，从而使放射性物质泄漏到一回路中，这就需要利用净化回路（过滤器和树脂除盐床）进行过滤除盐处理。另外，调峰过程中由于需要调节控制棒棒位，堆芯功率分布会发生较大畸变，特别是局部功率变化大，这增加了局部的 PCI，加大了燃料破损概率。简单的说，核电站调峰加大了燃料破损概率，降低了燃料可靠性（WANO 指标之一），使放射性气体释放到大气环境中的风险增大，同时使放射性的固体废物（过滤器芯子、废树脂）增加。调峰过程中，三废的增加最终就是增加了三废的处理费用；燃料的破损，降低了燃料利用率，造成燃料成本增加和乏燃料处理数量增加，经济上都是不利的。

堆芯损伤频率（CDF）是用概率论方法描述核电站安全性的一个指标，目前二代压水堆核电站反应堆堆芯损坏频率 CDF 为 10^{-5}～10^{-4}/堆年量级（三代压水堆 AP1000 堆芯损坏频率 CDF 为 5.08×10^{-7}/堆年、“华龙一号”堆芯损坏频率 CDF 为 3.47×10^{-7}/堆年）。电站运行过程中通常用各种方法改善设备的运行条件来降低堆芯损坏频率 CDF。而负荷跟踪会使常运行设备可靠性下降，停机停堆的概率增加，瞬态导致的堆芯损伤频率（CDF）增加。

调峰过程中，由于一、二回路参数与状态的反复变化对设备热应力冲击的影响，从而缩短主设备，特别是一回路压力容器的寿命，缩短电站的服役寿命。

目前二代反应堆控制在设计上并未完全解决负荷跟踪过程中轴向功率偏差控制问题（AP1000 在设计上已解决）。在控制棒调节功率过程中，如果控制棒棒位控制不合适，或者引发氙振荡，可能会发生轴向功率偏差超过限值，从而降低堆芯的安全裕量，严重时会触发机组甩负荷或停堆，给电网带来非预期的冲击。

由于社会公众（不论国内、国际）对核安全特别敏感，核电站发生的任何事件都会对公众的心理构成强烈的核安全恐惧。

如果机组进行调峰，会给停堆燃耗的预测增加难度，从而可能提前停堆而降低组件批卸料燃耗（降低燃料利用率），增加了乏燃料组件数，即增加了需要处理的核废料。目前国内民用乏燃料的贮存、后处理还是一个很大的问题，也需要很大的费用。

调峰过程中由于需要调节硼浓度，以补偿氙毒变化带来的影响，在此过程中有大量的硼水进入、流出反应堆冷却剂系统，流出的带有放射性的反应堆冷却剂需要处理，由此处理产生的废液量约为基本负荷稳定运行时废液量的 2.5～3 倍。这些放射性废液经过处理后一部分回收利用，另一部份收集后排向环境，虽然处理后放射性远低于国家规定的排放限值，但是当废液排放总量或放射性总量达到年限值时，核电机组将不再允许维持功率运行。即增加放射性废物（放射性液体废物和放射性固体废物）的运行方式不符合国家的节能、减排政策。

如果环境放射性监测水平异常，将导致应急响应水平提高。

另外，相比较火电等发电能源，核电投资巨大，燃料成本相对较小；而火电投资较小，而燃料成本相对较高。国家投资收益角度，核电适合基本负荷发电，而火电适合用于调峰。

总之，核电站不调峰的好处是：1）安全。提高了核电站的运行安全、核安全以及电网的安全。2）环保。减少燃料包壳破损的发生，降低放射性物质释放到环境中的概率；减少放射性固体和液体废物；降低乏燃料的数量。3）经济。提高铀资源利用率，核电站延寿运行，保证电网收益，国家投资收益率最高。

（2）国外核电站运行方式

众所周知，核电是清洁、环保的能源，因此国际上核电站在实际运行过程中几乎都采用基本负荷运行方式。同时，核电站能力因子的高低代表了一个企业的技术与管理水平，同时更是代表了一个国家的工业水平。美国核电用户需求文件（URD）和欧洲核电用户需求文件（EUR）中均要求下一代核电站应采用 18 至 24 个月长燃料循环周期，以确保机组可利用率高于或等于 87%。

2016 年，美国核电总装机容量 99 GW，核发电量占总发电量的 19.7%，核发电量达到 8 053 亿 kWh，平均负荷因子达到 92%。从负荷因子可以判断，美国的核电机组都是采用基本负荷运行方式。

在日本，核电更被视为替代石油能源的主力能源而受青睐。20 世纪 80 年代末，核电占日本全国总发电量的比重首次超过石油、天然气、煤和水力等传统能源的发电量而跃居榜首，占全国总发电量约三分之一。截至 2005 年底，日本已建成并投入运行的核动力反应堆为 54 座，总功率为 4800 余万千瓦，其规模仅次于美国和法国，名列世界第三。同时，大规模开发利用核电还使得日本的能源自给率由原来的 4%上升到现在的 18%左右，提高了 14 个百分点。资料显示，日本大量发展高参数火电机组和核电站，这些电站只担负电力系统基荷，调峰容量由抽水蓄能电站承担。抽水蓄能电站到现在已发展到 2 515.9 万千瓦，在建装机约 625 万千瓦。2002 年 3 月，日本政府宣布，将主要依靠核能来实现《京都议定书》中确定的温室气体减排目标。

2007 年，法国全国核电、水电、火电、其他电源装机容量分别为 6300、2567、2451 和 350 万千瓦；全国装机容量的比例分别为 54%、22%、21%和 3%；全国发电量为 5 380 亿千瓦时，发电量分别占全国发电量比例为 77%、12%、10%和 1%[11]。即使法国这么高的核电装机比例，过去 15 年法国核电年平均能力因子仍然达到 81%～83%[11]。由于核电的边际成本较低，核电机组参与调峰不经济。法国电力公司尽可能安排核电机组带基本负荷运行，在调度排序中，核电排在火电和气电、抽水蓄能机组前面，而利用边际成本较高的火电等机组进行调峰。在实际调度运行中，利用法国核电机组数量较多特点，通过检修计划的合理安排，实行组合调峰，以满足电网负荷的季节性变化需求[11]。

（3）电网调峰矛盾的解决建议

由于核电厂发电将相应减少火力发电的份额，减少了发电生产对燃煤的需求和减少燃煤发电产生的污染物排放，从环保角度核电机组应长期带基本负荷运行。《京都议定书》等也要求我国在节能减排上做出努力，减低中国在国际上的政治压力。2009 年“两会”期间，国务院总理温家宝在政府工作报告中又着重指出：要毫不松懈地加强节能减排和生态环保工作；要大力发展循环经济和清洁能源；积极发展核电、风电、太阳能发电等清洁能源。

同时，由于核电厂安全性要求极高，系统复杂、设备可靠性高、建设时间长，建设投资巨大，单位造价大大高于火电（二代核电为 1500～2000＄/kW 的单位造价，火电为 550～600＄/kW 的单位造价，差 3 倍以上），其核燃料费用相对较低，从提高效益角度和收回投资，核电机组应长期带基本负荷运行[2,4,6,8]。

为确保电网及核电厂的安全，电力工业部 1997 年 4 月 28 日发布《并网核电厂电力生产安全管理规定》（电安生［1997］239 号）[12]。《规定》明确指出，核电机组一般不参与日峰谷调峰；要严格执行最低安全技术出力的基础上，确保带某一稳定负荷。2007 年 8 月国务院办公厅发布了《节能发电调度办法（试行）》[8]。《办法》按照节能、经济的原则，以确保电力系统安全稳定运行和连续供电为前提，以节能、环保为目标，对不同类型的机组确定了调度顺序。核电机组由于经济、环保其发电优先级排在火电之前。另外《办法》还规定：核电机组除特殊情况外，按照其申报的出力过程曲线安排发电负荷。

为了解决未来核电站基本负荷运行与调峰的矛盾，并从根本上解决电网的调峰和电网安全问题，应尽快建设配套的抽水蓄能电站与燃气轮机机组来解决[2,3,4,6]。特别是抽水蓄能电站的调峰幅度可达到其装机容量的两倍，同时也是电网经济的调峰手段[9,10]，因此浙江、广东都把抽水蓄能电站建设作为核电站的配套设施（浙江：天荒坪抽水蓄能电站，安装 6 台 30 万千瓦机组；桐柏抽水蓄能电站，装机总容量为 120 万千瓦。广东：广州抽水蓄能电站，240 万千瓦；清远抽水蓄能电站，总装机容量为 4×32 万千瓦；惠州抽水蓄能电站，240 万千瓦；深圳抽水蓄能电站 120 万千瓦；清远甘竹顶抽水蓄能电站 120 万千瓦；阳江抽水蓄能电站 240 万千瓦等）。

另外，在加强调峰电源建设的情况下，应加快建立由市场配置资源的有偿的调峰电价机制，尽快建立合理的电网调峰电价和调峰补偿电价。在需求侧，建立峰谷电价，用市场减小峰谷差。

福建电网的容量较小，但是建在福建的核电机组其电力输出不能、也不应该只是为福建服务，而是国家电力安全的需要。因此福建电网应加强与华东电网、江西省电网的联网建设，加强电网间电力调配能力，同时为使福建成为核能大省、电力输出大省，提高福建的电力收入，让电力成为拉动福建 GDP 的一个火车头。法国通过与邻国的联网，成了世界上最大的电力净出口国，每年因此获得约 26 亿欧元的收入[1]。

9.5 降低厂用电率

核电厂厂用电率是重要的性能、经济指标，确保核电厂安全可靠运行情况下，尽可能优化系统设备运行方式，降低厂用电率，可以在机组运行阶段创造更多的综合效益。

以福清核电百万千瓦级压水堆核电机组为例，目前，福清核电机组在满功率运行情况下，厂用电率平均为：5.42%左右（如果机组在降功率运行，则厂用电率会进一步升高）。

总体上，厂用电率处于优异指标。在机组功率运行期间，提高厂用电率的主要要求是确保机组尽可能满功率运行，并减少不必要的电力消耗，比如合理优化系统设备运行方式（如果单台凝汽器抽真空泵可以满足抽真空需求，则不再运行多台泵）；不需要运行和备用的设备尽量断电运行（比如凝汽器胶球清洗装置，正常情况下不需要运行，则可以断电停运）；现场的照明设施根据亮度合理控制等。

而机组在调峰、调停或小修等状态下，可以分析优化系统运行方式，合理减少机组厂用电。

机组调停：核电机组根据电网调度要求停运，发电机与电网解列，常规岛汽水回路、汽轮发电机辅助系统保持运行，反应堆通常降到功率运行模式低功率状态或者蒸汽发生器冷却停堆模式热停堆状态。

机组小修：核电机组因小修消缺停运，发电机与电网解列，常规岛汽水回路、汽轮发电机辅助系统根据缺陷处理计划部分保持运行或全部停运，反应堆通常降到功率运行模式热备用状态或者蒸汽发生器冷却停堆模式热停堆状态。

以福清核电压水堆机组为例，电锅炉及部分 6.6 kV 泵的额定功率如表 9－6。

表 9－6　典型压水堆机组重要设备额定功率表

用户	电锅炉	循环水泵	主给水泵	启动给水泵	辅助给水泵	凝结水泵	凝结水净凝泵	主冷却剂泵	常规岛闭式泵
额定功率/kW	26 000	6 500	10 250	1 000	560	1 800	560	6 800	500

在满足机组运行需要的前提下，合理安排系统设备运行方式，考虑系统设备功率大小、耗电情况，可以减少厂用电负荷。运行方式优化从以下几个方面进行。

9.5.1 合理确定循环水泵运行数量

一般压水堆核电厂每台机组设置两台 6.6 kV 循环水泵，为凝汽器及常规岛闭式水系统提供冷却海水。根据机组调试数据，一台循环水泵运行，可满足机组带 50%功率长期稳定运行（根据福清核电运行经验数据，在真空得到保证的情况下，一台循环水泵最高可以满足 750 MW 电功率运行需求）。在机组调停或停机小修时，反应堆维持在低功率状态（通常不超过 4% FP）或热停堆，两列取水鼓网同时运行，安全厂用水系统保持正常运行方式，仅一台循环水泵运行即可满足机组冷却需要。由于两台循环水泵之间无备用自启逻辑，是否停运一台循环水泵，减少厂用电率，考虑以下因素：

1）循环水泵及辅助系统是否有检修活动。如果有检修活动，则根据计划停运对应循环水泵；当检修计划涉及两台循环水泵时，按照逐台开展的原则，确保始终至少有一台循环水泵保持运行。

2）机组调停或停机小修的时间长短：如果机组调停或停机小修的计划时间超过 30 天，可以考虑仅保持一台循环水泵运行，按照其额定功率 6 500 kW 计算，停运一台循环水泵，节省 $6\,500 \times 24 \times 30 = 4\,680\,000$ kWh（即 468 万度）电量。如果机组调停或停机小修的计划时间短于该时间，则不建议停运。可根据系统设备的可靠性，合理确定此时间点。

9.5.2 确定蒸汽发生器供水方式

机组低功率或热停堆状态时，蒸汽发生器的供水方式有：

主给水供应：主给水泵从除氧器取水，供给蒸汽发生器；

主给水供应：启动给水泵从除氧器取水，供给蒸汽发生器；

辅助给水供应：辅助给水泵从辅助给水箱取水，供给蒸汽发生器。

具体采用何种供水方式，需要综合考虑以下几个方面：

（1）反应堆功率水平

堆功率大于 2%，需使用主给水泵；堆功率小于 2%，可使用启动给水泵或辅助给水电动泵。

特别说明一下，根据启动给水系统调试试验数据，启动给水泵最大供水流量 220 t/h，此时核功率 5%，对应 APG 运行排污流量约 10 t/h。但为避免核功率波动或升高导致启动给水不足、无法维持蒸汽发生器水位，产生非计划停堆风险，须严格按照规程及时进行启动给水向主给水切换，避免启动给水泵在堆功率超过 2%情况下长时间运行。

对于堆功率小于 2%的热备用状态，采用主给水联合蒸汽旁排运行方式时，使用主给水泵还是启动给水泵供水，可按下述情况考虑：

如果主给水因检修计划需要全停，则启动给水泵运行；

在启动给水泵和至少一台主给水泵均可用的情况下，考虑到主给水泵功率与启动给水泵功率相差较大，若机组调停或小修计划时间超过 15 天，则建议使用启动给水供水；如果时间较短，则建议保持一台主给水泵运行为蒸汽发生器供水。

（2）二回路水质情况

反应堆低功率（≤4%）或热停堆状态时，化学技术规范中以运行技术规范（OTS）名义要求遵守的二回路系统化学指标有溶氧和 pH 值。

如果凝汽器真空正常，凝结水和除氧器供水水质合格，则优先考虑主给水供水方式，即使用凝汽器通过凝结水 – 主给水/启动给水 – 主给水集管对蒸汽发生器进行供水。

若凝汽器真空已破坏或二回路水质不合格，则只能采用辅助给水运行方式，即利用辅助给水箱的水装量，通过辅助给水电动泵运行，供给蒸汽发生器。

9.5.3 蒸汽排放系统的运行方式

当汽轮发电机组停运后，反应堆的热量通过蒸汽排放系统释放到凝汽器（GCTc）或大气（GCTa）。

蒸汽发生器的供水方式需要和蒸汽排放系统 GCT 系统的运行方式相匹配，即当 GCTc 运行时，一般考虑使用主给水，主给水或启动给水泵运行；当 GCTa 运行时，通常使用辅助给水，一台辅助给水电动泵运行。

由于辅助给水联合 GCTa 方式长时间运行会造成辅助给水水装量损失，需向辅助给水箱频繁补水，方法有：利用另一机组凝结水系统合格的凝结水进行补水或者使用辅助给水除氧器为辅助给水箱制取氧含量合格的除盐水。这种运行方式不仅对辅助蒸汽供应系统（包括电锅炉和辅助蒸汽生产系统）、辅助给水以及另一机组凝结水系统运行状态有要求，还增加了运行补水的频度，除非因小修对机组状态特殊要求，否则不推荐后撤至此状态。

综上所述，在 GCTc 可用的情况下，蒸汽发生器供水方式优先选择主给水，堆功率高于 2%时，一台主给水泵运行；堆功率小于等于 2%时，启动给水泵运行；当 GCTc 不可用时，使用 GCTa 排出堆芯热量，一台辅助给水电动泵为三台蒸汽发生器提供辅助给水。

9.5.4 减少凝结水供应和处理系统高功率水泵的运行数量

（1）凝结水精处理系统

一般，凝结水精处理系统设置三台 6.6 kV 净凝结水泵，根据精处理流量一台或两台并列运行。机组调停后，二回路给水系统处于低流量或小循环状态运行。在二回路给水指标合格的情况下，凝结水精处理系统可以退出运行或带压热备状态，三台凝结水精处理净凝结水泵全部停运。

（2）凝结水供应系统

凝结水供应系统设置三台 6.6 kV 凝结水泵，根据机组功率不同保持一台或两台运行。机组调停后，二回路给水系统处于低流量或小循环状态运行。当蒸汽发生器采用主给水供水方式（凝结水供应系统－主给水泵/启动给水泵－主给水集管）时，一台凝结水泵保持运行即可满足供水流量需求。当辅助给水系统运行时，为保持二回路给水循环，通常保持一台凝结水泵运行。如果机组因小修缺陷处理有特别需要，在辅助给水系统供水正常的情况下，可以将凝结水三台泵全部停运。

9.5.5 优化辅助蒸汽生产系统和电锅炉运行方式

辅助蒸汽分配系统由辅助锅炉或 1、2 号机组辅助蒸汽生产系统提供压力为 1.2 MPa.a、温度为 188 ℃的辅助蒸汽，经管网分配给核岛三废系统蒸发器、除气塔、辅助给水系统除氧器以及常规岛轴封供应、除氧器等用户。辅助蒸汽作为常规岛轴封供应、除氧器系统的备用汽源，是机组可靠运行的重要保障资源。

机组正常运行时，辅助蒸汽分配系统由 1/2 机组辅助蒸汽生产系统供应辅助蒸汽；当一台机组停运或运行，而另一台机组启动过程中，需要启动辅助电锅炉为系统供汽。电锅炉的正常运行功率为 26 MW，是厂内设备中负荷最大的用户，因而减少电锅炉运行对降低厂用电率有重要贡献。

电锅炉能否保持热备用状态，主要取决于反应堆的功率水平和主蒸汽隔离阀的状态：调停机组反应堆降至热停堆或热备用状态。若该机组辅助蒸汽生产系统停运或者主蒸汽隔离阀关闭，而二回路常规岛轴封供应、除氧器系统保持运行，由辅助蒸汽分配系统供汽，则一台电锅炉需启动运行。原因是另一机组运行中的辅助蒸汽生产系统产生辅助蒸汽量无法满足核岛公共用户用汽（三废等）和停运机组的常规岛轴封供应、除氧器系统用汽。计算数据见表 9－7。

表 9－7 一台机组停运和一台机组运行时产汽量和耗汽量数据表

	耗汽量	t/h	产汽量	t/h
停运机组	除氧器	20		
停运机组	常规岛汽机轴封	10.8		
运行机组	辅助蒸汽生产系统除氧器	2.283		
公共部分	核岛三废	19.39		
公共部分	辅助给水除气塔	4.3		
运行机组			辅助蒸汽生产系统	37
累计		56.773		37

若机组调停期间，反应堆保持功率运行模式，功率不低于 2%，且主蒸汽隔离阀开启，在此情况下，可保持调停机组辅助蒸汽生产系统连续运行，此时两台电锅炉置于热备用状态，不出力。两台机组的辅助蒸汽生产系统同时保持运行，保证辅助蒸汽分配系统的汽源充足。如果是群堆运行，多机组联通供应辅助蒸汽，则更有条件，尽量不启动电锅炉，保持在备用状态。

9.5.6 运行的高功率转动设备分配

由于福清核电变低压侧为双绕组，为使厂变低压侧所带的两列 6.6 kV 母线负荷尽量平衡，调停期间保持运行的 6.6 kV 转动设备在可能的情况下尽量分配到不同的母线。这一原则不改变系统设备运行的数量，仅仅是在前述讨论的基础上对冗余设备运行方式的优化。根据表 9－8，可考虑对等母线负荷尽量平衡，部分设备运行方式优化，以减少厂用电。

表 9－8 厂用 6.6 kV 母线上所带的泵类负荷表

	凝结水处理泵	主给水泵	启动给水泵	凝结水泵	循环水泵	主冷却剂泵	常规岛闭式水泵
中压配电盘 A	2 号			1 号		2 号 3 号	
中压配电盘 D					1 号	1 号	
中压配电盘 B			1 号				1 号
中压配电盘 C							2 号
中压配电盘 E	3 号 4 号	1 号		3 号	2 号		
中压配电盘 F		2 号 3 号		2 号			

综上所述，机组调停期间二回路系统状态优先按照以下方案进行设置：反应堆功率维

持 2%～4% P_n，主蒸汽隔离阀开启，常规岛抽真空和轴封供应系统正常运行（由主蒸汽供汽），一台真空泵运行维持凝汽器真空，确保二回路水质合格，一台主给水泵和一台凝结水泵运行，为蒸汽发生器提供给水，堆芯热量通过 GCTc 排往凝汽器。凝结水精处理系统全停备用。辅助蒸汽生产系统运行，两台电锅炉置于热备用状态。调停机组保持一台或两台循环水泵运行，根据实际情况合理配置系统设备运行方式，可以优化核电厂厂用电率，提高运行阶段经济效益。

9.6 技术创新效益优化案例分析

9.6.1 严重事故模拟机研制项目

【案例启示】充分利用已有项目资源，有效整合到新建项目中，减少重复采购。培训部门通过严重事故模拟机项目，最大化利用原模拟机项目设备，大大便利了严重事故模拟机的使用效率，减少了项目设备费用，节约了成本。

（1）项目概况

福清核电严重事故模拟机以现有福清 2 号全范围模拟机为基础，通过集成严重事故计算软件完成对严重事故模拟功能的扩充，形成能够覆盖核电厂全部工况（包括正常工况、事故工况以及严重事故工况）的模拟机，可进行严重事故相关的培训及演练。

（2）改进措施及实施情况

严重事故模拟机是基于全范围模拟机进行扩充开发的，若只有一套平台的话，进行全范围模拟机培训时，就无法进行严重事故培训或相关演练。而单独购买一套模拟机平台价格极其昂贵。培训部门组织专业人员，对 2 号全范围模拟机 DCS 采用全仿技术、易于扩展的特点进行分析论证，利用 2 号全范围模拟机备件额外搭建一套平台，仅从模拟机开发商处购买一套严重事故配套软硬件，减少采购范围，并独立设计切换系统，可以实现严重事故模拟机和全范围模拟机相互独立执行演练、培训任务。

经过项目合理的改进，福清核电的严重事故模拟机可独立于全范围模拟机单独运行，也可与全范围模拟机联动运行，相比于同行电厂具有灵活性，不受制于全范围模拟机机时的影响，为后续培训课程的开展提供极大便利。此外，也实现了全范围模拟机与严重事故模拟机关键设备的相互热备，缩短软硬件异常修复时间，提高模拟机可用性。

（3）效益测算

经济效益。本项目基于公司 2 号模拟机进行扩展开发，避免了另起炉灶单独开发严重事故模拟机可能造成的资源成本重复投入，和同行类似严重事故模拟系统开发费用相比，节约了 500 万元以上。

社会效益。本项目的成功，为公司核应急管理提供了更好的技术平台，为电厂管理人员、运行人员和技术人员提供了严重事故相关培训和演练的必要条件。提高电厂应急管理和事故应对水平，是电厂应急能力常备不懈的重要保障，从长远来看有重要的社会效益。

9.6.2 蒸汽发生器冲洗装置增加两列电源技改项目

【案例启示】“创新意识精进”是成本精益管理“八精”内容之一。维修部门针对机组设计中 SG 大修冲洗装置无电可用的问题，以技术创新开辟精益新途径，成功实现大修 A、B 列停盘期间 SG 冲洗的连续进行，节省大修工期。

（1）项目概况

根据国外同行经验反馈及工艺要求机组大修期间对 SG 蒸汽发生器二次侧进行泥渣冲洗，提高换热效率和传热管寿命，降低一回路边界应力腐蚀开裂风险。针对机组大修窗口紧凑，无可用电源保证两台 SG 同时冲洗的工艺情况考虑，维修部门通过变更改造增加两列电源，确保了两个 SG 设备同时冲洗的用电需求，节约大修主线工期，同时解决了相关区域用电难的问题。

（2）改进措施及实施情况

1）根据冲洗用电功率，结合大修期间 A/B 列停盘检修计划安排，分别选定在 LKA（A 列）和 LKE（B 列）系统配电盘增加两个电源抽屉回路，经 ET 厂房增加的变压器引至龙门架下配置的户外配电柜中。配电柜除了满足冲洗用电要求，同时配置多个用电回路，解决安全壳打压试验及日常龙门架区域用电紧张问题。

2）自 2016 年底以来，福清核电 1～4 号机组先后通过技改成功完成 SG 蒸汽发生器冲洗电源装置增加改造，且变更项目已反馈至 5、6 号华龙一号机组项目设计，在机组设计阶段优化设计方案。

3）成本测算

① 根据单台机组统计，本项目设计费用 10 万元，电缆、电源抽屉及变压器配电柜等设备采购费用共计 49 万元。

② 项目施工费用预算 18 万元，经实际结算约 20 万元。

③ 项目总体支出成本约 79 万元。

（3）创造效益

项目完成投入使用后，每次换料大修期间两台 SG 同时冲洗节省大修周期 2.5 天，按照单台机组运行投产 1 000 万元/天效益量计算，远远高于项目改造总支出成本费用，降本增效成果明显。

9.6.3 提高换料燃料富集度

【案例启示】燃料管理设计改进对燃料经济性、机组利用率影响重大。提前策划并组织实施提高换料燃料富集度项目，能够最大限度地降低运行成本、提高经济效益。

（1）项目概况

2010 年，经公司总经理办公会批准，福清核电正式启动 1、2 号机组提高换料燃料富集度论证项目，该项目由技术支持部门牵头组织开展，外委中国核动力研究设计院负责进行论证分析工作，项目完成累计共 56 份项目论证文件编制，其中 49 份文件提交 NNSA 审查，2015 年 4 月获得 NNSA 批准。

（2）改进措施及实施情况

项目获批后，技术支持部门精心组织，在运行部门、维修部门、核安全部门、设备管理部门、化学处理部门等相关处室的紧密配合下，历时将近两年，最终完成了1、2号机组124份运行文件修改及REA定值修改、乏池硼浓度提高和运行梯形图修改等现场工作，保质保量按时完成了1、2号机组提高换料燃料富集度现场工作。

（3）创造效益

福清核电1、2号机组提高换料富集度论证，是国内首个采用从第二循环开始就提高换料富集度的方案，可以解决第二循环长度过短的问题，并提高了燃料的利用率。经测算，每个循环可节约0.5亿～1亿元燃料费用，2台机组4个循环，预计节约燃料成本2亿～3亿元，并大大减少放射性废物的排放；同时为18个月换料打下一个基础。

9.6.4 一点法案例

【案例启示】“一点法”堆内外核测互校技术的研发，该方法在国外已经有广泛应用，在国内尚属首次。在换料升功率期间每次可减少主线时间8小时，并且在反应堆升功率前就产生好高精度的刻度系数。

（1）项目概况

M310核电机组通过RPN系统对堆芯功率Pr和轴向功率偏差ΔI的连续监督，受核燃料燃耗及探测器自身条件变化的影响，在每个运行循环内这组刻度系数都需周期性地通过堆内外核测互校刻度试验加以刻度，以确保其指示的精度。

在国际上堆内外核测互校刻度试验的开展通常有 “多点法”和“一点法”，“多点法”指通过6～8个不同堆芯状态，从而开展多次功率分布测量（“多个点”实测数据），计算出新的RPN刻度系数。“一点法”是利用一个堆芯功率分布测量（“一个点”实测数据）结果，结合理论模拟计算得到新的RPN刻度系数。

（2）改进措施及实施情况

2014年9月起，福建福清核电有限公司联合上海核星核电科技有限公司对“一点法”堆内外核测互校技术进行技术研发，该方法在国外已经有广泛应用，在国内尚属首次。主要实施过程分为四步：

1）利用核设计软件的数值模拟代替传统刻度方法的多次堆内功率分布测量；

2）利用功率分布和探测器响应函数计算功率量程探测器的模拟电流；

3）利用现场测量的一点通量图数据对探测器灵敏性进行刻度，并对探测器的模拟电流“信号”进行归一；

4）计算新的RPN刻度系数。

对U1C1、U1C2、U1C3、U2C1、U2C2、U3C1的大部分运行数据进行了验证后向国家核安全局提出正式应用申请，2018年3月22日正式获得批准应用，截至目前已在福清核电1～4号机组正式应用10次，全面满足技术要求和验收准则。

（3）创造效益

使用一点法主要创造以下效益：

1）不再需要人为地在反应堆内诱发氙振荡（或插棒）来获得不同的堆芯轴向功率偏移，从而可避免传统试验方法给机组带来的核安全风险。

2）可大幅缩短试验时间，同时避免产生含硼放射性废液，约减少25.8吨/单机组/单循环，从而为机组创造可观的经济效益。

3）显著减少 RIC 探测器的使用频率，降低系统运行维护的成本，延长系统使用寿命，单机组 40 年寿期内至少节约 5 个探头共 400 万元费用。

4）在换料升功率期间每次可减少主线时间 8 小时，并且在反应堆升功率前就产生好高精度的刻度系数，实现任意功率水平下 RPN 系统对反应堆的连续精准监控，约增加 300 万元产值/单机组/单循环。单机组 40 年寿期内至少增加 8 000 亿～12 000 万产值。

第 10 章 安全环保管理与潜在效益

核安全是核电厂的生命线，核电厂要发挥环保效益、经济效益以及其他社会效益，首先要确保安全。

10.1 运行安全管理

10.1.1 安全管理的重大意义

历史上三大核事故，造成了严重后果，也为核电厂确保安全提供了殷鉴。

美国三哩岛核事故，是核能史上第一起堆芯熔化事故，虽然没有造成人员伤亡和明显的放射性外溢，但是直接经济损失达数十亿美元之巨，也导致世界核电发展沉寂三十余年。三哩岛核电厂供应方从此退出了核电供应市场，事故的处理和清理工作，繁杂耗时、花费昂贵。三哩岛核事故，“终结了美国的第一核纪元”。

苏联切尔诺贝利核事故，影响巨大。根据国际原子能机构（IAEA）所公布的数据：事故释放出大量放射性物质，总计现场死亡人数为 31 人；事故后从白俄罗斯、乌克兰和俄罗斯三国撤离了 11.6 万人，最后避迁移居了 21 万公众。最严重的是公众精神压力加大，心理损伤严重，焦虑、忧愁、宿命论和“受害者”心态滋生、社会心理影响强烈、严重和长期持续；社会、经济、政治和制度上都产生了深远影响，甚至有人说促进了苏联解体；很长一段时间公众对建设核电存在很大恐惧，在一些国家有谈“核”色变之虑。

日本福岛核事故，时间最近。事故造成多台核电机组堆芯融毁，释放出大量放射性物质，大量居民撤离，超过 10 万人被迫离开家园，多台核电机组被迫停止运行，日本政府估计此次核事故造成的损失约 1880 亿美元。我国也立即组织对全国进行全面检查，调整了核电项目审批发展的步伐。

做好核安全管理意义重大：

核安全是国家安全体系的重要组成部分。核安全与核事业相生相伴，事关国家与地区安全稳定，事关公众身心健康和切身利益，事关生态环境安全，是人类和平利用核能、实现更大发展所面临的共同挑战。

核安全是核工业的生命线，应始终坚持“安全第一”，将核安全置于最高的地位，才能确保核工业长久发展，确保核事业更好地服务于国家和人民。

核安全是企业的生存线，是核电企业的立身之本、发展之基。核安全关乎企业的存与亡，没有核安全，企业就不可能“基业长青”。

核安全是员工的幸福线，核安全得不到保障，员工就会失去工作的价值、失去生活的依靠、失去美好的未来。

因此，核电安全永远是第一位的。无论是核电技术设计、系统构成、安全设备，还是核电运行管理、操作安全、风险管控，都要以确保核电安全为核心。

10.1.2 专设安全设施配置

核电厂安全的基本目标是，确保公众和厂区工作人员在所有运行工况下受到的辐射照射保持在适当的规定限值之内；在事故工况下受到的辐射保持在可接受的限值之内。为了实现这一基本目标，保证充分的安全性，核电厂设计必须满足下列总的安全要求：提供手段以确保在所有运行工况下，在事故工况期间和之后能实现安全停堆并维持安全停堆状态、从堆芯排除余热；提供手段以减少可能的放射性物质释放，确保在运行工况期间和之后的任何释放不超过规定的限值，同时，确保在事故工况期间和之后的任何释放不超过可接受的限值。

为此，核电厂设计中设置了四道反应堆安全屏障。

第一道屏障——核燃料芯块。现代反应堆广泛采用耐高温、耐辐射和耐腐蚀的二氧化铀陶瓷核燃料。经过烧结、磨光的这些陶瓷型的核燃料芯块能保留住 98%以上的放射性裂变物质不使逸出，只有穿透能力较强的中子和 γ 射线才能辐射出来。这就大大减少了放射性物质的泄漏。

第二道屏障——锆合金包壳管。二氧化铀陶瓷芯块被装入包壳管，叠成柱体，组成了燃料棒。由锆合金或不锈钢制成的包壳管必须绝对密封，在长期运行的条件下不使放射性裂变产物逸出，一旦有破损，要能及时发现，采取措施。

第三道屏障——压力容器和封闭的一回路系统。这屏障足可挡住放射性物质外泄。即使堆芯中有 1%的核燃料元件发生破坏，放射性物质也不会从它里面泄漏出来。

第四道屏障——安全壳厂房。它是阻止放射性物质向环境逸散的最后一道屏障，它一般采用双层壳体结构，对放射性物质有很强的防护作用，万一反应堆发生严重事故，放射性物质从堆内漏出，由于有安全壳厂房的屏障，对厂房外的环境和人员的影响也微乎其微。

在设计基准事故工况下，必须确保堆芯的冷却和安全壳的完整性，限制事故的发展和减轻事故的后果。福清核电设置了专设安全设置，主要包括安全注入系统、安全壳喷淋系统、辅助给水系统、安全壳隔离系统和安全壳内大气监测系统的混合、取样和氢复合子系统等。除专设安全设施外，还有一些系统用来协助它们完成其功能，或者为保证专设安全设施及其支持系统的良好运行提供必要条件。针对这些支持系统，技术规范规定了它们的可用性。当它们不可用时，机组的安全水平将受到威胁，比如：安全壳完整性：包括贯穿件、气闸门、主蒸汽隔离；电源：应急柴油机、水压试验泵汽轮发电机；冷却水、通风、气源等。

专设安全设施是指这样一些系统：事故发生之后，确保堆芯冷却和安全壳完整性，限制事故发展和减轻事故后果。

核电厂投入大量资金，设计、建造、维护这些专设安全设置，就是为了确保三大安全功能得到有效保障，设计基准事故得到完整应对，确保核电机组的安全可靠运行。

（1） 安全注入系统

1） 系统功能

主要功能：

① 在反应堆冷却剂系统发生失水事故或主蒸汽系统发生管道破裂事故时，完成堆芯应急冷却功能；

② 在失水事故情况下，通过向堆芯注入硼酸，防止燃料包壳熔化，并保持堆芯的几何形状和完整性；

③ 在主蒸汽管道破裂事故工况下，向一回路快速注入浓硼溶液，以补偿由于不可控地产生蒸汽致使反应堆冷却剂过冷而引起的容积变化和反应性增加，从而可以使反应堆迅速安全停堆，并防止反应堆重返临界；

④ 在失水事故后的再循环注入阶段，本系统的部分承压边界作为安全壳的延伸，起安全壳屏障作用。

辅助功能：

① 在换料冷停堆期间，向反应堆换料水池充水；

② 对反应堆冷却剂系统进行水压试验；

③ 在失去全部电源时，给反应堆冷却剂泵注入密封水。

2） 系统描述

安全注入系统主要有以下几个子系统组成：高压安注子系统、低压安注子系统、中压安注子系统（安注箱注入子系统）、4%硼酸溶液再循环回路、两机组共用的水压试验子系统。

按照注入所采用的动力划分，安全注入系统采用了能动和非能动两种方式；前者采用电动泵这类能动设备将冷却水注入一回路，后者采用氮气加压的方式将冷却水注入一回路。

能动安注子系统有足够的设备和流道冗余度，即使长期运行期间出现单一能动或非能动故障，仍能确保系统运行的可靠性和堆芯的持续冷却。非能动安注子系统（中压安注子系统）包括三条独立的中压安注箱排放管线，每条连到一个反应堆冷却剂环路的冷段上。

3） 系统主要设备

① 高压安注泵；

② 硼注入箱、缓冲罐、硼酸再循环泵；

③ 换料水箱；

④ 中压安注箱；

⑤ 水力试验泵；

⑥ 低压安注泵等。

（2） 安全壳喷淋系统

1） 系统功能

主要功能：

① 在一回路失水或安全壳内主蒸汽管道破裂的事故工况下，使安全壳内的温度和压力保持在可承受值内，以保证安全壳的完整性；

② 在一回路失水事故时带走散布在安全壳内的气载裂变产物（尤其是碘）；

③ 用来疏导一回路失水后堆芯余热，它是专设安全设施中唯一带有冷源的系统；

④ 发生一回路失水后约 15 天，如果低压安注泵失效，可利用 H4 规程使用。

辅助功能：

① 扑灭反应堆冷停堆时安全壳发生的火灾（当其他灭火方法失灵时）；

② 在冷停堆时，如果换料水箱内温度高于 40 ℃，该系统可将换料水箱内介质冷却。

2）系统描述

安全壳喷淋系统由两条相互独立的系列组成，每一列单独投运都能实现安全壳喷淋系统的安全功能，两列分别由相互独立的不同列的应急配电系统供电，这样设计的目的是为了满足单一故障准则要求，从而确保安全壳喷淋系统的安全功能。

3）系统主要设备

① 两台喷淋泵；

② 两台冷却器；

③ 两个集水坑；

④ 两台喷射器；

⑤ 四组喷淋环管；

⑥ 共同的换料水箱，化学药剂回路及相应管道、阀门和仪表。

（3）辅助给水系统

1）系统功能

在任一正常给水系统发生事故时，辅助给水系统投入运行，导出堆芯余热，直到反应堆冷却剂系统达到余热排出系统可投入的状态。反应堆冷却剂系统的热量通过由辅助给水系统供水的蒸汽发生器产生蒸汽，蒸汽通过汽轮机旁路系统排向凝汽器或大气。

辅助给水系统也可以作为正常给水系统的备用，在丧失主给水系统时，向蒸汽发生器二次侧提供给水。

2）系统主要设备

① 辅助给水箱；

② 4 台辅助给水泵；

③ 带有流量调节阀的给水管路；

④ 除氧装置等。

（4）安全壳隔离系统

该系统为使反应堆安全壳与外界一切可联系的通道关闭的各种装置所构成的系统，其作用是当发生失水事故，地震或受到外来袭击，反应堆受到破坏时，终止放射性物质外溢而污染环境。通过关闭反应堆安全壳与外界的一切可能联系的通道以实现隔离。

安全壳隔离分两个阶段进行。

安全壳第一阶段（A）隔离：关闭安全壳与外界贯穿线路上的部分阀门。这些阀门功能丧失，在短期内不会引起安全壳内重大的设备损坏。

安全壳第二阶段（B）隔离：关闭安全壳与外界贯穿线路上的所有阀门。这些阀门在设备安全或在设备保护方面有着重要作用。

（5）安全壳内大气监测系统

1）系统功能

在正常运行时：净化安全壳大气，以限制因裂变惰性气体和氚的存在引起的放射性强度提高，放射性碘由安全壳内部净化系统处理；保持安全壳与外部之间的潜在过压最大不超过限值。

一回路失水事故后进行：

① 为确定氢浓度进行安全壳大气取样和测量；

② 对安全壳内大气中的氢浓度进行连续监测；

③ 为防止局部氢浓度高，混合安全壳空气；

④ 为保持安全氢浓度最大不超过 4.1%，借助氢复合器进行氢复合。

2）系统描述

安全壳大气监测系统由以下四个子系统组成：

① 反应堆厂房大气化学监测子系统；

② 安全壳试验子系统；

③ 保健物理监测子系统；

④ 安全壳大气物理监测子系统。

第一个子系统又可分为混合、取样、监测、复合部分和小风量清洗部分，其中混合、取样、监测、复合部分为与安全有关系统。

这五大安全系统，作为核电厂专设安全设施，对安全运行至关重要，是筑牢核电厂安全基础的“坚实堡垒”，是应对核电厂典型事故的“灵丹妙药”。在日常运行期间，这些系统保持良好的备用状态；在出现异常时，这些系统随时可以投入使用，迅速提升核电机组的安全性，将核电机组稳定在安全可控的状态。

10.1.3 安全运行管理策略

福清核电基于群堆管理、多堆年运行的经验，探索总结出一套提升核安全的运行管理策略，在日常运行活动中实践应用，取得了明显成效，为确保核电取得良好综合效益提供了管理保障。

（1）偏差快报制度

为在核电运行工作中形成正视偏差不回避，纠正偏差零容忍，经验共享透明化的思维习惯，规范偏差管理流程，制定偏差快报制度。

核电运行人员在工作过程中产生了包含人因失误因素导致的偏差，需要填写偏差快报。

偏差快报管理原则和制度：

1）人人参与原则：任何人发现符合偏差快报判定标准的偏差后，均需填写偏差快报。

2）鼓励报告原则：根据考核原则，对第一时间主动上报的偏差快报不予考核或减轻考核。

3）重警示轻处罚原则：对于偏差快报涉及的个人、科值偏差，以消除人因陷阱、完成工作整改为目的，原则上不进行经济处罚；对于能快速行动纠正偏差的个人，可适当奖励。

4）快速行动原则：偏差快报发出后，及时制定行动项，尽快消除偏差。

5）闭环控制原则：偏差快报产生的行动项，纳入日常计划进行跟踪。

6）重要偏差宣讲制度：发生重要人因失误偏差后，分析讨论是否需要采用重要偏差宣讲，以使“一人出错，百人受教育”。

（2）震撼教育制度

将震撼教育工作常态化，无论是三大核事故，还是发生在身边的安全事件，都作为震撼教育的素材，让每一位从业者感受到核的特殊性，核安全的重要性和每一位从业者肩上的责任。

（3）重大事件调查复盘管理制度

核电运行建立事件调查复盘制度，如果出现重大人因失误，则应组织开展事件调查复盘，通过现场模拟演练事件当时真实情况，探究人因失误的根本原因，针对性开展安全提升；针对内外部重大偏差事件，积极组织运行人员进行模拟复现、现场警示。

（4）重大瞬态沙盘推演管理制度

核电运行建立重大瞬态沙盘推演管理制度，针对内外部重大瞬态，尤其是重大安全隐患或已发生的重大瞬态，要针对性组织开展沙盘推演，评估应对瞬态和隐患的能力，提高团队应对瞬态水平。沙盘推演可以通过模拟机专项演练或者制定方案模拟场景进行团队预演等方式。

（5）预案预想、演习演练

运行值加强熟悉公司自然灾害预案等各项应急预案；加强事故预想、瞬态处理、故障规程、事故规程等能力的维持，日常运行阶段常备不懈；定期开展各项演习演练活动，维持高水平的异常情况应对能力。

（6）人因管理举措

人因管理提升作为重要运行工作之一，内容包括防人因培训、防人因实操考核、观察指导、防人因领学等。

运行值设立防人因失误领学员，工作和学习中树立防人因失误标杆，组织开展防人因失误活动，根据处室安排，开展防人因观察指导活动等。

（7）管理、技术提案制度

为了确保内部经过良好实践的管理举措予以共享和推广，上升为运行工作通用的管理举措，规范技术问题的跟踪、反馈、协调解决，确保技术问题得到有效跟踪和落实，营造热爱技能、钻研技能、比拼技能的良好氛围，达到有效提升处室运行人员技能工作水平的目的，采用管理、技术提案制度，鼓励全员参与管理，鼓励全员解决技术问题。

（8）安全班组建设主题日

运行值定期开展安全生产班组建设主题活动，致力于打造高标准的安全班组。安全班组建设，鼓励运行人员积极开展运行值安全工作讨论，积极提出薄弱环节和应对措施，提倡全员开展安全反思。

（9）“挑战者”制度

为了进一步识别风险，以换位思考的方式发现工作中习以为常的问题或错误，提升工作业绩，运行工作中实施“挑战者”计划，通过相互挑战纠正工作方式、方法的不足，提高人员绩效水平和能力。

挑战的目的：刻意寻找问题，提出不同意见，规避羊群效应，寻找内部短板，排查隐患。

（10）系统健康评价制度

为贯彻落实设备可靠性管理要求，持续跟踪系统运行健康状况，加强对系统运行参数的趋势化分析和精细化巡检，达到提前发现系统设备安全隐患的目的，避免临时 SPV 设备产生，严防非计划降功率、停机和停堆，保证机组安全可靠运行，同时提高运行人员对系统掌握深度，实现一系统一人专业化管理，开展系统健康评价工作。

系统健康评价工作主要分为系统健康评价和现场精细化巡检两个重要部分。

系统健康评价工作，分为重要参数趋势分析、现场巡检情况分析、重要缺陷变化趋势分析、系统运行情况总结四部分。

现场精细化巡检，核电运行人员参考精细化巡检导则对所有包干系统编制精细化巡检清单，并依据精细化巡检清单落实巡检。

10.1.4 高风险工作实施管控方略

确保核安全是核工业的政治责任，确保机组安全可靠运行是核电工作人员的神圣使命，精准识别、有效管控高风险工作，是确保安全生产的关键。有效管控高风险工作，防止机组出现非计划停机停堆等瞬态，确保机组安全可靠稳定运行，是提高核电厂安全效益和综合效益最核心的因素之一。管控住高风险工作，就是管住了确保核电机组安全的“牛鼻子”。

在核电机组并网运行期间，根据机组安全运行需要，电厂会安排维修、试验、运行操作、变更等工作，这些工作的执行将给机组的安全稳定运行带来风险，风险类型包括：核安全风险、运行风险、辐射安全风险、消防风险、工业安全风险和环境风险等。

对日常工作中的运行风险进行分级管理，可划分为低、中、高三个风险等级。

高风险工作：在单点敏感设备（SPV）上进行的侵入式工作；在单点敏感设备附近且有误碰风险的工作；可能引起停堆、停机、降负荷的工作；在涉网设备保护系统上工作，可能造成涉网设备跳闸保护动作或者瞬态的工作；可能造成重要系统、设备意外启动或停止；可能造成机组失去冷源的工作等。

中风险工作：可能导致上述高风险后果的工作，但属于重复执行的、有成熟方案或风险应对措施的（如预防性维修、定期实验）；可能导致上述高风险后果的维修工作，但具备两重以上防控措施，能有效降低风险发生概率的维修工作等。

低风险工作：工作活动已完全包含在一个已经隔离的隔离许可证中，不会引起设备的异常动作；工作对象为离线设备或备件；没有设备操作的润滑工作；压水堆管道上的硼清理工作等。

高风险工作主要指有重大核安全风险、人身安全风险、停堆停机功率波动风险、设备损坏风险、辐射风险的检修或试验等。必须加强对高风险工作的计划管控，从源头环节开始风险管理，确保安全。

安全工作的基本认识：安全永远作为工作的重中之重，安全永远视为工作的薄弱环节。

安全生产的基本思路：安全工作生产化，生产工作安全化。

高风险工作管控理念：精准识别、分级管理，保守决策、有效管控。

（1）核电厂高风险工作精准识别

1）生产平台、计划流程中的风险提示；

2）技术文件、隔离票和工作许可证中识别的高风险工作；

3）高风险作业工作许可证、高辐射风险工作许可证等识别的高风险工作；

4）日常计划会、生产管理晚会、十大缺陷会等关注的高风险工作；

5）内外部经验反馈表明是高风险的缺陷处理、维修工作或运行试验；

6）机组上出现的紧急缺陷，精准识别高风险作业；

7）运行人员根据工作经验、现场条件识别出的高风险工作等。

（2）核电厂高风险工作分级管理

针对各项生产工作，要加强分级管理、重点管控，聚焦高风险工作。

1）针对设备进行分级管理

① 关键敏感设备（关键敏感）管理

关键敏感区域在现场都张贴有警示标志，重点防止误碰误动风险。关键敏感设备工作，重点关注影响范围、可用性、工期等。

② 临时关键敏感设备管理

重点关注临时关键敏感设备标识悬挂及隔离警示设置；主控和现场加强设备运行状态监测；严控工期等。

③ 大修免扰设备管理

及时正确标识、设置运行隔离状态，在计划安排、状态转换、工作开展时，有效控制免扰设备状态；采取实体屏障、风险提示、工作控制等多重手段，确保免扰设备可用。

2）针对工作许可证进行分级管理

运行人员肩负安全边界设置、机组状态控制等重要职责，务必管控到位、切实履职。

① 主控室管控高风险检修作业

值长在签署工作许可证时，须充分核实安全条件是否具备，杜绝盲目签字；操纵员在同工作负责人进行技术交底、工前会等，须充分交代工作风险、预防措施等，心中有数、管控得力。

② 隔离办管控高风险检修作业

隔离经理识别出对机组运行有重大影响的隔离工作等，须到主控室和副值长讨论，经值长批准后实施。影响安全系统两个通道可用性的许可证不可同时发出。对于重要设备单列检修隔离前，必须提前通过查询隔离工作管理系统、运行工作计划核实其他列设备是否存在检修或影响可用性的工作，确保冗余。

③ 现场岗位管控高风险检修作业

由主控室和隔离办组织指导、监督落实，须向有资质并具备相应能力的现场人员详细交代关注的事项、提出明确的要求等。对于有停堆停机风险的现场检修工作，值长应到现场实际勘察监督，贴近现场管控风险。

（3）核电厂高风险工作保守决策

核技术的特有性，决定了机组运行工作务必坚守安全第一、保守决策的理念。

1）杜绝“低位决策”

高风险工作的实施，必须得到技术人员充分分析，管理人员足够关注，并得到授权人员批准，才能在现场开展，必须杜绝高风险工作在现场毫无安全屏障的“裸奔”。法定节假日及重大活动期间原则上不安排高风险作业，确需实施的，务必获得授权。

2）应用“生产决策”

现有的技术文件没有明确规定处理方式，可能产生严重后果的高风险工作由值长决定进入生产决策流程进行决策。

3）强化“风险挑战”

机组运行工作的复杂性，决定了务必广纳众智，避免单线思维、羊群效应、沉锚效应等，必须强化风险挑战。

风险挑战会：必要时组织专业人员开展“头脑风暴”，全方位、多角度识别风险。

设立“挑战者”：要积极鼓励提出各类不同意见，对现有方案尽可能挑刺，打破团队安全风险识别的瓶颈。

运行班组决策三角：充分依托“决策三角”，值长—副值长—操纵员，考虑每个人的角色、特长，综合起来识别、管控风险。

4）坚持“遇疑则停”

组织高风险工作时，要时刻关注工作开展过程中的异常现象，识别出超出工作方案和预期的意外动作，不确定时暂停，寻求专业支持。当现有程序或方案不满足作业要求时，务必停下来重新讨论，严禁现场临时变通或冒险作业。

5）着力“风险化解”

针对高风险工作，最佳方法是“化解风险”，而非“直面风险”。优先考虑将高风险工作转化为低风险工作，比如不是非常紧急的缺陷在日常期间处理风险较高时考虑转为大修期间处理等。要避免风险叠加、演化，比如不要同时在机组上开展多项高风险工作；关注高风险工作在同其他工作叠加时的风险演化等。

（4）核电厂高风险工作有效管控

管控高风险工作，最根本的落脚点在于“有效管控”，重点在“管控”，难点在“有效”。

1）源头治理

全厂公用的冷源、气源、汽源、水源、电源等，一旦出现异常，可能引发多机组异常，需要分析提高可靠性，推动技术改造工作。除了风险分级管控外，隐患排查治理是预防事故事件的另一重要手段，运行班组积极巡检巡查，查找安全隐患，推动隐患治理，包括重要的保护控制信号中存在的隐形隐患。

2）安全监督

生产过程必须设置监督环节，包括外部监督和内部监督。运行班组在组织高风险工作时，务必注意寻求监督支持，尤其是核安全工程师的独立监督作用。作业班组内部必须指定安全监督，开工前做好分工确认。运行班组在做好自身安全监督的同时，也要发挥检修作业班组安全监督的作用。

3）严防非停

严密防止非计划停机停堆，是运行班组开展工作时必须充分考虑的重要事项。对任何可能导致非计划停机停堆的缺陷消除、检修作业等，要充分考虑人员资质、工作经验、能力水平、精神状态、行为规范、可能出现的人因失误、内外部经验反馈、程序质量、偶发缺陷等，确保风险可知可控，禁止随意口头意会，对工作方案和应急预案等务必深入研究、真正搞懂，避免盲从专业人员和厂家专家。

4）仪控工作

仪控工作因其信号的非显性，很容易导致重大异常，开展重要仪控信号强制、重要仪控设备缺陷消除工作时，应特别关注保护信号设置不合理、信号链接错误、信号误动风险、不明晰的仪控特性等，确保仪控工作万无一失。

5）有效屏障

风险识别和风险管控应作为生产过程的执行步骤，避免有识别无管控，将风险分析、先决条件、应对措施、过程监督等程序化，通过编校审批流程实现多重屏障，根据实践完善。

运行班组要监督安全责任人员职责落实情况，设置多重屏障不等于就有效防范了风险，更要抓屏障的有效性。运行班组通过现场岗位—隔离办—主控室、现操操作员—主控室操纵员—副值长—值长等设置多道屏障，努力确保每一道屏障的有效性。

6）底线思维

开展高风险工作时，要有底线思维，做好最坏预想。设想如果存在单道屏障失效，就可能导致放射性非受控排放、停机停堆重大瞬态、非可逆关键操作错误时，就会更加“严细慎实”，构筑有效屏障。

7）偏差管理

要全面落实安全生产责任制，确保厂房、系统、设备有人管、管到位。格外关注协作单位等参与开展的工作，加强调试作业安全风险管控和指导。运行班组按照工作控制要求开展工作，确保“程序正义”。坚持透明文化，继续推行小偏差管理，从小事做起，一点一滴培育安全文化、提高安全意识、提升安全能力，确保将风险遏制在萌芽状态。

核电厂运行班组作为核电机组安全运行的最后一道防线，有效识别、管控高风险工作，避免核电机组进入非受控状态，确保核电机组的长期安全稳定运行，可以实现核电机组稳定输出电力，实现机组安全性和经济性的有机统一，最大程度实现核电机组综合效益。

10.1.5　大修期间的停堆安全管理

压水堆核电厂必须定期更换部分燃料以维持运行，即为大修。大修是一个复杂的工程，涉及几乎所有系统的状态改变，在大修期间，三道安全屏障较为薄弱，还面临着大量设备的退出运行、维修、在役检查、维修后试验和恢复运行等，可能引发各种安全问题，因此应当引起足够重视。根据经验反馈，大量的核电机组运行事件发生在大修期间，而电厂只有大约 5%的时间处于大修阶段。

国际核能营运者协会（WANO）重要运行经验报告指出，“将停堆安全作为大修最优先考虑的问题”。

目前，福清核电结合大修工作实践，形成了一系列确保停堆安全的举措来提升大修安全水平。

（1）大修期间停堆安全管理的基本原则

在进行大修计划或执行大修活动时均应将确保核安全视为最高原则。

在进行大修计划或执行大修活动时采用纵深防御策略来管理停堆风险，以保证单一能动设备的故障不会导致重大的安全风险。

在大修活动中，应评估关键安全功能相关设备可用性的降低，以确保不会进入一个可能产生重大核安全风险的工况。若不能维持纵深防御功能，需根据需要提前制定或实施应急预案。

大修期间所有高风险活动与项目应该做到可知、可控，凡是可以预知的问题都要有措施，凡是存在不确定的活动与项目均应该有预案。

（2）充分认知大修高风险/复杂运行活动

实践证明，事件发生后应对不及时的一个主要原因为事先没有应对意外情况的准备。为此，运行人员应当具备在大修中识别高风险操作的能力。在操作前熟悉操作所带来的风险和应急措施，可以在紧急情况下起到稳定人心的作用，可以有效地减轻事故后果和损失。

福清核电针对大修期间高风险/复杂活动，提前梳理出清单，准确识别出复杂、高风险工作，提前安排培训学习、模拟演练、事故预想，做到胸有成竹、未雨绸缪，将风险控制牢牢掌握在手中。

福清核电大修期间高风险/复杂活动主要包括：

机组状态的大幅变化和转换操作：机组降负荷、解列、停堆，应对燃料破损，一回路氧化运行，一回路排水、充水，装卸料，汽轮发电机冲转并网等；

长周期重大试验：一回路水压试验，安全壳打压试验，安全壳喷淋综合试验，安全注入综合试验，汽动辅助给水泵超速试验等；

重大设备维修后试验：主泵、水压试验泵、上充泵、应急柴油机等维修后试验；

重大运行操作：电气盘停复役工作，发电机气体置换等；

重大维修工作：海水系统闸板操作、鼓网检修，变压器停送电及检修，汽轮机开缸、发电机抽转子检修，DCS 检修工作等。

（3）提前熟悉大修中需重点关注的故障、事故规程

大修期间，由于机组状态变化较大，设备检修较多，需要进行装卸料操作，影响核安全的三要素工作需要关注，一些重要的事故预想、故障规程、事故规程等需要提前安排学习、熟悉。核电厂运行人员应根据每次大修工作项目的不同，提前针对性梳理需要关注的故障、事故规程，做好事故预想。

大修期间需要重点关注的事故规程：余热排出系统运行时一回路失水，余热排出系统运行时全厂断电；操作过程中燃料元件损坏，燃料操作期间反应堆水池或乏燃料水池水位下降等。

大修期间需要重点关注的故障处理规程：汽轮发电机组盘车启动应急预案，反应堆冷却剂泵故障规程，由另一机组柴油发电机作为备用电源规程，润滑油系统进水处理规程，汽轮机闷缸操作规程等。

（4）建立完善的大修活动预案体系

为避免福清核电大修执行过程中的重要操作、重大项目检修、主要工具使用时出现异常，或在异常情况发生后能够迅速缓解其对大修安全、工期的影响，在大修准备阶段需要提前制定应对措施，编制预案，为大修安全提供保障。

福清核电一般在大修前，组织各专业编制大修活动预案，大修活动预案包括以下 3 种：大修主线活动预案、大修专用工具预案、大修重大检修项目预案，内容包括：燃料轻微破损的应急预案、应急柴油发电机启动预案、主蒸汽隔离阀无法开启处理预案、机组临界、汽机冲转并网保驾预案、一回路水压试验应急预案、三废控制预案、维修冷停堆下安全壳紧急关闭预案等。

（5）大修期间免扰设备管理

福清核电建立了大修期间免扰设备管理机制，以明确电厂对免扰设备的定义和期望。必须在计划安排、状态转换、工作开展等方面，有效控制免扰设备状态。必须采取实体屏

障、风险提示、工作控制、状态评估等多重手段，确保免扰设备可用。

编制大修计划时，确保免扰设备工作得到充分重视，应避免在免扰设备上开展工作；大修免扰设备相关重要报警应该特别标识并重点关注；每值接班后应确认本班期间免扰设备状态，针对免扰设备和周围区域，每班应进行巡检，现场核查免扰设备运行状态；针对免扰设备，应该应用实体屏障或类似措施，运行部门通过隔离警示带、警示标识等手段，对免扰设备进行实体隔离和警示。

福清核电大修期间免扰设备管理，是中国大陆地区首次将大修期间免扰设备管理应用到核电机组运行管理，获得了世界核电营运者协会（WANO）的好评。

（6）充分应用防人因失误工具，减少人因失误

根据统计，大修中人因运行事件比例比非大修时期的人因比例高出 30%，因此大修中人因运行事件的预防是防范运行事件发生的重中之重。

分析人因事件的主要原因，是预防事件重发的重要前提。运行事件中导致人因事件的主要原因如下：不严格遵守规程，未进行明星自检，沟通缺陷，缺乏质疑的态度，工作文件准备有误，风险分析不充分，知识与技能不足等。

失误诱因的存在，增加了事件发生的风险，对诱因进行控制，可以有效减少事件的发生。分析表明，导致人因运行事件发生的主要诱因有如下几个方面：

计划调整，存在干扰因素，规程与文件缺陷等。

为了防止人因运行事件，需要充分应用防人因失误工具，福清核电推行的防人因失误工具包括："监护""工前会""工后会""明星自检""三向交流""独立验证""质疑的态度""不确定时暂停""使用/遵守程序"等。

福清核电鼓励员工报告人因失误陷阱，并对所报告问题进行原因分析和认真处理。组织制定各领域人员基本行为规范，倡导良好的员工行为。开展多层次管理巡视和观察指导活动，确保所有员工按照公司人因管理要求和基本行为规范履行工作职责。通过管理部门审查、同行对标、内外部评估等手段，查找人因管理工作的薄弱环节，持续改进人因管理工作。

（7）严格遵守技术规范，确保大修核安全

核安全是头等大事，大修期间，停堆安全更是重中之重，任何时候，都不能偏离技术规范，将反应堆置于非安全状态。

为克服系统设计缺陷，完成必需的运行操作和定期试验，如果确定需要计划偏离技术规范，这些活动必须事先获得国家核安全局的特许，此时技术规范中的相关规定和制定的安全措施等应得到完整遵守。

大修期间势必有一些超技术规范、使用限制条件的运行活动，为了确保技术规范规定的应采取的措施和为了安全而采取的其他手段得到有效落实，福清核电提前编制"执行跟踪单"，以便运行人员更好的落实这些要求与措施。

大修期间，为了确保技术规范得到遵守，核安全有保障，需要根据规定执行状态相关规程：反应堆状态转换前，必须执行动态控制点规程。大修期间处于某一状态下，必须每班执行静态控制点规程以确保技术规范要求的安全设备可用。安全监督工程师独立执行反应堆状态安全检查规程。

（8）大修期间避免运行事件、确保停堆安全的关键环节

大修期间机组状态变化多，工作项目多，而运行人员对所接触的操作熟练程度相对较

差，因此要把握如下关键环节：

1）增加运行工作文件的全面性、正确性与实用性。

2）加强执行大修计划的严肃性，要以计划为龙头。

3）推行关键点检查方法。

4）大修三级风险分析法：将大修风险进行分级，建立团队管控大修风险。

5）合理的人力资源管理和指挥调度体系。

6）介入大修质量控制，通过维修后试验组对维修后试验项目的验收，大修前与大修中主要缺陷的处理跟踪强化大修质量。

核电机组大修期间的安全管理，即是确保机组安全的重中之重，也是保证尽可能缩短大修工期，确保下一循环可靠运行，提升机组经济性的重要途径，因为，有效管控大修期间的堆芯安全，可以释放核电机组大修工作的最大效益！

10.2 核电环保管理

10.2.1 环保管理策略

压水堆核电厂与其他类型核电厂一样，在运行期间，不可避免地会产生放射性气体、液体、固体废物，为了周围环境免受放射性污染，防止对工作人员和居民造成过量的放射性辐照，所有这些放射性废物在排放到环境和最终处置前，必须进行收集、贮存、转型和处理。

根据《中华人民共和国放射性污染防治法》要求：核设施营运单位负责本单位放射性污染的防治，接受环境保护行政主管部门和其他有关部门的监督管理，并依法对其造成的放射性污染承担责任。与核设施相配套的放射性污染防治设施，应当与主体工程同时设计、同时施工、同时投入使用。放射性污染防治设施应当与主体工程同时验收；验收合格的，主体工程方可投入生产或者使用。核设施的退役费用和放射性废物处置费用应当预提，列入投资概算或者生产成本。核设施的退役费用和放射性废物处置费用的提取和管理办法，由国务院财政部门、价格主管部门会同国务院环境保护行政主管部门、核设施主管部门规定。

《中华人民共和国核安全法》的施行，吹响了“依法治核”的号角，核设施从选址到退役实行全过程、全链条的监管和风险防控，对企业的安全环保工作提出了更高的要求。

核电厂严格按照国家法规要求，投入足够资源，确保核电厂三废环境治理达标，保护生态环境，充分发挥核电是清洁环保能源的属性，真正实现绿色发展。

福清核电注重源头预防、强化保障，对全厂污染源进行了识别，污染物收集、处理、监测、排放各流程的规章制度齐全，严格规定环保设施的运行要求，对污染物从产生到排放实施全过程管控。各项危险源、环境风险分级监控，落实责任，明确措施。针对重大风险项，还编制了各类应急预案并定期开展培训演练，应急物资准备充分，应急保障到位，建立了完善的环境风险防控和应急响应体系。

福清核电各项排放始终坚持从“严”管理，且制度完善。在国家批准控制值的基础上，制定企业管理目标值，年度总排放量分解到季度、月度排放量细化控制；流出物实施排放操作前，需进行测量分析，确认指标满足要求，经批准后，方可进行排放。

建立环境监测体系，定期开展电厂周围环境辐射监测，数据表明，福清核电各机组运行安全稳定，厂址周围环境辐射水平始终保持在本底范围内。生活污水、电磁辐射、噪声等污染排放均严格按照国家相关法规执行，并定期实施监测验证，各项指标均满足法规要求，杜绝了环境事件的发生。为促进污染防治工作持续改进，福清核电紧跟国家政策要求，结合先进技术和良好实践，制定了多项污染物排放优化项目，深化污染物排放管理。

10.2.2　环保投入

建设投资中环保投入较，以福清核电 1、2 号机组为例，直接和间接用于环境保护的费用约占总投资的 3%，约 8.77 亿元，见表 10－1。

表 10－1　福清核电 1、2 号机组主要环保设施及经费概算

序号	项　目　名　称	费用/万元	所占比例/%
1	核岛厂房通风系统	20 600	23.5
2	核岛三废处理系统和辅助系统	20 940	23.9
2.1	废气处理系统	1 300	
2.2	废液处理系统	4 200	
2.3	固体废物处理系统	6 000	
2.4	核岛废水回收系统	220	
2.5	硼回收系统	9 100	
2.6	热洗衣房系统	120	
3	常规岛水处理系统	7 200	8.2
4	非放射性和放射性废物处理系统	24 690	28.1
4.1	放射性机修车间及仓库	7 500	
4.2	核岛、常规岛废液储存罐	2 500	
4.3	放射性固体废物处理辅助厂房	6 700	
4.4	固体废物暂存库	2 300	
4.5	放射源库	30	
4.6	特种汽车库	160	
4.7	洗衣房	270	
4.8	厂区实验楼	4 100	
4.9	含油生产废水、油水分离池	380	
4.10	污水处理站	550	
4.11	化学试剂库	200	
5	流出物监测和环境监测系统	11 400	13.0
5.1	核岛辐射监测系统	7 500	
5.2	环境监测系统	3 900	
6	绿化	1 600	1.8
7	施工期环保投入	1 300	1.5
8	合计	87 730	100.0

福清核电“华龙一号”机组是我国自主三代先进核反应堆，更加重视核电机组建设运行期间的环境保护，投入更多经费资源开展环境保护工作见表 10－2。

表 10－2 “华龙一号”机组直接或间接用于环境保护的费用统计表

序号	项目名称	费用/万元
1	核岛废物处理和排放系统	52 000
2	常规岛水处理系统及附属工程	6 000
3	厂区三废处理及环境保护系统	21 000
4	流出物监测和环境监测系统	13 000
5	环境保护工程（供排水系统）	120
6	厂区绿化	850
7	合计	92 970

运行期间环保投入，乏燃料后处理处置费，从投产后第六年开始提取，在计算期内，平均每年提取约 39000 万元；退役基金以发电工程固定资产原值为基数，提取比例为 10%。从计算期第一年开始提取，在计算期内，平均每年提取退役基金约 12000 万元，作为本工程项目退役时的处理费用。能够确保从建设伊始到退役后处理，都能够实现充分的环保投入。

10.2.3 环保系统设施配置

放射性废物的来源和分类：放射性废物按物理形态可分为固体、液体、气体三种；按来源可分为可复用废水、不可复用废水、含氢废气、含氧废气、废树脂、废过滤器芯子、浓缩液等杂项废物。

根据需要，核电厂设置了三废处理系统，回收和处理放射性废物以保护和监视环境，包括硼回收系统、固体废物处理系统、放射性废液处理系统、放射性废气处理系统、核岛废液排放系统、常规岛废液排放系统、核岛疏水排气系统等，下面进行简要介绍。

（1）核岛疏水排气系统

1）系统功能

本系统收集核岛内产生的所有气体、液体（它们来自正常运行、正常泄漏、各种瞬态、停堆换料或维修及随后启动、设备维修前排水、设备维修、事故后泄漏），根据废物种类不同（可回收废水、不可回收废水、含氢废气、含氧废气），分别由各自的独立设备及管网输送到位于核辅助厂房的硼回收系统、废液处理系统及废气处理系统。

失水事故后，可将收在核燃料厂房和核辅助厂房的高放射性废水再注入反应堆厂房。

本系统不直接履行核安全功能（安全壳贯穿件除外），但能限制放射性废物向环境释放，起到部分环保作用。

2）系统描述

主要由四大区域的管网组成，它们是反应堆厂房、核燃料厂房和反应堆厂房与核辅助厂房间的连接厂房、电气厂房和反应堆厂房与电气厂房间的连接厂房、核辅助厂房。本系统的主要设备是位于反应堆厂房、连接厂房、燃料厂房及核辅助厂房内的疏水坑、水箱以及相应的泵，它们分别收集并泵送不同种类的废液。

（2）硼回收系统

1）系统功能

收集经化学和容积控制系统下泄管线和核岛疏水和排气系统疏水箱而来的含氢的反应堆冷却剂，为反应堆冷却剂排水提供足够的贮存容积。

处理收集的反应堆冷却剂，分离后向硼水补给系统提供水和硼酸溶液，供一回路复用。

在反应堆寿期末，用于化学和容积控制系统下泄流的除硼，降低反应堆冷却剂硼酸浓度以补偿堆芯燃耗等。

2）系统描述

系统可划分为净化段、水/硼酸分离段和除硼段 3 个工艺段。

（3）放射性废液处理系统

1）系统功能

废液处理系统是两台机组的公用系统，该系统用于接收来自各相关废水系统的废液，对它们进行贮存、监测和处理。废液经过过滤、除盐、或蒸发处理和监测后排放，蒸发产生的浓缩液送往固体废物处理系统进行装桶固化。

2）系统描述

系统包括下列六个单元：前置贮存单元、化学中和单元、蒸发净化单元、除盐净化单元、过滤净化单元、监测排放单元。

（4）放射性废气处理系统

1）系统功能

废气处理系统为两个机组共用。它用以处理在电站正常运行工况和预计运行事件中产生的废气。系统设计用于防止气体向环境泄露，并将气体进行贮存衰变，使气体的排放剂量保持在可接受的范围。

2）系统描述

废气处理系统为两个机组共用，收集处理机组运行所产生的气体废物。分为两个子系统，即含氢废气处理子系统、含氧废气处理子系统。

（5）固体废物处理系统

1）系统功能

收集两台机组产生的放射性固体废物，对废物暂时贮存使其进行放射性衰变，压实可能压缩的固体废物，将废物封装在金属桶中。

2）系统描述

系统包括核辅助厂房中固定设备、废物处理辅助厂房中的固定设备和专用装卸设备。

（6）核岛废液排放系统

1）系统功能

通过贮存箱收集来自各相关系统的放射性废液；

废液在贮存箱内混匀、取样分析、监测，并有控制地通过重要厂用水系统和循环水系统的排水终端构筑物跌落并向大海排放。

必要时暂存放射性废液。

将超过排放放射性水平的废液输送至废液处理系统处理。

监测并记录排放废液的放射性浓度、流量和累积排放量。

2）系统描述

系统主要由混凝土滞留池及位于该池内的三个贮存箱、废液接收管线、排放泵、辐射监测装置和排放管线组成。

（7）常规岛废液排放系统

1）系统功能

在机组的各种运行工况下，常规岛会产生废水，由于核电厂不同于常规电厂，所以这些废液向环境排放之前必须进行贮存和化验，合格后才可排放到环境，本系统即是为实现这种功能而设计的。

2）系统描述

系统主要由混凝土滞留池及位于滞留池内的三个贮槽、废液接收管线、排放泵、辐射监测装置和排放管线组成。

10.2.4 废物最小化管理

福清核电废物最小化的管理目标值是：每台机组每年产生的废物包体积不超过限值。在废物最小化方面主要通过源头控制、合理分类收集处理和改进处理工艺来实现，通过优化设计方案和强化管理措施减少放射性废物产生量，提高核电厂的废物最小化水平。这是提升核电厂环保效益的重要举措。

（1）源头控制方面

1）在设计方面

① 对法兰密封含银垫片进行替换，从源头上减少 ^{110}Ag 对工艺系统和设备的污染及对排放废液剂量率的贡献。

② 采用高交换容量的树脂以减少废树脂的产生量。

2）在运行方面

加强宣传与培训，培养员工的最小化理念，加强工作人员技能培训，避免不必要的工作失误产生多余的放射性废物。提高员工的环保意识，养成良好的作业习惯。防止误操作引起跑水，最大限度地减少放射性的排出，尤其是在换料大修期间，防止由于设备隔离和在线错误导致大量跑水和增加废水量。

合理使用消耗材料和辐射防护用品，降低材料消耗。通过及时清除集水坑和废水收集罐中的淤积物，防止淤积物进入系统堵塞过滤器，减少废滤芯的产生量。优化设备管理，优化预防性维修计划，选用免维护或维修率低得设备，改进设备运行状态，减少设备的跑、冒、滴、漏。改善除盐床的运行条件，清除除盐床上部树脂捕集器中的堵塞物，降低压差，同时优化废水处理，合理调度，延长树脂使用寿命，有效地减少废树脂的产量。

提高产生废物的系统的工艺水平和设备设计制造水平的同时，安全稳定的运行，最大限度地减少停机停堆和可能导致增加放射性废物产生量的瞬变及腐蚀、活化产物的产生和沉积，防止燃料元件破损和反应堆主回路及相关系统的放射性泄漏。

设计变更阶段加入废物最小化审查缓解，审查可能带来污染的流道、疏水管理的合理性和材料的抗腐蚀性以防止形成热点等。制定周密的检修计划，利用布置好的同一个工作现场，完成机械、仪表、电气等检修工作，防止重复铺设塑料布或搭设空气隔离间。

严格分类收集、存放和处理废物，以减少废物货包的数量和体积。加强控制区内人员和物项管理，控制不必要人员进入辐射控制区，严格控制物资消耗，减少废物产生量。加强防护用品重复使用管理，减少可压实废物的产生量。尽量对放射性污染的工具、零件、防护用品等物品去污，回收利用。对符合豁免或清洁解控条件的废物及时申请豁免或解控。

（2）合理分类

1）废过滤器芯根据放射性水平的不同，分别进行处理。

2）废树脂按放射性水平分类收集，较高放射性水平的废树脂在废树脂贮槽中储存衰变一段时间后再进行水泥固化。

3）将干废物分为可压实杂项干废物、浸湿的可压实杂项干废物、可直接超级压实废物和不可压实废物四类，并根据废物可压实与否分别进行处理。

4）通风系统的废过滤器芯表面剂量率水平很低，大部分核素是短寿命的，送到专门区域进行贮存衰变，等待清洁解控。

（3）改进处理工艺

1）在对 ^{110m}Ag 的治理方面，对含有 ^{110m}Ag 的废树脂贮存槽排出的工艺废水采用蒸发处理方法，以防止树脂过早失效，减少废树脂的产生量。

2）采用 400 L 钢桶作为废物包装容器；采用桶外混合器的水泥固化装置；改进水泥固化配方，以减小废物的增容比和最终的废物包产生量。

3）表面剂量率很低的大尺寸废物暂时不作为放射性废物处理，将其贮存衰变，并在贮存一定年限后进行清洁解控。

4）对于不可压实废物中的金属部件，后续阶段可以去污后熔融进行再利用。

10.3 安全环保运行潜在效益与优化案例分析

10.3.1 潜在效益分析

目前我国发电厂以燃煤电厂为主，煤炭消耗量逐年增加，使二氧化硫、氮氧化物及烟尘灰渣的排放量呈上升趋势，大部分地区被国家划定为酸雨和二氧化硫污染双控区。目前电网内燃煤电厂的排放已对环境造成很大的压力，随着煤炭消耗量的增长，必将进一步加重相关地区的环保压力。

随着国家对环境保护要求的日益严格，二氧化硫排放空间越来越小，制约了燃煤电厂的建设规模，燃气电厂虽比燃煤电厂污染小，但也排放二氧化硫和氧化氮等大气污染物。

核电是清洁能源，发展核电是减少大气污染排放的有效途径。此外，在减排温室气体方面，核电可大规模替代矿物燃料、有效减少二氧化碳及各种污染物的排放。

核电厂正常运行工况下，放射性流出物对周围居民的辐射影响小于国家标准限定值，对生态环境的影响也极小。通过对最大可信事故后果的分析，周围居民可能受到的最大个人有效剂量当量和 80 公里评价范围的集体有效剂量当量明显小于国家规定的限值。同释放大量飘尘二氧化硫造成酸雨、释放二氧化碳造成温室效应和需要庞大排灰场地的燃煤电厂相比，核电是一种安全、清洁、高效的能源，对环境影响很小。核电厂的环境效益大于环境代价。

2011 年，中国工程院开展了对不同发电能源链温室气体排放研究项目的调查，其主要结果是：当前我国核燃料循环前段（包括铀矿采冶、铀转化、铀浓缩、元件制造、核电厂）的实际温室气体归一化排放量为 6.2 g • CO_2/kWh（二氧化碳的排放量为每千瓦时 6.2 g），考虑了核燃料循环后段（乏燃料后处理和废物处置）的总排放量为 11.9 g • CO_2/kWh。对煤电链，其结果为 1 072.4 g •CO_2/kWh。从温室气体排放来看，核电链仅约为煤电链的 1%。

核能属于低碳能源，一座百万千瓦电功率的核电厂和燃煤电厂相比，每年可以减少二氧化碳排放 600 多万吨，是减排效应最大的能源之一。

结合历年统计数据，截至 2018 年底，中国主要核电企业累计发电超过 20 827 亿千瓦时，相当于减少燃烧标准煤 72019 万吨，相当于减少二氧化碳排放 182 763 万吨，相当于植树造林约 517 万公顷。

我国政府承诺，到 2020 年非化石能源占一次能源消费比重将达到 15%左右，单位国内生产总值二氧化碳排放比2005年下降40%～45%。发展核电是实现这一目标的现实途径。核电的安全是有保障的，与其他能源相比，核能的即时死亡人数是最少的。核电的外部成本低，对煤电有较强的经济竞争力和替代能力。

当前我国已经投运和批准建设的核电厂均位于沿海地区，主要是因为东部沿海经济发达而缺少常规能源资源。随着中西部地区社会经济发展，面对资源、能源及环境问题的制约，应当积极推进内陆核电站建设。内陆核电与沿海核电没有本质差别，而且内陆核电站比沿海核电站有更严格的标准。在内陆建设核电站，不仅可以保证社会经济发展所需的能源支持，而且可以减少这些地区酸雨强度和环境污染问题。加快发展核电也是我国华北、长江流域以及中南地区改善大气环境质量和治理 PM2.5 等大气雾霾的必要措施。

党的十九大报告中指出，“我们要建设的现代化是人与自然和谐共生的现代化”，并提出了“绿水青山就是青山银山”的生态文明发展理念，要求构建清洁低碳、安全高效的能源体系。在《国家核电中长期规划（2010－2015 年）》《能源行业加强大气污染防治工作方案》、《能源发展战略行动计划（2014－2020 年）》等政策文件也明确了我国核电发展目标及安全高效推进核电建设的总体要求。优化能源结构，推行绿色低碳，共建美丽中国是核电行业责无旁贷的历史重任。因此，随着中国核电机组数量的不断增加，核电单位在加强节能技术改造项目实施，确保安全生产任务的同时，也进一步将环保理念深度融入核电站选址、建设和运营各环节，不断提升核电发电能力，发挥节能减排、保护环境的主体作用，为社会提供稳定可靠的绿色能源，促进人与自然和谐共处，并积极成为绿色发展的引领者和实践者。

10.3.2 优化运行方式减少常规废液排放量

【案例启示】通过优化运行方式，查找主要问题所在，可以有效减少废物排放。

（1）项目概况

随着核电机组的正常功率运行，会产生一定量的非放射性的废液，需在厂内处理达标后排放至环境，满足环保要求；自 2019 年 7 月，福清核电发现常规岛废液排放系统的来水有明显增多趋势，尤其是 0 号机的废液排放系统比 8 号机的废液排放量增加了一倍的量。核电厂工作人员通过查找问题所在，优化运行方式，有效减少了流出物排放。

（2）改进措施及实施情况

运行人员高度关注，通过逆向思维方式，针对下游终端排放系统（SEL）每月的排放数据分析，结合运行实际机组状态调整上游系统排水，通过调整辅助蒸汽转换系统的排污冷却水的温度定值、优化二回路净凝结水系统运行方式（在保证二回路水质良好的情况退出运行）等方式，最大程度地降低了制水所需的成本和废水处理的成本，在废水、废物、废气处理领域均可推广此方式进行分析研究、从源头节能，终端减排，最终实现为公司增效，具有很高的推广价值。

（3）创造效益

经调研同行电站，福清核电当前已实现优于正常水平，经测算，每年 1~4 号机组将节约成本 170 余万元。

10.3.3 应急响应信息单流程电子化减少纸张浪费

【案例启示】通过电子化流程，可以减少纸张浪费，践行绿色理念。

（1）项目概况

依托福清核电综合应急管理平台，应急响应信息单传递流程逐步实现了电子化，主要通过后台实时同步从真实机组或模拟机上获取的参数，各应急岗位人员可以将获取的现场信息通过逐级的审批，有序传递到应急指挥中心进行决策并对外报送，可有效避免人因失误，提高信息传递的准确性和快速性，并充分减少了纸张的应用，推广践行环保理念。

（2）改进措施及实施情况

借助应急综合管理平台，福清核电工作人员组织开发了应急响应信息单流程的电子化功能，在日常应急管理及核事故应急情况下，应急人员可以通过登陆平台的发起流程模块进行相应信息单的编制和传递，节省了大量的笔墨纸砚，同时也有效改善了纸质表单书面字迹的清晰度和应急响应流程的快速性，有效提升了公司的应急响应能力。

（3）创造效益

目前应急响应信息单共有电子表单 15 份，厂内传递单位共计 20 家，每年共有 30 项左右的演习计划，按全寿期计算，每张表单费用按 1 元计算，故在电厂经营期内，可减少产生纸张的数量，并节省巨额的纸张费用。其中，可减少产生纸张 2.36 吨（1 吨为 229048 张纸），可节省纸张费用约 54 万元，充分体现了节能减排的环保举措。

第 11 章

信息化技术在生产管理中的应用与效益分析

11.1 概述

现代企业的资产不仅仅是指有形的设备和物料，更重要的是无形而又无处不在的信息，信息已成为当前信息时代企业的核心资产之一，是企业可再利用的重要资源。信息是信息化应用的基础，如何管理好、利用好信息是每个企业在信息化建设过程中都会遇到的挑战。核电厂的建设和运营生命周期涉及设计、采购、施工、建安、调试移交和运营，整个过程时间跨度大，复杂度高，如何使用信息技术助力核电厂的建设与运营，提升经济性进而提升竞争力，是需要重点研究的课题。随着国家能源战略的调整，为了适应核电产业国产化、规模化的快速发展，我国各大核电企业基于投资经济性考虑，以及项目管理的专业化和社会化，纷纷组建了自己核电工程公司，大力推行业主负责制的工程公司总承包管理模式（EPC），有力地促进了核电工程的建设管理。运营期的核电厂紧紧围绕安全稳定的运行发电这个主题，核心竞争力即设备可靠性的不断提升，故围绕着运行和维修领域，不断优化提升，持续改进，是运营期经济性提升的关键。

11.2 建设期信息化建设

近年来，信息化、数字化、智能化的蓬勃发展，使得很多传统行业既有思维与理念产生革命性的转变，倒逼业务模式、发展战略与经营管理的重构。核电行业作为新能源，核电工程项目管理的四个核心环节即设计、采购、施工和调试直接关系着核电厂的安全、进度、质量和投入。伴随着核电总承包模式的逐步成熟和信息化工作推进，四个环节依托各自信息管理系统开展业务工作，并优化集成统一起来组成工程项目管理平台，已实现智能化设计、敏捷化采购、集约化施工以及系统化调试。

一方面，在福清核电 1～4 号机组项目上，已实现通过工程项目管理平台以电厂分解结构的维度查看各板块的工作进展，所有的设计文件均通过工程项目管理平台进行收取与分发，平台具备了整体反映核电工程总体进展情况的能力，并不断深化应用。作为核电工程项目管控的“中枢”，工程项目管理平台的运转让很多环节变得简单、便捷。以往四个子领域更关注各自的电子化流程，互相之间缺少交集和了解。现在通过统一的平台，信息查阅由翻阅纸质图纸变为瞬间数据提取、设计图到施工现场从三周缩短到一周、施工现场了解某个设备采购情况从半小时缩短到半分钟就搞定、采购清单由分散在工程师手里到集中统一管理发布。以福清核电 1～4 号机组为例，设计工作于 2013 年 4 月正式纳入工程项目管理平台的设计管理子系统，已实现设计阶段无纸化，并可通过在线报表工具实时查看核电工程项目设计工作进展状态，其三维协同功能初步建立了以设计数据为核心，三维模型为载体，设计管理子系统为纽带的数字化设计体系效率得到了数倍提升。工程项目管理平台采购管理子系统目前已覆盖采购业务全流程，实现了福清核电 1～4 号机组 EPC 采购精细化管理和多项目 EPC 大数据管理，采购三级计划业务数据与系统数据匹配度达 99%。工程项目管理平台施工管理子系统目前已达到月均新增数据 2 万条以上，真正成为各工程参建单位之间信息流转的统一平台，实现了移动端实施查看安全隐患以及根据机组、承包商、13 月滚动计划、隐患类别、隐患 TOP10 等不同维度进行统计分析的功能。

管理效率和安全质量提升、投入减少、工期缩短、不断创新、经验反馈，这些优点正在“华龙一号”首堆工程中不断显现。

核电工程项目管理平台提供多项目、精益化、规范化管理能力；为项目管理者提供科学、准确、及时的决策依据；实现工程参与方遵循标准开展工作，实现工程信息的来源统一、准确及时、全面共享；辅助各方提高工程管理水平，进而逐步实现对工程项目的全寿期管理、精益化管理，提升国际竞争力[1]。平台功能架构见图 11－1。

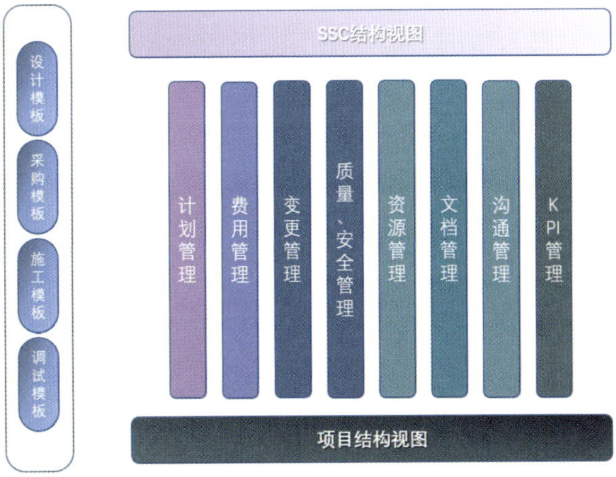

图 11－1　核电工程项目管理平台功能架构图

通过核电工程项目管理平台的建设，希望能够达到以下总体目标：

（1）项目信息共享

实现 SSC 信息的共享，将规范后的 SSC 信息作为标准数据发布给各个系统，为全寿期数据管理打下初步的基础；另外，通过平台的统一数据展示功能将信息直接在全公司范围内进行分享。

（2）数据交换平台

实现跨板块变更数据的交换，任何一个业务板块发起的变更请求，不再由人工进行传递，而是经由工程项目管理平台进行数据交换。

（3）跨板块协作平台

实现跨板块变更的协作，变更不需要人工进行通知，而是经由变更与对应的文档所属 SSC 的责任 OBS 进行相应的任务传递，实现协同工作模式。

（4）决策分析平台

通过 25 个 KPI，建立起初步的决策数据体系，从而满足管理层对项目整体运营情况的掌握需求。

（5）数字化移交平台

建立项目文档交工目录，为数字化文档移交建立起移交框架。

（6）规范化管理平台

通过对全寿期数据规范以及 WBS、CBS、OBS、文档和物资编码规范的支持，促进管理的规范化及各个业务系统使用的规范化。

另一方面，随着工程不断推进，中核集团及上级单位“数字化核电厂”顶层设计逐步落地，跨板块的工作协同、信息上下游传递以及工程数据的积累，让数字化工程数据移交变得可能。“华龙一号”工程建设汲取以往经验，探索并初步实现工程数据的数字化移交。福清核电在 2016 年编制形成了“华龙一号”工程数字化移交规范的总体框架和初稿，并在 2017 年进一步对规范所涵盖的数据范围进行拓展，数据颗粒度进行细化，数据模板的内容进行补充。目前，福清核电联合工程公司以“华龙一号”核电机组为对象，正积极研究和建立数字化的数据移交平台，打造福清核电乃至国家级示范样板的“华龙一号”数据移交信息管理平台，形成标杆和标准数据移交业务平台，为“华龙一号”数据移交信息管理平台“走出去”提供平台和技术基础。

11.2.1　平台业务需求和功能

核电工程项目管理贯穿在核电厂建设业务价值链的全过程，从核电厂设计、采购、施工、调试、移交到竣工，都依赖专业的项目管理进行全过程控制。

核电工程项目管理在传统的 9 个知识领域：项目综合管理、范围管理、成本管理、进度管理、质量管理、采购管理、风险管理、沟通管理、人力资源管理之外，还增加有变更管理、项目文档管理和业主管理等关键域。这些领域共同构成核电工程项目管理的核心内容。

（1）成本管理

对相关过程发生的费用进行管理，包括成本标准管理、费用估算、成本预算、成本控制等，在每次（月）测量费用偏差（CV）之后，预测项目完成时的估算值（ EAC），预示项目结束时费用估算是否超出可接受的允许范围。

（2）进度管理

按照项目范围和总体计划，按照活动包对工程进度进行管理，包括进度计划编制、进度估算、进度跟踪、进度控制、里程碑节点管理。通常采用网络技术（如 CPM）编制和调整进度计划，采用挣值管理（如 EVM）技术测量进度偏差（SV），实现从形象进度控制到数量化进度控制的转变。

（3）质量\安全管理

在 EPC 工程总承包项目中，需要高度重视安全、卫生、环保的管理，包括质量体系管理、质量贯穿监督、健康安全体系管理、环境体系管理等内容。

（4）综合管理

综合管理包括项目协调、项目群计划编制、项目统计年度项目群计划、编码体系管理、标准 WBS 体系、项目标准化管理等。综合管理的重点是各项目的总体进度计划、资源调配计划、各项目工作完成量计划、主要风险监控点、主要问题、收款计划、各项目的考核指标等。

（5）范围管理

项目范围定义，其输出是项目工作分解结构（WBS），是进度计划、预算分配、人员安排的最基本单元，也是用挣值原理进行费用\进度综合控制的基础。

（6）风险管理

对项目建设期间的风险进行预警和管理，包括风险管理策略与方案、风险管理实施措施、风险监控预警、问题处理等。

（7）沟通管理

实现项目各参与方信息及时、正确的交互。沟通管理包括信息发布、会议管理、文档管理。沟通管理需要在项目环境中建立多种沟通渠道、方式和机制，确保各方的信息能及时交互、正确交互。

（8）采购管理

采购管理包括采购策略管理、采购计划管理、询价管理、合同管理和供应商管理。其中供应商管理包括供应商选择（评标、决标）、供应商评估等内容。

（9）人力资源管理

人力资源管理包括项目组织结构、岗位、角色定义，人员流程管理（岗位变化、人员进出），团队绩效和员工绩效等、员工能力与培训。

（10）变更管理

核电 EPC 工程总承包项目有两种不同性质的变更，一是业主（用户）提出或引起的用户变更，另一个承包商责任引起的项目变更，对于这两种变更都应实施管理和控制，包括进度变更、设计变更、供应商变更、成本变更、合同变更、变更综合分析等。

（11）文档管理

核电 EPC 工程中，建设期文档转移到生产运营期是至关重要的，文档管理包括建设期的文档清单管理、文档收发管理、文档移交管理、档案管理等。

（12）业主管理

核电 EPC 工程中，工程公司是对业主负责。在与业主进行沟通交流以外，还需提高对业主的服务水平，包括业主项目监控报告管理、业主满意度、业主投诉管理、业主信息管理等。

系统功能需求包括针对工程项目管理的 KPI 体系设计、综合事务管理、数据分析和展示与访问功能，KPI 体系设计的结果会体现在展示及访问和数据分析模块中。

展示与访问提供访问的统一门户；提供数据联合摸索和模糊搜索；实现多点访问，与移动设备实现集成访问；基于三维模型实现三维展示应用（包括可视化三维进度模拟等）；通过展示与访问模块，提供对综合事务管理和数据分析模块的使用。

综合事务管理基于数据管理的基础，通过定义设计、采购、施工、调试等各个业务板块的一体化项目管理体系建立，实现对于进度，费控，人力资源，风险，质量，安全，沟通，合同以及变更的管理。在此层面实现一些公共流程或面向于多个业务板块的事务性管理流程。

数据分析模块通过对进度、费用、质量、安全及风险等信息进行综合分析，以报表和仪表盘（Dashboard）的形式向决策层，管理层以及执行层进行形象的展示，以提高决策速度和质量[1]。

11.2.2 总体应用架构

工程项目的高层管理人员和项目管理部门作为实际负责人，对核电工程项目管理总体负责，各业务板块（部门）承担项目具体工作，各业务板块内又按照项目管理的各领域进行工作的安排，项目和职能部门混合业务模式是一种典型的矩阵型管理模式，平台需要将项目管理的业务领域分层管理，即在项目责任单位高层集中体现项目管理，在业务板块层将项目管理的业务领域按照板块进行组织，以符合业务部门的工作模式。因此，总体设计框架图如图 11－2：

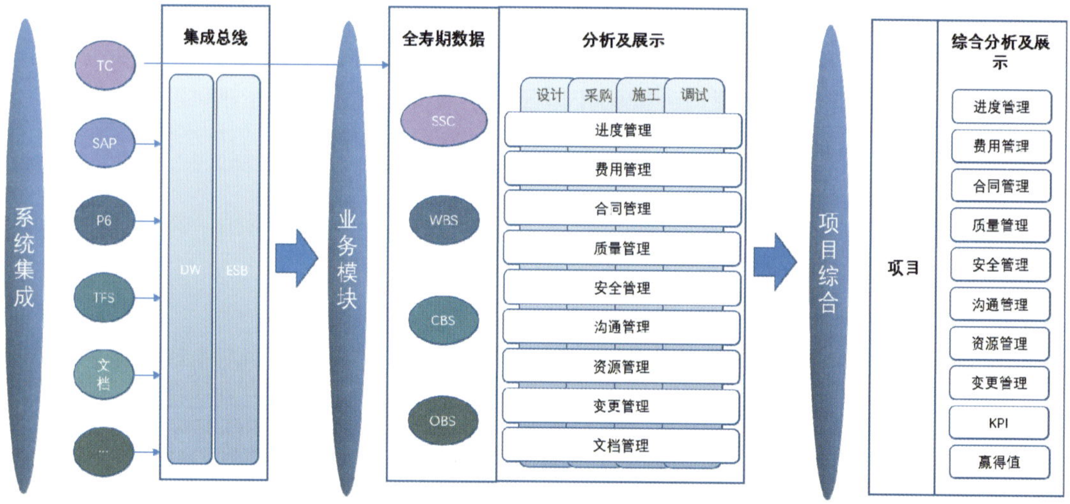

图 11－2　核电工程项目管理平台设计框架

项目综合管理面向于决策层面、管理层面，对管理层面和执行层面的事务和数据通过分析和钻取形成整体、宏观的展示，为华龙工程项目管理高层和项目管理部门提高出业务板块限制的、全面的决策依据。

业务板块以全寿期数据管理为目标，通过日常的项目管理活动支持对各业务板块的管理水平和相关获得的集中展示。

系统集成设计实现外部系统与平台的集成，解决不同类型系统的不同接口在统一集成框架下适应性和规范性，实现向平台的数据提交并获得反馈。考虑到数据来源和预处理程度的不同，集成平台会有两种数据接口，分别是 ESB（Enterprise Service Bus，企业服务总线）接口和统一导入接口。由于导入数据已经经过了预处理，其数据模型可以满足平台对数据的要求，但是通过 ESB 接口建立的技术通路所获取的数据由于源系统的差异，其数据模型差异性较大，因此在 ESB 接口之后设置 ODS，对源系统的数据进行原始记录存储，以便进行模型转换及审计。

11.2.3　总体技术框架

平台的总体技术框架设计基于成熟的产品生命周期管理信息平台（Product Live Cycle Management，简称 PLM 平台）技术框架，采用业界成熟的 MVC（Model View Controller，即模型（model）–视图（view）–控制器（controller），一种软件设计典范，用一种业务逻辑、数据、界面显示分离的方法组织代码，将业务逻辑聚集到一个部件里面，在改进和个性化定制界面及用户交互的同时，不需要重新编写业务逻辑。）三层结构，是基于 RMI 公司或 EJB（EJB 是 sun 的 JavaEE 服务器端组件模型，用以部署分布式应用程序。）的 J2EE 平台，完全基于 HTML 浏览器的应用，保证用户使用方便、系统维护简单、可靠性高并支持不同平台间的移植。

为满足未来公司级应用均可以统一进行访问的需求，用户在使用 PLM 平台的时候，将首先在门户系统进行登录，通过单点登录方式登录到 PLM 平台的终端用户界面，终端客户通过网页浏览器访问系统，如 IE 或 Mozilla，通过一个标准的网页浏览器，就可以使用系统的所有功能。不需要或仅需要少量 Java 小程序，就可以访问系统和应用功能。页面的所有请求通过应用服务器进行处理，并与数据库进行交互，获得返回结果后呈现在用户的浏览器中。

为了提高系统的灵活性及易维护性，系统采用三到 N 层次的应用架构见图 11–3。一般基于网站的信息化系统采用逻辑上的三层次架构。逻辑三层次架构具有展现层（Presentation Tier–View），应用逻辑层 （Application Tier–Control），及数据层（Enterprise Tier–Data Model）。这三层构成了所谓的 Model–View–Controller Paradigm。显示/展现层只负责输入及输出和展现客户所要看的数据信息。应用逻辑层 （Application Tier–Control）是专门用来处理应用逻辑及访问和查询后台的企业业务应用与数据。

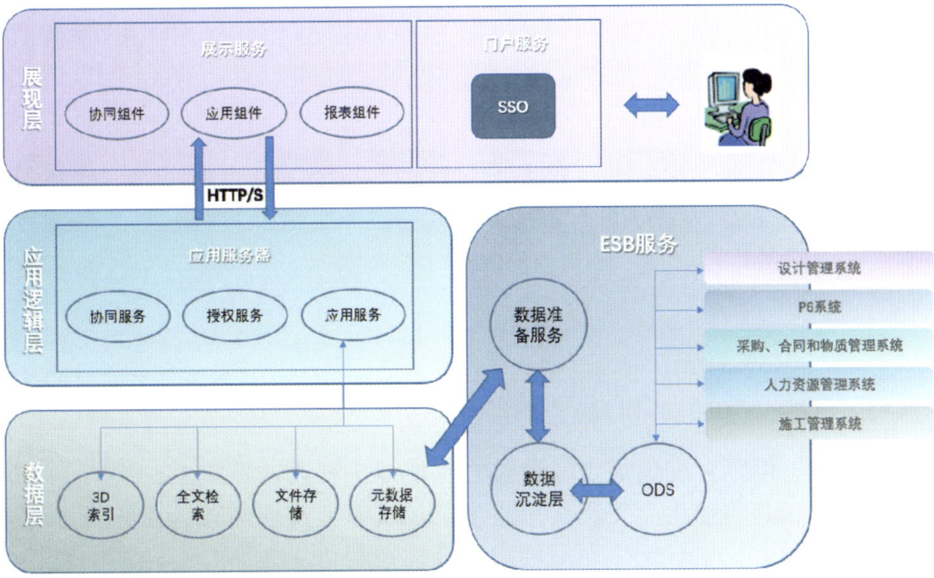

图 11–3　平台技术架构

在应用逻辑层和数据层，引入 ESB 技术，通过综合使用 WMB 平台及数据库技术，形成对数据的集成服务。

11.2.4 工程项目管理平台对业务的支持和变革

福清核电工程，总体上是一个总包工程项目，向下又可细分为多个二级、三级甚至更多的子项目，层层嵌套互为依托，核电工程项目管理模式核心内容是在设计、采购、施工、调试、移交环节下的多项目（项目集）管理。工程计划和合同管理是工程项目管理的龙头，进度管理、成本管理、质量安全管理是核心三要素，在项目过程中，通过风险管理和变更管理，实现对项目的三要素的动态控制。合同和工程计划是工程项目的起点，在业主制订的一级计划（WBS）下，工程公司制订二级计划，通过审批和控制到 3～5 级计划和过程管理，对项目进度进行控制；按照质保大纲的要求进行工程建设的质量和安全的控制；按照工程总体投资计划进行 RBS 的分解和控制。项目过程中对人力分析、施工风险、进度风险、费用风险、质量风险、设备风险和其他不可预见的风险按照风险控制程序，对风险和不符合项进行预警、监管、报告、整改、补救，风险控制的过程也是变更产生的过程，变更管理使项目在设计、采购、施工、调试、移交中产生的风险得到控制，项目进度、成本、质量安全得到全过程的控制和管理。

以核电全寿期管理为核心的核电工程项目管理平台是核电 EPC 总承包行业信息化的最佳实践。核电厂全寿期管理是从核电规划、设计、采购、建造、调试到运营的全过程，从信息技术的角度，是要建立一个数据信息在全过程能有效共享的机制。从核电厂运营发电的角度，电站设计为建造服务、电站建造为运营服务。核电厂最终的目标是实现安全可靠的运营。

核电厂实现安全可靠的运营的首要前提是核电 EPC 工程是一个精细、规范、安全、可控的过程。核电厂全生命周期中 EPC 环节如图 11－4 所示。

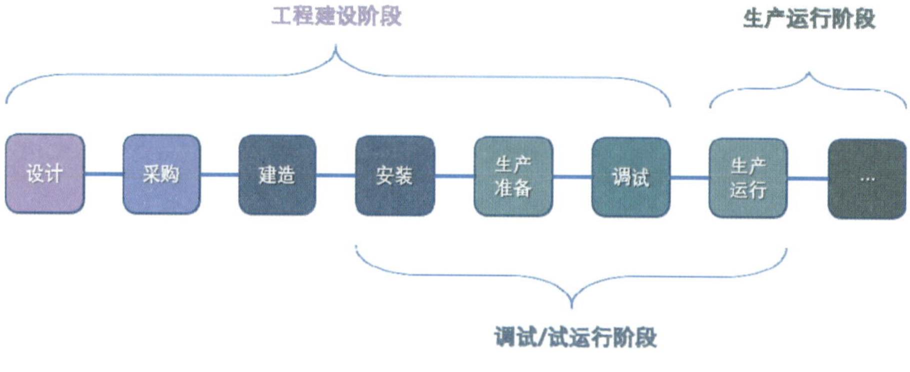

图 11－4　核电厂生命周期示意图

核电工程信息化平台既满足工程总包方对核电工程设计、施工、采购、项目等专业化业务在设计管理精细化、工程费用进度可控、管理沟通高效、业务间协同作用等要求，又符合并融入核电厂全生命周期的管理体系和信息共享与流转中，为后续移交接产及运行维修奠定基础。其通常具备以下特征：

（1）支持全生命周期各环节

覆盖核电厂工程建设和运行过程相关业务各环节，固化相关管理流程和标准，推动核电厂资产全生命周期管理。

（2）支持各参与方协作

体现核电厂建设和运行参与各方的需求，搭建业主、工程公司、施工单位、监理单位、供应商等共同参与的建设与运行管理平台。

（3）建立以工程数据为核心的知识管理体系

采用一体化和集约化相结合的部署策略，以最小化电站建设和运营的风险，提高投资回报率。

（4）采取合理的部署策略

建立以工程数据管理为主的知识管理体系，依赖知识管理体系，实现核电建设全生命周期的信息资源保留、转移和追溯。

传统上，为了满足 EPC 业务开展的要求，核电工程项目管理 EPC 总承包公司的核心信息化系统也会按照 EPC 各业务板块的区隔而分别建设“设计管理、采购管理、施工管理”等信息系统，并为了满足企业管理的要求而建设“财务管理、人力资源管理、计划进度管理、费控管理、文档管理”等系统。但实际上，由于缺乏能够贯穿核电全寿期管理的信息系统的建设，往往导致各分别建设的系统之间无法形成真正、有机而全面的集成协作。因此，在已有信息系统的基础上，建立一套以核电全寿期管理为核心基础的横跨 EPC/S 各业务板块的统一的核电工程项目管理平台是十分必要的，并通过采用高效的信息集成技术，实现系统间的协同工作。真正实现全寿期的主要数据管理和固化。

11.2.5　管理提升的促进作用

通过全寿期管理为核心的核电工程项目管理平台的建设，真正落实“核电建设以设计为龙头”的思想，并通过核电机组的构筑物、系统与设备（SSC）的全范围配置信息管理为采购系统提供采购包的分解结构来驱动采购计划的执行；同时也为工程项目管理提供设备与系统间关系，使工程计划、工序计划编制更加有效，同时，对工程产生的变更进行设计变更，修改 SSC 数据，以确保核电配置管理保持实时的更新。并且也可以为调试移交提供有效的信息保障。

（1）通过项目的梳理，推进了标准 SSC 结构、WBS、CBS、物项编码等基础数据标准的建立工作；

（2）增强了项目管理各板块工作的透明度，将项目参与各方的工作状态及成果实时地通过平台进行展示和统计，从而可供核电业主掌握信息督促各参建方工作的开展；

（3）通过建立一体化的项目总体计划监控体系，支持不同板块和专业之间的计划联动调整，提升进度管理效率；

（4）通过建立标准的 SSC、WBS、CBS 结构及关联关系，对各项目、各板块费用进行统一管控，提高资金利用效率；

（5）建立统一的 SSC 视图，建立全面的展示 KPI 考核体系。

11.3 工程期数据数字化移交

11.3.1 工程期数据数字化移交的背景

数据移交管理系统是以福清核电在2016年制定的"华龙一号"数字化移交规范为指导，结合福清核电业务部门对工程数据的业务需求，以及福清核电的生产运行相关的核心信息系统数据导入要求，参考其他行业的数字化管理和移交方式，构建的核电工程数据移交管理信息平台，它是移交阶段总承包方的项目管理平台向业主方进行数据移交的支撑平台，实现数字化的移交，工程阶段产生数据向运营阶段的生产经营系统（例如：EAM、ECM、ERP等）的推送。

中国核电发展至今，积累了很多经验。随着国家能源战略的调整，为了适应核电产业国产化、规模化的快速发展，我国各大核电企业基于投资经济性考虑，以及项目管理的专业化和社会化，纷纷组建了自己核电工程公司，大力推行业主负责制的工程公司总承包管理模式，有力地促进了核电工程的建设管理。但各方业主在工程移交接产阶段仍然面临EPC承包商采用在资产、文档（纸质和电子）以及部分电子化数据的初级方式，导致进入核电运营阶段后，生产运营所亟须的大量工程数据信息需要进行额外整理、查漏补缺等，带来额外的工作量和成本。

为了提高移交质量和效率，项目相关各方都在进行积极的探索。中国核电工程公司（CNPE或工程公司）工程公司在2012年已经开始了“四柱一面”的工程信息化整体格局推进。“四柱”分别为设计、采购、施工和调试专业板块应用。“一面”是工程全寿期和项目管理系统（后简称ProMIS系统），已经实现了跨板块的工作协同、信息上下游传递以及工程数据的积累。工程端的数字化建设（例如：三维设计）对于福清核电实现数字化移交和系统、管理和数据的对接提供了良好的基础和准备。目前ProMIS系统已经在福清核电5、6号工程项目上全面应用，构建了面向工程项目管理和全寿期管理的标准SSC（电厂系统、结构和部件）结构，并基于SSC结构实现设计、采购、施工等技术类数据（图纸、规格书、设备竣工文件、施工方案、施工竣工文件、各类变更等）和项目管理类数据（计划、合同、质量和安全等）的汇聚、挂接和关联化管理，并为调试类数据做好了数据接收的准备。福清核电以“华龙一号”核电机组为对象，研究和建立数字化的数据移交平台，打造福清核电乃至中国核电的“华龙一号”数据移交信息管理平台，形成标杆和标准数据移交业务平台，为“华龙一号”数据移交信息管理平台“走出去”提供平台和技术基础。

工程公司在2012年已经开始了“四柱一面”的工程信息化整体格局推进。“四柱”分别为设计、采购、施工和调试专业板块应用。“一面”是工程全寿期和项目管理，已经实现了跨板块的工作协同、信息上下游传递以及工程数据的积累。工程端的数字化建设（例如：三维设计）对于福清核电实现数字化移交和系统、管理和数据的对接提供了良好的基础和准备。

通过近5年的不间断的建设和完善，工程公司的工程全寿期和项目管理平台（ProMIS）在“华龙一号”项目投入应用，建立了工程管理视角的SSC结构，管理了设计、采购、施工和调试等工程文件和数据。通过交流，发现由于双方的管理诉求不同，在数据的准备和管理方面存在一些差异：比如工程文件中的设计规范文件，工程公司按照工程管理的 19 位码进行编制管理，但福清核电需要按照生产管理文件编码管理，因此后续该类文件需要进行转换处理；在设备管理方面，特别是设备分解结构方面，双方的分类方法存在不一致性。福清的设备分解结构是按照中国核电统一发文要求的分类要求进行工作的并在设备可靠性维修及 EAM 系统等工作中进行了推广使用，与工程公司建设阶段的设备功能类别分类虽有重合，但还存在分类方法、分类力度不一致等情况，后续需要投入大量精力进行转换。

在福清核电的 1～4 号机组项目中，因为项目管理模式的磨合和双方对数据移交需求的不清晰把握，没有整体通盘的考虑数据的移交，采用了“一刀切”式的移交方式，移交的内容仅限于建设过程中成包的图纸、文件和离散的数据记录等，不能完全满足业主的使用要求。在福清项目推行核电工程 EPC 工程项目管理模式前，绝大部分核电建设采用了“大业主”模式，业主深度参与工程管理，通过全面掌握工程建设，逐步完成了工程数据的纸质和电子化积累，并根据实际运维工作开展的要求，逐步进行工程阶段纸质和电子化数据的数据化工作，满足运维工作的需要。

根据福清核电目前完成 1、2 号机组 EPC 项目的经验，在当时的 EPC 总包合同中的移交主要针对实体电站、物项和文档资料的移交进行了较为详细的约束，而对数据特别是面向核电业主运维所需的准确的、关联化的数据并没有进行详细约束。这些信息散落在各类图纸、文档中，导致后续福清业主花费了大量的人力物力进行整理，而且随着时间的推移，这些数据和信息已经发生严重的失真和丢失。例如：福清核电在 2012 年期间就 EAM 系统所用的设备清单和文档清单的整理，就启动了一个专项约合 500 人月的时间完成整理、校验工作。后续仅导入 EAM 系统又花费了 50 人月的工作。并根据了解与福清核电 1、2 号机组同期建设的方家山项目也投入了同等规模的数据整理、校验和导入工作量。

11.3.2　工程期数据数字化移交的目标

由于国家、企业对于核电安全、高效建设、运行和“走出去”要求迫切，中核集团企业战略和信息化战略方向明确“数字核工业”的战略目标以及中国核电建设“数字化、智能化”核电厂的规划，福清业主从实际需求出发，构建面向“华龙一号”的数字核电，满足福清业主在不同阶段的业务、数据和应用的目标。

全寿期三维核电厂配置管理信息平台是数字核电的重要支撑，面向核电厂全生命周期中，以配置管理为手段，以 SSC 结构为核心，实现核电厂数据的管理，保障数据的完整性、准确性、实时性等，实现核电从概念设计到延寿退役过程中所产生的各类生产、技术数据的关联和挂接，为业务系统运行和管理提供数据基础和便利。

数据移交管理平台是全寿期三维核电厂配置管理信息平台的重要组成部分见图 11－5，它是移交阶段总承包方的项目管理平台向业主方进行数据移交的支撑平台，实现数字化的移交，工程阶段产生数据向运营阶段的生产经营系统（例如：EAM、ECM、ERP 等）的推送。

数据移交管理平台的建设应以福清核电在 2016 年制定的”华龙一号”数字化移交规范为指导，结合福清核电业务部门对工程数据的业务需求，以及福清核电的生产运行相关的

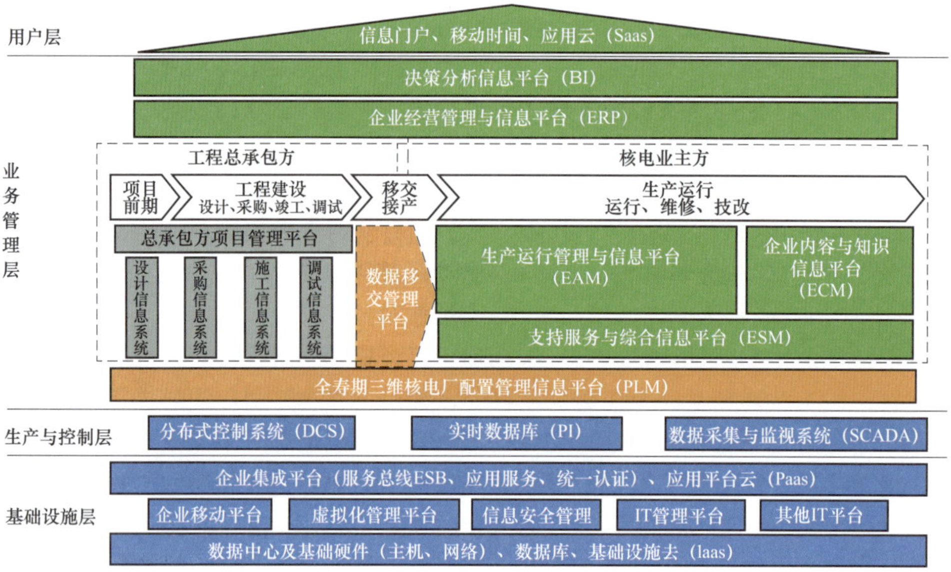

图 11－5　工程数据移交平台架构示意

核心信息系统数据导入要求，参考其他行业的数字化管理和移交方式，构建“华龙一号”数据移交管理平台，其主要研究和开发内容包括以下方面：

（1）业务管理方面

围绕工程数据移交工作，开展数字化移交管理研究，完成以下工作，保障工程数据移交工作的开展。

1）完成数字化移交管理大纲（初稿）制定；

2）完成数字化移交实施细则（初稿）制定；

3）完成数字化移交执行细则（初稿）制定；

4）完成数据移交标准规范的优化升版。

（2）工程数据方面

围绕工程数据移交工作，完成以下几项工作。

1）完成工程数据范围梳理，厘清与工程公司数字化移交业务、数据工作界面。

2）完成数字化移交验证的厂房子项，确定相关的设计、采购、建安等历史数据范围的确定，便于数据整理和清理工作开展。

3）完成验证厂房子项的历史数据收集和梳理。

4）根据应用效果开展全厂数据收集和梳理的推广。

（3）系统支撑方面

围绕数据移交平台，完成以下工作。

1）完成数据移交管理平台的业务需求分析、方案设计、平台选型等研究工作。

2）完成数据移交管理平台的业务功能开发配置与测试，打通工程公司信息系统到数据移交管理平台以及福清核电 3E 系统的数据通路，实现系统平台的部署、培训、数据配置等工作。

3）根据福清核电 5、6 号机组工程进度对数据移交标准规范和数据移交平台进行应用，验证规范和平台的适用性。

4）根据应用效果开展数据移交管理平台的优化升级工作。

通过以上各项工作，打造一个“华龙一号”工程数据移交平台，实现在福清核电的试点应用，形成“华龙一号”工程数据移交标准蓝图文件，形成中国核电华龙机组的移交标准，并配套的数据移交平台，为后续华龙机组建设提供参考。通过标准化工作，避免后续机组的重复建设，并基于目前福清“华龙一号”机组工程数据移交信息，形成一套华龙机组数据移交基础模型，指导后续华龙机组的工程数据移交工作，具备推广到其他电厂使用的条件。

11.3.3　工程期数据数字化移交的需求

福清核电以“华龙一号”核电机组为对象，以最终实现对于电厂的资产、文档以及数据从总承包商向业主的移交为目标，研究和建立数字化的数据移交平台，打造福清核电乃至中国核电的“华龙一号”数据移交信息管理平台，形成标杆和标准数据移交业务平台，为“华龙一号”数据移交信息管理平台“走出去”提供平台和技术基础。

项目定位于连接“华龙一号”核电工程方和福清业主之间的数据移交的连接纽带。系统的建设以福清核电 2016 年初步开发完成的“华龙一号”工程数据移交标准为基础，以福清核电生产运营管理对工程数据的实际数据和管理的需求出发，从业务管理、数据管理及系统建设三个层次及逆行需求说明与定义：

（1）管理需求

在传统的 EPC 模式下，业主方比较注重对电站的资产和文档的移交。但对于数据的移交没有要求，导致在业主的生产准备和移交接产阶段，一方面需要耗费大量的人工整理工作（例如：福清在福清 1、2 号 EAM 项目中仅设备数据收集和整理投入运行、维修、设备管理等多个专业处室近百名员工，后期的数据导入也借助实施合作伙伴 10 人年的工作量），并且将整理后的数据进行关联和导入到业主的运营系统（EAM）中。另一方面，数据的准确性也无法有效保障。这里所谓的数据的移交是面向核电业主运营管理和全寿期的管理需要，在核电工程期（包括设计、采购、建安、调试等）的数据进行采集并以结构化和关联的方式保存，通过数据交换的方式传递至福清的业主的信息系统中。

同时，电厂的移交过程不是一个短暂“一刀切”的过程，而是伴随着电厂的建设全周期过程，数据的移交过程中需要进行全周期可追溯，数据及时能传递给业主的要求。

因此，“华龙一号”的数据移交平台建设需要围绕工程数据数字化移交的移交策略制定、移交需求确定、移交方案制订、移交方案实现四个主要阶段，参照图 11－6 所示的移交流程，从业务管理方面解决移交工作问题，确定需要移交的内容，规定数据移交的手段与方法，解决业主方如何能够及时从承建方获取需要的数据，并确保移交数据的质量。

通过制度的形式，规范数据移交的过程及管理。

数字化移交管理大纲定义数据移交的总体目标、重要性，明确数据移交各参与方的目标、原则、范围、责任和义务，以及规定、要求及标准，包括合同及采购要求、法律法规要求、信息技术资源的分配和管理要求。

数字化移交实施细则定义数据移交的范围和内容，包括主要的移交数据分类和编码，及其被创建的阶段和数据源、数据用途；以及数据移交项目组组织机构。策略中业主方需

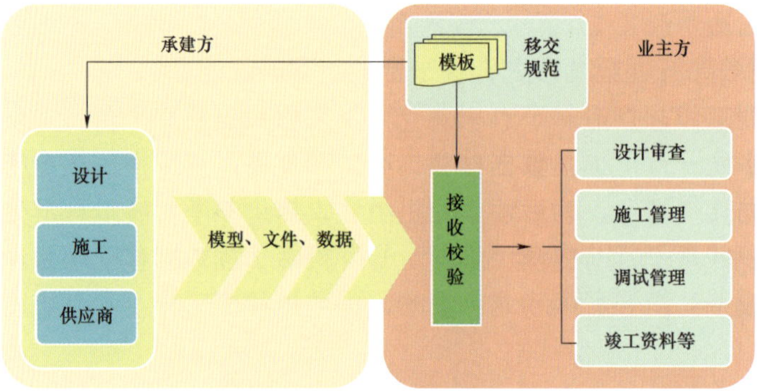

图 11－6　移交流程示意

要指定有技术能力的人员在整个数据移交过程中发挥领导作用，以确保采集的数据满足业务需求及长期的管理。

数字化移交执行细则定义数据移交的控制和验收标准，说明移交的计划、质量、进度、控制方法和验收标准。

（2）数据需求

从目前来看，业主在进行生产准备和移交接产过程中，业务的开展基本是基于纸质的方式开展，没有业务系统支撑，如果构建信息系统，将会有效提高业务过程的工作效率和信息传递的准确性，以及提高工作的规范性和可追溯性；同时需要总承包商在工程阶段将设计基准（包括设计文件、图纸以及结构化数据）和各阶段的工程技术信息（例如：设备竣工文件、施工竣工文件、调试报告以及各类结构化信息等）和工程变更数据与文件严格记录归档，最终交付给业主。

根据图 11－7 的数据移交架构，从业主的角度出发，平台需要以下数据：

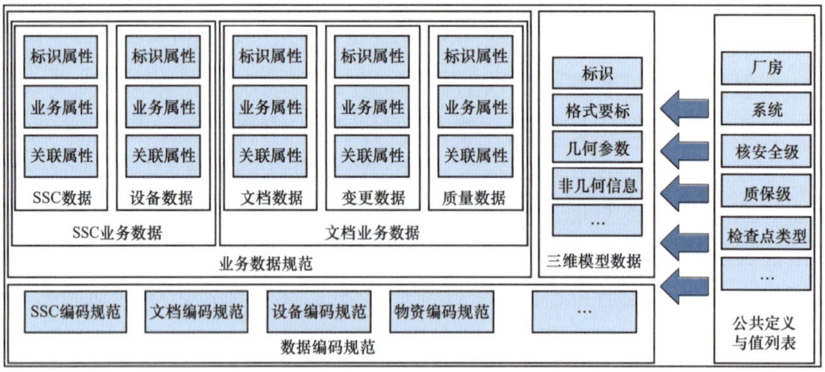

图 11－7　工程数据移交规范总体架构

1）数据编码规范

该类数据描述指在业务活动中，根据业务管理分类，给某些业务数据赋予有具有一定规律性、计算机容易识别与处理的符号。

2）业务数据规范

该类数据描述在业务活动过程中产生的记录数据。核电工程数据移交业务以设备为核心涉及在设计、采购制造、施工、调试等活动中产生的文件、变更、质量及设备等数据，数据量多、规模庞大、数据关系复杂，因此需要在业务数据方面进行规范，明确各类业务数据采集的内容和格式。

3）三维模型数据规范

模型信息的交付内容包括了模型几何信息和非几何信息。几何信息通常由图形软件生成；非几何信息可由软件在电厂全生命过程中产生，也可由其他工具生成。

交付的非几何信息应通过软件、编码、系统标准化或手工对应的方式，与几何信息建立关系。

4）公共定义与值列表数据规范

该类数据描述业务数据规范中的基础数据对象，支撑着多种业务操作，在各个业务数据中间进行共享或公用。该类数据的变化相对缓慢，一般有较长的生命周期。

（3）系统需求

从信息系统来看，工程公司需要系统管理工程数据，业主需要系统接收工程数据，二者之间需要有明确的数据交换标准与规范，才能保证数据有效、准确地进行传递。

作为数据移交的承载平台，打破核电工程和业主运行的技术和板块壁垒，实现设计到运行的数据/模型的全过程跟踪，进一步支撑核电全寿期的变更和配置管理。并根据核电运行的数据需求确定主数据规范、编码规范、模型规范，保证数据/模型的完整性、规范性和全面性，这是所有业务的基础。在工程期逐步构建工程完整的三维数字化核电厂描述/模型，支持未来的数字化核电站。

满足与上游 EPC 总包管理的中核工程公司的平台对接，来形成无缝数据集成和业务贯通的统一大协同的工程信息化平台，满足以业主方的视角构建全寿期一体化的完整信息化应用。

满足构建福清核电 5、6 号机组的一体化数据平台，统一数据源，具备大数据处理能力，实现数字化移交，并在工程建设过程中对设计数据、施工数据、管理数据等各类数据和各类文档有效管理；实现全面的核电文档库和知识库。

满足基于“华龙一号”三维数字化核电厂模型，接收和构建工程仿真和管控能力，以虚拟仿真手段辅助核电业主的运行和检修人员培训、对外教育、安全培训、应急演练、检修仿真等。

满足面向集团和公司各级管理层的群堆工程管理门户和决策支持系统，提供多项目、精益化、规范化的决策管理工具、KPI 管理、大数据搜索应用等，为各级管理人员提供科学、准确、及时的数据、信息、知识和决策依据。

作为数据移交平台，实现数字化的移交，工程阶段产生数据向运营阶段的生产经营系统（例如：EAM、ECM、ERP 等）的推送。数字化移交系统的总体定位和架构图如图 11－8 所示。

平台定位于福清业主的应用，从福清业主的业务和管理需求出发，在实现数字化电厂移交的基础上，基于数据的分析为安全管理、风险管理、可靠性管理等提供基础，未来还可以基于三维数据实现可视化的运行、维修和培训管理等多种业务需求。

平台与工程公司之间仅有数据接口，业务和系统的耦合性低；福清业主的管理和业务开展不受限于工程公司的系统限制；业务变革和改造相对容易。

平台具备延续性，基于全寿期、统一的数据源和平台，随着业务的推进和需求深化，在不同的应用阶段，可以增加和扩展不同的功能模块。

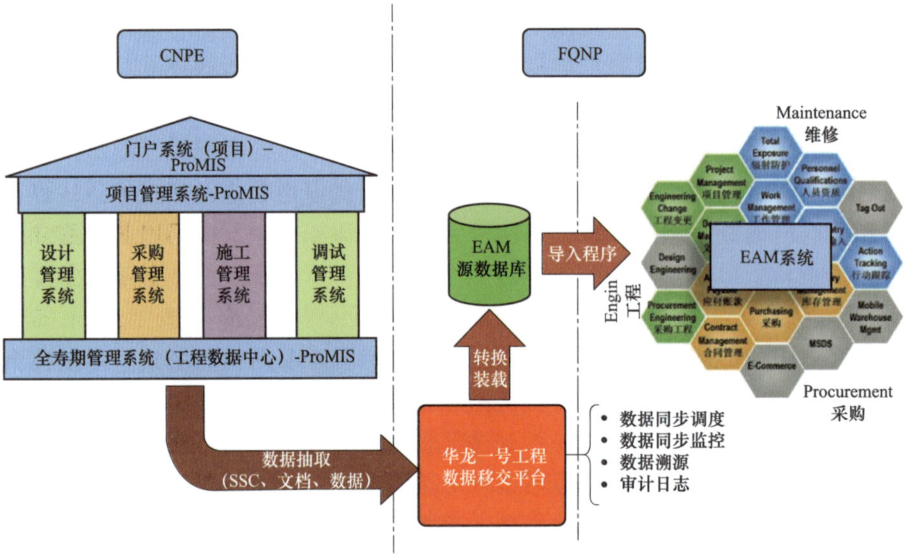

图 11－8　工程数据移交平台总体定位和架构

平台具备扩展性，构建统一的应用平台和数据模型，可不仅仅面向福清 5、6 号机组所需，可以扩展至福清的其他机组应用。

平台最终可以形成福清业主自主的数字化核电数据资产，这种数字化核电数据资产是一个虚拟的电站，与物理的电站相配套。

平台的建设不是“一刀切”工程，应随着福清用户的业务成熟，平台的功能以及平台的数据模型也应演进。

平台在建设初期定义为数字化移交为工作重点，因此平台受制于工程公司的数据质量较大，应在初期完成技术通路的尝试，同时与工程公司之间定义清楚接口（包括：系统技术接口和数据、业务的规范），未来过程中，业务数据规范还是需要不断演进。

11.3.4　工程期数据数字化移交建设的关键点

工程数据数字化移交平台的功能设计，在核电领域实现了多个突破，打破传统的移交方式，将数据校验控制，SSC 结构，三维模型化数据引入平台设计考量。平台连接工程数据移交双方，实现从移交方向接收方工程数据的单向传递。平台开放给移交方数据端口，让其按照平台和工程数字化移交规范的要求，上传移交数据。接收方可以利用平台进行数据的校验和校核，用于数据质量的分析和监控。同时可以利用平台直连推送或导出生产运行核心信息系统（3E）所需的数据。

平台通过导入适配器实现左侧工程数据的采集。工程数据根据不同来源，内容形式分为结构化数据（数据库，可解析的 excel 或 xml 模版）和非结构化（文件、多媒体、图片、三维模型等）的数据。导入系统后，一方面做一份原始数据的直接保留，另一方面需要进行转换和关联。在系统中构建以电厂分解结构（SSC）为核心的数据模型，实现各类工程业务数据与 SSC 的挂接。对于非结构化的文件，实现文件索引信息（包括文件描述信息，状态，元数据等）与 SSC 的挂接。SSC 是以电厂的功能导向和位置所构建的结构树，包括：以岛别、厂房、房间为分解结构的电厂物理树形视图，以机组、系统、设备、部件为分解结构功能树形视图。

同时，平台提供多维浏览器，首次实现核电工程领域数据移工作中结构化数据的多种展示（列表、二维表、树形），非结构化数据的浏览器（支持文件、图片、视音频、三维模型）的查看和浏览。系统提供查询和过滤功能，实现基于根据关键字（例如：位号）的模糊查询和关联展示，以及根据精确条件进行的定位搜索和关联展示。例如：根据位号查询设备，并将设备相关的文档、备件、工具、预防性维修策略等信息进行关联展示。

系统根据福清核电的目标信息系统（例如：3E 系统）实现根据不同系统的数据导出功能。例如：根据 EAM 所要求的.DAT 文件格式，导出 EC10，DO10 等多种 EAM 系统数据导入程序所需的数据文件。同时系统提供与目标系统的在线导入程序的集成，实现数据的推送。目前已经实现多种方式进行数据采集、映射和导入工具，主要方式包括两种：一种是客户化开发的导入工具，一种就是利用模拟页面操作工具进行数据导入。这两种方式最大的优点就是无需停机，对业务和系统影响低，同时可以保障数据的正确性。根据数据特点来分，模拟操作工具适合导入简单重复数据，例如，文档，设备等信息。客户化的导入工具根据用户需求进行定制化开发，通常是较为复杂的数据导入，如批量修改 PM 工单的风险分析，隔离安措等等；两种导入工具的工作原理都是基于用户页面模拟操作方式进行的，模拟真实的用户登录系统，获取 HTTP 请求的报文，直接向服务器发送报文，进行数据交互，代替重复繁琐的人工操作。

系统提供模型定义功能，能够结合管理和数据需要，灵活的定义系统中的数据模型（业务对象、属性、值列表、编码等），系统可以定义数据模型的约束规则（例如：字段约束规则，对象关联规则等），并根据数据模型的约束规则进行数据的校验和处理。系统提供编码器功能，灵活定义各种模式的编码规则（例如：流水码，分段码，分类码等），并提供编码的合法校验，编码的生成，编码的解析等功能。

系统提供数字化移交过程的编排和策略定义功能。根据不同的数据类型（例如：设备数据）定义数据的流向，入口方式和地址，出口方式和地址，数据出入时间要求等。系统提供数据质量报表功能，定期根据数据校验的结果形成数据报告。

（1） SSC 结构化信息库构建

建设核电厂 SSC 结构化信息库，存储核电厂厂房、系统、设备分解结构的结构数据，从而以 SSC 结构数据为中枢核心，关联核电厂设计、采购、建安、调试、三维模型，甚至运行、物资、备品备件与工器具、技改等相关信息，构建完整的结构化信息库。

（2） 三维信息库构建

建设核电厂三维信息库，关联设计院、工程公司交付的三维设计信息，以及设备采购和核电厂自主建立的三维模型，并与 SSC 结构化信息库关联，实现完整虚拟核电厂的三维可视化管理。

（3） 数据校验规则研究与开发

研究和定义数据约束规则，包括但不限于字段类型、字段长度、特殊字符，字段之间的互斥与关联，对象类型和关联关系等，实现对移交数据包的自动校验功能。

（4） 数据自动抓取与推送

对于上游已有的数据管理系统如 ProMIS，制定自动扫描规则，能够实现自动数据文件的抓取，以及从数据库中自动抓取数据。对于核电厂使用的管理系统如 3E 系统，制定推送规则，能够将数据自动推送至指定位置的数据库中。

（5）平台可行性及成熟度

在其他流程和离散行业（例如：钢铁，化工以及飞机制造等），EPC 模式和多方协同的业务模式已经逐步成熟。基于产品生命周期的管理（PLM）和上下环节信息传递已经是成熟的管理和应用模式。放眼国际核电，核电强国俄罗斯在 2012 年就已经提出和推进核电 multi－D 的技术，基于 multi－D 技术，已经能够实现虚拟和数字核电厂的交付。

基于 PLM 产品构建数字化移交系统从产品来看是具备成熟的经验可借鉴。而 PLM 产品在整个工业领域中是成熟的应用，具备完整解决方案。因此，基于 PLM 产品实现数字化整体数据模型的承接、装载和展现具备技术基础。且 PLM 产品已经在国内有多家厂商研发了自主化软件产品和平台，并具备实施能力。

同时，福清核电在 2015 年开始了 ESB（企业服务总线）的建设，以 ESB 作为信息交互及应用服务集成的通路，并在 ESB 上建立了接入、集成、报文、安全等规范。以 ESB 为基础实现数据采集导入和导出适配器，能够有效保证数据在传递过程中的效率和安全，因此 ESB 为数字化移交系统提供了技术通路保障。同时随着互联网技术的不断发展，在数据使用和服务集成方面，福清核电同 CNPO 在微服务方面有所探索，将这些移交前、移交中、移交后的数据以微服务方式进行发布，可以更加高效地利用这些数据，并挖掘数据的价值。目前微服务技术已经普遍应用在互联网企业中，微服务可以补充 ESB 的功能，实现轻量化管理，实现服务注册、服务代理、服务发布、服务路由和访问授权。在保障大数据量的同时，确保数据的高可用性，实现 ESB 相关功能的同时，可以进行分布式管理、负载均衡优化、动态扩容和部署功能。通过 ESB 技术和微服务的结合可以更好地为数字化移交提供技术支持。

11.3.5 系统功能

福清核电工程数据数字化移交系统所需实现和满足的系统及功能需求包含但不限于如表 11－1。

表 11－1 数字化移交的系统及功能需求

序号	一级要求	二级要求	需求/功能描述
1	移交数据模型管理	数据模型定义	1. 根据数字化移交规范中数据模版要求以及福清核电对移交数据的管理需求，在系统中构建完整的移交数据模型 2. 系统中构建数据模型对象，对象属性的定义，对象访问权限，对象管理和生命周期等内容的定义 3. 数据对象支持版本管理，并支持多个版本数据对象定义的比对；多个版本数据对象的生效、废弃的控制 4. 系统中构建数据模型对象之间的关联关系 5. 系统中构建数据模型对象之间，对象与属性之间，属性与属性之间的约束关系和规则的定义
2		可视化数据建模	1. 系统提供可视化建模功能。通过拖曳等可视化建模手段实现数据对象方便的配置和修改，数据对象中属性字段的配置与修改等 2. 系统内置一些标准数据对象，内置标准数据属性字段类型。属性字段类型包含不限于，字符，字符串，数字，日期，值列表，货币等；属性字段能够定义必填、可选等要求

续表

序号	一级要求	二级要求	需求/功能描述
3	移交数据模型管理	数据模型导入、导出	1. 系统提供数据模型的导入或批量建模功能，能够基于系统要求格式的 XML 或 Excel 通过导入等手段，在系统中生成数据模型 2. 能够将数据模型导出为 XML 格式或 EXCEL 格式的数据模型文件
4	移交数据管理	数据上传与导入	1. 根据系统所提供的数据模版，提供数据文件的上传功能，解析数据文件，生成数据模型所需的数据，导入数据 2. 系统支持数据上传和导入的容错、重试等机制 3. 数据模版支持 XML 或 Excel 格式
5		数据自动采集导入	1. 系统能够定义数据文件的扫描规则，实现自动的数据文件抓取，上传和数据导入功能 2. 系统支持根据规则从数据库中自动采集数据功能，实现从数据库中抓取数据，解析并转换为系统数据模型要求的数据，并导入数据 3. 系统支持自动采集和导入规则的可视化或其他可配置、灵活方式的定义功能
6		数据映射与转换	1. 系统支持数据映射和转换功能，能够实现源端数据向目标端的转换。转换方式包含不限于：“字符＜－>数字”，“字符＜－>日期”，“字符＜－>值列表”等，支持转换方式的扩展和配置 2. 数据映射支持根据规映射表映射，字段合并，字段拆分等，映射规则支持扩展和配置。 3. 能够源端数据的 XML、Excel 或数据库表等描述方式 4. 系统提供可视化或其他配置、灵活方式的数据映射、转换规则的定义功能
7		数据存储	1. 系统实现移交数据的管理和存储 2. 数据支持多版本存储和管理
8		数据推送	1. 系统实现数据的推送功能，通过 N1－ERP，N1－EAM，N1－ECM 的数据写入接口推送数据 2. 系统支持数据推送至指定位置的数据库表中 3. 能够支持可视化或其他配置手段实现数据推送的策略定义；策略包括不限于，时间，频率，数据量，并发方式等 4. 数据推送支持容错、重传和报错处理
9		数据导出	1. 系统实现数据的导出功能，能将系统中保存数据按照目标格式导出。目标格式包括 XML，Excel 以及 N1－EAM 所要求的 DAT 文件 2. 数据的导出能够定义导出过滤规则条件，可以进行字段过滤，也可以进行行数据过滤 3. 数据导出支持容错和重试、报错处理
10		数据查看与浏览	1. 系统中保存的数据，支持查看和浏览。数据展示的方式包括二维表，树形结构等 2. 支持以业务表单方式展现单条数据
11	3D 模型与文件管理	3D 模型管理	系统支持主流 3D 模型的读取、保存和查看
12		电子文件管理	系统支持主流电子文件格式的读取、保存和查看
13		3D 模型与文件浏览器	提供集成浏览器，能够浏览 3D 模型，Office，PDF，各类图片，CAD 图纸等多种文件格式
14	数据校验管理	数据约束规则定义	1. 系统支持可视化或其他配置方式，定义数据约束规则。数据约束规则包含不限于：字段类型，字段长度，特殊字符，字段之间互斥、关联 2. 对象类型，对象关联关系等
15		数据校验策略定义	系统支持数据校验策略的定义，支持数据校验的定时执行机制，触发执行机制等
16		数据校验报表	系统实现数据校验结果的展示；对于不规范数据隔离保存，并形成报表
17		变更影响面分析	系统实现在渐进式交付过程中，将每一次交付数据与已有的数据进行比对分析，根据数据变化情况，分析对相关数据的影响，给出数据变更影响面报表，满足人们对相关数据的一致性处理预警要求

续表

序号	一级要求	二级要求	需求/功能描述
18	统一编码管理	编码规则定义	系统提供可视化或配置方式实现多种编码规则的定义
19		编码生成	系统提供基于编码规则生成合法编码
20		编码解析	系统支持基于编码解析编码含义
21		编码校验	系统支持编码合法性判断和校验功能
22		编码服务	系统提供编码生成、解析、校验等 Web Services 接口
23	报表管理	报表管理	系统支持报表的定制功能，实现报表的定义，报表数据生成规则定义等
24	工作流管理	工作流管理	系统支持工作流的定义、执行和监控等控制
25	权限管理	数据权限	系统支持数据表级、记录级权限的控制，权限包括读、写、可见等
26		功能权限	系统支持功能权限管理，权限包括可用、不可用等
27		服务权限	系统支持对提供的 Web Services 的权限控制，包括可用、不可用等
28	系统管理	用户管理	系统支持用户管理，包括用户的创建、修改和停用；支持用户组织管理
29		角色管理	系统支持基于角色管理权限的方式，提供角色的定义和管理
30		管理控制台	系统提供管理控制台，支持系统的功能选项，系统监控的控制
31	查询与搜索	查询与搜索	系统支持支持数据的模糊查询，查询条件定义，以及根据条件精确查询等功能

11.3.6 移交平台建设效益分析

福清核电工程数据数字化移交管理平台采用国内解决方案，并通过深度定制及自主化二次开发技术，可以实现平台的集成，打造福清核电乃至中国核电的核电工程数据移交信息管理平台，形成标杆和标准数据移交业务平台，为核电项目工程数据移交信息管理平台“走出去”提供平台和技术基础。通过系统的建设和开发，逐渐形成一支数字化移交管理的业务和 IT 团队，在开发过程中掌握业务规范、标准、并以定制系统的方式进行软件平台的落地，为福清核电打造管理、技术和人才高地提供强有力的支持。

（1）形成福清核电工程数字移交管理规定、标准。通过该项目，梳理形成一套数字移交标准和规范，并通过具体验证开拓核电机组数字化移交先河；

（2）福清核电工程数字移交系统中积累的基线数据可为后续华龙机组提供模版。“华龙一号”机组在建设过程中产生的大量移交数据，可为后续华龙机组提供大量的数据支撑，这些基线数据可大幅缩短后续机组的重复性工作，提高移交效率，保障数据准确性和标准性，产生较大的经济性提升；

（3）福清核电工程数字移交系统在华龙机组的研发验证成功后，可以向其他堆型进行复制推广，为中国核电数字移交奠定基础。

11.4 生产期信息化建设

核电厂的运营期关注的核心焦点即设备可靠性，设备可靠性高，基于核电各种类的设备开展的维修、变更和技术改进能够得到有效的组织和实施，支持核电厂稳定运行，就能够确保持续不断的发电从而带来可观的经济效益。工作管理、工作控制管理是核电厂定义和规范这些工作流程的程序制度。INPO AP－928 是由世界核营运者协会亚特兰大中心（World Association of Nuclear Operators－Atlanta Center，WANO－AC）的成员单位美国核电运行研究所（INPO）在总结当今核电最佳运行管理和运营实践的基础上形成的适用于所有类型核电厂管理流程的良好实践与规范。这些管理流程和规范几乎覆盖了核电运行的各个领域，包括：AP－929（配置管理过程描述）、AP－928（工作管理过程描述）、AP－913（设备可靠性过程描述）、AP－908（供应链管理描述和指南）、AP－921（培训方法）、AP－925（大修管理）等等。这些规范定期修订，目前最新版本是 2011 年 3 月发布的第 3 版。其中 AP－928 是指导核电厂工作管理、工作控制的国际最佳实践和标准规范。工作管理流程主要涉及核电厂工作识别、工作范围界定、工作准备、工作排程、工作审批、工作执行以及工作总结。工作管理的内容包括：工单规范管理（分类、优先级、风险等）、长周期的计划管理、绩效指标等主要内容。实现 AP－928 标准的规范，是每个核电厂工作管理领域的首要目标。

生产计划是企业对生产任务做出统筹安排，具体拟定生产进度的计划，是企业经营计划的重要组成部分，是企业进行生产管理的重要依据。长周期日常生产计划作为生产企业管理体系中的主要管理模式，T－28 周长周期日常生产计划体系的建立，它从工单准备、风险审查识别、计划排程、隔离安措以及工作执行等方面形成了一套完整的工作控制体系，最大程度地实现电厂设备和系统的有效性和可靠性，使得生产计划安排最大合理化，有效地降低了工作成本，同时对核电厂的风险管控以及核安全提升有着极其重要的作用。

11.4.1　工作控制管理信息化建设目标

全面实施 AP－928 规范，以长周期计划、风险作业管理、计划偏差管理、KPI 指标、自动计划和计划决策支持为核心的具有自主知识产权的核电厂日常计划管理系统。

核电厂以往计划管理通常使用 Excel 或者简单表单来进行，福清核电根据引进、消化、吸收、再创新后的管理制度形成了自主知识产权的核电厂日常计划管理系统，该系统开创了一个全新的工单计划管理模式：将运行、维修、计划、许可证、风险分析、质量管理等一系列与工作管理相关的信息集成到以 P6 为基础的日常计划管理系统中，然后以颜色标识各类安全风险，以曲线图、柱状图等各类图形显示工单进度、偏差。这种将分散数据集中，然后再进行分析、展现并可在统一页面修改的模式使得维修、运行、计划、安全等领域的一线员工几乎不用去关心数据来源，二线管理人员也能更方便、集中地查看工作情况。

另外，系统开发基于 JAVA 语言和 Oracle 数据库开发的 B/S 应用，JAVA 语言和 Oracle 数据库的跨平台、跨系统性决定其可以部署在 Windows、Linux、Unix 等各类操作系统中。系统支持 Web Service、HTTP 等接口方式进行数据交换。系统中的报表采用广泛使用开源报表框架 BIRT，系统中 KPI 的实现采用最广泛使用的开源框架 HighChart 和 StockChart。系统采用的所有技术都是市场广泛的技术，所以系统的二次开发和改造变得非常简单。总体来言，从 IT 技术来看，该系统部署简单、开发便捷、广泛支持各类服务器、良好的系统兼容性使得系统具备推广的技术可行性。

创新的管理规范和软件系统需要实现以下目标：

（1）符合核电工作管理国际最佳实践 AP－928；

（2）符合福清核电实际管理要求，形成具有世界领先的核电厂日常计划管理流程和规范；

（3）可支撑福清核电日常计划管理制度的执行，开发具有自主知识产权的核电厂日常计划管理系统；

（4）日常计划管理制度及配套系统为国产三代核电“华龙一号” 的硬出口提供管理“软”实力；

（5）日常计划管理制度及系统成熟应用后，推广至国内其他核电企业；

（6）每台机组可直接减少 50 万元以上 P6 软件采购成本，减少 2 名以上计划管理人员；

（7）系统需具备良好兼容性，可安装在各类常见操作系统和应用服务器上，同时应采用广泛使用的开发语言和技术平台、具有良好性能、操作界面及扩展性。

11.4.2 工作控制管理信息化建设需求

同上级单位其他电厂一样，福清核电 1 号机组调试初期使用 FTS（调试生产准备管理系统）和 Excel 编制计划，再通过纸质工作文件包在多个部门中签字、传递和流转，工单准备工作不仅无法并行开展，而且对于纸质文件流转在哪，准备进展到哪一步也没有一个高效的跟踪查询方式；针对调试、生产还有不同的流转流程，复杂而不统一、效率低下。为了改变核电厂生产核心业务的管理现状，福清核电联合中核核电运行管理有限公司（以下简称“中核运行”），代表上级单位于 2010 年在全球范围内调研并探索适用于上级单位生产管理流程的最佳实践，最终决定以 ABB 公司企业资产管理（EAM）软件 Asset Suite（AS）和电子值班运行管理软件 eSOMS 作为福清核电的生产管理基础平台，项目实施后统称 N1－EAM 系统。N1－EAM 系统参考标准核电绩效模型（简称：SNPM），其中工作管理（简称：WM）模块基于国际最佳实践和规范 INPO AP－928 标准开发，负责生产准备、质量控制和生产计划等相关工作。2012 年 8 月，福清核电 WM 模块正式上线，其基本流程及相关配置均参照 AP－928 要求。

在系统上线初期，福清核电虽使用 N1－EAM 进行运营期的工作管理，但日常计划管理仍同国内大多核电同行一样，依靠 Excel 进行手工管理，虽之后也曾以电子报表的形式进行信息收集和共享，但这种半自动化的管理方式仍存在以下问题：

（1）计划的手段和管理思想比较落后：运营初期福清核电每天约有 200 个作业需要计划排程，通过 Excel 表格、纸张分发、简单电子报表、逐个进行作业计划的管理方式，技术手段效率低下，极易出错。

（2）工作控制水平比较低：N1－EAM 使用初期的管理程序没有针对 AP－928 要求制定相应的长周期管理制度。

（3）考核指标不完善：N1－EAM 使用初期的管理程序没有针对 AP－928 要求的 KPI 指标制定相应的管理制度。

在经过一年的使用后，福清核电日常计划管理主要采用 Oracle 公司专业排程软件 P6 进行，虽部分解决了上述问题，但在实际工作中发现管理制度与 AP－928 要求还存在一定差距，主要体现在：

（1）信息来源不足：计划管理需要考虑天气、发电计划、工业安全、安全风险、消防保卫等各类信息，这些信息分布在不同部门的不同专业和领域，包括环境保护、工业安全、保卫、核安全、辐射防护、计划、运行等，而 AS、eSOMS 及福清核电的其他软件中都没有此类信息，信息以纸质及非结构化数据形式存储。

（2）业务对象缺失：工作管理中的计划排程需要针对工作申请（WR）、工单（WO）、隔离单（CO）进行，但 P6 中仅有工单对象，还缺少其他业务对象的信息。

（3）依靠人工实现计划信息收集、下发、反馈、再下发：AP－928 中的计划管理通常是十三周或者更长周期的计划管理，如此长的时间会经常发生计划偏差，而计划及偏差上报都是在计划会上人工反馈，然后再由计划员手工修改，最后通过邮件+PDF 附件的形式发布。此人工反馈计划、下达计划的过程每天周而复始，重复而效率低下。

（4）计划排程工作量巨大：针对一台机组，日常计划需要针对十三周以内的约 3 500 个业务对象进行排程，虽然使用 P6 进行计划排程可以减少大量工作，但还缺少一套可以提供自动计划和辅助计划决策支持的工具。

11.4.3　工作控制管理信息化建设技术路线

以 AP－928 为指导思想，集成工作申请、隔离单、许可证等业务对象，整合天气、发电计划、工业安全、安全风险、消防保卫、隔离要求、核安全、辐射防护、计划会议提醒与通报等上报信息，打造一个计划管理基础数据平台；基于基础数据平台实现完整 AP－928 规范要求的日常长周期计划管理；基于基础数据平台实现风险作业、计划偏差管理；基于基础数据平台实现 AP－928 规范要求的生产指标和 KPI 管理；基于基础数据平台实现自动计划和辅助计划决策支持等创新功能。

系统共设计了六个功能模块，包括：基础数据平台、长周期计划管理、风险作业管理、计划偏差管理、生产指标和 KPI 管理、自动计划和计划决策支持管理，以及一个系统辅助模块见图 11－9。

图 11－9　工作控制管理信息平台功能模块

（1）基础数据平台

基础数据平台是管理创新执行的前提也是管理程序中各类信息的来源，日常计划管理的基础信息包括：

来自 Asset Suite 的工作申请信息、工单信息、许可证信息、文档；

来自 eSOMS 的隔离相关信息；

来自 P6 的排程信息及计划管理的工作控制反馈信息，如窗口要求、维修备注、班组等。

业务自定上报的工业安全、安全风险、消除保卫、隔离要求等信息。

（2）长周期计划管理

长周期计划管理是本次实践及创新的核心内容，主要包括计划管理和工作控制，它以 AP－928 规范为标准，基于预防性维修制定十三周长周期计划管理流程，主要周期和计划如表 11－2 所示。

表 11-2　长周期计划管理

目标周	名称	主要工作
T-12	建立项目清单 SCOPING PHASE	建立项目清单，进入 13 周滚动计划，分配工作准备人并开始准备工作包，识别长周期采购备件并提出需求。每周三会议审查
T-11～T-9	工作准备 PLANNING PHASE	各维修专业完成每个工作包的范围确定，识别解决明显约束因素，初步风险评估，提出隔离许可证、PMT 许可证、RWP 许可证、物资采购等申请，完成设计变更方案，WOT 在 T-9 前批准。每周一会议审查
T-8～T-5	项目清单冻结 Scope Freeze	风险评估审查，监督部门审查批准 RWP、PMT 许可证，物资供应部门完成备品备件的准备，维修专业确认上述制约因素完成后将 WOT 推进到“完成准备”（PREPARATION PHASE），经运行、维修、质量、安全、计划等专业审查后，项目清单冻结。每周二会议审查
T-4～T-2	排程冻结 SCHEDULING PHASE	运行人员管理隔离冲突、完成隔离单的准备（隔离单已编写），最终风险评估。工作实施部门指定工作负责人，现场走查，确认资源，排程冻结（Schedule Freeze）。每周四会议审查
T-1～T-0	生产冻结计划 EXECUTION PHASE	评估紧急工作、评估风险，监控工单执行、解决问题，完成工单、执行修后试验，设备转运行投用
T+1	工作总结 CRITIQUE PHASE	批准完工报告，分析执行情况，确定改进行动项的工作总结和学习
T-12～T-0	编制 13 周计划	基于预防性维修的 13 周长计划管理
	新工作申请 SCREENING PHASE	评估电厂风险、评估运行影响、转工单、确定工作类型、工作优先级、确定日常/大修作业、分配工作窗口。每日计划会议审查

（3）风险作业管理

为提高安全生产水平，降低安全事故发生，提前快速识别工作风险是计划管理中最重要的工作。在与国内外电厂交流并总结大量工作风险类型后，福清核电创新地提出以颜色标识来区分各类高风险维修工单见图 11-10。

2015年05月10日生产计划

运行定期试验和设备切换

序号	WOT编号	试验名称	配合专业	状态	周期	班次
1	00089946-01	(Q)FQ1-REA-T-004 反应堆硼补给箱液位试验规程		完成准备	W1	运行晚班
2	00091036-01	(Q)FQ1-RPA-T-030 用RPA621KC进行安全壳喷淋信号（1）逻辑试验规程		完成准备	W8	运行早班
3	00091328-01	(Q)FQ1-JPP-T-001 消防水泵的可用性试验规程		完成准备	M1	运行早班
4	00091107-01	(Q)FQ1-DEL-T-001 冷冻机组切换试验规程		完成准备	W8	运行中班
5	00091289-01	(NQ)定期切换：1DVK001/003ZV切至1DVK002/004ZV运行		完成准备	W4	运行中班

PM工作5项，CM工作0项，EM工作1项，OT工作1项，WR工作0项，其他0项。

序号	WR/WOT编号	WR编号	设备代码	WOT描述	WO类型	优先级	设备等级	专业
1	00071830-03		0SDA004FS	0SDA004FS内部腐蚀检查和开人孔需服务搭设脚手架	PM	4		CP
2	00075386-01		1JPP002MO	1JPP002MO电机进行润滑	PM	4		ME
3	00066201-01		0SEA634PO	1号排泥池排泥泵外观检查及加润滑油脂	PM	4		MM
4	00066202-01		0SEA635PO	2号排泥池排泥泵外观检查及加润滑油脂	PM	4		MM
5	00099308-01	00042926	0SER006VD	0SER006VD怀疑该阀门有内漏	EM	2		MM

图 11-10　风险作业管理用户界面

这种方式为计划人员、维修人员、运行人员快速识别高风险作业提供了极大的方便，并能有效的提示其采取相应后续行动。

目前主要采集的工作风险有，见表 11－3 所示。

表 11－3　风险清单

工作风险类型	对应颜色
运行限制条件（LCO）的工单	红
工业安全风险的工单	红
紧急工单	红

（4）计划偏差管理

工单执行的偏差、计划的偏差以及可以提前开工的工作是计划人员最关心也需要随时关注的工作，这些工作包括：未按计划开工、完工的作业，未按计划准备的工单、隔离、许可证，以及各类计划调整。

目前主要采集的计划偏差有，见表 11－4 所示。

表 11－4　偏差清单

工作偏差分类	对应颜色
未按计划开工的工单	黄
未按计划完工的工单	黄
未按计划批准的工单	黄
未按计划完成准备的工单	黄
未完成维修隔离准备的工单	黄
未完成运行隔离准备的工单	黄
未完成许可证准备的工单	黄
辐射防护许可证未生效的工单	黄
有停滞因素的工单	黄
实际未按计划开工的工单	黄
实际未按计划完工的工单	黄
未编写/批准完工报告的工单	黄
计划冻结后变更开工日期的工单	紫色
计划冻结后插入的工单	紫色
计划冻结后未开工延长工期的工单	紫色
计划冻结转项目冻结的工单	紫色
项目冻结后跨周延后的工单	紫色
取消或待取消的工单	紫色
开工后延期的工单	紫色
暂停状态的工单	紫色
计划冻结后移除的工单	紫色
已批准的工单	绿
满足项目冻结条件的工单	绿
满足计划冻结条件的工单	绿
需在节假日开工的工单	土黄

（5）生产指标和 KPI

根据 AP－928 的规范实施了如下关键绩效指标，见表 11－5 所示。

表 11－5 关键绩效指标

日常工单平均寿命（Average Age of Backlog）	
指标描述	按机组、专业考查维修工作从提出到完工的平均周期
计算方法	（实际完成时间在过去 1 个自然月内的 CM 或 EM 类型 WOT 从 WR 提出到 WOT 关闭的时间）及（工作类型为 CM 或 EM 的小维修 WR 从提出到完成的时间）分别累加后除以该类型的 WOT 数和 WR 数，其分母为 WOT 或 WR 数量之和，分子 WOT 或 WR 总寿命之和。不包括大修项目中的 WOT 工单
日常累积缺陷维修工作（On－Line Corrective/Deficient Maintenance Backlog）	
指标描述	按机组、专业考查未完成工单数量
计算方法	每日 7 点按天汇总 WO 类型为 CM、UP 的非大修，并处于未完成状态的 WOT，加上状态为“已批准”及“小维修”，工作类型为 CM、UP 的 WR 总数和，其他类型的工单不参与统计
冻结计划稳定性（Schedule Stability）	
指标描述	考查计划冻结后，计划再次发生变化的工作数量变动率
计算方法	每周一中午 12 点将 T＋1 项目清单（计划开始在 T＋1 的清单，不进行状态过滤）与对应的 T－2 快照清单对比，出现项目增加、减少、计划开始时间不同、工期不同等情况的 WOT（不包括小维修）数量【即：分子】与 T－2 快照总的 WOT（不包括小维修）数量【即：分母】的比值。进入执行阶段但延期的不作为变动率统计（即：工期不同但有延期原因的不计入）
使用后半宽限期的 PM 工单（Number of PMs Deep in Grace）	
指标描述	实现国家核安全局反馈状态报告的要求，减少 PM 工单延期开工的可能性
计算方法	每小时自动计算计划完工时间使用后半宽限期的 PM 工单，并邮件提醒计划人员、工作负责人
工作按计划开工/完工率（Schedule Adherence/Completion）	
指标描述	考查工作按计划开工和完工情况
计算方法	当实际开始时间小于等于计划开始时间＋3 小时算为按计划开工（不考虑分钟）；当实际开始时间大于计划开始日期＋3 小时算为未按计划开工（不考虑分钟）。当该项目实际开始日期为空时算为未按计划开工；统计计划开始日期在上周（或上月）的小维修（“是否小维修”字段等于 Y）、WOT。内按计划开工的项目数除以该统计范围内的项目总数得到工作按计划开工率

同时按福清核电管理要求实施了如表 11－6 的关键指标。

表 11－6 关键指标

预防性/纠正性维修工作比例	
指标描述	考查 PM 和 CM 工单比例，减少 CM 工单数量
计算方法	按机组、专业统计实际完成时间在过去 1 个自然月内的（状态为已完成、已关闭、已结束的 WOT）或（状态为“已完成”小维修 WR）；（WO 类型为 PM 的 WOT 数量）与（类型为 CM、UP 的 WOT 数量＋类型为 CM 的小维修的 WR 数量）的比值，其他类型的 WO 不参与统计。不包含大修项目中的 WOT
周计划项目延期率	
指标描述	考查工单开工后延期的工单数量
计算方法	指电厂、专业每周一早上 7 点统计 T＋1 项目清单中（延期原因）不为空或者 WOT 状态为（28 SUSPEND 暂停）的 WOT 数量。“快速维修”值为 Y 的 WOT 不计入。不包含大修项目中的 WOT，不包含 WR
工作申请提出情况	
指标描述	考查每个专业提出缺陷性工作申请数量
计算方法	按周统计 WR 批准日期在指定周内的已批准、小维修、行动中、已完成、已取消的 WR 数量

续表

日常工作完成情况	
指标描述	考查每个专业和工单类型的工单完成数量
计算方法	每周一早上 7 点统计上一周实际完成时间在指定周的小维修、WOT 的数量。不包含大修项目中的 WOT。但包括定期试验与设备切换

（6）计划决策支持

核电厂工单主要有 2 类：缺陷维修工单（CM）和预防性维修工单（PM），而电厂中 70%的现场作业为 PM 工单。如果能在预防性维修大纲（PMRQ）编制时制定 PMRQ 间的逻辑关系，然后通过其自动在生成的预防性维修工单上建立对应的逻辑关系，则可以极大减少计划人员的工单排程工作量并同时提高计划准确性。AP－928 要求 PM 工单的执行可以有 25%的宽限期（Grace Period），福清核电总结大量现场工作实际，创新提出并在 PMRQ 上实现了最常用的两个逻辑关系“开始—开始（SS）”“完成—开始（FS）。为了保证 PM 工单的逻辑关系不会影响到 25%的宽限期，限制只有计划完工时间在 12.5%宽限期内有重叠的 PM 工单才会建立对应的逻辑关系。具体实现如下：

设备管理处收集的预防性维修大纲需要提供 PMRQ 间的逻辑关系；

N1－EAM 系统根据 PMRQ 生成预防性维修工单（PM WO）；

核电厂日常计划管理系统根据 PMRQ 的逻辑关系在 P6 系统中自动为生成的 PM WO 创建逻辑关系。

（7）自动计划

同样，针对计划安排，AP－928 给出了建议的排程分级方式，但没有提供自动计划排程的实践或建议。福清核电参考 AP－928 的工作优先级标准，创新提出了基于 Asset Suite 和 Oracle P6 软件的计划决策支持管理方式。

（1）针对日常 CM 工单，根据不同优先级自动安排不同的最早开工时间，以日常缺陷类工单为例，其算法如下：

1）WO 优先级为 1，则自动安排最早开工时间为 WO 生成时间；

2）WO 优先级为 2，则自动安排最早开工时间为 WO 生成日期的 0 点＋21 天；

3）WO 优先级为 3，则自动安排最早开工时间为 WO 生成日期的 0 点＋49 天；

4）WO 优先级为 4，则自动安排最早开工时间为 WO 生成日期的 0 点＋77 天；

5）WO 优先级为 5，则自动安排最早开工时间为 WO 生成日期的 0 点＋84 天。

（2）针对日常 PM 工单，根据预定义的时间自动安排计划：

1）如果作业有前置作业，则不安排计划时间

2）作业如果没有前置作业：

（3）P6 侧第一限制条件人为设置空，不需要安排计划；P6 侧第一限制条件本身就是空，需要安排计划，逻辑如下：

1）P6 计划开始时间＜13 周（当前周的周一的 0 点＋7×13 天的 0 点）并且 WO 预定义时间在 13 周之内，则不需要安排计划；

2）P6 计划开始时间在 13 周之内且 WO 预定义时间超过 13 周，将 WO 的预定义时间写入计划开始日期；

3）P6 计划开始时间在 13 周之外，将 WO 的预定义时间写入计划开始日期。

（4）系统辅助功能

包括邮件提醒、P6 作业自动归档、数据自动备份、接口重传等支撑系统稳定、高效运行的所有辅助功能。

11.4.4 工作控制管理信息化对效益的提升与促进

(1) 管理效益：给应用单位管理和生产经营带来的成效。

1）维修模式转变，提升核电生产业务管理水平

福清核电参考 INPO AP－928 实现了以预防性工单为主线进行的长周期日常计划管理，CM/PM 比例降低，标志着电厂逐渐由“救火式”缺陷维修工作向“保养型”计划维修工作转变，设备及系统可靠性、稳定性得到进一步提升。

2）安全生产水平提高、生产成本降低

通过信息技术建立了风险分析预警机制，建立了开放、透明、便捷的事件反馈机制，创新的风险分析管理制度实施后，电厂的风险作业识别率提高了 20%，降低了维修工作风险，提高了风险作业准备的准确性和完整性。

3）计划管理水平提高、生产成本降低

色彩分析法、计划决策支持功能的创新运用减轻了计划人员的计划偏差管理工作量，合并压缩了工单数量。与之前相比电厂活动中的工单、隔离数量减少了 5%－10%，工单、隔离的平均寿命减少了 10%－15%。

(2) 社会效果：提升企业形象，或给社会或民生带来的积极影响。

技术引进与消化吸收再创新是一个包括：技术引进、消化吸收、技术创新、技术扩散等在内复杂的系统工程，是发展中国家实现产业升级的捷径，是实现工业化和经济社会发展的有效手段。与自主创新相比，引进成熟技术进行研究可节约大量的资金与时间。福清核电在引入国际最佳实践 AP－928 并创新时有如下成功经验可供借鉴：

1）高度重视技术引进与消化吸收工作的协调与管理；

2）重视人才、技术资料等“软”技术的引进；

3）重视消化吸收再创新的资金投入。

11.4.5 设备可靠性管理软件平台应用

中国核电设备可靠性管理系统（Equipment Reliability Database for China Nuclear Power Plant，简称 ERDB），是根据中国核电设备可靠性管理实际情况，结合国际先进的设备可靠性管理方法和规范（主要参照 INPO 的管理流程及 EPRI 的技术方法），建立一套科学的、标准的、系统性的核电设备可靠性管理体系，按照体系要求，构建并开发设备可靠性数据库及应用平台软件。ERDB 目前已应用于秦山核电 9 台机组、田湾核电 1～4 号机组、福清核电 1～4 号机组、海南核电 1，2 号机组、三门核电 1、2 号机组，未来将应用于中国核电所有机组。

ERDB 软件目标和界面介绍：

1）ERDB 主要目标：实现设备可靠性过程管理 AP－913 中重要的功能

① 设备分级；

② 系统/设备性能监测与评价；

③ 大纲管理及优化；

④ 纠正行动；

⑤ 设备与维修反馈；

⑥ 系统/设备长寿期管理支持；

⑦ 设备可靠性基础数据集成与应用等。

2）ERDB 辅助目标：设备可靠性管理方法、体系及经验产品，快速提升新电厂可靠性管理水平

① 预防性维修大纲开发与管理；

② 电网设备技术监督；

③ 定期试验管理；

④ 电站热力性能监测；

⑤ 设备故障预警；

⑥ 群厂（群堆）一体化管理及对标；

⑦ 经验及成果共享。

登录界面见图 11－11。

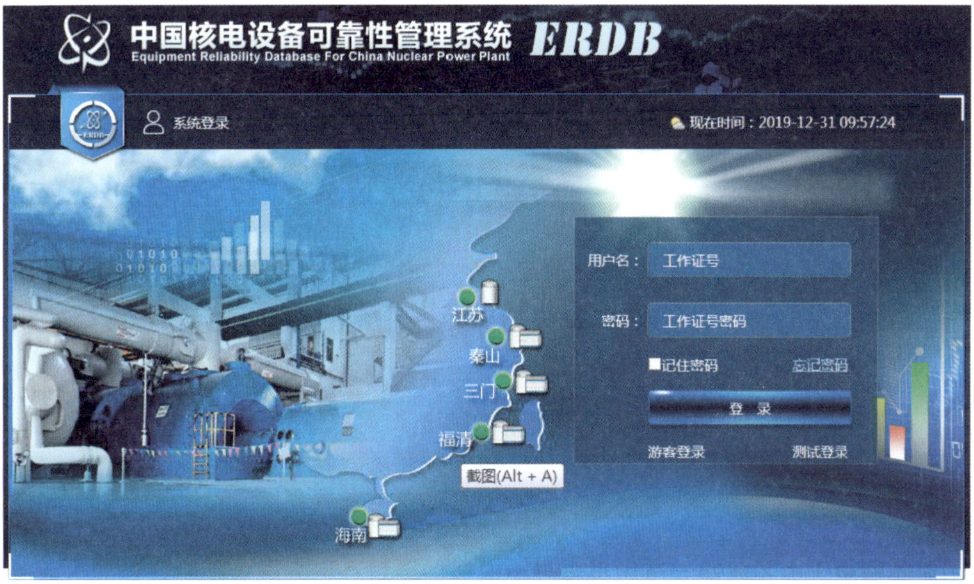

图 11－11　登录界面

顶层展示：主要从集团、电厂层面展示各机组的设备可靠性状况，包括电厂运行、ERI 指标、系统健康状况、设备性能监测展示，见图 11－12。

ERI 指标：展示各机组的设备可靠性指标（ERI），并用不同颜色表示 ERI 状况。提供对机组评价的指标体系，自动计算指标得分。该评价体系综合了公司的管理要求及系统/设备的个性化参数见图 11－13。

设备分级：提供设备分级的工具，从划分系统边界、分析系统/设备功能、FEGs 功能组，直到分析设备关键度、工作环境、工作频度，经过审批流程进行生效。

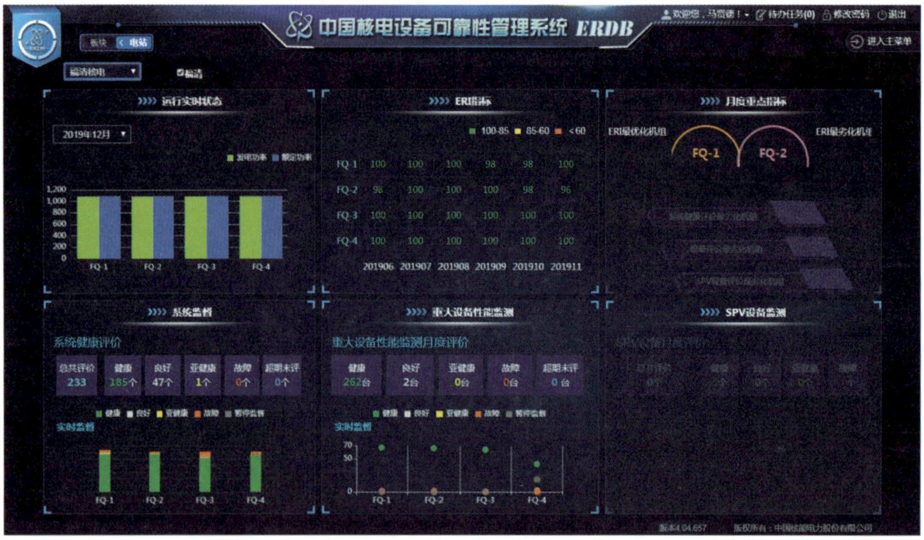

图 11－12　总览界面

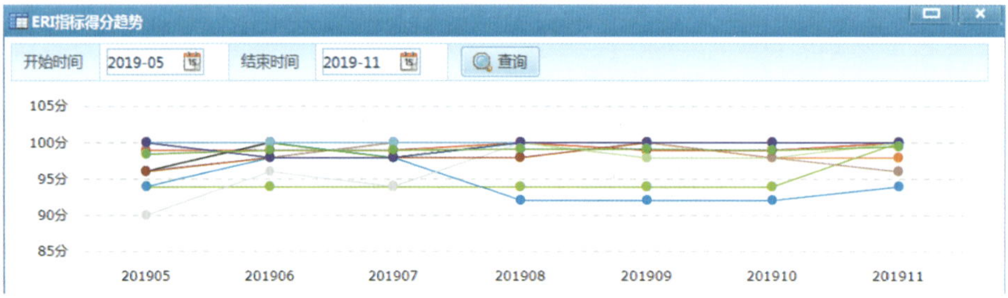

图 11－13　指标界面

系统监督：系统工程师确保所负责的系统满足电厂可靠性要求的目标，全面了解系统设备功能及结构，通过数据跟踪、数据趋势分析、健康评价等手段监测系统性能，适时触发纠正行动，并进行经验反馈见图 11－14。

图 11－14　监督界面

机组热力性能监测：使用工艺流程图在整体上展示一个机组的热力性能指标。通过热力性能计算模型，实时监测机组的性能相关参数。

设备监督—大型设备监测：设备工程师确保所负责的设备满足电厂可靠性要求的目标，全面了解设备可靠性状态，通过数据跟踪、数据趋势分析、设备评价等手段监测设备性能，适时触发纠正行动，并进行经验反馈见图 11－15。

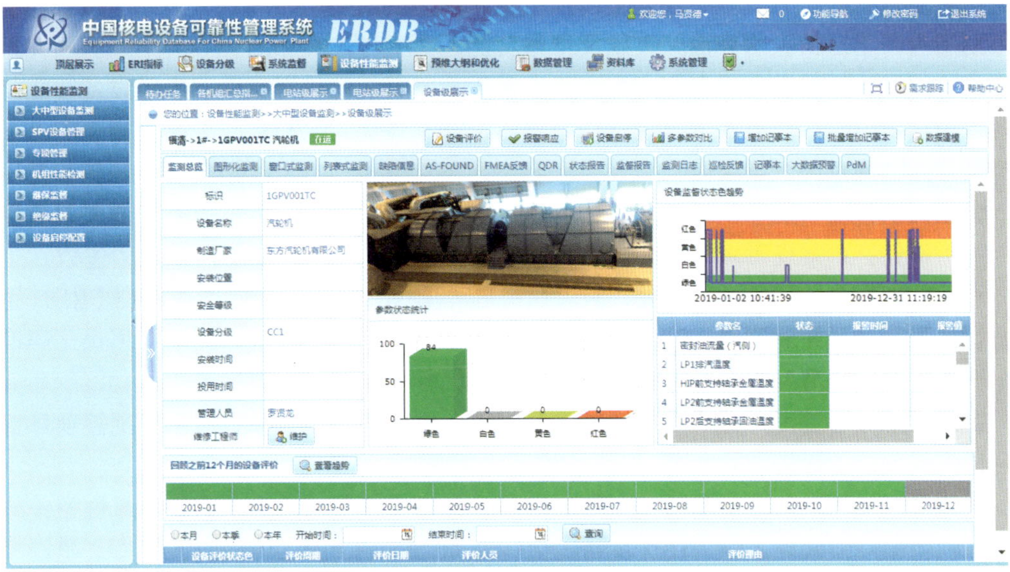

图 11－15　设备监测

设备监督—SPV 设备管理：针对 SPV 设备满足电厂可靠性要求的目标，对其设备可靠性状态进行监测和管理，包括 SPV 设备基础信息、缓解策略分析、维修监督、巡检反馈、部件清单、备件清单、缺陷信息等见图 11－16。

图 11－16　SPV 设备管理

设备监督—专项管理：对专项类设备进行统一的管理，为专项管理人员提供专项的健康评价编制工具，并提供查看和维护专项信息等功能，专项信息包括专项介绍、专项联系人、设备等。

设备监督—继保监督：实现全集团各个电厂本季度发生一般、严重、危急缺陷设备的统计结果的展示、继保报表的查询、下载及打印功能。

设备监督—绝缘监督：实现全集团各个电厂本季度发生一、二、三级绝缘设备的统计结果的展示、绝缘报表的查询、下载及打印功能。

动态阈值：针对设备所有测点的海量正常历史数据进行挖掘建模，生成设备智能监测模型；通过模型对当前设备工况进行动态评估，得到最优工况和最差工况，相关的上下波动范围即为该测点的动态阈值。

预维大纲管理与优化：提供预防性维修大纲的编制工具，制定系统的预维大纲内容，设计的工作任务；并提供对大纲的优化过程管理，记录优化分析依据，审批后生效。

设备管理报表：按照电厂、处、科、人员等为单位，通过选择时间段对在 ERDB 完成的系统监督、设备性能监测、SPV 设备评价、专项管理、设备分级、预维大纲优化等模块情况、未按期完成情况进行统计、分析，并能提供备查详细清单与报表。

定期试验数据管理：提供定期试验内容管理、数据采集、多参数对比、试验项目查询功能，为相关设备提供试验数据。

资料库：提供内部资料和外部资料。内部资料，包括集团或电站内的可靠性相关的规则制度、导则、会议等文件、设备专家库等；外部资料，EPRI、WANO、COG、核能行业协会的关于可靠性相关会议或文件等。

11.4.6 成果及效益

（1）管理水平和经济效益

1）维修模式转变，提升核电生产业务管理水平

福清核电参考 INPO AP－928 实现了以预防性工单为主线进行的长周期日常计划管理，缺陷维修（CM）/预防性维修（PM）比例降低，标志着电厂逐渐由“救火式”缺陷维修工作向“保养型”计划维修工作转变，设备及系统可靠性、稳定性得到进一步提升。

2）安全生产水平提高、生产成本降低

通过信息技术为不同的风险作业设置不同的风险提示，使得运行、维修、生产计划、质量控制等工作相关人员方便、快捷的提前了解其工作所存在的风险。

建立了风险分析预警机制，在工作准备阶段，必须进行充分的风险分析并制定相应的预控措施。

建立了开放、透明、便捷的事件反馈机制，针对风险作业深入的进行工作前分析和准备，总结经验，借鉴良好实践，持续提高风险管理水平。

创新的风险分析管理制度实施后，电厂的风险作业识别率提高了 20%，降低了维修工作风险，提高了风险作业准备的准确性和完整性。

3）计划管理水平提高、生产成本降低

色彩分析法、计划决策支持功能的创新运用减轻了计划人员的计划偏差管理工作量。提前开工满足条件的维修工作，合并压缩工单的数量，与之前相比电厂活动中的工单、隔

离数量减少了 5%～10%，工单、隔离的平均寿命减少了 10%～15%。计划管理制度创新和信息化技术的运用提高了电厂计划管理水平、降低了人员成本，同时工单量和工单平均寿命的减少又提高了设备可靠性及维修时间窗口的使用率，减少了维修窗口时长。

4）创造了良好的经济效益

依托管理制度建设的日常计划管理系统在提高安全生产水平的同时，为福清核电 4 台机组减少了约 45 个 P6 软件客户端授权费用，按 P6 软件每用户 5 万元费用计算，仅此一项为福清核电节省约 225 万元软件授权费。同时，系统出色的计算功能为每台机组减少了 2～3 名计划工程师工作量，以每人每年 18 万元的成本核算，4 台机组每年可为公司节省 $2.5 \times 18 \times 4 = 180$ 万元人员成本。

（2）社会效益

1）引进、消化、吸收、再创新国外先进技术的成功经验

技术引进与消化吸收再创新是一个包括：技术引进、消化吸收、技术创新、技术扩散等在内复杂的系统工程，是发展中国家实现产业升级的捷径，是实现工业化和经济社会发展的有效手段。与自主创新相比，引进成熟技术进行研究可节约大量的资金与时间。福清核电在引入国际最佳实践 AP－928 并创新时有如下成功经验可供借鉴。

高度重视技术引进与消化吸收工作的协调与管理。福清核电引进 AP－928 得到公司领导的大力支持，在具体操作过程中由主管副总工程师牵头，生产计划部门主导，信息文档部门实施，运行、维修、安全质量、保卫与消防等领域专业人员全程参与，有领导支持及组织保障。

重视人才、技术资料等“软”技术的引进。在消化过程中，福清核电借鉴了美国南方电力、美国 Bruce 电厂、法国 EDF、秦山核电联营有限公司、浙江三门核电有限公司等国内外知名核电企业的各类资料，同时多次组织与国外专家进行现场业务交流，其多种方式的沟通为深入理解国际先进管理经验提供了丰富的素材。

重视消化吸收再创新的资金投入。为了将消化、吸收的管理经验落地并推进到实际生产工作中，福清核电从 2013 年底投入约 200 万元进行管理制度配套软件的研发，最终形成了具有自主知识产权的核电厂日常计划管理系统。

2）生态效益

原先日常生产计划信息的反馈、下发通过纸质进行，每台机组每天需要下发 30 份，每份约 25 张 A4 纸，因此采用信息系统进行后，每堆/年至少节约纸张 $30 \times 25 \times 365 = 273\,750$ 张，4 台机组一年可节省 100 万张 A4 纸的使用，相当于少砍伐 365 棵具有 20 年树龄的树。

术 语

（1）AP－929（配置管理过程描述）、AP－928（工作管理过程描述）、AP－913（设备可靠性过程描述）、AP－908（供应链管理描述和指南）、AP－921（培训方法）、AP－925（大修管理）：是由世界核营运者协会亚特兰大中心（World Association of Nuclear Operators – Atlanta Center，WANO－AC）的成员单位美国核电运行研究所（INPO）在总结当今核电最佳运行管理和运营实践的基础上形成的适用于所有类型核电厂管理流程的良好实践与规范，这些管理流程和规范几乎覆盖了核电运行的各个领域，目前最新版本是2011年3月发布的第3版。

（2）as－found：修前状态，在对设备进行检修、操作、调整前或状态监测时设备所呈现的状态，包括设备的外观、泄漏情况、内外部锈蚀、内外部尺寸、内部状态情况等。

（3）Asset Suite：资产管理套件，N1－EAM系统的核心模块，主要用于工作控制信息化流程的工作票管理信息系统。

（4）BOM：Bill of Materials 物料清单。

（5）BOP：电厂配套设施。

（6）CM：Corrective Maintenance，纠正性维修，是指当电站SSC出现故障、性能明显下降或即将出现故障，并因此无法满足设计功能的状态时，对这些SSC开展将其性能恢复到可接受标准的维修活动。

（7）DM：Deficient Maintenance，小缺陷维修，是指电站SSC有劣化趋势或已有轻度劣化，但劣化程度还不至于影响其实现设计功能，不影响期性能指标。

（8）EESR：End of Erection Status Report，安装竣工状态报告。

（9）eSOMS：电子运行与值班管理套件，N1－EAM系统的核心模块，主要用于运行值班、巡检与隔离等信息化流程的管理信息系统。

（10）FMEA分析：Failure Mode and Effect Analysis 失效模式和效果分析。

（11）IAEA：国际原子能机构。

（12）INPO：美国核电运营学会（Institute of Nuclear Power Operations，简称INPO）美国核能运营协会成立于1979年12月，是一家总部设在亚特兰大的非营利组织。时任美国总统吉米·卡特向为调查1979年3月三哩岛核电站事故而成立的凯梅尼委员会建议：核能工业应建立一套程序，规定适当的安全标准，包括管理、质量保证、操作程序和惯例的标准，并进行独立评估。必须有系统地收集、审查和分析所有核电厂的运作经验，并建立一个全行业的国际通信网络，以便利迅速将这些信息传递给受影响的各方。由此美国核能行业建立了美国核电运营学会（INPO）。INPO的使命：促进最高水平的安全性和可靠性，以促进商业核电厂的卓越运行。

（13）NRC：美国核管理委员会（Nuclear Regulatory Commission，简称NRC），是美国政府的一个独立机构，1974年由美国的能源重组法案生效而产生，并于1975年1月19日开始运作。NR 总部现设在马里兰州的罗克维尔市。作为从美国原子能委员会中独立出来的机构之一，NRC 的作用是保护公众健康和核能相关安全问题。该委员会负责监督反应堆的安全和安保、反应堆的许可证颁发和更新、放射性材料的许可证颁发、放射性核素安全许可证颁发和乏燃料管理包括贮存、安全，回收和处置。

（14）WANO：世界核电营运者协会（World Association of Nuclear Operators，简称 WANO）WANO 组织通过 WANO 成员利用其制定国际上通用的性能指标，进行统一管理和协调，有利于加强核电技术、经验和事故情报的交流，从而不断提高世界核电厂的安全可靠性。WANO 组织至今已成功运作 25 年，为核电站的安全可靠运行作出了很大的贡献。根据 WANO 指标的实际应用情况和积累的经验反馈，WANO 组织决定更新最初制定的指标体系，从而进一步地提高核电站的安全可靠性。为促进 WANO 内部信息的自由交流，每个会员只有在得到信息提供国授权的情况下才能向 WANO 以外发布。

（15）OTS：运行技术规范。

（16）PLC：可编程逻辑控制器，含软件和硬件两部分。

（17）PSA：概率安全分析，又称概率风险分析（PRA），采用系统可靠性评价技术（即故障树、事件树分析）与概率风险分析方法对复杂系统的各种可能事故的发生和发展过程进行全面分析，从它们的发生概率以及造成的后果综合进行考虑，是核电厂安全评价的一个标准化工具。

（18）QDR：Quality Deficiency Report 质量缺陷报告。

（19）RCA：Root Cause Analysis，根本原因分析。

（20）SPV：Single Point Vulnerability，关键敏感设备，指单个设备故障即可导致电站停堆、停机、降功率、功率大幅度波动的设备。

（21）SSCs：是构筑物（Structure）、系统（System）和设备（Component）的缩写，本程序所指 SSCs 是指核电站生产相关构筑物、系统和设备的总称，系统设备中运行的软件也属于 SSC 的范畴。

（22）TOTO：Take Over for Temporary Operation，临时运行移交。

（23）TS：Technical Specification 技术规格书，指对物项或活动详细的技术要求。

（24）N1-EAM：中国核电生产管理信息系统，用于核电厂生产管理、运行管理与技术支持等领域的工作控制流程管理的信息系统。

（25）P6：计划排查软件，用于核电厂日常及大修计划排查和管理。

（26）WR：Work Request 工作申请。

（27）工作控制：工作控制是指对核电站的系统、设备、构筑物进行维修、试验等活动必须遵守的基本流程。

（28）小维修：指维修人员基本能力就能完成的无须详细工作指令的维修工作，这类维修不涉及 SSCs 的停复役，不影响核安全功能，不会增加导致电站瞬态的风险，不需特别的工业安全评估，也不需要特殊的辐射防护措施或控制，维修效果与质量通过目视就能确认。

（29）预防性维修（Preventive Maintenance 简称 PM）：针对 SSCs 开展的防止和缓解性能劣化或故障，或对设备的性能与状态进行监测、检查及跟踪，以保持或延长设备使用寿命的维修活动。预防性维修又细分为周期性维修、预测性维修及策略性维修三种。

（30）不可用：SSCs 不能执行其设计的功能。

（31）机组生产直接相关工作（EAM 管理）：开展的维修活动需进入 N1－EAM 系统控制的工作，分为运行调度管辖设备和非运行调度管辖设备。

（32）机组生产间接相关工作（非 EAM 管理）：开展的维修工作不进入 N1－EAM 系统，不产生工单，由非生产设施相关管理程序明确工作流程及责任。

（33）非运行调度管辖设备：电厂 SSCs 中除运行调度管辖设备以外的其他部门调度管辖的设备。

（34）厂房负责人：非运行管辖设备责任部门指定的负责其管辖设备开、完工许可的责任人。

（35）工作申请：工作申请可以是需要解决的问题（例如：故障缺陷、技术改造、定期试验、服务支持等），或者是计划的、日常常规的活动（例如监督试验、预防性维修）。

（36）工单任务：是 EAM 中的一个专用词，是指一个工单下，由于专业限制、安措限制等原因而拆分出一个个子项任务。工单任务是工作控制业务流程中的核心对象，每项工作需要创建工单任务（除小维修）。在 EAM 中工单任务信息由任务概要、工作指令、资源需求、文档、工作许可证、安措要求、备件、人员、计划时间、配合工作、风险分析和安全措施等组成。

（37）优先级：根据缺陷或其他工作对于机组当前状态的影响紧急程度而确定的级别。

（38）作业类型：在准备期间，为已确认的工作申请及工单分配合适的工作类型。

（39）工单电子终端（Automatic Work－order－task Terminal，简称 AWT）：工作负责人能实现工单任务开工、完工申请等一系列流程功能的软件终端。

（40）计划工程师：经生产计划部门授权的工程师。

（41）运行工程师：经运行部门授权的工程师。

（42）协调工程师：经监督部门和执行部门授权协调的工程师。

（43）计划工程师组：计划工程师组由计划工程师、运行工程师及协调工程师组成。

（44）长周期日常计划：长周期日常计划是以技术规格书规定的定期试验为基础，结合预防性维修计划和每日产生新的工作申请基础上进行制定的工单执行计划。

（45）三天滚动生产计划：是在长周期日常计划基础上产生的日生产实施计划，原则上除值长认为需要紧急抢修的检修工作外的所有生产活动均需在日生产计划中安排才能实施，包括控制区以内的土建维修活动。

（46）涉网设备：资产属于电厂，由电网管辖或许可的设备。

（47）涉网设备检修计划：涉网设备在某一时段内的停役、复役，或者升降功率的计划安排，包括检修和操作时间。

（48）涉网设备检修申请：在实施涉网设备检修计划前，为得到该设备的操作许可，通过电网公司规定的途径，向电网公司发出的申请。

（49）发电规划：指 3 年及以上发电、新机组投产、技术改造、大修、燃料循环、机组退役等规划。

（50）发电计划：对公司运行机组在某一时段内的发电量进行合理安排的计划。

（51）一点法：一种反应堆功率量程系数刻度试验方法。传统的刻度试验方法是控制棒移动或氙振荡的方式使堆芯 AO 变化，期间需要测量多个功率分布图。而“一点法”用软件模拟堆芯 AO 变化，试验仅需要测量一个功率分布图，故称为“一点法”。该方法试验时间短，且在稳态下进行。

（52）核岛：反应堆及其有关的一回路主辅系统和设备部分以及所在的建筑物。

（53）常规岛：汽轮发电机组及其有关的二回路系统和设备部分以及所在的建筑物，还有三回路系统设备等。

（54）临时 SPV 设备：即临时关键敏感设备，指在某些条件下，非关键敏感设备满足部分关键敏感设备识别判据，需要采取临时缓解措施的设备。

（55）免扰设备：即应受到保护的设备，用以确保大修期间安全重要功能（余热导出，水装量控制，电源可靠性和开关站活动，反应性控制和安全壳密闭性）不丧失的系统设备及其支持系统设备，尤其是大修期间长期作为安全必需设备的重要转动设备及其配电装置。

（56）再鉴定试验：验证进行过维修或变更工作的系统或设备能否满足其设计功能的活动。只要在系统或设备上进行了有可能影响其设计功能的维修或变更工作，就应该进行再鉴定试验。再鉴定试验过程分为两部分：品质再鉴定试验和功能再鉴定试验。

（57）品质再鉴定试验：它针对的是某一具体设备，验证该设备本身的各项品质指标满足要求，这是再鉴定试验的基础。

（58）功能再鉴定试验：它针对的是能够实现某一功能的系统或子系统，验证该系统的各项功能指标满足设计要求，这是再鉴定试验的目的。

（59）流体传输：将一定量的流体从某一箱体、某一回路或某一区域，传送到另一箱体、另一回路或另一区域。

（60）系统在线：将系统或设备置于特定运行方式所要求状态的一系列运行操作。

（61）机组调停：核电机组根据电网调度要求停运，发电机与电网解列，常规岛汽水回路、汽轮发电机辅助系统保持运行，反应堆通常降到功率运行模式低功率状态或者蒸汽发生器冷却停堆模式热停堆状态。

（62）机组小修：核电机组因小修消缺停运，发电机与电网解列，常规岛汽水回路、汽轮发电机辅助系统根据缺陷处理计划部分保持运行或全部停运，反应堆通常降到功率运行模式热备用状态或者蒸汽发生器冷却停堆模式热停堆状态。

（63）厂用电率：厂用电量占总发电量之比，是核电厂重要的性能、经济指标。

（64）专设安全设施：是指这样一些系统，事故发生之后，确保堆芯冷却和安全壳完整性，限制事故发展和减轻事故后果。

（65）临时变更：因现场处理直接影响机组安全稳定运行的缺陷或计划检修需要，对电厂生产工艺直接有关的系统/设备/部件/材料等方面所进行的实体或功能上的偏离原设计的临时性改变。

（66）隔离：隔离是指明确界定的设备按确定的状态要求进行操作后用挂牌、上锁的方式禁止对其进行任何操作或释放储能的运行行为。

（67）福岛后改进项：2011 年日本福岛核事故发生后，核电厂按照国家核安全局和国家能源局的统一安排和部署积极响应，实施的核安全提升改进项目。

（68）“华龙一号”：中国具有完整自主知识产权的三代核电技术。主要技术特色：177 组燃料堆芯、单堆布置、双层安全壳等。

参考文献

［1］李映林. 启动和功能试验（DEM）调试大纲［M］. 北京：中国核电工程公司，2014：7.
［2］茹俊. 燃料组件运输、贮存和吊装技术条件［M］. 成都：中国核动力研究设计院，2009：8－14.
［3］耿飞. 堆芯装料试验［R］. 北京：中国核电工程公司，2014.
［4］马文君. 燃料管理信息系统用户手册［M］. 2012.
［5］压水堆核电厂反应堆首次装料试验：EJ/T 1114—2000［S］.
［6］压水堆核电厂新燃料组件内包装、运输、装卸和贮存规定：NB/T 20141—2012［S］.
［7］配置管理过程描述：INPOAP－929_2005［S］.
［8］核电厂变更管理：NB/T 20368—2016［S］.
［9］刘娜. 国际瞭望：调整能源政策扩大核电比重［J］. BUSINESS CHINA. 2008，10.
［10］赵玲娜，范黎锋. 核电厂运行与电网调峰［J］. 江西能源. 2009，1.
［11］王葵. 核电机组投产后山东电网调峰情况分析［J］. 山东电力技术. 1996，2.
［12］白建华，等. 核电站与抽水蓄能电站联合运营研究［J］. 电力技术经济. 2007，12.
［13］马成辉. 美国核能政策的分析与借鉴［J］. 核安全. 2007，3.
［14］课题研究组. 福建省并网发电厂辅助服务若干重要问题研究［R］. 2008.
［15］NEI. Status and Outlook for Nuclear Energy In the United States［R］. 2009，10.
［16］国务院办公厅. 节能发电调度办法（试行）［S］. 2007，8.
［17］林章岁，李仪峰，刘峻. 福建电网建设抽水蓄能电站的必要性论证［J］. 电网技术. 2006，7.
［18］邓雪原. 惠州抽水蓄能电站在广东电力系统中的效益［J］. 水利规划与设计. 2004，4.
［19］苏群岳，等. 法国的核电价格及相关政策［J］. 中国物价. 2009，3.
［20］电力工业部. 并网核电厂电力生产安全管理规定［S］. 1997，4.
［21］高立刚，等. 岭澳核电站先进燃料管理策略研究［J］. 大亚湾核电，2005，34（2）：4－8.
［22］林峰. 福建电力发展与电网调峰运行技术经济性研究［J］. 能源与环境，2016，5.
［23］黄银华，等. 大规模风电接入对福建电网调峰的影响［J］. 电网与清洁能源. 2015，31（12）.
［24］设备可靠性过程描述：INPO AP－913 2001［S］.
［25］核电厂设备可靠性管理导则：NB/T 20281—2014［S］.
［26］中华人民共和国放射性污染防治法［Z］. 2003.
［27］中国核电工程有限责任公司. ProMIS 系统总体架构设计［R］. 2013.

后　记

2015年12月22日“华龙一号”示范工程福清核电6号机组正式开工建设，标志着中国核工业集团有限公司第三个核电基地悄然形成。经过十多年的奋斗，一座绿色能源之城已初具规模，当年的荒滩野景早已不知去向。

十多年来，福清核电在奋斗中启航，也在奋斗中成长，福清核电人走出一条核电自主化、国产化的道路，走出一条技术创新、管理创新的道路。作为“华龙一号”的建设者，作为我国自主知识产权第三代核电技术落地的亲历者，作为国之重器横空出世的见证者，每一位福清核电人都倍感荣幸和骄傲。

在沐浴荣光之时，有一个问题一直萦绕在我们心头，那就是如何把这条核电技术自主化、国产化的道路延续下去，如何把技术创新、管理创新的经验传承开来。鉴于此，如能以福清核电为例，总结出压水堆核电机组安全运行经验，并进一步收集技术经济参数的各项数据，建立效益分析模型，是对我国核电事业饶有帮助的一件大事。

《压水堆核电厂安全运行管理与效益分析》一书在此背景下应运而生，全书十一个章节涵盖了核电厂建设、运营的主要领域，凝聚了福清核电建设者的心血与智慧。书中一个个具体的案例不仅是福清核电先进经验的总结，也同样是福清核电一次规划、连续建设的历史记录。

本书的作者们是来自福清核电各个领域的骨干，他们根据自身多年的工作心得，对各自领域的工管理思路和良好经验进行提炼汇总。编撰过程中得到了相关外部专家的悉心指导，以及福清核电向先保、林卫峰、张洪妹、李峰、石屹峰、郭文俊、肖冰山、邱杰峰、龚智明、罗端、王树培、张羽、范晓等人的大力支持，在此深表感谢。

岁月如歌，悄声渐远。十年风雨，十年拼搏，始终不变的是一种可以永续的创业精神，一首回肠荡气的核电之歌！谨以此书，献给所有的核电工作者，我国的核事业必将在他们的无限激情下再创辉煌……

陈国才
2020 年 1 月